DIE SCHWACHSTROMTECHNIK

IN

EINZELDARSTELLUNGEN.

Herausgegeben von

J. Baumann,   und   **Dr. L. Rellstab,**
München.   Hannover.

II. Band:

Drahtlose Telegraphie und Telephonie

von

Prof. D. MAZZOTTO

deutsch bearbeitet von J. BAUMANN.

München und **Berlin.**
Druck und Verlag von R. Oldenbourg.
1906.

Drahtlose Telegraphie und Telephonie

von

Prof. D. Mazzotto

deutsch bearbeitet von

J. Baumann.

Mit 235 Textabbildungen und einem Vorwort von R. Ferrini.

München und **Berlin.**

Druck und Verlag von R. Oldenbourg.

1906.

Vorwort.

Unter den glänzenden Errungenschaften der Physik, welche sich in unseren Tagen mit erstaunlicher Schnelligkeit folgenden Schatz unserer Kenntnisse vermehren und der Erforschung der Zusammenhänge neue Ausblicke eröffnen, kommt der Entdeckung der elektrischen Wellen eine ganz besondere Bedeutung zu.

Hochbewertet von der Wissenschaft drängt sich diese Bedeutung auch der nichtwissenschaftlichen Welt durch die praktischen Folgen eindrucksvoll auf. Doch wer hätte solches Schicksal der Tat, mit welcher Hertz die Grenzen der Erkenntnis verschob, vorauszusagen gewagt, wenn nicht Marconi den Gedanken gefaßt hätte, die Leistung des Gelehrten für das praktische Leben zur Übertragung von Nachrichten durch den Äther auf die weitesten Entfernungen zu verwerten?

Die Geschichte der scharfsinnigen und unermüdlichen Bemühungen Marconis um die Vervollkommnung und Ausbreitung seines Systems, seine großartigen Erfolge, seine Apparate und die anderer Forscher bilden den Gegenstand vorliegenden Buches. Das reizvolle Thema erfährt eine anziehend einfache und klare Darstellung, welche es auch dem Leser mit elementaren Vorkenntnissen ermöglicht, den Ausführungen ohne Ermüdung zu folgen.

R. Ferrini.

Einleitung des Verfassers.

Gegen Ende des Jahres 1896 verbreitete sich in der Presse die Nachricht, daß ein junger Italiener die drahtlose Telegraphie, ein telegraphisches System, welches die Übermittelung von Nachrichten ohne eine Sende- und Empfangsstation verbindende Drahtleitung ermöglicht, erfunden habe.

Die Nachricht erregte sofort außerordentliches Aufsehen, wenn auch in geringerem Maße unter den Technikern und den Männern der Wissenschaft.

Das Publikum, empfänglicher für die sog. Wunder der Wissenschaft und unbeschwert von den Zweifeln über das Mögliche und Unerreichbare, nahm die Nachricht ohne weiteres als die Ankündigung einer unbestreitbaren Tatsache von unbegrenzter Tragweite, durch welche die zahllosen Telegraphendrähte, die nach allen Richtungen auf allen Wegen und Stegen, auf den höchsten Berggipfeln und in den tiefsten Tiefen der Ozeane unsere Erdkugel umspannen, fortan zu altem Eisen geworden seien.

Kühler verhielt sich die Welt der Technik und Wissenschaft. Gewohnt an die Erscheinung, daß fast täglich irgend eine weltbewegende Erfindung mit meist verschwindend unbedeutendem realen Kern angekündigt wird, sündigen die Praktiker und Gelehrten eher durch ein Übermaß des Mißtrauens. Sie nahmen denn auch die Nachricht von des jungen Italieners Entdeckung mit umso größerer Vorsicht und Zurückhaltung auf, als das Geheimnis über die Mittel, auf welche sich die Erfindung stützte, eifersüchtig behütet wurde.

Bald ließen jedoch die einwandfreien Zeugnisse über die praktischen Erfolge, welche Guglielmo Marconi — so hieß der junge Italiener — in London erzielt hatte, keinen Zweifel mehr darüber, daß es sich um eine durchaus ernsthafte Sache handelte, und man begann nun sofort trotz des Geheimnisses, mit welchem die Versuche umgeben waren, nach den Mitteln zu forschen, welche Marconi die angekündigten Erfolge erzielen ließen.

Die Kenner der Frage dachten sogleich daran, daß es sich um eine Anwendung jener elektrischen Wellen handelte, welche seit einigen Jahren bekannt und wesensgleich mit den Lichtwellen erkannt worden waren und sich vorzüglich zu Übertragungen in die Ferne eignen mußten. Die Vermutung genügte einigen dieser Forscher, wie Lodge in England, Tissot in Frankreich, Ascoli in Italien usw., ohne weiteres Apparate zu konstruieren, mit welchen sie die Versuche Marconis zu wiederholen imstande waren. Die dabei verwendeten Apparate stellten sich in der Folge als übereinstimmend mit den von Marconi benutzten heraus.

Wenn jedoch in diesem Zeitpunkte in der Tat die wissenschaftlichen Voraussetzungen für die drahtlose Telegraphie vermittelst elektrischer Wellen gegeben waren, sodaß die Nachricht von der Lösung der Aufgabe genügte, um die Wiederholung zu ermöglichen, so traf ein Gleiches nicht zu hinsichtlich der praktischen Aufgaben, welche das neue Verkehrsmittel stellte. Die Aufgabe, große Entfernungen zu überwinden und die nicht weniger wichtige, die einzelnen Stationen voneinander so unabhängig zu machen, daß keine den Verkehr anderer stören oder durch deren Verkehr gestört werden kann, harren heute noch der vollkommenen Lösung, welche erst eine unbegrenzte Anwendbarkeit versprechen könnte.

Bei der Beschreibung der in diesen beiden Richtungen von Marconi und anderen allmählich erzielten Vervollkommnungen werden wir sehen, wie es verhältnismäßig einfach war, die Übertragungsentfernungen mehr und mehr bis zur Überbrückung des atlantischen Ozeans zu steigern, während es nur unvollkommen gelang, die Unabhängigkeit der gleichzeitig in gleichem Wirkungsbereich tätigen Stationen zu erreichen, so sehr sich die besten Kräfte mit den reichsten Mitteln um das Ziel bemühten.

Die Angaben in vorliegendem Werke gehen bis August 1904 (siehe Vorwort des Herausgebers), d. h. bis zur Eröffnung der Linie Bari — Antivari. Sie wurden hauptsächlich den zahlreichen italienischen und fremden Veröffentlichungen über den Gegenstand entnommen, insbesondere dem Hauptwerk von Righi, erste Ausgabe, dann den Arbeiten von Zammarchi, Leone, Murani, Prasch, Arldt, Boulanger und Ferrié und Ducretet, der wissenschaftlichen Zeitschriftenliteratur und der Tagespresse.

Der Zweck des vorliegenden Werkchens besteht in einer möglichst einfachen Darstellung der Grundlagen, auf welchen das neue Verkehrsmittel beruht, der erforderlichen Apparate, der Einrichtung der Stationen, der von den einzelnen Forschern und Erfindern im Lauf der Zeit erzielten Vervollkommnungen und endlich der zeitlichen Folge der in der praktischen Anwendung errungenen Fortschritte von den ersten Versuchen Marconis an bis zur Eroberung des atlantischen Ozeans.

Zum Schluß soll ein Überblick über den augenblicklichen Stand der drahtlosen Telegraphie, die Dienste, die sie heute schon leistet und die Schwierigkeiten, denen sie noch begegnet, und die Aussichten für die Zukunft gegeben werden.

Ein besonderes Kapitel soll der noch in den Anfängen befindlichen, doch vielversprechenden drahtlosen Telephonie gewidmet sein.

Prof. D. Mazzotto.

Vorwort des Herausgebers.

Die vorliegende Darstellung der drahtlosen Telegraphie und
Telephonie von Prof. Dom. Mazzotto empfahl sich für die Sammlung der Einzeldarstellungen der Schwachstromtechnik durch
eine Reihe von Vorzügen, welche gerade für das mit den ab-
straktesten und wenigst geläufigen Vorstellungen arbeitende
Kapitel der Elektrizitätsanwendungen besonders wertvoll erschienen. Ungezwungene Sicherheit des Vortrags, größte Einfachheit der Darstellung, Übersichtlichkeit und Folgerichtigkeit
der Stoffanordnung verbinden sich mit einem im fremden Idiom
freilich notwendig geminderten Reiz der Sprache zu einer Gesamtwirkung, welche den ausgiebigsten Nutzen gerade nach
Sinn und Absicht unserer Sammlung verspricht, klare Einsicht
und gründliche Belehrung auch in die weiten Kreise zu tragen
verbürgt, welchen die anspruchsvolleren Darstellungen des
schwierigen Themas verschlossen bleiben.

Die deutsche Bearbeitung hält sich, von gelegentlichen Kür-
zungen und Ergänzungen im Text abgesehen, im allgemeinen
treu an die Fassung des Originals. Eine belangvollere Erweiterung
erfuhr nur das Kapitel über die verschiedenen Systeme der elektrischen Wellentelegraphie, insofern als das System Telefunken
an dieser Stelle eine eingehende zusammenhängende Behandlung erfahren hat. Für solche Erweiterung sprachen mehrfache
Gründe. Zunächst kann das System als das deutsche System
bezeichnet werden, das zudem durch seine Verbreitung in der
ganzen Welt, durch welche es die Gesamtheit aller übrigen
Systeme überflügelt hat, eine Sonderbehandlung rechtfertigt.
Dann entspricht es insbesondere dem Plan der vorliegenden
Sammlung von Einzeldarstellungen, in einem abgerundeten
Beispiel zu zeigen, welche konstruktive Ausgestaltung die Gesamtheit der zahlreichen zusammenbestehenden Arbeitsbedingungen
in ihrer letzten Vollendung gefunden hat.

Wenn dabei die Ausführungen sich der Darstellung der Vertreter des Systems möglichst anschließen, so schien dies um deswillen wünschenswert, dem Leser ein eigenes Urteil über Eigenart und Abhängigkeit gerade daraus zu ermöglichen, wie sich der Zusammenhang des Systems mit andern im Geiste seiner Vertreter darstellt. Um dieses Vorteiles willen scheinen die an dieser Stelle so hereingekommene Änderung des Tons und die unvermeidlichen Wiederholungen in Kauf genommen werden zu können.

Der Herausgeber.

Inhaltsverzeichnis.

_____

Namens- und Sachregister.

1. Kapitel.

Allgemeines.

Bei allen Zeichengebungen in die Ferne sind drei wesentliche Stücke beteiligt. Das Organ, welches die Zeichen hervorbringt, das, welches sie fortleitet, und das, welches sie aufnimmt. Man kann sie bezeichnen mit Sender, Linie und Empfänger. Das häufigste Mittel zur Zeichengebung in die Ferne ist die Stimme. Dabei sind jene drei Teile durch das Stimmorgan, die Luft, welche die Schallschwingungen überträgt, und das Ohr des Hörers gegeben. In diesem Beispiel besteht die Linie nicht aus einem künstlichen Mittel. Wenn wir dagegen eine Zugglocke läuten, so stellt der Draht, welcher den Handgriff mit der Glocke verbindet, eine künstliche Linie dar. Offenbar vereinfacht die Unterdrückung der künstlichen Linie die Übertragung. Zu allen Zeiten wurden daher mehr oder minder wirksame Mittel angewandt, um die Übertragung von Zeichen in die Ferne ohne künstliche Linie zu bewirken. Viele Jahrhunderte hindurch waren es optische oder akustische Mittel, welche zu diesem Zwecke angewandt wurden, insbesondere wenn es sich darum handelte, eine große Schnelligkeit der Übertragung zu erzielen.

Die Feuer, mit welchen Alexander der Große den Sieg der Mazedonier über die Perser anzeigte, die Turmglocken, welche mit ihren schweren Tönen das Nahen des Feindes, den Ausbruch eines Brandes oder eine Überschwemmung ankündigen, der Kanonenschuß, welcher ein ganzes Lager alarmiert, sind ebensoviele Beispiele einer Telegraphie ohne Draht, welche seit langer Zeit im Gebrauche sind.

Die optischen Mittel haben gegenüber den akustischen den Vorteil, auf größere Entfernungen wirksam zu sein, insbesondere infolge der außerordentlichen Empfindlichkeit des Auges, dessen Leistungsfähigkeit als Empfänger zudem vermittelst Fernrohre und anderer optischer Apparate außerordentlich gesteigert werden kann, was bezüglich des Ohres nur in geringerem

Maße der Fall ist. Die optische Telegraphie fand daher weite
Anwendung, insbesondere nachdem die Brüder Chappe im
Jahre 1792 ihr System der Zeichengebung mit Masten, an
welchen Arme angebracht waren, die, in verschiedenen Stellungen zur Senkrechten, die verschiedenen Zeichen angaben
erfunden hatten. Trotz der späteren außerordentlichen Entwicklung der elektrischen Zeichengebung haben die optischen Mittel
doch noch eine beträchtliche Bedeutung bewahrt, was die un-
geheueren Dienste, welche die Zeichengebungen vermittelst
Fahnen zwischen Schiffen auf der Reise oder zwischen Schiffen
und Landstationen leisten, und der Nutzen, welcher heutigen-
tags noch aus der optischen Telegraphie im Kriege gezogen
wird, beweisen.

Doch auch die optische Art der Zeichengebung weist verschiedene Übelstände auf. Vor allem ist die Übertragungsentfernung infolge der Absorption durch die Atmosphäre,
insbesondere bei nebliger und stauberfüllter Luft verhältnismäßig gering und schwankt im hohen Grade mit dem Zustand
der Atmosphäre. Die Bewegungen der Luft, welche durch die
Wärme oder durch den Wind hervorgerufen werden, beein-
trächtigen ferner, bei einer gewissen Entfernung die Schärfe
der Signale, welche dadurch häufig unverständlich werden, noch
bevor sie unsichtbar geworden sind. Da die optischen Signale
sich der Person, welche sie empfangen soll, nicht in gleich unmittelbarer Weise wie die akustischen ankündigen, so erfordern
sie von Seite der letzteren eine ständige, ermüdende Aufmerksamkeit. Ein weiterer Übelstand besteht darin, daß die optischen
Zeichen, auch wenn sie absichtlich gerichtet sind, doch innerhalb eines weiten Umkreises um den Empfängerpunkt sichtbar
sind und daher die Geheimhaltung der Mitteilungen erschweren.

Infolge dieser Mängel hat die optische Telegraphie der
elektrischen beinahe gänzlich das Feld räumen müssen, die
wenigen Fälle ausgenommen, in welchen letztere unanwendbar
ist, wie bei dem Verkehr zwischen Schiffen auf See und zwischen
solchen und den Küsten, und zwar obgleich die Anwendung
von Drahtleitungen zwischen der sendenden und empfangenden
Station außerordentlich hohe Kosten für Anlage und Unterhaltung verursachte und, wie in den überseeischen Verbindungen,
technische Schwierigkeiten ernster Art darbot.

Die Fortschritte in der Erkenntnis der magnetelektrischen
und elektromagnetischen Erscheinungen haben jedoch noch
andere Wege eröffnet, um die Zeichengebung in die Ferne durch

die von der Natur gegebenen Hilfsmittel wie Luft, Wasser, Erde und den kosmischen Äther und ohne die Zuhilfenahme akustischer oder optischer Hilfsmittel zu erreichen. Zu den offenkundigsten Beispielen der Wirkung in die Ferne durch den Raum kann die Wirkung eines Magneten auf einen anderen, die Elektrisierung eines neutralen Körpers unter dem Einflusse eines anderen elektrisierten Körpers, die Erzeugung eines elektrischen Stromes in einem Stromkreis, wenn die Stärke des einen benachbarten Stromkreis durchfließenden Stromes sich ändert, gerechnet werden. Auch die Fortleitung des elektrischen Stromes durch das Wasser oder die Erde bildet ein Mittel, um Zeichen in die Ferne ohne künstliche Linie zu übertragen. Man kann sagen, daß jede neue Entdeckung einer Wirkung in die Ferne, und manchmal mit einigem Erfolg, für die Anwendung zur Telegraphie ohne Draht versucht wurde. Das ist nur natürlich, insoferne die Aufgabe der Zeichenübermittlung eines der dringendsten Bedürfnisse des Gesellschaftslebens berührt und daher antreibt, alle möglichen Lösungen zu versuchen und den verschiedenen Fällen der Praxis anzupassen.

Schon seit zwei Jahrhunderten, scheint es, wurden Versuche angestellt, um vermittelst rein magnetischer Wirkungen Zeichen in die Ferne zu übertragen. Die Versuche führten jedoch infolge der damaligen beschränkten Kenntnisse und Mittel nicht zu entscheidenden Ergebnissen.

Der erste Erfolg in dieser Richtung scheint dem Schotten James Bowmann Lindsay zuzusprechen zu sein, welchem es im Jahre 1831 gelungen sein soll, durch das Wasser des Flusses Tay auf eine Entfernung von mehr als 1 engl. Meile zu telegraphieren. Da jedoch von anderen der Zeitpunkt dieses Versuchs in das Jahr 1854 gesetzt wird, so bleibt es zweifelhaft, ob in der Tat Lindsay jener Anspruch gebührt oder vielmehr dem Erfinder der Morsetelegraphie, Samuel Finsley Morse. Dieser versuchte im Jahre 1842, da ihm ein durch einen Kanal gezogener Draht durch ein Schiff, welches den Anker lichtete, zerrissen worden war, seine Drähte längs des Ufers anzubringen und dem Wasser die Aufgabe, den elektrischen Strom von einem Ufer zum anderen zu leiten, zu überlassen.

Früher jedoch als dieser Versuch Morses ist die Entdeckung Steinheils anzusetzen, welcher im Jahre 1838 klar die Aufgabe der elektrischen Telegraphie ohne Draht formulierte.

Vor allem hatte Steinheil versucht, als Mittelwegs zwischen einer telegraphischen Übertragung mit besonderer künstlicher

Linie und durch einen gänzlich natürlichen Leiter sich der
Eisenbahnschienen als Leiter zu bedienen. Da ihm dies infolge
der Schwierigkeit, die beiden Schienen genügend zu isolieren,
nicht gelang, ein Umstand, welcher ihn zu der Entdeckung
führte, daß es möglich sei, mit einem einzigen Draht und der
Benutzung der Erde als Rückleitung zu telegraphieren, veranstaltete er Versuche, um die Gesetze festzustellen, nach welchen
ein Rückstrom sich durch die Erde, in diesem unbegrenzten
Leiter, verteile, und erkannte hierbei, daß ein Galvanometer
einen Strom anzeigt, sobald es mit der Erde an zwei Punkten
verbunden wird, welche in großer Entfernung von den beiden
Punkten sind, an welchen die beiden Pole der Batterie zur Erde
geführt sind. Er fügt hinzu: »Die Zukunft wird entscheiden,
ob es gelingen wird, auf große Entfernungen ohne metallische
Leitungen zu telegraphieren. Auf geringere Entfernungen bis
zu 50 Fuß habe ich die Möglichkeit durch Versuche nachgewiesen,
aber auf größere Entfernungen kann die Möglichkeit nur ver-
mutet werden, sei es, daß die Anwendung stärkerer galvanischer
Kräfte oder besonders gebauter Multiplikatoren oder endlich
größerer Oberflächen der Erdplatten an den Enden des Galvanometers zum Ziele führt.« Nachdem Morse die Ergebnisse seiner
obenerwähnten Versuche, bei welchen er im Jahre 1842 von
einem Ufer eines Flusses zum andern durch das Wasser zu telegraphieren vermochte, veröffentlicht hatte, schlug der Telegraphen-
ingenieur J. H. Wilkings im Jahre 1849 eine Einrichtung vor,
mit welcher es möglich sein sollte, von England nach Frankreich durch die Luft ohne Drahtleitung zu telegraphieren. Mit
derselben Aufgabe beschäftigten sich dann Bonelli in Italien,
Gintl in Österreich, Bouchet und Donat in Frankreich, ohne daß
Einzelheiten über ihre Versuche bekannt geworden wären. Zu
praktischen Ergebnissen von einiger Bedeutung gelangten die
von H. Highton im Jahre 1852 begonnenen Versuche, welche
ungefähr 20 Jahre andauerten. In der Folge wurden zahlreiche
Patente auf Systeme drahtloser Telegraphie genommen, von
welchen wir die folgenden anführen: Smith 1881 und 1887,
Phelps 1884 und 1886, Dolbear 1886, Woods 1887, Ader 1888,
Somsee 1888, Edison 1891 und 1892, Stevenson 1892, Sennet
1892, Eversheld 1892 und 1896, Preece 1893, Rathenau 1893,
Blake 1894 und Kitsee 1895.

Alle diese Patente beziehen sich auf Übertragungen durch
einfache Leitung oder Induktionswirkungen, bei welchen Mitteln
die erreichbaren Entfernungen immer beschränkte blieben.

Einige dieser Patente beziehen sich nur auf Entwürfe von
Apparaten, andere jedoch auch auf Apparate, mit welchen tatsächlich praktische Proben ausgeführt wurden. Unter letzteren
sind zu erwähnen die Apparate von Preece, dem früheren Direktor
der englischen Telegraphen, welcher, wie wir sehen werden, eine
Reihe vom praktischen Standpunkt aus wertvoller Versuche ausgeführt hat.

Ein neues Feld für die Versuche mit der Telegraphie ohne
Draht wurde durch die berühmten Entdeckungen von Hertz im
Jahre 1887 und 1888 über die elektrischen Schwingungen eröffnet. Diese außerordentlich schnellen Schwingungen, welche
nach 10 Millionen pro Sekunde zählen und sich mit der Schnelligkeit des Lichtes, d. h. 300 000 km in der Sekunde, fortpflanzen,
üben, wie wir sehen werden, ihre Wirkung in die Ferne auf
gewisse, Resonatoren genannte Apparate, wodurch sie sich zur
Zeichenübermittlung in die Ferne eignen. Glücklicherweise fand
sich ein Apparat, Kohärer oder Fritter genannt, welcher mit
einer außerordentlichen Empfindlichkeit gegen elektrische Wellen
begabt ist. Vermittelst dieses Apparats und der elektrischen
Wellen wurde die erste Einrichtung zur elektrischen, drahtlosen
Telegraphie gewonnen, welche, allmählich vervollkommnet, gestattet, die drahtlose Übertragung auf die enorme Entfernung
von 5000 km zu bewirken, eine Entfernung, welche sicher durch
künftige Vervollkommnungen noch überschritten werden wird.

Angesichts dieser Ergebnisse, welche vermittelst der elektrischen Wellen erreicht werden, verlieren die übrigen Systeme
drahtloser Telegraphie einen großen Teil ihrer Bedeutung und
behalten nur den Wert ruhmreicher Versuche in der Richtung
auf das Ziel, welches die Telegraphie vermittelst elektrischer
Wellen schließlich erreicht hat.

Doch dürfen diese Versuche nicht mit Stillschweigen über
gangen werden. Es wäre, als wollte man die Eroberung einer
Festung erzählen und dabei nur die Kämpfer erwähnen, welche
in die gefallene eingedrungen, und nicht die Toten, welche die
Schar der Sieger zurücklassen mußte.

Jede neue Entdeckung im Gebiet der Naturwissenschaften
gleicht einer neuen Eroberung. Das Leben von Tausenden von
Gelehrten muß sich verzehren in abstrakten wissenschaftlichen
Untersuchungen, welche keinen anderen Zweck als das Suchen
nach der Wahrheit haben, bevor eine der entdeckten Wahrheiten
den Triumph einer großen praktischen Anwendung erzielt.

Vor den Ergebnissen der Telegraphie vermittelst elektrischer
Wellen verlieren, wie erwähnt, die übrigen Methoden der drahtlosen Telegraphie ihre Bedeutung, doch mögen von diesen noch
zwei erwähnt werden. Die erste gründet sich auf den Gebrauch
des Radiophons, eines von Graham Bell, des bekannten Erfinders
des Telephons, im Jahre 1878 entdeckten Apparates. Das System
wird später eingehender beschrieben werden. Hier soll nur
daran erinnert werden, daß es auf der Eigenschaft des Selens
beruht, unter Belichtung einem elektrischen Strom geringeren
Widerstand als im Dunklen entgegenzustellen. Läßt man nämlich auf ein Selenstück, welches mit einer Batterie und einem
Telephon zu einem Stromkreis vereinigt ist, abwechselnd einen
Lichtstrahl fallen, so werden im Telephon den abwechselnden
Lichtwirkungen entsprechende Töne erzeugt, welche zur telegraphischen Zeichengebung dienen können.

Das andere System ist jenes der Telegraphie mit ultravioletten Strahlen, welches von Zickler im Jahre 1898 angegeben
wurde und auf der Entdeckung von Hertz beruht, daß durch
ultraviolette Strahlen das Überspringen von Funken zwischen
zwei elektrisch geladenen Leitern erleichtert wird. Vermittelst
einer Stromquelle werden zwei Leiter geladen und nach und
nach so weit voneinander entfernt, daß der Funkenübergang
aufhört. Läßt man dann auf die Leiter ultraviolette Strahlen
fallen, so findet sofort ein Funkenübergang statt, welcher solange
andauert, als die Beeinflussung durch die ultraviolette Bestrahlung
dauert. Man hat damit ein Mittel, den telegraphischen Zeichen
ähnliche zu übermitteln. Es ist zu bemerken, daß die ultravioletten Strahlen unsichtbar sind, ein System der Telegraphie
dieser Art daher nicht den Mangel aufweist, daß die Mitteilungen
ähnlich wie im Falle der optischen Telegraphie aufgefangen
werden können. Indem wir die Systeme der drahtlosen Telegraphie, welche auf rein optischen oder akustischen Hilfsmitteln beruhen, beiseite lassen, wollen wir zunächst eingehender
die anderen obenerwähnten Systeme beschreiben, welche man
elektrotelegraphische nennen könnte, insoferne als elektrische
Wirkungen in verschiedener Form dabei in Anwendung kommen.
Wir werden ferner noch ein System erwähnen, welches, zwar bis
jetzt noch nicht angewendet, die infraroten Strahlungen verwertet.

Die verschiedenen Systeme lassen sich auf folgende Weise
einteilen:

1. Systeme vermittelst Leitung.
2. Systeme vermittelst Induktion.

3. Radiophonisches System.
4. Systeme vermittelst ultravioletter und ultraroter Strahlen.
5. Systeme vermittelst elektrischer Wellen.

Natürlich werden wir der Beschreibung des letztgenannten Systems infolge seiner höheren Wichtigkeit eine eingehendere Behandlung widmen.

2. Kapitel.

Drahtlose Telegraphie vermittelst Leitung.

Theoretische Grundlagen.

Es ist wohlbekannt, daß die Körper hinsichtlich ihres Verhaltens gegenüber der Elektrizität gewöhnlich in Leiter und Nichtleiter unterschieden werden. Unter Leiter versteht man jene Körper, welche leicht von der Elektrizität durchflossen werden, während mit Nichtleiter jene Körper bezeichnet werden, welche den Durchgang der Elektrizität aufhalten.

In Wirklichkeit gibt es weder vollkommene Leiter noch vollkommene Nichtleiter, sondern nur Körper, welche die Elektrizität mehr oder weniger vollkommen leiten. Die besten Leiter sind die Metalle, dann auch Salzlösungen, das Seewasser und das Süßwasser, welches ja in der Regel gelöste Salze enthält.

Auch die Erdoberfläche leitet die Elektrizität. Diese Eigenschaft wurde, wie oben erwähnt, von C. A. Steinheil in München im Jahre 1838 entdeckt, als er versuchte, die Eisenbahnschienen zur Fortleitung telegraphischer Ströme zu verwenden. Er bemerkte dabei, daß es unmöglich sei, den Übergang der Elektrizität von einer Schiene zur andern durch den Boden zu verhindern. Bis zu diesem Zeitpunkt wurden die telegraphischen Ströme vermittelst Doppeldrahtes übertragen. Als Steinheil die Leitfähigkeit des Bodens entdeckt hatte, kam er auf den Gedanken, die Erde als Rückleitung zu benutzen, und verwirklichte damit einen der wichtigsten Fortschritte der Telegraphie, nämlich die Telegraphie mit einem einzigen Draht, dessen beide Enden vermittelst zweier großen Metallplatten mit der Erde in Verbindung gebracht wurden.

Steinheil war es auch, wie oben erwähnt, welcher zuerst versuchte, telegraphische Zeichen ohne Draht unter ausschließ-

licher Benutzung des Erdbodens zu übertragen, und welchem
es auch gelang, diese Übertragung auf kurze Entfernungen von
ca. 15 m zu verwirklichen.

Der Erdboden eignet sich jedoch infolge seiner Ungleich
mäßigkeit und geringen Leitfähigkeit für derartige Übertragungen
nicht so gut als das Meerwasser, das Wasser von Flüssen und
Seen, weshalb auch die gelungensten Versuche der Telegraphie
ohne Draht durch Leitung vermittelst des Wassers ausgeführt
wurden. Außer dem Wasser und dem Erdboden sind keine genügend ausgedehnten Körper vorhanden, welche zu dem Zwecke
dienen könnten.

Sehen wir nun zu, wie man sich eine elektrische Übertragung durch ein nach allen Richtungen zur Verfügung stehen-

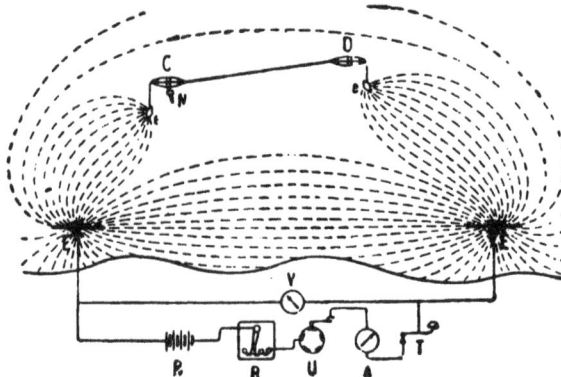

Fig. 1.

des Mittel vorzustellen hat. Wenn man zwei leitende Platten *EE*
(Fig. 1) in einen unbegrenzten Körper von genügender Leitfähigkeit, beispielsweise in Wasser, eintaucht und mit den Polen
einer Batterie verbindet, so strömt die Elektrizität von einer
Platte zur anderen und folgt dabei gewissen Linien, welche man
elektrische Kraftlinien oder Stromfäden nennt und welche, in
Kurvenform verlaufend, dichter in der Nähe der Platten auftreten und sich mehr und mehr ausbreiten, wie die Figur dies
angibt.

Die Anordnung dieser Kraftlinien gleicht vollkommen jener
der magnetischen Kraftlinien, welche mit dem bekannten Experiment vermittelst Feilspänen zwischen den Polen eines Magneten erhalten werden. (Fig. 2.)

Legt man über die beiden Pole eines Hufeisenmagneten eine Glasscheibe oder ein Blatt Papier und streut darüber feine Feilspäne aus Eisen, so verteilen sich die letzteren nach bestimmten Linien, welche von den beiden Polen ausgehen und im Bogen von einem Pol zum anderen verlaufen. Diese Linien sind die magnetischen Kraftlinien, d. h. sie geben die Richtung an, in welcher sich ein freier Magnetpol, welcher sich an irgend einem Punkte des Magnetfeldes befände, bewegen würde.

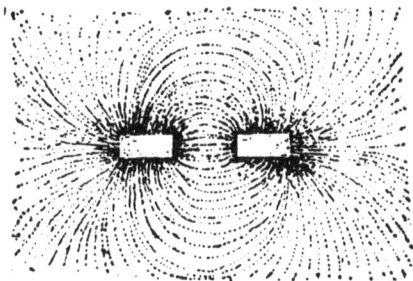

Fig. 2.

Insoferne die Kraftlinien die Richtung der magnetischen Kraft anzeigen, ist die magnetische Kraft senkrecht zu diesen Linien gleich Null. Wenn wir daher nach Fig. 3, in welcher die Kraftlinien, die von den beiden magnetischen Punkten $+ E$ und $- E$ ausgehen, mit ausgezogenen Linien gezeichnet sind, punktierte Linien ziehen derart, daß letztere die Kraftlinien immer senkrecht schneiden, so geben diese letzteren Linien die Richtungen an, in welchen ein freier Pol keinen Antrieb zur Bewegung erfährt, weil längs dieser Linien die magnetische Kraft Null ist. Linien dieser Art heißen Equipotentiallinien.

Wenn die beiden Punkte $+ E$ und $- E$ statt zweier Magnetpole zwei mit positiver bzw. negativer Elektrizität geladene Punkte wären, so könnten die Kraftverhältnisse in dem so gebildeten elektrischen Feld in gleicher Weise dargestellt werden. Die ausgezogenen Linien würden die Richtung an-

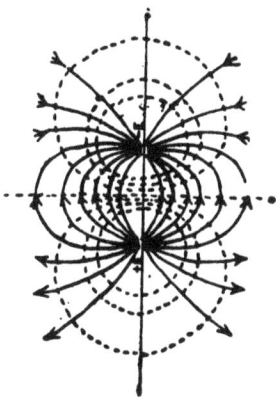

Fig. 3.

geben, in welcher sich ein positiv elektrisierter freier Körper in diesem Felde bewegen würde, und die auf jene senkrechten Equipotentiallinien würden die Richtungen angeben, in welchen eine Bewegung dieses Körpers nicht stattfinden kann.

Kehren wir zum Fall der Fig. 1 zurück, welche die Verteilung der elektrischen Kraftlinien oder Stromfäden, welche von den beiden Platten EE ausgehen, darstellt.

Wenn die Leitfähigkeit des Mittels an allen Punkten gleich ist, so ist die Verteilung der Kraftlinien eine regelmäßige. Wenn dagegen an einzelnen Punkten die Leitfähigkeit größer wird, wie beispielsweise in ee, wo zwei große Metallplatten, die unter sich metallisch verbunden sind, eingetaucht sind, so neigen sich die Kraftlinien diesen Platten zu und ein Teil der Elektrizität fließt von einer zur anderen dieser beiden Platten durch den Draht, welcher sie verbindet. Ein anderer Teil des Stroms zwischen den beiden Platten E fließt in dem allgemeinen Mittel, ohne in den die beiden Punkte ee verbindenden Draht einzudringen. Welcher Teil des Gesamtstromes in diesen Draht eindringt, hängt von der Ausdehnung der Platten ee ab und ist um so größer, je größer diese Platten sind.

Es ist jedoch zu bemerken, daß die Stärke des Stroms, welcher den Draht von e nach e durchfließt, auch von der Stellung der Platten ee und ihrem Abstand abhängt.

Wenn diese beiden Platten sich auf derselben Equipotentiallinie befinden, so findet ein Stromübergang von einer Platte zur anderen nicht statt, da die elektrische Kraft längs dieser Linie Null ist. Befinden sich dagegen die beiden Platten an zwei Punkten, welche Linien verschiedenen Potentials angehören, so wird der Draht ee von einem Strom durchflossen, der um so stärker ausfällt, je größer die Potentialdifferenz der Punkte ist, an welchen die beiden Platten eingetaucht sind. Insoferne das Potential sich gleichmäßig von einer Potentiallinie zur anderen ändert, so wird die Potentialdifferenz zwischen den beiden Platten ee und daher die Stromstärke in dem Drahte ee um so größer, je mehr Equipotentiallinien geschnitten werden, d. h. je größer der Abstand der beiden Platten senkrecht zu den Equipotentiallinien ist oder, was dasselbe ist, je mehr sich die Verbindungslinie zwischen ee dem Parallelismus mit den Kraftlinien nähert.

In Fig. 1, welche sich auf später zu besprechende Versuche bezieht, ist der Draht ee absichtlich derart angeordnet, daß ein Maximum der Equipotentiallinien geschnitten wird oder daß er nahezu parallel zu den Kraftlinien verläuft.

Ähnlich, aber etwas unregelmäßiger wäre der Verlauf der Kraftlinien in dem Fall, daß die Platten EE ee im Erdboden eingegraben wären, wie in dem erwähnten Versuche Steinheils. Wenn in den Draht ee ein Empfangsapparat, beispielsweise ein Galvanometer, ein Morseapparat, ein Telephon eingeschaltet wird und die Verbindung der Platten E mit der Stromquelle nicht dauernd besteht, sondern in mehr oder minder großen Zeitabständen unterbrochen und wiederhergestellt wird, so wird auch der Empfangsapparat in gleichen Zeitabständen beeinflußt werden, wodurch dann eine Übertragung telegraphischer Zeichen zwischen der sendenden Station, welche die Platten ee elektrisch beeinflußt, und dem Punkt, an welchem der Empfangsapparat eingeschaltet ist, ermöglicht wird.

Übertragungen durch das Wasser.

Versuche von Morse und Lindsay. — Das erste Patent auf eine Anordnung der drahtlosen Telegraphie durch

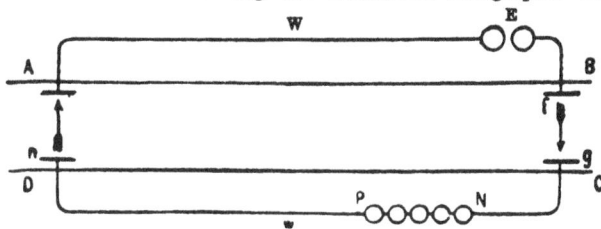

Fig. 4.

das Wasser wurde im Jahre 1854 von dem Schotten James Bowmann Lindsay angemeldet, in welchem die wesentlichen Bedingungen für die Übermittlung von Nachrichten beschrieben sind. Es scheint jedoch, daß er sein System schon seit dem Jahre 1831 zum Telegraphieren über den Fluß Tay auf eine Entfernung von mehr als 1600 m angewendet habe. Sein System unterscheidet sich jedoch nicht von dem, welches im Jahre 1842 von Samuel Finsley Morse angewendet wurde.

Es wurde schon oben erwähnt, daß Morse infolge eines Drahtbruches, der bei einem praktischen Versuche mit seinem System vorgekommen war, auf die Idee kam, durch das Wasser zu telegraphieren.

Die Fig. 4 zeigt die von Morse angewendete Anordnung. $ABCD$ sind die Ufer des Flusses, NP die Batterie, E der Empfangselektromagnet, WW sind die Leitungsdrähte, welche

längs der Ufer ausgelegt und mit den Platten *i f n g*, die ins
Wasser eingetaucht waren, verbunden waren. Nach dem Ge-
dankengange Morses ging die von der Batterie erzeugte Elektrizität
von dem positiven Pol *P* zur Platte *n*, von dieser durch den zirka
25 m breiten Kanal zur Platte *i* zu dem Elektromagneten *E*,
durch die Platten *f* und *g*, zu dem zweiten Pol *N* der Batterie.

Die wenigen theoretischen oben angeführten Angaben genügen um anzudeuten, wie man die Übertragung sich nach der
heutigen Auffassung vorzustellen hat. Auf alle Fälle bewiesen
die mit verschiedenen Drahtlängen und verschiedenen Batterie-
stärken angestellten Versuche, daß die Elektrizität den Fluß in
einer Stärke durchfloß, welche mit der Größe der Platten wuchs,
daß jedoch diese Stärke auch von dem Abstand der auf dem
gleichen Ufer des Flusses befindlichen Platten abhing. Nach
Morse sollte dieser Abstand das Dreifache der Flußbreite betragen. Ein Über-
schreiten dieser Ent-
fernung sollte kei-
nen Vorteil bieten.

Das von Lindsay
patentierte System
zeigt Fig. 5 und ist
fast identisch mit
dem von Morse.
Auf den beiden
Ufern befinden sich
gleichartige Appa-

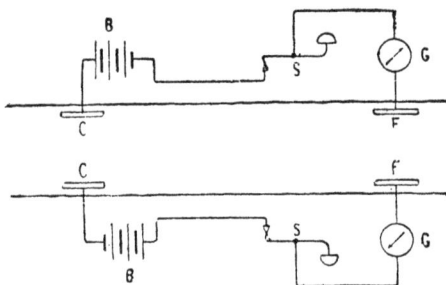

Fig. 5.

rate, welche an je zweien im Wasser versenkten Metallplatten
endigen. Der die beiden Platten verbindende Draht enthält
eine Batterie, einen Taster und ein Galvanometer. Die beiden
Batterien *B B* sind in Reihenschaltung angeordnet. Die Länge
der beiden parallel zum Ufer verlaufenden Leitungsdrähte wurde
derart berechnet, daß der Leitungswiderstand zusammen mit dem
der Batterie und der Apparate kleiner ausfiel als der Widerstand
des Wassers zwischen den beiden am selben Ufer angeordneten
Platten, so daß nach den Gesetzen der Stromverteilung der
größere Teil des Stroms durch die Erdleitung fließen sollte. So
oft man daher auf eine der Taster *S* drückte, mußte infolge
der Unterbrechung des Stroms in der zugehörigen Leitung eine
Schwächung des Stroms in der Leitung des anderen Ufers auftreten und sich in einer Verminderung des Ausschlags am
Galvanometer kund geben. Um dies Ergebnis zu erzielen,

mußte die Länge der beiden Leitungen bedeutend größer sein als die Breite des Flusses.

Lindsay ersann das System, um die Kosten für ein teures Kabel zu ersparen, welches zudem infolge starker Strömungen und Veränderungen auf dem Grunde des Flusses häufigen Beschädigungen ausgesetzt war. Er mußte jedoch wieder an Stelle des Kabels eine bedeutend längere Erdleitung anwenden. Die Methode ist nur anwendbar auf kurze Entfernungen und wo starke Erdströme nicht vorkommen.

System Smith. Um eine telegraphische Verbindung zwischen dem Leuchtturm von Fastnet und der Küste, wo infolge der Gefährlichkeit des Meeres ein Kabel nicht verlegt werden konnte, herzustellen, bediente sich Willoughby Smith folgender Anordnung:

Vom Leuchtturm aus wurden über die Felsen in entgegengesetzter Richtung zwei blanke Drähte gespannt, welche mit zwei ins Meer versenkten Platten verbunden wurden. Von der Küste aus ging ein ca. 15 km langes, in der Nähe der Felsen verankertes Kabel. Indem starke Induktionsströme verwendet wurden, konnten von den Platten Ströme abgenommen werden, vermittelst welcher die Empfangsapparate betätigt werden konnten. Wenn der Anprall der Wellen die Drähte von den Platten losriß und gegen die Felsen schleuderte, so genügte es einfach, die Drähte in das Wasser zu tauchen, um sofort die telegraphische Verbindung wieder herzustellen.

System Highton. H. Highton beschäftigte sich seit 1852 20 Jahre lang mit der Aufgabe, telegraphische Verbindungen durch das Wasser herzustellen und schlug drei verschiedene Methoden vor. Die erste ist nichts anderes als die von Morse angewendete Anordnung und besteht demnach in vier zu je zwei einander gegenüberstehenden und im Wasser versenkten Platten, welche zu je zweien durch Leitungen an den beiden Ufern des Flusses verbunden sind. Die zweite besteht darin, daß vermittelst blanker ins Wasser versenkter Drähte die Enden zweier an den beiden Flußufern ausgespannten Leitungen verbunden werden. Die dritte Anordnung ist eine Abänderung der zweiten, in welcher der eine der beiden blanken Drähte unterdrückt ist und das Wasser als Rückleitung benutzt wird. Highton fand in der Mehrzahl der Fälle die zweite Anordnung zweckmäßiger. Sie wurde hauptsächlich in Indien von den englischen Telegrapheningenieuren angewandt, welche sie geeignet fanden, selbst sehr breite Ströme zu überwinden, wenn nur die

beiden nicht isolierten ins Wasser getauchten Drähte in mäßiger
Entfernung voneinander sich befanden.

System Bourbouze. Während der Belagerung von
Paris im Jahre 1870 versuchte man die Leitungsfähigkeit des
Wassers zu benützen, um eine telegraphische Verbindung zwischen der Stadt und dem jenseits des Belagerungsgürtels liegenden Lande herzustellen.

Es wurden außerhalb jenes Gürtels in der Seine zwei mit
zwei Leitungen und einer Batterie verbundene Platten versenkt,
um so Ablenkungen an einem Galvanometer, welches mit zwei
anderen in der Seine versenkten Platten innerhalb der Stadt
verbunden war, zu erhalten. Die Vorversuche ergaben ein gutes
Resultat. Bevor jedoch die Apparate in Betrieb genommen werden konnten, war die Stadt übergeben worden.

System Rathenau und Rubens. Die Fig. 1 zeigt
schematisch die Anordnung in den Versuchen, welche 1894
in Deutschland auf die Anregung der Marinebehörden zu dem
Zwecke, die Möglichkeit, durch das Wasser durch Leitung zu
telegraphieren, festzustellen, unternommen worden waren. Zugleich sollte ermittelt werden, welchen Anteil die Leitung bei
den ähnlichen, damals von Preece unternommenen Versuchen
hatte, bei welchen, wie wir später sehen werden, vornehmlich
Induktionswirkungen verwendet wurden.

Rathenau und Rubens verwendeten demnach ausschließlich Gleichstrom.

In der genannten Figur bedeutet B die Elektrizitätsquelle,
R einen Regulierwiderstand, U einen Stromunterbrecher, der
von einem Motor angetrieben wird, A ein Amperemeter, T einen
Telegraphiertaster, EE die Platten von je 15 qm Oberfläche,
welche in einem Abstand von 500 m ins Wasser getaucht waren
und an welche der primäre Stromkreis anschloß. V ist ein in
Abzweigung an diesen Stromkreis angelegtes Voltmeter, C und D
sind zwei Kähne, unter sich verbunden vermittelst eines Kabels,
dessen beide Enden mit den ins Wasser getauchten Platten ee
verbunden sind. Der Abstand zwischen den beiden Kähnen
wechselte zwischen 50 und 300 m. Auf einem der Kähne befand sich das Telephon N, welches in den sekundären Stromkreis eingeschaltet war und als Empfänger diente.

Da der Motor und Unterbrecher in ständiger Bewegung
war, so hörte man im Telephon ein andauerndes, gleichmäßiges
Geräusch, so lange keine Zeichen gegeben wurden. Die letzteren

wurden durch Bewegung des Tasters und Unterbrechung des
Stromes in mehr oder minder langen Abständen nach Art der
Morsezeichen gegeben, so daß man im Telephon mehr oder
minder lange Pausen in dem andauernden Geräusche wahr-
nahm.

Die Versuche fanden auf dem Wannsee statt, einem von
der Havel in der Nähe von Potsdam gebildeten See. Die Sendestation war an dem mit *P* der Fig. 6 bezeichneten Punkt angeordnet, während die Empfangsstation der Reihe nach an den
mit *1, 2, 3* bezeichneten Punkten sich befand. Die Stärke des
primären Stroms betrug 3 Ampere, während die Zahl der Stromunterbrechungen 150 in
der Sekunde erreichte.
Obgleich die größte Em-
pfindlichkeit des Telephons
für eine Zahl der Unter-
brechungen von 600 pro
Sekunde bestand, so wur-
den doch die Zeichen bis
auf eine Entfernung von
4,5 km deutlich wahrge-
nommen. Über diese Ent-
fernung konnte nicht
hinausgegangen werden.
Die Empfangsstation be-
fand sich dabei bei *1* in
der Nähe von Neu -
Gladow.

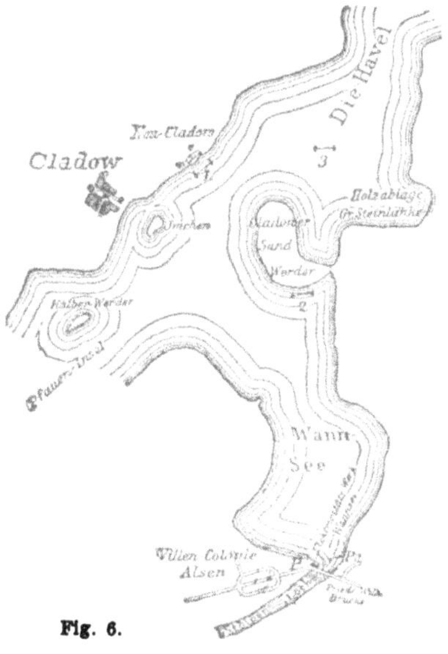

Die vergleichenden
Versuche, welche bei einer
Anordnung der Empfangs-
station in *2* oder in *3*, d. h.

Fig. 6.

vor oder hinter einer Insel, welche von dem Ufer durch einen
engen und seichten Kanal getrennt ist, angestellt wurden, zeigten, daß die zwischenliegende Insel kein Hindernis für die Zeichengebung bildete.

Rathenau ist der Ansicht, was übrigens auf Grund der
eingangs dieses Kapitels entwickelten Theorie vorauszusehen
ist, daß die erreichte Entfernung durch Anwendung stärkerer
Ströme, Vermehrung des Abstands zwischen den primären und
sekundären Platten und Abstimmung zwischen dem Unterbrecher
und dem Telephon sich wesentlich vergrößern ließe.

Verbindungen mit der Erde als Leiter.

Systeme Steinheil und Michel. Wir haben bereits
Seite 7 die von Steinheil im Jahre 1838 angestellten Versuche
erwähnt, vermittelst welcher festgestellt wurde, daß durch den
Erdboden Ströme zu einem Galvanometer auf eine Entfernung
von 15 m übertragen werden konnten. Nach diesem Versuch
erstreckten sich die Forschungen hauptsächlich auf die Übertragungen durch das Wasser. Erst nachdem mit der Erfindung
des Telephons ein außerordentlich empfindlicher neuer Empfangsapparat gegeben war, wurden die Versuche zur Zeichengebung
durch die Erde wieder aufgenommen. Im Jahre 1894 gelang es

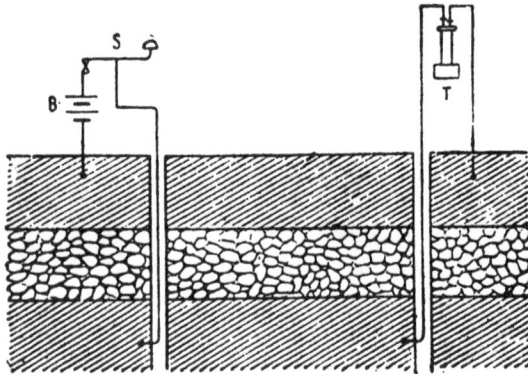

Fig. 7.

dem Abbé L. Michel, durch die Erde auf eine Entfernung von
1 km zu telegraphieren, indem er sich der in Fig. 7 dargestellten
Anordnung bediente. Eine Batterie von Akkumulatoren B ist
mit einem Pol mit den oberen Schichten der Erde, mit dem
anderen mit einem Taster S verbunden, von welchem ein Draht
abzweigt und durch einen Brunnen eine schlechtleitende Erdschicht durchdringt, um endlich in einer neuen, gutleitenden
Schichte des Erdbodens zu endigen. Ähnlich sind an der Empfangsstation von den beiden Enden eines Telephons das eine in eine
obere Erdschicht, das andere in eine tieferliegende, von der
ersten durch eine schlechtleitende Lage getrennte Schicht eingebettet. Aus der dargestellten Anordnung ergibt sich, daß der
Strom zum Empfangstelephon gelangen und zurückkehren kann,
indem er fast ausschließlich die gutleitenden Schichten und die

metallischen Drähte durchfließt, ohne sich wesentlich im Erdboden zu verzweigen.

Versuche von Strecker, Orling und Armstrong.
Kurze Zeit nach den Versuchen, welche Rathenau und Rubens
im Wasser angestellt hatten, führte Strecker ähnliche unter Benutzung des Erdbodens aus. Er erreichte eine Zeichenübertragung bis auf beinahe 17 km, wobei er allerdings eine primäre
Linie von 3 km Länge, eine sekundäre von 1 km und einen
Strom von 14 bis 19 Ampere benützte. Er stellte fest, daß die
Grenze der Übertragung mit der Stärke des primären Stroms
und mit dem Abstand der Endplatten sowohl der einen als wie
der anderen Linie hinausrückte, und daß die besten Ergebnisse
erzielt wurden, wenn die beiden Linien senkrecht auf die ihre
Mittelpunkte verbindende Gerade gerichtet waren.

Diese Resultate, welche sich unmittelbar aus der eingangs
dieses Kapitels gegebenen Theorie erklären, beweisen, daß,
wollte man die von Strecker erreichten Grenzen überschreiten
und weniger starke Ströme, welche für eine praktische Anwendung sich eigneten, benützen, es notwendig wäre, ziemlich große
Leitungslängen zu verwenden, was die Vorteile des Systems für
die Praxis zum großen Teil wieder aufwiegen würde.

Die neueren Versuche von Orling und Armstrong wurden
in ähnlicher Weise wie die von Rathenau und Rubens und
Strecker vermittelst einer sendenden primären Leitung und einer
empfangenden sekundären Leitung, welche beide mit Erdplatten
endigten, angestellt.

Der Unterschied bestand darin, daß als Empfänger ein
außerordentlich empfindliches Relais, welches mit ähnlichen
anderen Apparaten ;später beschrieben werden soll, verwendet
wurde. Dieses Relais, von dem ankommenden noch so schwachen
Strom erregt, schließt den Stromkreis einer Ortsbatterie, welche
einen gewöhnlichen Telegraphenapparat betätigt.

Mit diesem System, welches seine Urheber mit ›Amor‹
bezeichnen, wäre daher der Vorteil verbunden, daß die telegraphischen Mitteilungen schriftlich aufgenommen werden und
daß man bei gleichen Entfernungen mit geringeren Strömen,
bei gleichen Strömen auf größere Entfernungen arbeiten könnte,
vorausgesetzt, daß das Relais an Empfindlichkeit wirklich die
telephonischen Empfänger übertrifft. Nach den Angaben von
Orling und Armstrong beträgt die größte erreichte Übertragungsentfernung 35 km, welche Entfernung vermehrt werden könnte,
wenn man das Relais als Übertrager, d. h. zum Öffnen und

Schließen einer zweiten Batterie, deren Ströme erst auf den
weiter entfernten Empfangsapparat zu wirken hätte, benützte.

System Maiche. L. Maiche hat sich kürzlich ein System
der Übertragung telegraphischer und telephonischer Zeichen
durch den Boden patentieren lassen, welche sich auf die in
den bisherigen Methoden angegebenen Einrichtungen gründet.

In der Sendestation ist eine Batterie mit Taster angeordnet,
von welcher zwei Luftleitungen in entgegengesetzter Richtung
und senkrecht auf die Richtung, in welcher sich die Empfangsstation befindet, ausgehen. Die beiden Drähte endigen an zwei
Platten, welche in zwei poröse mit Wasser gefüllte Gefäße oder
in feuchtes Erdreich eintauchen. Die Einrichtungen der Empfangsstation ist jener der Sendestation ähnlich, nur daß an
Stelle der Batterie und des Tasters ein Empfangsapparat, z. B.
ein Telephon, vorgesehen ist. Nach Angabe des Erfinders bilden
sich, sobald der Stromkreis am Sendeapparat geschlossen wird,
an den beiden Polen zwei magnetische Felder entgegengesetzter
Vorzeichen, was auf der parallelen Linie in der Empfangsstation
wahrnehmbar werde.

Um die Zerstreuung zu vermeiden, schlägt der Erfinder
vor, hinter den Drähten der sendenden Station auf der entgegengesetzten Seite, auf welcher die Empfangsstation liegt, ein nicht
leitendes Diaphragma anzubringen oder einen tiefen Graben
zu ziehen.

Die Leitungsfähigkeit des Erdbodens und des Wassers
wurde auch für verschiedene Systeme der drahtlosen Telephonie
verwertet, über welche später Näheres anzugeben ist.

---

3. Kapitel.

Drahtlose Telegraphie vermittelst Induktion.

Theoretische Grundlagen.

Man bezeichnet mit Erscheinungen der Induktion oder der
Influenz gewisse Wirkungen, welche ein Körper auf einen anderen
entfernten hervorbringen kann, ohne daß zwischen beiden Körpern eine sichtbare Verbindung bestünde.

Bringt man beispielsweise ein Stück Eisen in die Nähe
eines Magneten, so wird ersteres durch Induktion magnetisch.
In gleicher Weise wird ein Körper durch Induktion elektrisch,

wenn er in die Nähe eines elektrisierten Körpers gebracht wird. Nähert man einen stromdurchflossenen Stromkreis einem anderen Stromkreis, so wird letzterer von einem Strom durchflossen, welchen man Induktionsstrom nennt. Die heutige Auffassung kennt keine Wirkungen in die Ferne ohne ein die Wirkung übertragendes Mittel; da sich jedoch viele Wirkungen in die Ferne auch im leeren Raum fortpflanzen, so wird angenommen, daß auch in dem Raum, den wir leer nennen, ein Mittel vorhanden sei, welches imstande ist, jene Wirkungen zu übertragen. Man nennt dieses Mittel den Äther. Genau wie ein tönender Körper die Luft erschüttert und die Erschütterung sich bis zu unserem Ohre fortpflanzt, so würde ein Körper, welcher imstande ist, den Äther in Schwingungen zu bringen, den Anlaß geben, daß diese Schwingungen sich fortpflanzen und auf einem Körper in die Ferne wirken, welcher imstande ist, jene Erschütterungen des Äthers aufzunehmen.

Wir verfügen demnach über ein weiteres natürliches Mittel zur Telegraphie ohne Draht, über den Äther, ein Mittel, dessen Anwendung übrigens nicht neu ist, da es dasselbe ist, welches die Natur unablässig verwendet, um Licht und Wärme von einem Stern zum andern zu übertragen und dasselbe, welches wir schon so lange Zeit, auch ohne daß wir uns dessen bewußt wurden, in der optischen Telegraphie gebrauchen.

Der übertragenden Wirkung des Äthers werden nun die elektrischen Fernwirkungen zugeschrieben, welche den oben erwähnten Erscheinungen der Induktion zugrunde liegen.

Die Erscheinungen der elektrischen Induktion pflegt man in zwei Arten einzuteilen: Elektrostatische und elektrodynamische Erscheinungen. Die Erzeugung einer induzierten Ladung auf einem leitenden Körper durch Annäherung eines elektrisierten Körpers gehört zur Kategorie der elektrostatischen Erscheinungen, weil die Ladung das Streben zeigt, auf dem induzierten Körper unveränderlich zu beharren, während der durch Annäherung eines Stroms in einem Stromkreis erzeugte Strom eine Erscheinung der elektrodynamischen Induktion ist, insofern der induzierte Strom als eine gewisse Menge bewegter Elektrizität betrachtet werden kann.

Die Unterscheidung ist jedoch nicht ganz genau, da auch im Falle der elektrostatischen Induktion die Bewegung des induzierenden elektrisierten Körpers zur Bewegung von Elektrizität und daher zu einem elektrischen Strom Veranlassung gibt und

ein elektrischer Strom auf dem induzierten Körper während
seiner Ladung statthat.

Halten wir jedoch aus Zweckmäßigkeitsgründen die Unterscheidung zwischen elektrostatischer und elektrodynamischer
Induktion aufrecht.

Anwendungen der elektrostatischen Induktion.

Die elektrostatische Induktion kann auf zweierlei Weise
zur drahtlosen Telegraphie verwendet werden:

Erste Art: Es seien A und B (Fig. 8) zwei gegenüberstehende Leiter. Der Leiter A kann mit einer Elektrizitätsquelle E vermittelst des
Tasters T verbunden
werden, während der
Leiter B mit einem
Telephon T' in Verbin-
dung steht. Sobald man
den Taster nieder-
drückt, wird der Lei-
ter A geladen und im
selben Augenblick tritt
ein elektrischer Strom
in B auf, um letzteren

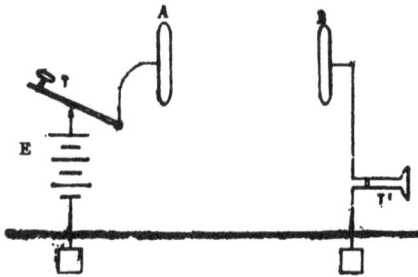

Fig. 8.

Leiter zu laden, wobei das Telephon den Übergang der Elektrizität anzeigt. Wenn man hierauf A in Verbindung mit dem
Boden setzt, so wird dieser Leiter entladen und zugleich B,
wobei das Telephon T' wiederum ein akustisches Zeichen gibt.

Zweite Art: Ein Leiter C, welcher mit einem Telephon T'
(Fig. 9) verbunden ist, befindet sich in der Nähe eines Drahtes AB,
durch welchen man ver-
mittelst eines Tasters
einen Strom schicken
kann. Im Augenblick,
in welchem der Strom
beginnt, wird der Lei-
ter C geladen, wie wenn
man ihm einen elektri-

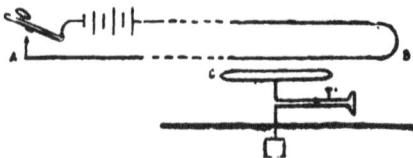

Fig. 9.

sierten Körper näherte, und der Ladungsstrom erregt das Telephon. Sobald der Strom in AB aufhört, wird der Leiter C entladen, wie wenn sich von ihm ein elektrisierter Körper entfernte,
wobei das Telephon wiederum ein Zeichen gibt.

In beiden Fällen kann man durch zweckmäßiges Bewegen des Tasters vermittelst vereinbarter akustischer Zeichen einen telegraphischen Verkehr zwischen den beiden Stationen herstellen.

Anwendungen der elektrodynamischen Induktion.

Die Grunderscheinung, welche in der drahtlosen Telegraphie, durch Induktion verwertet wird, wurde von Faraday im Jahre 1831 entdeckt und ist unter dem Namen elektrodynamische Induktion bekannt.

Sie besteht in Folgendem:

Es seien zwei Stromkreise gegeben, von welchen der eine I (Fig. 10) eine Batterie P und einen Taster T enthält, vermittelst dessen dieser Strom im Stromkreis beliebig geschlossen oder geöffnet werden kann, während ein anderer Stromkreis I' direkt über das Galvanometer G geschlossen ist. So oft nun durch den Taster T der Strom in I geschlossen oder unterbrochen wird, entsteht in dem Stromkreis I' ein rasch vorübergehender Strom, der sog. Induktionsstrom, welcher sich durch

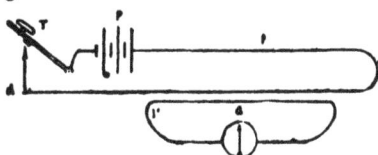

Fig. 10.

eine Bewegung der Galvanometernadel ankündigt. Der Strom, welcher sich beim Schließen des Stromkreises in I entwickelt, ist von entgegengesetzter Richtung, wie sie der beim Öffnen jenes Stromkreises entstehende Strom aufweist; infolgedessen sind auch die beiden aufeinanderfolgenden Wirkungen auf das Galvanometer von entgegengesetzter Richtung.

Wird die Entfernung von den beiden Stromkreisen I und I' vergrößert, so nimmt die Stärke der Induktionsströme in I' ab, doch können dieselben auch bei ziemlich großen Entfernungen durch Anwendung empfindlicher Galvanometer oder eines anderen empfindlicheren Empfangsapparates oder durch Erhöhung der Stromstärke in dem induzierenden Stromkreis oder andere künstliche Mittel wahrnehmbar gemacht werden.

Um den Vorgang dieser Fernübertragung zu erklären, empfiehlt es sich, daran zu erinnern, daß sich rings um einen Draht, welcher von einem Strom durchflossen ist, ein Magnetfeld bildet, dessen Kraftlinien Kreise darstellen in senkrecht zum Draht stehenden Ebenen, deren Mittelpunkt der Draht selbst bildet. Das Dasein dieses Magnetfeldes wird durch die

Erscheinung bewiesen, daß sich eine in der Nähe des stromdurchflossenen Drahtes befindliche Magnetnadel NS (Fig. 11)
senkrecht auf die Richtung des Stromes einstellt. Auch ver-
mittels des Versuches mit den magnetischen Figuren ähnlich
der Fig. 2 läßt sich der Nachweis des Daseins eines Magnetfeldes erbringen. Der Draht AB durchdringt senkrecht ein
Papierblatt, auf welchem Eisenfeilspäne ausgestreut sind. Sobald der Draht AB vom Strom durchflossen wird, ordnen sich
die Eisenfeilspäne in konzentrischen Kreisen um den Draht
wie die Figur angibt.

Umgekehrt erzeugt das Entstehen und Verschwinden eines
Magnetfeldes einen Strom in einem Draht, welcher senkrecht
auf den Kraftlinien
des Feldes steht.
Wenn demnach pa-
rallel zu dem Draht
AB ein weiterer
Draht $A'B'$ ange-
ordnet ist, so wird
letzterer jedesmal
von einem Induk-
tionsstrom durch-
flossen, sobald das
magnetische Feld,
welches von dem
Strom in AB er-
zeugt wird, den

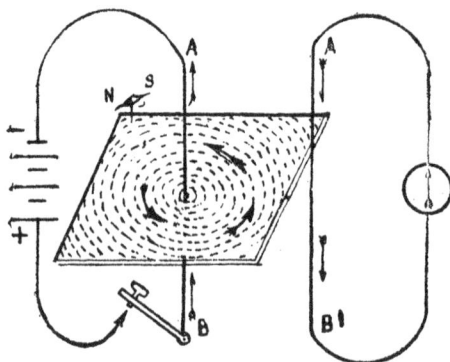

Fig. 11.

Draht $A'B'$ erreicht. Wird dagegen der Strom unterbrochen, so
verschwindet das magnetische Feld und im Drahte $A'B'$ entsteht ein zweiter Strom von entgegengesetzter Richtung, der sog.
Öffnungsstrom.

Ein magnetisches Feld kann jedoch auch auf andere Weise
erzeugt werden, wie z. B. dadurch, daß man dem Drahte $A'B'$
einen Magnet nähert, derart, daß dessen Kraftlinien den Draht
senkrecht schneiden. Auch in diesem Falle erzeugt das
magnetische Feld, welches in der Nähe des Drahtes sich entwickelt, in letzterem einen Induktionsstrom und einen diesem
entgegengesetzten Strom, wenn der Magnet wieder entfernt wird.
Diese Erscheinung hat, wie bekannt, eine außerordentlich
praktische Bedeutung, insoferne sie das Mittel an die Hand
gibt, in den dynamoelektrischen Maschinen Ströme ohne die
Beihilfe von Batterien durch einfache Bewegung eines mag-

netischen Feldes gegenüber einem geschlossenen Stromkreise zu
erzeugen. Es ist wichtig, an dieser Stelle darauf aufmerksam
zu machen, daß, wenn der Draht AB von unterbrochenen oder
wechselnden elektrischen Ladungen durchflossen wird, jeder
dieser Entladungen die Hervorbringung und Vernichtung des
magnetischen Feldes und daher die Hervorbringung ebensovieler
Wechselströme in dem Leiter $A'B'$ entspricht, da ja jede Entladung in einem Übergang von Elektrizität, d. h. in einem
elektrischen Strome besteht.

Gehen wir nun zum Fall der Fig. 10 zurück. Wünscht
man in I' eine rasche Folge von Induktionsströmen, so kann
man in dem Stromkreis I an Stelle des Tasters einen automatischen, beispielsweise durch einen Motor bewegten, Unterbrecher einschalten. In diesem Falle wird man das Galvanometer durch ein Telephon ersetzen, welches jeden Induktionsstrom durch ein Geräusch anzeigt, welches zu einem andauernden Ton werden kann, wenn die Unterbrechungen mit
genügender Schnelligkeit aufeinander folgen. Wenn außer dem
Unterbrecher in dem Stromkreis noch der Taster T eingefügt
ist, so kann man durch längeres oder kürzeres Schließen des
Stromkreises im Telephon Töne verschiedener Länge, welche
den Strichen und Punkten des Morse-Alphabetes entsprechen,
hervorbringen und so Telegramme zwischen dem induzierenden
und induzierten Stromkreis austauschen. Diese Anordnung findet,
wie wir sehen werden, ihre Anwendung, wenn man beispielsweise eine telegraphische Verbindung zwischen einer festen,
stromdurchflossenen Leitung und einer beweglichen Empfangsstation, welche den induzierten Stromkreis enthält, herstellen
will, wie dies in den telegraphischen Verbindungen mit Eisenbahnzügen auf der Fahrt oder mit Leuchtschiffen stattfindet,
welche je nach der Richtung des Windes ihre Stellung wechseln,
so daß es nicht möglich ist, dieselben vermittelst Kabel mit der
Küste zu verbinden.

Obgleich in diesen Fällen ein Verbindungsdraht zwischen
beiden Stationen fehlt, so befinden sich doch der induzierende
Draht und der induzierte in verhältnismäßig geringer Entfernung
voneinander. Für größere Entfernungen sind noch weitere Bedingungen zu erfüllen.

Die zwei Stromkreise I und I' der Fig. 11 können entweder in derselben Ebene liegen oder aber in parallelen Ebenen.
Theorie und Erfahrung zeigen, daß die Stärke des induzierten Stroms im zweiten Fall größer ist als im ersten. Es

wurden jedoch, wie wir sehen werden, auch Versuche zur Telegraphie durch Induktion mit beiden Stromkreisen in gleicher
Ebene angestellt. Wenn es sich um Übertragungen auf große
Entfernungen handelt und dabei die Anordnung der Stromkreise
in parallelen Ebenen angewendet wird, so müssen diese Ebenen
offenbar vertikal sein, wobei sich zwei Methoden darbieten:
Entweder man benützt zwei in sich geschlossene Stromkreise
oder man verwendet die Erde oder das Wasser als Rückleitung,
wie Fig. 12 zeigt. Dabei ist ein einziger über der Erde gespannter
Draht an beiden Enden mit zwei eingegrabenen versenkten
Platten mit der Erde oder dem Wasser in Verbindung.

Die beiden Fälle erscheinen auf den ersten Blick sehr verschieden, kommen in Wirklichkeit aber auf dasselbe hinaus. In
der Tat bilden sich im Falle der Fig. 12 zwischen den beiden
versenkten Platten die Stromfäden, von welchen wir oben ge-

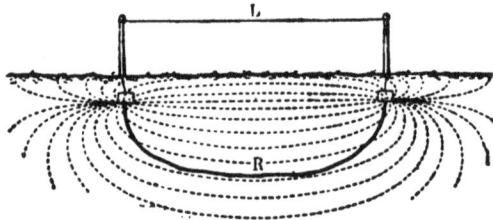

Fig. 12.

sprochen haben, in großer Anzahl. Die Gesamtheit dieser Ströme
kommt jedoch einem einzigen Strome, welcher einen einzigen
Leiter R durchfließt, gleich, welch letzterer in Verbindung mit
der Luftleitung L einen geschlossenen Stromkreis wie im ersten
Falle darstellt.

Die Tiefe, auf welche die Stromfäden eindringen und bis
zu welcher man den Leiter R sich versenkt vorzustellen hat,
nimmt mit der Entfernung zwischen den beiden Erdplatten zu.

In den von Preece und Frodsham angestellten Versuchen,
bei welchen die Luftleitung eine Länge von 100 m aufwies, fand
sich, daß der Draht R in eine Tiefe von ungefähr 100 m angenommen werden mußte. Bei den Versuchen von Conway mit
einem Primärdraht von 410 m Länge berechnete man diese Tiefe
auf 116 m, während bei den Versuchen zu Ness-See und Kil-
brannau-Sund, bei welchen die Entfernung der Platten zwischen
3,5 und 6,5 km betrug, die Tiefe, bis zu welcher die Stromfäden
wahrnehmbar waren, bis zu 300 m sich erstreckte.

Hieraus ergibt sich, daß mit der Verlängerung der Linie und deren Erhebung über der Erde die von dem Stromkreis umfaßte Fläche beträchtlich zunimmt, nicht nur infolge des Teils der Fläche, welcher über der Erde liegt, sondern auch weil die resultierende Leitung R immer tiefer in die leitende Erdoberfläche eindringt.

Die Versuche von Preece haben gezeigt, daß mit der Zunahme dieser Fläche auch die Induktionswirkung zwischen dem induzierenden und induzierten Stromkreis wächst.

Bei diesen Versuchen wurden Drahtspulen verwendet, von welchen die eine den induzierenden Stromkreis, die andere den induzierten bildete, während vermittelst eines Telephons die induzierten Ströme beobachtet wurden. Es ergab sich, daß die induzierende Wirkung der einen Rolle auf die andere vielmehr mit dem Wachsen des Durchmessers der Spiralen als mit der Anzahl der letzteren zunahm. Nun kann, wie wir gesehen haben, ein einfacher oberirdisch gespannter Leitungsdraht, dessen beide Enden mit der Erde in Verbindung stehen, als eine Drahtspule mit einer einzigen Windung angesehen werden, eine Spule, deren Durchmesser sehr viel größer ist als der Durchmesser einer Spirale wäre, welche aus dem metallisch in sich geschlossenen Draht hergestellt werden könnte. Das ist ohne weiteres klar, wenn man bedenkt, daß im ersten Falle der Luftleitungsdraht in Verbindung mit der durch den Erdboden gebildeten, tief unter der Erdoberfläche liegenden resultierenden Leitung eine weitaus größere Fläche umschließt, als dies vermittelst eines in sich geschlossenen Drahtes möglich wäre.

Ergibt sich hieraus, daß je größer die vom induzierenden Stromkreis umschlossene Fläche ist, um so größer die Induktionsfläche ausfällt, so ist klar, daß zur Übertragung auf große Entfernungen lange, hochgeführte Primär- und Sekundär-Leitungen erforderlich sind, deren Enden mit Platten verbunden sind, welche im Erdboden oder besser noch im Wasser versenkt sind. Wenn die beiden Stromkreise der Fig. 10 statt aus einem Leiter mit einer einzigen Windung aus einer Spirale und mehreren Windungen bestünden, so liegt es nahe, anzunehmen, da jede Spirale des Stromkreises I auf jede Windung des Stromkreises I' induzierend einwirkt, daß der induzierte Strom größer ausfällt, woraus man schließen könnte, daß bei den Übertragungen auf große Entfernung Spulen mit zahlreichen Windungen vorzuziehen seien.

Allzu zahlreich sind jedoch die Einzelheiten, welche das Schlußergebnis bestimmen, als daß man auf dem Wege der Überlegung über die Vorzüglichkeit der einen oder anderen Anordnung entscheiden könnte. Dies wird um so klarer, wenn man sich auch den Fall der Spulen mit geerdeten Enden vorstellt, bei welchen die resultierende Erdleitung eine weniger bestimmte Form annimmt. Unmittelbar einleuchtend ist jedoch, daß mit der Zunahme der Windungen die Länge des Leiters und damit dessen Widerstand zunimmt und daß mit dem Widerstand die Stärke des induzierenden Stromes abnehmen muß, woraus folgt, daß zur Erhaltung der letzteren eine verhältnismäßige Vermehrung der im primären Stromkreis aufzuwendenden Arbeit erforderlich ist. Zudem ist zu bedenken, daß mit der Zunahme der Windungszahl die Selbstinduktion des primären Stromkreises zunimmt, wodurch ebenfalls die Stromstärke im induzierenden Stromkreis bald erhöht, bald aber auch vermindert wird. Aus diesen Gründen empfiehlt es sich, die Entscheidung bei dem praktischen Experiment zu suchen.

Preece verfuhr dabei auf folgende Weise: Zwei Drähte von bestimmter Länge wurden in zwei Spulen gewickelt. Dann wurde die Stärke ihrer gegenseitigen Induktionswirkungen bei einer gegebenen Entfernung bestimmt. Hierauf wurden die Windungen aufgelöst und die Drähte geradlinig ausgespannt, während die Erde als Rückleitung diente. Unter Verwendung derselben elektrischen Energie wie im ersten Falle fand sich, daß die Induktionswirkungen im zweiten Falle bedeutend größer waren als bei der ersten Anordnung.

Diese Versuche bestätigen, daß bei Übertragungen auf große Entfernungen sich die Anwendung eines einzigen Luftleitungsdrahtes von großer Länge in möglichst großem Abstand von der Erdoberfläche und parallel zu letzterer empfiehlt und daß dieser Draht an beiden Enden mit der Erde oder dem Wasser vermittelst versenkter Endplatten zu verbinden ist.

Elektrostatische Systeme.

Die Systeme von Smith und Edison. Die ersten Anwendungen der Telegraphie vermittelst elektrostatischer Induktion beabsichtigten die Verbindung zwischen den Eisenbahnstationen und auf der Fahrt befindlichen Eisenbahnzügen herzustellen. Smith schlug 1881 vor, zu diesem Zweck eine Telegraphenlinie parallel zur Eisenbahnlinie und möglichst nahe am Dache der Eisenbahnwagen anzulegen. Das Dach der Wagen war mit einer metallisch vollkommen isolierten Schicht bedeckt, von welcher ein Draht zu einem Telephon im Innern des Wagens führte, dessen anderes Ende vermittelst der Räder mit dem Boden in Verbindung stand.

Das Telephon im Wagen gab die Gespräche wieder, welche längs der Leitung geführt wurden.

Etwas verwickelter ist der Apparat, welchen Edison im Jahre 1885 sich patentieren ließ und der gleichem Zwecke dienen sollte. Das Prinzip desselben ist identisch mit dem des Apparats von Smith, doch glauben wir die Beschreibung übergehen zu sollen, um nicht das Feld der Telegraphie ohne Draht zu verlassen. In der Tat wird eine solche Bezeichnung für diese Systeme nicht zutreffen, bei welchen wohl ein Abstand zwischen Linie und Empfänger vorhanden ist, bei welchen es jedoch unerläßlich, daß ein Draht die ganze Linie durchläuft, längs welcher die Verbindungen stattfinden sollen

Edison erprobte sein System im Jahre 1889 auf einer Eisenbahn-

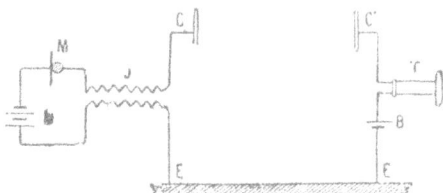

Fig. 13.

linie von 86 km der Lebigh Valley Railroad. Die Telegramme wurden vermittelst akustischen Morsezeichen, welche von einem Telephon aufgenommen wurden, übertragen. Die Übertragungen gelangen längs der ganzen Linie tadellos.

System Dolbear. Das von Dolbear angegebene, in Fig. 13 schematisch dargestellte System gestattet Übertragungen auf viel größere Entfernungen.

Auf der Sendestation befindet sich eine Batterie B, von einer elektromotorischen Kraft von wenigstens 100 Volt, deren einer Pol bei E über eine Spirale der Rolle I mit der Erde verbunden ist, während der andere Pol über den Mikrophonkontakt M mit der Platte C und der anderen Windung der Rolle I in Verbindung steht. An der Empfangsstation befindet sich eine schwächere Batterie B', deren Pole einerseits in E' mit der Erde, anderseits vermittelst des Telephons T mit der Platte C' verbunden sind.

Die beiden Platten CC' bilden die Belegungen eines Kondensators von geringer Kapazität, infolge des großen Abstands

zwischen ihnen. Insoferne jedoch diese Platten in der Nähe
des Erdbodens sich befinden, kann eine jede als die eine Belegung eines Kondensators, dessen andere durch den Erdboden
gebildet wird, angesehen werden. Die Kapazität dieses Kondensators ist infolge der Nähe der Belegungen viel größer als
die des Kondensators, welcher durch die zwei Platten CC' gebildet wird.

Wenn man nun gegen das Mikrophon M spricht, so verändern die Widerstandsänderungen des Mikrophontakts die
Ladung der Belegung C, was einerseits auf die Ladung des
Erdbodens bei E, andererseits auf die Ladung der Platte C' einwirkt. Die letztere verursacht demnach Ströme durch das Telephon T, welches die auf das Mikrophon M treffenden Schallschwingungen und
damit die vor M ge-
sprochenen Worte
wiederholt.

Andere Sy-
steme Edison.
Infolge der größeren
Entfernung zwi-
schen C und C' ge-
genüber der Entfer-
nung zwischen C
und dem Erdboden
ist die Energie,
welche zwischen C und E verloren geht, viel größer als jene,
welche von C auf C' übergeht.

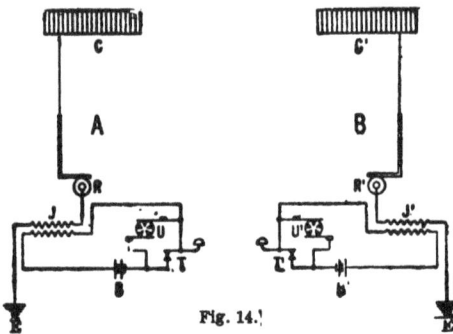

Fig. 14.

Um den Verlust zwischen C und der Erde zu verringern,
ist es erforderlich, die Kapazität des Kondensators, dessen eine
Belegung durch C, dessen andere durch die Erde gebildet wird,
herabzusetzen, was dadurch erreicht werden kann, daß man C
erhöht über der Erdoberfläche anbringt.

Einer der Ersten, welcher diesen Zusammenhang erkannte,
war Edison, welcher in einem seiner Patente, betreffend die ober-
irdische drahtlose Telegraphie, die Notwendigkeit betonte, die
Kondensatorbelegung so hoch anzubringen, daß die absorbierende
Wirkung von Häusern, Bäumen, Bergen, möglichst verringert
würde.

Um derartige Kondensatorbelegungen zu beschaffen, schlug
er außer langen Pfählen oder Antennen auch Drachen oder Luftballone vor.

Fig. 14 zeigt die von Edison angegebene Anordnung. Die beiden Kondensatorbelegungen CC' sind in erheblicher Höhe über der Erdoberfläche angebracht und vermittelst eines Metalldrahts mit dem Empfangsapparat R, dem sog. Elektromotograph, und mit der sekundären Wicklung einer Induktionsrolle I verbunden. Der Elektromotograph besteht aus einem rotierenden Zylinder, auf welchem eine metallische Feder aufruht, welche infolge der Reibung mit dem Zylinder einen Ton von bestimmter Höhe erzeugt. Sobald die Feder von einem Strom durchflossen wird, verändert sich die Reibung und damit die Höhe des erzeugten Tones. Diese Änderungen des Tones bilden die Zeichen zur telegraphischen Übertragung.

An Stelle des Zylinders R kann selbstverständlich jeder andere Empfangsapparat verwendet werden, welcher auf Wechselströme anspricht.

Die primäre Wicklung der Induktionsspule I ist mit einem Taster T und einer Batterie B zu einem Stromkreis vereinigt.

Sobald der Taster gedrückt wird, durchfließt der Strom der Batterie den Rotationsunterbrecher U, wodurch in der primären Wicklung der Rolle I eine Reihe von Stromstößen entsteht, welche in der sekundären Wicklung entsprechende Wechselströme hervorrufen. Letztere erreichen die Oberfläche des

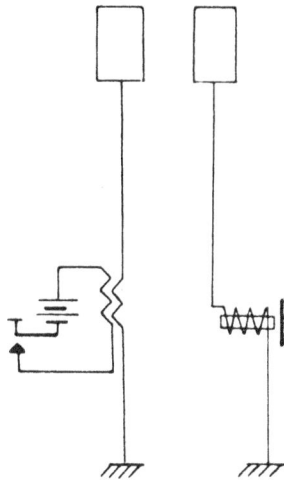

Fig. 15.

Kondensators C und laden dieselbe abwechselnd mit positiver und negativer Elektrizität.

Diese elektrostatischen Impulse übertragen sich durch Induktion auf die Platte C' der Empfangsstation und erzeugen in dem zu dem Empfänger R' gehenden Draht Ströme, welche in oben angegebener Weise die Signale vermitteln.

Eine andere einfachere Anordnung, ebenfalls von Edison 1891 angegeben, ist in Fig. 15 dargestellt. In der Sendestation wird vermittelst eines Tasters der primäre Stromkreis einer Induktionsrolle geöffnet und geschlossen, während der sekundäre Stromkreis einerseits mit einer auf einer Antenne angebrachten Metallbelegung, anderseits mit dem Erdboden in Verbindung

steht. Auf der Empfangsstation steht eine zweite auf einer
Antenne angebrachte Platte über ein Telephon mit der Erde in
Verbindung. Nach der Angabe des Erfinders bildet seine Anordnung einen Kondensator, in welchen die Drähte und Platten
die Belegungen, die Luft die isolierende Zwischenschicht bilden.

Auch in diesem Falle werden die telegraphischen Zeichen
dadurch hervorgebracht, daß die Ladung der Platte in der
Empfangsstation sich durch Induktion ändert und die hierdurch
entstehenden Ströme die Platte des Telephons in Schwingungen
bringen.

System Kitsee. Ähnlich der Edisonschen Anordnung
ist die von Kitsee angegebene (Fig. 16) schematisch dargestellte
Einrichtung.

Als Empfänger wird eine Geislersche Röhre G verwendet,
welche durch ihr Aufleuchten die von der Sendestation ab-

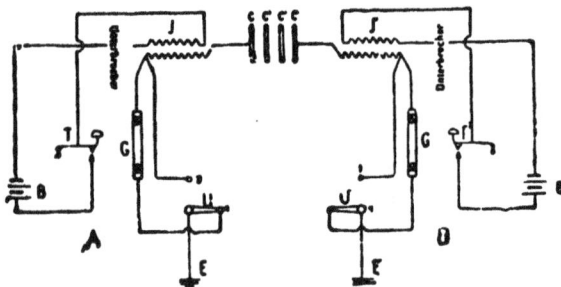

Fig. 16.

gegebenen Zeichen wiedergibt. Die primäre Windung der Induktionsrolle I ist mit einer Batterie, einem Taster und einem
Unterbrecher zu einem Stromkreis vereinigt.

Die zweite Wicklung steht einerseits mit der Kondensatorbelegung C, anderseits je nach der Stellung des Hebelumschalters U mit der Geislerschen Röhre G oder unmittelbar mit der
Erde in Verbindung. Die eine Stelle des Hebelumschalters U
gibt die Schaltung zum Empfang, die andere die Schaltung zur
Abgabe der Zeichen.

Durch die Bewegung des Tasters kann demnach die Geislersche Röhre der Empfangsstation für mehr oder minder lange
Zeiten zum Aufleuchten gebracht werden, wodurch dem Morse-
alphabet ähnliche Zeichen hervorgebracht werden. Zur Erhöhung
der Übertragungsentfernung können zwischen den Platten C
und C weitere isolierte Platten C' C' eingefügt werden. Der Kunst-

griff kann jedoch nicht über eine gewisse Grenze hinausgetrieben werden, da der Übergang von einer Belegung zur andern immer mit einem gewissen Energieverlust verbunden ist. Im ganzen bleibt die mit den angegebenen Mitteln erreichbare Übertragungsentfernung immer eine sehr begrenzte.

System Tesla. Auch Tesla versuchte, bevor man daran dachte, die elektrischen Wellen zur drahtlosen Telegraphie anzuwenden, die elektrostatischen Wirkungen nutzbar zu machen. Er bediente sich der Wirkungen eines Leiters mit großer Oberfläche, welcher mit einem Pol einer Wechselstrommaschine mit ca. 20000 Stromwechsel in der Minute verbunden war, während der andere Pol der Maschine an die Erde gelegt war. Er war der Meinung, daß, wenn in der Empfangsstation ein zweiter mit der Erde in Verbindung stehender Leiter von gleicher Schwingungsdauer, wie sie der Leiter in der Sendestation aufwies, angebracht würde, der erstere infolge der Resonanz in elektrische Schwingungen geraten müßte, welche zur Übermittelung telegraphischer Zeichen zwischen den beiden Stationen dienen könnte. Diese Anordnung kann als Übergang zwischen der elektrostatischen Anordnung Edisons und den Einrichtungen mit elektrischen Wellen, in welchen Wechselzahlen von der Ordnung von 10 Millionen pro Sekunde zur Anwendung kommen, betrachtet werden. Tesla nahm im Jahre 1898 ein Patent, nach welchem das erwähnte Prinzip zur Lenkung eines Schraubenschiffes auf Entfernung verwendet werden sollte.

Elektrodynamische Systeme.

System Trowbridge. Die erste bemerkenswerte Anwendung der Erscheinungen der elektrodynamischen Induktion auf die Übertragung von Zeichen in die Ferne wurde im Jahre 1880 von Prof. Trowbridge in Cambridge in den Vereinigten Staaten von Amerika gemacht. Die beiden Drähte, zwischen welchen die Zeichen ausgetauscht wurden, waren in einer Entfernung von 1600 m voneinander angebracht. Der induzierende Draht bestand aus einer Telegraphenleitung, welche das Observatorium von Cambridge mit der Stadt verband. Die zu übertragenden Zeichen waren die Schläge einer Uhr, welche in gleichen Zeitabständen den induzierenden Strom unterbrach. lm induzierten Stromkreis, welcher von einem 150 bis 180 m langen Draht gebildet wurde, besorgte ein Registrierapparat die durch die induzierten Ströme übermittelten Zeichen.

System Phelps und Woods-Adler. Im Jahre 1884
gedachte Phelps in ähnlicher Weise telegraphische Verbindungen
zwischen den Eisenbahnstationen und den Eisenbahnzügen auf
der Fahrt herzustellen.

Der induzierende Stromkreis bestand aus einem isolierten
Draht, welcher von Station zu Station angelegt war und eine
zwischen den Schienen untergebrachte Röhre durchlief, außerdem mit den Sendeapparaten der Stationen in Verbindung stand.
In einem Wagen des Zuges befand sich der induzierte Stromkreis, welcher aus einem ungefähr 2500 m langen, in 90 Windungen um einen senkrechten rechteckigen Rahmen gewickelten
Kupferdraht bestand. Eine Seite dieses Rahmens ragte unter
dem Boden des Wagens hervor und näherte sich auf ca. 0,175 m
dem darunter liegenden Draht des induzierenden Stromkreises.

Die Enden des induzierten Stromkreises waren mit einem
empfindlichen Relais verbunden, welches auf jeden Induktionsstrom den Stromkreis einer Ortsbatterie schloß, welche in gewöhnlicher Weise einen Morseapparat betätigte. So oft in dem
induzierenden Stromkreis in einer der sendenden Stationen eine
Taste gedrückt wurde, wurde der Draht der Linie von einem
intermittierenden Strom durchflossen, worauf der in dem Stromkreis des Wagens induzierte Strom das Relais erregte und damit
das gewünschte Zeichen übertrug.

Die auf einer Linie von 20 km angestellten Versuche ergaben zufriedenstellende Resultate.

Um von dem Zug nach den Stationen zu telegraphieren,
benutzte man den Ortsstrom des Zuges, und vermittelst eines
Tasters erzeugte man in dem Stromkreis des Wagens intermittierende Gleichströme, welche durch Induktion im Draht der
Linie Wechselströme erzeugten, die in den Stationen vermittelst
des Telephons aufgenommen wurden.

In den Jahren 1887 und 1888 wurden zu gleichem Zwecke
von Woods-Adler ähnliche Apparate angegeben, welche zwar mit
Erfolg erprobt wurden, doch wie es scheint keine ausgedehntere
Anwendung fanden.

System Eversted-Lennet. Die Fig. 17 zeigt eine Anordnung von Eversted und Lennet, vermittelst welcher zwischen
der Küste und einem verankerten Leuchtschiff oder einem
anderen in bestimmter Entfernung sich nähernden Schiffe telegraphische Zeichen ausgetauscht werden können. Mit B ist ein
verankertes Leuchtschiff bezeichnet, welches je nach der Richtung des Windes verschiedene Stellungen in einem Kreis, dessen

Mittelpunkt durch den Anker gebildet wird, einnehmen kann.
Damit nun das Schiff in jeder dieser Stellungen Nachrichten
von der Küste empfangen kann, wird auf dem Meeresgrund
kreisförmig ein Kabel ausgelegt, welches die erwähnte Fläche,
innerhalb welcher sich das Schiff bewegen kann, umschließt.
Das Kabel ist mit den Sendeapparaten an der Küste in Verbindung. Das Schiff ist außen von einer Drahtwicklung von
wenigstens 50 Windungen aus isoliertem Draht umwickelt, welch
letzterer den sekundären Stromkreis bildet und ein Telephon enthält. Vermittelst des Tasters und des Unterbrechers U werden
in das Kabel intermittierende Ströme geschickt, welche durch Induktion auf die auf dem Schiffe befindlichen Rollen wirken und im

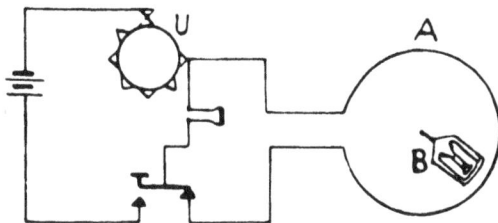

Fig. 17.

Telephon des Schiffes die gewünschten Zeichen hervorbringen.

Offenbar kann die Anordnung auch zum Verkehr mit einem
nichtverankerten Schiff, welches in den Wirkungsbereich des
kreisförmigen Kabels A gelangt und mit den erforderlichen
Empfangsapparaten ausgerüstet ist, dienen.

Versuche von Preece. Die bisher beschriebenen
Systeme gestatten eine Übertragung nur auf eine sehr geringe
Entfernung zwischen induziertem und induzierendem Stromkreis,
und gehören nur insofern zur Kategorie der drahtlosen Telegraphie, als keine metallische Verbindung zwischen den beiden
Stromkreisen vorhanden ist. Sie erfordern jedoch Leitungsdrähte, welche von der sendenden Station sehr nahe an die
empfangende heranreichen müssen. Die Notwendigkeit, zwischen
den Küsten und Leuchttürmen und Leuchtschiffen telegraphisch
zu verkehren, hat jedoch zu Versuchen einer allgemeineren und
wirksameren Lösung der Aufgabe geführt. Preece, der frühere
Chefingenieur der englischen Telegraphen, hat zu diesem Zweck
drei verschiedene Anordnungen vorgeschlagen, welche mit reichen
Mitteln einer praktischen Prüfung unterzogen wurden.

Das erste Verfahren bestand darin, längs der Küste eine
Leitung von mehreren Kilometern anzulegen und eine zweite
Leitung auf dem Schiffe anzubringen. Wenn der erste Stromkreis von intermittierenden Strömen durchflossen wurde, so erzeugten diese im zweiten induzierte Ströme, deren Stärke von
der Länge der beiden Stromkreise, deren Abstand und der Stärke
des primären Stromes abhingen.

Bei dem zweiten Verfahren wurde an der Seite des Schiffes
eine metallische Leitung parallel mit einer an der Küste befindlichen Leitung angebracht, deren Enden in das Meer tauchten,
so daß der Stromkreis, welcher die Empfangsapparate bewegte,
durch das Meerwasser geschlossen war.

Bei der dritten Methode wurde ein leichtes Unterseekabel
verwendet, welches einerseits mit der Landstation verbunden
war, anderseits in der Nähe des Schiffes mit einer Spule
endigte. An Bord des Schiffes befand sich eine zweite Spule,
auf welche die erste induzierend einwirkte und so die Signale
übermittelte.

Die erwähnten Methoden sind auch zum Verkehr zwischen
zwei entfernten Küsten anwendbar, und zwar um so leichter,
als die Schwierigkeiten der Übertragung sich in dem Maße vermindern, als man der empfangenden Linie eine größere Ausdehnung geben kann, als dies auf Schiffen, kleinen Inseln und
Felsen möglich ist.

Die Versuche von Preece begannen im Jahre 1884 und
hatten zunächst nur den Zweck, die Gesetze der Übertragung
durch elektrodynamische Induktion durch den Raum zu ermitteln,
um das geeignete Verfahren auszuwählen und die Bedingungen
festzustellen, unter welchen die besten Ergebnisse erzielt würden.
Im Jahre 1886 wurde die erste der erwähnten Methoden zwischen
Gloucester und Bristol an den Ufern des Severn auf eine Entfernung von ca. 6,5 km angewendet. Auf den beiden Ufern
wurden parallel zueinander auf Telegraphenstangen zwei Drähte
von ungefähr 22 km Länge gespannt und mit anderen Drähten,
welche in großer Entfernung von ersteren verliefen, verbunden,
so daß zwei geschlossene Stromkreise entstanden. In dem einen
dieser Stromkreise wurde ein regelmäßig unterbrochener Strom
von 0,5 Ampere unterhalten, welcher in einem eingeschalteten
Telephon einen andauernden Ton hervorbrachte. Ein in dem
zweiten Stromkreis eingeschaltetes Telephon gab diesen Ton
wieder. Im Jahre 1899 wurden die Versuche im größeren Maß-

stabe im Kanal von Bristol zwischen dem Vorgebirge Lavernock-Point und zwei kleinen Inseln Flat-Holm und Steep-Holm (Fig. 18) aufgenommen. Die Übertragungen gelangen vollkommen mit Flat-Holm, weniger gut mit Steep-Holm.

Die Einrichtung bestand aus einer 1157 m langen Leitung bei Lavernock-Point, welche von einem Wechselstrom mit 192 Stromwechseln in der Sekunde und einer größten Stromstärke von 15 Ampère durchflossen war, und aus einer Leitung von je 546 m auf jeder der beiden Inseln. Die Leitungen waren auf Telegraphenstangen angebracht und an beiden Enden geerdet. Es wurde auch versucht, Zeichen mit einem Dampfer auszutauschen, auf welchem sich das eine Ende eines 800 m langen mit Gutta-percha isolierten Drahtes befand, während das andere Ende an eine Boje angeschlossen war.

Für die Entfernungen unter 1600 m gelang die Übertragung, gleichgültig ob der Draht in der Luft ausgespannt oder im Wasser versenkt war. Bei größeren Entfernungen konnte eine Übertragung nur erreicht werden, wenn der Draht in der Luft ausgespannt war. Infolge der guten Ergebnisse dieser Versuche wurde die Anlage zwischen Lavernock-Point und Flat-Holm zum Zwecke telegraphischen Verkehrs zwischen der Küste und dem Leuchtturm auf der Insel endgültig belassen und seit März 1898 besteht infolgedessen ein regelmäßiger Nachrichtendienst zwischen den beiden Stationen.

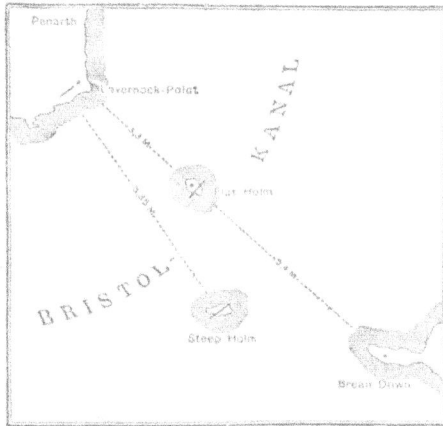

Fig. 18.

Man ersetzte jedoch dabei die Wechselstrommaschine durch eine Batterie von 50 Leclanché-Elementen und einen Unterbrecher, welcher 400 Unterbrechungen erzeugt, eine Frequenz, bei welcher das verwendete Empfangstelephon den höchsten Grad der Empfindlichkeit aufwies.

Die Zeichen werden mit aller wünschenswerten Vollkommenheit übertragen, wobei die Übertragungsgeschwindigkeit bis zu 40 Worten in der Minute reicht.

Abgestimmtes System Lodge. Dieses System kann als ein Zwischenglied zwischen den Anordnungen mit elektrodynamischer Induktion und jenen mit elektrischen Wellen aufgefaßt werden, insoferne als dabei wohl die Induktion zwischen zwei Spulen benutzt wird, letztere jedoch mit Kapazitäten verbunden werden, derart, daß elektrische Wellen erzielt werden, welche von den gewöhnlicheren nur durch eine viel größere Wellenlänge sich unterscheiden. Das Verständnis dieses Systems erfordert jedoch die Kenntnis der Grundlagen, auf welchen die Methoden mit elektrischen Wellen beruhen, weshalb die Beschreibung desselben zusammen mit der Beschreibung letzterer erfolgen soll.

---

4. Kapitel.

Radiophonisches System.

Theoretische Grundlagen.

Die amerikanischen Physiker Graham Bell und Sumner-Tainter machten im Jahre 1878 im Verlaufe von Versuchen über die Wiedergabe des Schalles vermittelst des Lichtes die Beobachtung, daß ein intermittierendes Licht, welches auf eine zarte, gegen das Ohr gehaltene Platte fällt, einen Ton von sich gibt, dessen Schwingungszahl der Zahl der Unterbrechungen des Lichtstrahls entspricht.

Der Apparat, mit welchem die Erscheinung hervorgebracht werden kann, wurde von den Erfindern Photophon genannt. Mercadier jedoch, welcher über denselben Gegenstand interessante Untersuchungen anstellte, schlug den Namen Radiophon vor, da nicht nur Lichtstrahlen, sondern auch Wärme- und aktinische Strahlen die gleiche Wirkung hervorbringen können. Der Apparat ist in Fig. 19 dargestellt.

Ein Bündel Sonnenstrahlen wird von dem Spiegel E zurückgeworfen, dann in den Brennpunkt der Linse L vereinigt, hierauf vermittelst zweier weiterer Linsen M und N neuerdings auf die geschwärzte Membrane A vereinigt. Letztere wird dem Ohr direkt oder vermittelst eines Hörrohrs C nahe gebracht. An dem

Punkt, an welchem sich die von der Linse *L* ausgehenden Strahlen treffen, befindet sich eine drehbare Scheibe, in deren Rand in regelmäßigen Abständen Durchbohrungen angebracht sind.

Wird nun die Scheibe *D* in Umdrehung versetzt, so wird durch die am Rande befindlichen Öffnungen der Durchgang des Lichtes abwechselnd ermöglicht und unterbrochen, wodurch die Membrane *A* in Schwingungen gerät und einen um so höheren Ton von sich gibt, je schneller die Scheibe *D* gedreht wird.

Dieser Ton entsteht infolge der aufeinanderfolgenden Ausdehnungen und Zusammenziehungen der Luftschicht, welche der Membrane an-
liegt, welche Aus-
dehnungen und Zu-
sammenziehungen
von der Erwärmung
und Abkühlung her-
rühren, welche in-
folge des Eintretens

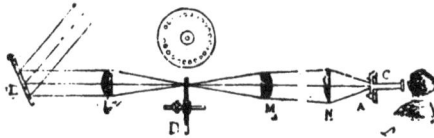

Fig. 19.

und Verschwindens der Belichtung auftreten. Der Apparat wurde daher auch Thermophon genannt.

Die Anordnung kann offenbar leicht zur Hervorbringung vereinbarter Zeichen, wie sie beispielsweise den Punkten und Strichen des Morsealphabets entsprechen, verwendet werden. Es genügt z. B., vor der Lichtquelle einen Schirm einzuschalten, durch dessen Bewegung die Lichtwirkung längere oder kürzere Zeit unterbrochen und wieder hergestellt wird.

Die vermittelst des eben beschriebenen thermophonischen Empfängers erreichbare Entfernung der Übertragung ist verhältnismäßig klein. Sie kann jedoch erheblich vergrößert werden, wenn man sich als Empfänger eines Selenwiderstandes bedient, welcher mit einer Batterie und einem Telephon zu einem Stromkreis vereinigt ist.

Ein Empfänger der Art beruht auf der Eigenschaft des metallischen Selens, den Widerstand gegen den elektrischen Strom unter Belichtung zu verringern. Wenn man daher einen solchen Selenwiderstand wechselnder Belichtung aussetzt, so erzeugen diese Wechsel entsprechende Änderungen des Widerstandes im Selen und daher des Stromkreises, in welchem dieser Widerstand eingeschaltet ist. Diese Widerstandsänderungen erzeugen demnach entsprechende Änderungen in der Stärke des Stromes, welcher das Telephon durchfließt, welch letzteres dann Töne von sich gibt, deren Schwingungszahl den Widerstands-

änderungen und im weiteren den Änderungen der Belichtung
entspricht.

Die Fig. 20 zeigt eine Anordnung eines Selenwiderstandes,
wie sie Mercadier angegeben hat, um einerseits eine möglichst
große Selenoberfläche dem Lichte darzubieten und gleichzeitig
die Dicke der Selenschicht zwischen den Elektroden herunter-
zusetzen.

Die Elektroden werden von zwei langen Kupferbändern $a\,b$,
welche voneinander durch eine gleichmäßig breite Papierlage
isoliert sind und welche spiralförmig aufgewunden durch einen
kleinen Spannrahmen $d\,d'$ zusammengehalten werden, gebildet.
Die beiden Metallbänder sind mit je einer Klemme e und e' verbunden. Nachdem eine Seite des Bündels wohl geebnet ist, wird das
Ganze erhitzt, bis ein über die Oberfläche geführter glasiger
Selenstab schmilzt und so die Papierzwischenlage tränkt. Hierauf

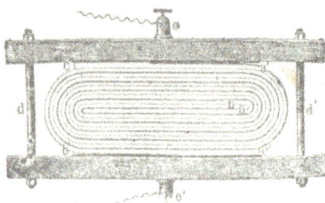

Fig. 20.

wird der Apparat in einen
Ofen gebracht, um das Selen
in metallischen Zustand über-
zuführen. Vermittelst der beiden
Klemmen e und e' wird der
Selenwiderstand in den Stromkreis der Batterie und des Telephons eingeschaltet. Um den
thermophonischen oder Selenempfänger zu betätigen, ist es

nicht nötig, daß das Lichtbündel völlig unterbrochen werde wie
es die Scheibe der Fig. 19 bewirkt. Es genügt, daß dieses Lichtbündel Änderungen der Belichtungsstärke hervorbringe, um die
entsprechenden Töne im Telephon zu erzeugen. Um diese Änderungen in der Belichtungsstärke zu erzielen, kann man sowohl auf den Spiegel B als auch direkt auf die Lichtquuelle einwirken.

Im ersteren Falle genügt es, den Spiegel in kleine Schwingungen zu versetzen, so daß das Lichtbündel kleine Richtungs-
änderungen erfährt und so sich die Menge des auf den Empfänger
fallenden Lichtes ändert. Das einfachste Mittel, dem Spiegel
derartige Schwingungen mitzuteilen, besteht darin, daß man ihn
aus dünnem Glas oder versilbertem Glimmer herstellt und einen
Ton vor dem Spiegel hervorbringt. Die Oberfläche des letzteren
gerät hierdurch in Schwingungen, und am Empfänger können
dieselben Schallschwingungen wahrgenommen werden, welche
an dem Spiegel hervorgebracht werden.

Die Wiedergabe ist eine so vollkommene, daß, wenn man gegen den Spiegel spricht, im Empfänger die Sprache wiedergegeben wird, so daß hierdurch ein System der Telephonie ohne Draht verwirklicht ist.

In den Systemen, in welchen man unmittelbar auf die Lichtquelle einwirken will, muß man sich offenbar einer künstlichen Lichtquelle, wie Gas, Azetylen oder elektrisches Licht, bedienen. Eine Leuchtgas- oder Azetylenflamme läßt sich in ihrer Lichtstärke beeinflussen, indem man den Gasdruck ändert, was leicht dadurch erzielt werden kann, daß die Gaszufuhr von einer manometrischen Kapsel abhängig gemacht wird, in welcher die Änderung des Gasdrucks durch die Schwingungen einer elastischen Membrane hervorgebracht wird (siehe Fig. 22). Auch in dieser Anordnung kann die Empfindlichkeit so weit gesteigert werden, daß, wenn die Schwingungen der Membrane durch die Sprache hervorgebracht werden, der Empfangsapparat letztere wiedergibt, woraus sich ein zweites System der Telephonie ohne Draht ergibt.

Für größere Entfernungen greift man zum elektrischen Lichtbogen als Lichtquelle, bei dessen Anwendung die erforderlichen Schwankungen in der Lichtstärke durch Beeinflussung der Stromstärke erzielt werden. Die hierbei angewendeten Schaltungen wurden erst in den letzten Jahren von Duddel angegeben, dessen Versuche späterhin zu der Bezeichnung des singenden Lichtbogens Anlaß gaben.

Der singende Lichtbogen beruht auf folgendem:

Wenn dem Gleichstrom, welcher einen elektrischen Lichtbogen erzeugt, ein Wechselstrom auch nur von geringer Stärke überlagert wird, so entsendet der Lichtbogen einen Ton in einer Höhe, welche der Schwingungszahl des Wechselstroms entspricht, und zu gleicher Zeit schwankt in gleichen Perioden die von dem Lichtbogen entsendete Lichtmenge. Wird der Wechselstrom einem Mikrophonstromkreis entnommen, so gibt der Lichtbogen die Worte wieder, welche vor dem Mikrophon ausgesprochen werden. Wird der Lichtstrahl dann auf einen Selenempfänger geleitet, so erzeugen die Lichtschwankungen die am Mikrophon gesprochenen Worte im Telephon des Empfangsapparates wieder. Damit ist nun ein drittes System der drahtlosen Telephonie gegeben.

Der Wechselstrom kann sowohl vermittelst Induktion dem Lichtbogenstrom überlagert als auch dadurch zur Wirksamkeit gebracht werden, daß eine Abzweigung von dem Hauptstrom

über ein Mikrophon hergestellt wird. Die zweite Art der Schaltung führt zu einfacheren und wirksameren Anordnungen. Eine
derselben, wie sie von Ruhmer angegeben wurde, ist in Fig. 21
dargestellt. *R* ist eine Spule, welche um einen Weicheisenkern
gewickelt ist und welche von dem ganzen Lampenstrom durchflossen wird. Von den beiden Enden der Spule ist eine Leitung abgezweigt, in welcher das Mikrophon *M* eingeschaltet ist.
Wird nun der Widerstand *R* entsprechend gewählt, so bedarf
es keiner besonderen Batterie für das Mikrophon.

Wenn man gegen das Mikrophon spricht, so ändert sich
infolge der durch die Schallwellen hervorgebrachten Widerstandsschwankungen die Stromstärke im Lampenstromkreis und die
Lichtentsendung erfährt Schwankungen, welche den Schwingungen der Mikrophonplatte ent-
sprechen.

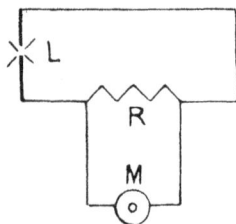

Fig. 21.

Es ist zu vermuten, daß sich mit dem
Lichtbogen die gleichen Wirkungen,
jedoch in erhöhtem Maße, erzielen
lassen, wenn man die Spule mit dem
Mikrophon im Nebenschluß in den induzierenden Stromkreis der Dynamo,
welche den Lichtstrom erzeugt, einschaltet, da jede Änderung in diesem
Stromkreis das magnetische Feld verändert, wodurch in gleicher
Weise auch der Lichtstrom, wie er von dem in diesem Felde
sich bewegenden Anker erzeugt wird, verändert wird.

Von den zur Erklärung dieser Erscheinungen aufgestellten
Theorien gründet sich die von Simon auf das Joulesche Gesetz.

Nach diesem Gesetze ist die in einem Leiter vom Strom
entwickelte Wärme proportional dem Quadrat der Stromstärke,
weshalb kleine Schwankungen in der Stromstärke verhältnismäßig große Schwankungen in der entwickelten Wärme hervorbringen. Im singenden Lichtbogen erzeugen die durch die
Überlagerung des Mikrophonstroms im Lichtbogenstrom erzeugten
Schwankungen infolge dieses Gesetzes entsprechende Schwankungen in der Wärmeerzeugung des Lichtbogens und infolgedessen ähnliche Schwankungen in den glühenden Gasen, welche
den Lichtbogen bilden, und in der Temperatur der Kohlenspitzen.
Diese Volumenschwankungen erzeugen Bewegungen der Luft,
welche Schallwellen analoger Art, wie sie den Schwingungen
der Mikrophonplatte entsprechen, hervorbringen. Die Temperatur-
schwankungen der Kohlenspitzen sind von gleichlaufenden

Schwankungen in der Lichtentsendung begleitet, wie sie durch den Selenempfänger angezeigt werden. Schließlich sei noch darauf aufmerksam gemacht, daß der sprechende Lichtbogen auch in einen hörenden sich verwandeln kann. Man hat nur das Mikrophon durch ein Telephon zu ersetzen, und letzteres gibt die Worte wieder, welche gegen den Lichtbogen gesprochen werden. Es liegt hier die umgekehrte Erscheinung wie im vorigen Falle vor. Die Volumenschwankungen der Gase im Lichtbogen, wie sie durch die Schallwellen hervorgebracht werden, erzeugen gleichlaufende Schwankungen im Widerstand des Lichtbogens, wodurch im Stromkreis Schwankungen der Stromstärke auftreten, welche im Telephon die vor dem Lichtbogen gesprochenen Worte wiedergeben.

Versuche und Anwendungen.

Radiophon Bell-Tainter. Das Radiophon Bell-Tainter entspricht der in Fig. 19 angegebenen Anordnung, enthält jedoch einen Selenempfänger.

Unter Verwendung von Sonnenlicht erhielten die Erfinder im Telephon wahrnehmbare Zeichen, auch wenn die Entfernung zwischen dem Spiegel und dem Selenempfänger mehr als 200 m betrug. Auch mit dem Licht einer Kerze wurden deutliche Töne, doch nur auf kleine Entfernung, erzielt. Die Forscher bildeten hierauf ihren Apparat in ein wirkliches optisches Telephon um, vermittelst dessen eine Übertragung der Sprache ermöglicht wurde.

Eines der Mittel zu diesem Zwecke bestand darin, daß als

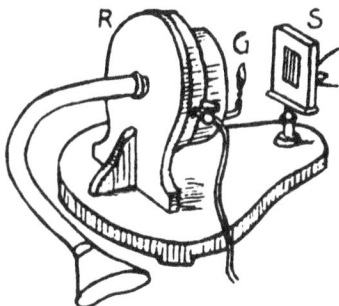

Fig. 22.

Lichtquelle eine Gasflamme diente, welche mit einer manometrischen Kapsel von König verbunden war (Fig. 22). Eine solche Kapsel besteht aus einer kleinen Schachtel R, welche durch eine Kautschukmembrane in zwei Teile geteilt ist. Durch eine dieser Abteilungen strömt das Leuchtgas oder noch besser Azetylen, welches die Flamme speist. In die andere Abteilung mündet ein Sprachrohr, vermittelst dessen der Kautschukmembrane die Schallschwingungen zugeführt werden. Die Schwingungen dieser

Membrane verändern den Zufluß des Gases zur Flamme, welche
infolgedessen den Schallschwingungen entsprechende Änderungen in der Lichtstärke erfährt. Der Selenwiderstand erfährt demnach entsprechende Widerstandsschwankungen, welche
in dem angeschlossenen Telephon die durch das Sprachrohr
gesprochenen Worte wiedergeben. Um größere Übertragungsentfernungen zu erreichen, benutzten die Erfinder vorzugsweise
ein anderes Verfahren, welches darin besteht, daß man das
Licht auf eine dünne versilberte Platte aus Glas oder Glimmer
fallen läßt, gegen welche gesprochen wird. Das auf die versilberte Seite der Membrane fallende Licht wird, wie im Falle
der Fig. 19, zurückgeworfen und vermittelst Linsen der Empfangsstation und dem Selenempfänger zugeführt. Bei den in Washington
ausgeführten Versuchen gelang die Übertragung der Sprache auf
eine Entfernung von 213 m. Doch ist kein Zweifel, daß mit
den heute zu Gebote stehenden Hilfsmitteln bedeutend größere
Entfernungen überwunden werden könnten.

Das Radiophon Mercadier. Das Radiophon Mercadier
enthält einen thermophonischen Empfänger. Der Sender entspricht dem soeben beschriebenen und besteht aus einer versilberten Membrane, welche das Ende eines Sprachrohrs, in
dessen anderes Ende gesprochen wird, abschließt. Das Sonnenlicht oder das Licht einer elektrischen Lampe wird von der
spiegelnden Fläche der Membrane zurückgeworfen und auf den
entfernten Empfänger gerichtet. Letzterer besteht aus einem
Glasröhrchen mit dünnen Wandungen, das an einem Ende geschlossen ist und in dessen Innern eine berußte Glimmerplatte
sich befindet. An dem offenen Ende der Glasröhre ist ein
Gummischlauch angesetzt, dessen Ende an das Ohr gehalten
wird. Die Schwankungen in der Intensität des Lichtstrahls,
welcher auf das Röhrchen fällt, erzeugt an der Glimmerplatte
Schwingungen, welche jenen der sendenden versilberten Membrane entsprechen, Schwingungen, welche dann als Sprache dem
Ohre des Hörers zugeführt werden.

Radiotelephon Simon und Reich. Die Fig. 23 stellt
die wesentlichen Teile dieser Anordnung dar, welche sich auf
die Eigenschaften des singenden Lichtbogens gründet.

In dieser Anordnung wirkt der Stromkreis des Mikrophons
$M B S_1$ durch Induktion auf den Stromkreis des Lichtbogens
$F S_2 B_2$. Letzterer ist im Brennpunkt eines Parabolspiegels P_1
angebracht, welcher das Licht einem zweiten Parabolspiegel P_2
an der Empfangsstation zuführt. Von diesem Spiegel werden

die ankommenden Lichtstrahlen dem Selenempfänger Z zugeführt. Mit letzterem ist das Telephon T und die Batterie B_2 verbunden.

Die tatsächlich angewendete Schaltung ist etwas verwickelter
als die in Fig. 23 dargestellte, insofern sie (Fig. 24 und 25) eine

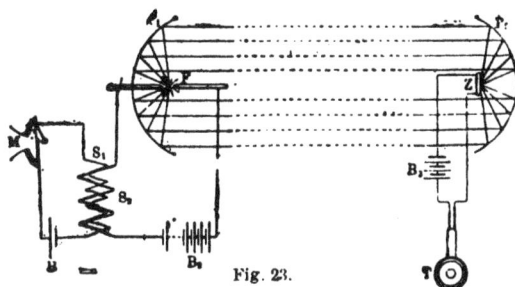

Fig. 23.

Kapazität C, im Nebenschluß zum Lichtbogen, Regulierwider-
stände R und Selbstinduktionsspulen I enthält. Die Fig. 24
gibt die Anordnung für die Sendestation, Fig. 25 die für die
Empfangsstation. Simon und Reich fanden in ihren Untersuchungen es vorteilhaft, kurze Lichtbogen und Ströme geringerer
Stärke anzuwenden, sei es weil dabei die Lichtschwankungen
größer ausfallen und daher den Selenempfänger wirksamer be-

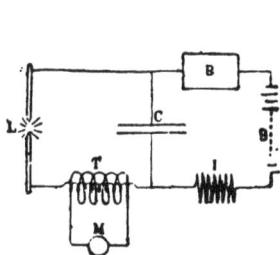

Fig. 24.

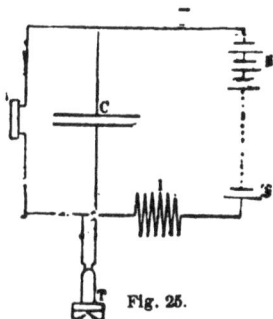

Fig. 25.

einflussen, sei es weil dabei die Lichtstrahlen wirksamer von
den Parabolspiegeln gesammelt werden.

Auf der elektrotechnischen Ausstellung in Neuyork im
Jahre 1899 wurde der erwähnte Apparat angewendet, indem
man den Selenempfänger durch einen radiophonischen Empfänger
ersetzte, welcher aus einem Glasballon, der mit Kohlenfäden
gefüllt und mit Gummihörschläuchen verbunden war, bestand.

Der Abstand zwischen den beiden Stationen betrug 120 m,
und man schätzte die Schallstärke in der Empfangsstation auf
$^1/_8$ der Schallstärke, welche in der Sendestation aufgewendet
wurde.

Radiophotophon Ruhmer. Die Schaltung ist ähnlich
der in Fig. 23 dargestellten. An Stelle des elektrischen Lichtbogens ist eine Drummondlampe und an Stelle des Selen-
empfängers ein radiophonischer Empfänger verwendet, welcher
aus einem Glasröhrchen, in welchem sich Kohlenkörner befinden, besteht. Letztere sind mit einer Batterie und einem
Telephon zu einem Stromkreis verbunden.

Das Drummondlicht wird durch die Flamme eines Gas-
gemisches aus Sauerstoff und Wasserstoff, welche seinen Zylinder
aus Kalk oder Zirkonium bespült, erzeugt. Ruhmer verwendet hinter
diesem Zylinder die Membrane eines Telephons, welches mit dem
Mikrophon, gegen welches gesprochen wird, in einem Stromkreis
liegt. Die Schwingungen der Telephonmembrane bringen den Kalk-
zylinder in Schwingungen, wodurch gleichlaufende Änderungen
in der Lichtaussendung der Lampe hervorgebracht werden. Der
in seiner Lichtstärke schwankende Strahl trifft auf die Kohle
des Empfängers, ändert hierdurch entsprechend den Widerstand
des Stromkreises, dessen Telephon die von dem sendenden
Mikrophon erzeugten Schallschwingungen wiedergibt.

Radiophon Clausen und von Bronck. Clausen und
von Bronck haben kürzlich der Akademie der Wissenschaften
in Berlin einen Apparat vorgeführt, in welchem Azetylenlicht dazu
dient, auf mehrere Kilometer Entfernung einen Selenempfänger zu
betätigen. An der Sendestation werden die Schallschwingungen
eines Sprachrohrs von einem Mikrophon aufgenommen und
durch einen telephonischen Apparat zur Erzeugung von Lichtschwankungen eines Azetylenbrenners verwendet. Die Lichtstrahlen werden vermittelst einer gewöhnlichen Linse dem
Empfänger zugeleitet. Der Empfangsapparat ist mit einem großen
parabolischen Reflektor aus Metall ausgerüstet, in dessen Brennpunkt eine kleine Selenzelle angebracht ist.

5. Kapitel.

Systeme vermittelst ultravioletter und ultraroter Strahlungen.

Theoretische Grundlagen.

Man nimmt an, daß, wie der Schall auf Schwingungen der Luft oder eines anderen elastischen Körpers beruht, das Licht von Schwingungen des Äthers herrührt, und daß wie die Schallhöhe sich mit der Zahl der Schwingungen in der Zeiteinheit ändert, so das Licht mit der Anzahl der Ätherschwingungen die Farbe ändert. Während jedoch die Zahl der Schwingungen in den wahrnehmbaren Tönen zwischen 16 Schwingungen und 27 Tausend in der Sekunde schwankt, zeigt das Licht Ätherschwingungen von 40 Billionen — rote Strahlen bis 800 Billionen in der Sekunde — violette Strahlen. Außerhalb dieser Grenzen gibt es selbstverständlich sowohl in der Luft als im Äther Schwingungen von anderen Schwingungszahlen, aber das Ohr ist taub gegen die ersteren, wie das Auge blind ist für die letzteren. Ätherschwingungen mit weniger als 400 Billionen Schwingungen in der Sekunde heißen ultrarote Strahlen, Schwingungen mit mehr als 800 Billionen heißen ultraviolette Strahlen. Beide Strahlenarten sind imstande, Wirkungen hervorzubringen, welche auf künstlichem Wege wahrnehmbar gemacht werden können. So erwärmen die ultraroten die Körper, auf welche sie fallen, und können durch besonders empfindliche Thermometer, Bolometer, Thermosäulen etc. nachgewiesen werden, während die ultravioletten Strahlen photochemische Wirkungen hervorbringen und auf photographischen Platten ihre Spuren hinterlassen.

Wie man sieht, bewahren die unsichtbaren Strahlungen einige Eigenschaften der sichtbaren, zeigen jedoch auch besondere, und eine der letzteren ist es, welche zu einer Anwendung der ultravioletten Strahlungen für ein System der drahtlosen Telegraphie führte.

Diese von Hertz im Jahre 1887 entdeckte und von Zickler 1898 zu dem erwähnten Zwecke verwendete Eigenschaft besteht im wesentlichen in der Fähigkeit, welche die ultravioletten Strahlen besitzen, den Funkenübergang zwischen zwei entgegengesetzt elektrisierten Körpern zu erleichtern. Nähert man z. B. die beiden Entladungsspitzen eines Ruhmkorff, bis ein regel-

mäßiger Funkenstrom übergeht, und entfernt sie hierauf allmählich, so wird endlich eine Stelle erreicht, in welcher der Funkenübergang aufhört, da die Potentialdifferenz zwischen den Spitzen
nicht mehr hinreicht, den Luftwiderstand zu überwinden. Der
Funkenstrom setzt jedoch sofort wieder ein, wenn man ultraviolette
Strahlen auf die Spitzen fallen läßt, und er hört ebenso wieder
auf, wenn diese Strahlen unterbrochen werden, mit anderen
Worten, das Entladungspotential sinkt unter der Wirkung der
ultravioletten Strahlen.

Die ultravioletten Strahlen können ebenso wie Lichtstrahlen
in die Ferne geleitet werden, und es ist leicht einzusehen, daß
durch abwechselndes Unterbrechen des Bündels der ultravioletten
Strahlen, welches in der Ferne auf die Entladungsspitzen eines
Ruhmkorff trifft, beliebig lange und kurze Entladungen hervorgebracht werden können und daß damit eine Zeichenübertragung
nach Art der Morsebuchstaben herzustellen ist.

Zum besseren Verständnis der Einzelheiten des von Zickler
angewendeten Apparats muß auf die Herstellung und Unterbrechung der ultravioletten Strahlen und auf einige Kunstgriffe,
welche sich bei der Erforschung der Hertzschen Wellen zur Erhöhung der Wirksamkeit der ultravioletten Strahlen auf den
Funkenübergang ergeben haben, zurückgegriffen werden.

Um ultraviolette Strahlen zu erhalten, bedarf es leuchtender
Körper von sehr hoher Temperatur, welche jedoch nicht nur
ultraviolette Strahlen, sondern in Verbindung mit diesen auch
leuchtende und ultrarote Strahlen entsenden. Das Sonnenlicht
enthält zwar ultraviolette Strahlen, doch sind dieselben für
unseren Zweck nicht wirksam genug, wahrscheinlich weil deren
Schwingungszahlen immer noch zu niedrig sind. Es ist nicht
unwahrscheinlich, daß die Sonne ultraviolette Schwingungen von
höherer Schwingungszahl entsendet, daß dieselben jedoch in den
unteren Schichten der Atmosphäre absorbiert werden.

Reicher an wirksamen ultravioletten Strahlen ist die Mag-
nesiumlampe. Die wirksamsten aber werden vom elektrischen
Funken abgegeben, insbesondere wenn der Funke zwischen
Elektroden aus Kadmium, Zink oder Aluminium übergeht, und
von elektrischen Bogenlampen, besonders wenn, wie Righi beobachtete, die positive Kohle durch einen Zinkstab ersetzt wird.

Gewöhnlich bedient man sich des elektrischen Lichtbogens
als bequemer und gleichmäßiger Quelle für die ultravioletten
Strahlen.

Die ultravioletten Strahlen haben, wie die Lichtstrahlen, die Fähigkeit, verschiedene Körper leichter oder schwerer zu durchdringen, und wie es durchscheinende und für das Licht undurchlässige Körper gibt, so gibt es auch Körper, welche die ultravioletten Strahlen beinahe unverändert durchlassen, und solche, welche sie aufhalten oder mehr oder minder vollkommen absorbieren. Wenn auch die ultravioletten Strahlen sich von den Lichtstrahlen nur durch eine geringere Wellenlänge unterscheiden, so sind doch nicht alle Körper, welche die ersteren durchlassen, auch durchlässig für die letzteren und umgekehrt. So hält z. B. eine dünne, für das Licht völlig durchlässige Glas- oder Glimmerplatte die ultravioletten Strahlungen fast vollkommen auf, während eine dicke Platte von Selenit, beinahe undurchdringlich für das Licht, die ultravioletten Strahlen ungeschwächt durchläßt.

Bei der Wiederholung des Hertzschen Versuches genügt es daher, zwischen der Quelle der ultravioletten Strahlen und der Funkenstrecke eine Glasscheibe einzuschieben, um den Funkenübergang, welchen diese Strahlen eingeleitet haben, sofort zu unterbrechen, während das Einschieben einer Selenitplatte keine derartige Wirkung hervorbringt.

Es gibt jedoch auch Körper, wie das Quarz, welche in gleicher Weise von beiden Strahlenarten durchdrungen werden, und man bedient sich der Quarzlinsen, wenn es sich darum handelt, ein Mittel anzuwenden, welches sowohl die sichtbaren als die ultravioletten Strahlen durchläßt, während man Glaslinsen oder Glasplatten verwendet, wenn nur der Durchgang der Lichtstrahlen beabsichtigt ist.

Ein Mittel, das Auftreten der Hertzschen Erscheinung zu begünstigen, besteht darin, daß man die von den ultravioletten Strahlen hervorgerufenen Funken in verdünnten Gasen übergehen läßt.

In der praktischen Anwendung wird daher die Funkenstrecke in einem luftleeren Raum untergebracht. Die Verdünnung der Luft darf jedoch nicht zu weit getrieben werden, damit nicht beim Funkenübergang die anderen Formen der Entladung, welche sich in Röhren mit verdünnten Gasen zeigen, auftreten. Die Stelle, an welcher die ultravioletten Strahlen in den Raum mit dem verdünnten Gase eintreten, enthält eine Quarzplatte oder einen anderen Körper, welcher diese Art Strahlen durchläßt.

Endlich ist noch die von E. Wiedemann und Ebert beobachtete Erscheinung zu erwähnen, daß es zur Erzeugung der

Hertzschen Erscheinung nicht erforderlich ist, daß die ultravioletten Strahlen beide Elektroden der Funkenstrecke treffen,
sondern daß es genügt, wenn die Kathode getroffen wird, und
daß es gleichgültig ist, ob die Strahlen die positive Elektrode
treffen oder nicht und ob sie das zwischen den Elektroden befindliche Glas durchdringen oder nicht.

System mit ultravioletten Strahlen.

Apparat Zickler. Die Fig. 26 zeigt schematisch den
von Zickler in seinem System der Telegraphie verwendeten
Sendeapparat. Innerhalb der Laterne G befindet sich die Bogen-
lampe L, welche die Licht- und ultravioletten Strahlen liefert.
Der Bogen steht im Mittelpunkt des sphärischen Spiegels S und
im Brennpunkt der Quarzlinse O. Letztere sendet daher aus
der Laterne in paralleler Richtung sowohl die Strahlen, welche
der Lichtbogen ihr direkt zu-
sendet, als auch diejenigen,
welche vom Bogen auf den
Spiegel S treffen und von
letzterem zurückgeworfen
werden. Die in parallelem
Bündel von der Laterne ausgehenden Strahlen dringen
so mit dem geringsten Ver-
lust in die Ferne. An irgend einer Stelle ihres Weges kann
nach Belieben der Glasschirm eingeschoben werden.

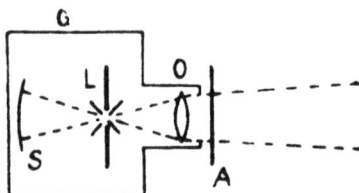

Fig. 26.

An der Empfangsstation werden die Strahlen von dem in
Fig. 27 schematisch dargestellten Apparat aufgenommen.

Die beiden Elektroden der Funkenstrecke bestehen aus
einem Platinscheibchen und einer kleinen Metallkugel, welche
in geringer Entfernung voneinander in einem Glasgefäß, welches
bei p von einer Quarzlinse abgeschlossen ist, untergebracht sind.
Sie stehen bei e_1 und e_2 vermittelst eingeschmolzener Drähte
mit den beiden Polen eines kleinen Ruhmkorffs I in Verbindung.
Die Luft in dem Gefäß r ist entsprechend verdünnt.

Die Quarzlinse l_1 vereinigt auf dem Plättchen p, welches
etwas geneigt gegen die Linse angebracht ist, die von der Sendestation kommenden parallelen Strahlen.

In den beiden Stationen kann man auch an Stelle der
Quarzlinse einen konkaven Spiegel anwenden, in dessen Brennpunkt einerseits der Lichtbogen, anderseits das Platinscheibchen
sich befindet. Selbstverständlich müssen dabei die Spiegel aus

Metall bestehen, weil solche aus Glas die wirksamen Strahlen absorbieren würden. Die Anordnung wäre etwa nach Fig. 28 zu treffen.

Bevor nun die ultravioletten Strahlen zugelassen werden, wird der Widerstand R, welcher in dem primären Stromkreis des Ruhmkorff eingeschaltet ist, derart geregelt, daß zwischen den Elektroden in dem Glasgefäß r ein Funkenübergang nicht stattfindet, daß aber die geringste Verringerung dieses Widerstandes, d. h. die geringste Vermehrung des Primärstroms, den Funkenübergang von neuem einleitet. In dieser Verfassung ist der Apparat zum Empfange der Zeichen bereit. Die Wirkungsweise ist folgende: In der Sendestation durchdringen die ultravioletten Strahlen beinahe ungeschwächt die Quarzlinse O und gelangen in parallelen Bündeln zusammen mit den Lichtstrahlen zur Empfangsstation.

Hier werden die ultravioletten Strahlen von der Quarzlinse auf die aus Platin bestehende Kathode des Ruhmkorff

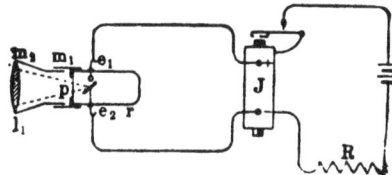

Fig. 27.

vereinigt, wodurch nach der Hertzschen Beobachtung das zur Überwindung des Widerstandes zwischen den Elektroden erforderliche Potential vermindert wird, so daß nun der Funkenübergang einsetzt. Dieser Übergang dauert so lang, als der Strom der ultravioletten Strahlen ununterbrochen von der Sendestation ausgeht.

Zickler verband seinen Apparat mit einem gewöhnlichen Telegraphenapparat, welcher durch einen Strom betätigt wurde, der durch ein im Sekundärkreis des Ruhmkorff liegendes Relais in Wirksamkeit gebracht wurde und mit dem Funkenstrom, wie er von den ultravioletten Strahlen hervorgebracht wurde, einsetzte und aufhörte.

Da die Entladungen des Ruhmkorff zugleich immer von elektrischen Wellen begleitet sind, so konnte Zickler die Aufzeichnung der Signale auch dadurch bewirken, daß er den Telegraphenapparat mit einem der in der Telegraphie vermittelst elektrischer Wellen benützten Empfänger verband.

Nach den Versuchen im Laboratorium wandte Zickler seine Anordnung im Freien an am 25. April 1898, wobei auf eine Entfernung von 50 m gute Ergebnisse erzielt wurden. Am 6. Mai gelang die Übertragung auf 200 m und am 6. Oktober auf 1300 m.

Bei dem letzterwähnten Versuche wurde ein Lichtbogen mit 60 Ampere Stromstärke verwendet und dessen Licht direkt vermittelst eines konkaven Spiegels von 80 cm Durchmesser der Empfangsstation zugeleitet. Der Luftdruck in dem Glasgefäß, welches die Funkenstrecke enthielt, war anfänglich 340, dann 200 mm.

Trotz dieser aussichtsvollen Versuche scheint eine Anwendung des Systems im großen Maßstab ausgeschlossen im Hinblick auf die Erfolge, welche seitdem mit der elektrischen Wellentelegraphie erzielt wurden. Doch hat das System Zickler einen Vorzug sowohl vor allen optischen Übertragungsarten als auch vor den Systemen, welche sich der elektrischen Wellen bedienen, insoferne als von dem Sendeapparat ausgehende Zeichen nur von dem Empfangsapparat an der Empfangsstation wahrgenommen werden können, da die im weiteren Umkreise sichtbaren, von der Sendestation ausgehenden Lichtstrahlen durch Unterbrechung der ultravioletten Strahlen nicht beeinflußt werden, die Unterbrechungen der letzteren aber nur an der Funkenstrecke des Empfangsapparates zur Wirkung kommen.

System Sella. Bei diesem System wird das Bündel der ultravioletten Strahlen, welches von einer Laterne mit elektrischem Lichtbogen und Quarzlinse von ähnlicher Einrichtung, wie sie Fig. 26 zeigt, ausgeht, dadurch unterbrochen, daß eine Scheibe, welche auf ihrem Rande eine Reihe in gleichen Abständen angebrachte Löcher aufweist, vor der Linse in Umdrehung versetzt wird. Auf der Empfangsstation werden die Strahlen wie in dem Empfangsapparat von Zickler (Fig. 27) von einer Quarzlinse auf eine platinierte Messingplatte, welche unter 45° auf die Richtung des Lichtbündels geneigt ist, vereinigt. Die Platte bildet die Kathode der Funkenstrecke, deren Anode aus einem Platinkügelchen besteht. Diese beiden Elektroden stehen jedoch nicht mit den Polen eines Funkeninduktors, sondern vermittelst eines Telephons mit den Polen einer starken Elektrisiermaschine, welche in ständiger Umdrehung erhalten wird, in Verbindung. Wenn die Scheibe stillsteht und dabei den Lichtstrahl unterbricht, so gibt das Telephon einen Ton, dessen Höhe der Zahl der Entladungen der Elektrisiermaschine in der Zeiteinheit entspricht. Wenn jedoch die Scheibe in Umdrehung versetzt wird und eines der vorübergehenden Löcher dem Bündel der ultravioletten Strahlen den Durchgang gewährt, so verändern diese, indem sie auf die Kathode des Empfangsapparats fallen, erheblich den im Telephon auftretenden Ton,

so daß in gegebener Zeit so viele Änderungen des Tons wahrgenommen werden, als in dieser Zeit Löcher der Scheibe an
der Laterne vorübergegangen sind. Indem die Geschwindigkeit
der Scheibe erhöht wird, entsteht ein einzelner Kombinations-
ton, dessen Schwingungszahl der Zahl der Unterbrechungen des
Lichtbildes entspricht. Dieser Ton kann daher durch Veränderung der Geschwindigkeit erhöht oder vertieft werden.

Um nach diesem Mittel akustische Zeichen, welche nach
dem Morsealphabet gedeutet werden können, zu übertragen,
genügt es, durch eine Glasplatte den Lichtstrahl mehr oder
minder lang zu unterbrechen. Will man den Ton des Telephons
in einem großen Saal hörbar machen, so genügt es, in den
Stromkreis der Elektrisiermaschine an Stelle des Telephons die
sekundäre Wicklung eines Ruhmkorffs einzuschalten, das Telephon aber in den primären Stromkreis des Funkeninduktors
einzufügen, wobei letzterer als Transformator wirkt, und endlich
das Telephon mit einem Schalltrichter zu versehen. Man kann
die Einrichtung jedoch auch so treffen, daß eine wirkliche Schall-
übertragung in die Ferne stattfindet. Zu diesem Zwecke wird
die Beeinflussung des Lichtstrahls statt durch eine rotierende
Scheibe vermittelst eines Spiegels, der an einer am Ende eines
Sprachrohrs angebrachten Membrane befestigt ist, erreicht. Der
Spiegel ist derart angeordnet, daß er das Licht der Laterne von
einer zur anderen Station überführt. Erzeugt man vor der Membrane einen Ton, so wird der Spiegel durch letztere in Schwingungen versetzt. Der von dem Spiegel zurückgeworfene Strahl
erfährt daher Winkelverschiebungen und damit periodische Änderungen in der Belichtung der Kathode des Empfängers, infolgedessen das Telephon einen Ton von sich gibt, welcher dem vor
der Membrane der gebenden Station entspricht.

System Dussaud. Dussaud läßt das intermittierende
Bündel der ultravioletten Strahlen auf einen fluoreszierenden
Körper fallen, in dessen Nähe sich ein Selenempfänger, wie er
in den radiophonischen Systemen benutzt wird, befindet. Unter
dem Einfluß der Strahlen und insbesondere der ultravioletten
gerät der fluoreszierende Körper ins Leuchten und wirkt damit
auf den Selenempfänger, welch letzterer vermittelst des Telephons
die Belichtungsänderungen in Tonschwingungen umsetzt.

System durch ultrarote Strahlen.

Dem System Zickler wird vielfach jede praktische Bedeutung für die drahtlose Telegraphie abgesprochen, da die violetten

4*

und ultravioletten Strahlen von in der Luft schwebenden Staub-
teilchen vom Wasserdampf und von den Gasen der atmosphärischen Luft stark absorbiert werden. Das Aufsteigen eines Nebels,
welcher, wie die Erfahrung zeigte, die wirksamen ultravioletten
Strahlen aufhebt, würde genügen, die Verbindung gänzlich zu
unterbrechen, welche auch bei klarem Wetter nur auf eine
sehr geringe Entfernung beschränkt bleiben muß. Dies hat
seinen Grund in der geringen Wellenlänge, welche die ultravioletten Strahlen aufweisen, da die Absorption irgend welcher
Ätherwellen durch Gase und Dämpfe um so größer ausfällt, je
kleiner die Wellenlängen und je größer deren Schwingungszahl
ist. So werden beispielsweise die aus außerordentlich kurzen
Wellen bestehenden Röntgenstrahlen schon von ganz dünnen
Luftschichten absorbiert, während die Hertzschen Wellen, welche,
wie wir sehen werden, lang und von viel geringerer Schwingungs-
geschwindigkeit sind, mit großer Leichtigkeit die Luft, Wasserdampf, atmosphärische Niederschläge, wie Nebel und Regen,
und den größten Teil fester und flüssiger Körper durchdringen.
Und gerade diese Eigenschaft ist es nun, welche die Hertzschen
Wellen so sehr zur Telegraphie ohne Draht geeignet macht.

Außer diesen Wellen erfreuen sich auch die dunklen
ultraroten Wärmewellen, obwohl sie viel kürzer sind als die
Hertzschen, der Fähigkeit, die mit Wasserdampf oder Staub-
teilchen erfüllte Atmosphäre zu durchdringen, ohne dabei merkbar absorbiert zu werden. Aus diesem Grunde können auch die
dunklen Wärmewellen als Mittel für die drahtlose Telegraphie
in Betracht kommen, um so mehr, als mächtige Wärmequellen
zur Hervorbringung derselben nicht fehlen.

Als Empfänger könnte in den Anordnungen dieser Art das
Bolometer oder die Thermosäule, zwei außerordentlich empfindliche Apparate, verwendet werden, vermittelst welcher Relais
betätigt werden können.

Der Sender könnte aus einer möglichst kräftigen Quelle
von dunklen Wärmestrahlen, einem Parabolspiegel, welcher die
Strahlen parallel in die Ferne zu schicken hätte, und einem die
Strahlen unterbrechenden Schirm, welcher die Rolle eines Telegraphentasters zu spielen hätte, bestehen.

Es ist nicht bekannt geworden, daß auf dieser Grundlage
bereits praktische Versuche einer Telegraphie ohne Draht ausgeführt worden wären.

6. Kapitel.

Drahtlose Telegraphie vermittelst elektrischer Wellen.

Erzeugung der elektrischen Wellen.

Hertzscher Oszillator. Der Fundamentalapparat, dessen sich Hertz zur Erzeugung elektrischer Schwingungen bediente, ist schematisch in Fig. 28 dargestellt.

Die kleinen massiven Messingkugeln bb', welche sich nahe gegenüberstehen, sind vermittelst zweier Metallstäbe mit zwei großen metallischen Hohlkugeln AA' verbunden. Das Ganze der vier Kugeln mit den beiden Stäben bildet den sog. Hertzschen Oszillator, vermittelst dessen die elek-trischen Wellen erzeugt werden.

Zu diesem Zwecke ist es nötig, die beiden Teile Ab und $A'b'$ auf hohes Potential von entgegengesetztem Vorzeichen zu laden. Es geschieht dies beispielsweise, indem man den einen Teil mit dem positiven, den anderen mit dem negativen Pol einer Elektri-siermaschine verbindet. Einfacher und sicherer ist es jedoch, die beiden Teile, wie die Figur angibt, mit den Enden der sekundären Wick-lung eines Funkeninduktors J zu verbinden, welche sich ja bei jeder Unterbrechung des Primärstroms mit entgegengesetzter Elektrizität laden.

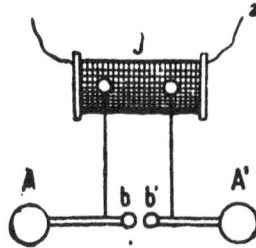

Fig. 28.

In dem Maße als die beiden Kugeln AA' geladen werden, bestreben sich die auf denselben befindlichen Elektrizitäten aus-zugleichen und eine Entladung über den Zwischenraum zwischen b und b' herbeizuführen. Da der Zwischenraum jedoch von der schlechtleitenden Luft ausgefüllt ist, bedarf es zur Entladung einer Potentialdifferenz zwischen b und b' von genügendem Betrage, um den Widerstand der Luftschicht zu überwinden. Ist dieser Betrag erreicht, so findet der Ausgleich der Elektrizität und die Entladung dadurch statt, daß zwischen den Punkten b und b' ein elektrischer Funke übergeht. Der Vorgang läßt sich durch den hydraulischen Apparat, wie er in Fig. 29 dar-gestellt ist, veranschaulichen. Die beiden kommunizierenden

Röhren AA' enthalten im Verbindungsstück eine elastische Membrane bb', der Kolben P zieht das Wasser aus dem Schenkel A und drückt es in den Schenkel A'. In dem Maße als der Wasserstand in A' steigt, gegenüber A, wird die Membrane bb' gegen A ausgebaucht, bis endlich diese Membrane, dem Überdruck nicht mehr standzuhalten vermag, zerreißt und das Wasser von A' nach A überströmen läßt.

Bei der elektrischen Anordnung, wird die Membrane bb' von der Luftstrecke bb' der Fig. 28, die beiden Röhren AA' von den Kugeln AA', der Wasserstandsunterschied zwischen AA' von der Potentialdifferenz der beiden Kugeln und der Pumpenkolben P von der Induktionsrolle gebildet, welche zur Ladung der Kugeln dient.

Die Ähnlichkeit zwischen den beiden Vorgängen reicht jedoch auch noch über den Moment der Entladung bezw. des Durchbruchs der Membrane hinaus. In dem Augenblick, in welchem in dem hydraulischen Fall die Membrane durchbrochen und der Übergang des Wassers von A' nach A hergestellt ist, stürzt sich das Wasser aus A' nach A und erhöht den Wasserstand in diesem Schenkel. Aber wenn auch in beiden Schenkeln das Wasser die gleiche Höhe erreicht hat, so hört doch die Wasserbewegung nicht sofort auf, sondern setzt sich infolge der lebendigen Kraft der Wassermasse weiter fort, indem der Wasserstand in A höher steigt als in A'. Hierauf sinkt das Wasser in A wieder und steigt in A' über den Stand in A, worauf das Spiel sich umkehrt, bis nach einer gewissen Anzahl von abnehmenden Schwingungen, das Wasser endlich in beiden Röhren gleich hoch und in Ruhe steht. Ähnlich wird bei der Entladung des elektrischen Oszillators das Potential zwischen A und A' nicht sofort völlig ausgeglichen, sondern ist, wenn es anfänglich höher in A' war, dann höher in A, dann wieder höher in A' und so weiter, so daß der Leiter AA' der Sitz äußerst rasch aufeinanderfolgender Wechselströme wird, welche die sog. elektrischen Schwingungen ausmachen.

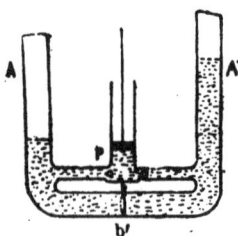

Um jedoch den hydraulischen und elektrischen Fall noch vergleichbarer zu machen, müßte man, was praktisch ziemlich schwer zu verwirklichen wäre, voraussetzen, daß bei jeder Oszillation die beide Schenkel trennende elastische Membrane

Fig. 29.

sich wieder herstellte, deren Durchbrechung dem Durchbruch
der isolierenden Schicht infolge des Funkenüberganges entspricht.
Nach dem Übergang des ersten Funkens nämlich, welcher die
Funkenbahn *bb'* auf einen Augenblick leitend machte, wird
letztere wieder zum Isolator, weshalb jede Schwingung von einem
neuen Funken begleitet ist. Diese Schwingungen werden allmählich schwächer und dauern nur so lange an, bis die dem
schwingenden System von der ersten Entladung der Induktionsspule mitgeteilte Energie soweit verbraucht ist, um keine weitere
Entladung über die Funkenstrecke zu gestatten. Ein folgender

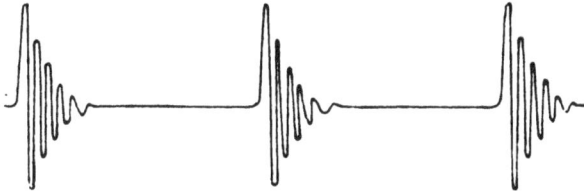

Fig. 30.

Funke aus dem Funkeninduktor gibt jedoch dem System die
verlorene Energie wieder, und es erfolgt eine neue Reihe von
Wellen.

Fig. 30 zeigt eine solche Reihe von Wellen mit abnehmender
Schwingungsweise, wie sie von drei aufeinanderfolgenden Entladungen des Funkeninduktors erzeugt werden.

Die Ähnlichkeit zwischen den hydraulischen und elektrischen
Erscheinungen zeigt sich auch in anderen Einzelheiten. Wäre
in dem hydraulischen Beispiel die Verbindung
zwischen *A* und *A'* ziemlich enge, so würde
das Wasser von einem Schenkel zum anderen
mit geringerer Schnelligkeit übergehen und nur
wenig den Wasserstand des Gleichgewichts-
zustandes überschreiten, vielmehr nach einer
geringeren Anzahl von Schwingungen die Ruhelage einnehmen. Man sagt, die Schwingungen
würden stärker gedämpft. Wäre endlich die Ver-
bindungsröhre sehr fein, z. B. eine Kapillarröhre,
so würde das Wasser von einem Schenkel zum
andern äußerst langsam übergehen, den Stand
der Gleichgewichtslage überhaupt nicht überschreiten und so überhaupt nicht zu hydraulischen Oszillationen
Veranlassung geben. In gleicher Weise werden die elektrischen

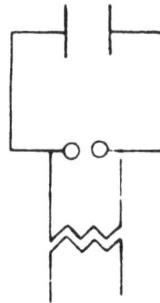

Fig. 31.

Schwingungen mit der Zunahme des Widerstandes, welchen der
Leiter AA' und insbesondere der Zwischenraum bb' dem Übergang der Elektrizität entgegenstellen, mehr und mehr gedämpft,
d. h. es wird eine geringere Anzahl derselben zwischen dem einen
und dem anderen Punkte hervorgebracht und endlich hören die
elektrischen Schwingungen, wenn dieser Widerstand ein be-
stimmtes Maß überschreitet, überhaupt auf.

Umgekehrt, wenn dieser Widerstand vermindert wird, und
wenn anderseits die Enden der Funkenstrecke so weit genähert
werden, daß ein in sich geschlossener Leiter entsteht, wie Fig. 31
angibt, so wird die Dämpfung gering ausfallen. In Fig. 32 ist
der Verlauf der Oszillationen eines Hertzschen Oszillators bei

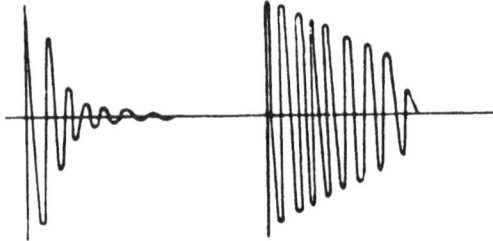

Fig. 32.

starker Dämpfung mit dem Verlauf der wenig gedämpften Schwingungen eines Hertzschen Resonators mit fast in sich geschlossenem Stromkreis dargestellt.

Es begreift sich hieraus, daß die Erzeugung elektrischer
Wellen und ihre mehr oder minder rasche Dämpfung von den
Maßen und anderen Bedingungen des Leiters, in welchem sie
auftreten, abhängen, Bedingungen, welche von der Theorie
vorausgesehen und von dem Versuch bestätigt werden können.

Die elektrischen Wellen sind wie jede wellenförmige Bewegung durch verschiedene Elemente gekennzeichnet, von
welchen die einen, wie die Schwingungsdauer, die Schwingungsweite und die Dämpfung, von der Natur des schwingenden
Körpers abhängen, während andere von dem Mittel bestimmt
werden, in welchem sich die Schwingungen fortpflanzen, wie die
Fortpflanzungsgeschwindigkeit und die Wellenlänge.

Die Schwingungsperiode der Hertzschen Wellen ist, wie
wir bereits erwähnt, außerordentlich kurz. Die Zahl der
Schwingungen, welche innerhalb einer Sekunde stattfinden

(Frequenz) beträgt Millionen, die Schwingungsperiode daher Milliontel einer Sekunde. Sie hängt ab von der Größe und Gestalt des Oszillators und kann vermehrt werden:

1. durch Erhöhung der elektrischen Kapazität des Systems, d. h. durch Vergrößerungen der Länge und Dicke der Verbindungen zwischen den Kugeln *bb'* und *AA'* (Fig. 28), Vergrößerung der Kugeln *AA'* oder Ersatz derselben durch Leiter von großer Kapazität, wie z. B. elektrische Kondensatoren, nach Fig. 33, welche einen Hertzschen Oszillator darstellt, deren Kapazitäten *AA'* von Kondensatoren mit je einer geerdeten Belegung bestehen.

2. Durch Vermehrung der Selbstinduktion des Systems, durch Vergrößerung der Länge der Zuleitungen zu *A* und *A'* oder besser durch Aufwicklung dieser Drähte in Spiralen und Einführen von weichen Eisenmassen in letztere.

Man kann selbst verständlich umgekehrt die Schwingungszahl verrin-

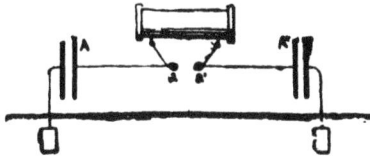

Fig. 33.

gern, indem man die Abmessungen des Oszillators bis zur Unterdrückung der Kugeln *AA'* abnehmen läßt und den Verbindungsdraht beseitigt, so daß nur die beiden Kugeln *b* und *b'* übrig bleiben.

Die von Hertz benutzten Oszillatoren zeigten Perioden von 1/50—1/500 Milliontel einer Sekunde, d. h. sie führten 50—500 Millionen Schwingungen in der Sekunde aus. Diese Schwingungszahlen bewegen sich zwischen den akustischen Schwingungen, welche nach Hunderten pro Sekunde zählen und den optischen Schwingungen, welche Hunderte von Billionen in der Sekunde betragen.

Die Wellenlänge in dem Fortpflanzungsmittel ist der konstante Abstand, welcher zwischen dem Punkt, an welchem eine Welle beginnt und dem Punkt, an welchem die zweite einsetzt, besteht. Sie ist die Entfernung, welche die Welle während einer Schwingung durchmißt. Sie wird daher erhalten aus dem Produkt aus der Periode und der Fortpflanzungsgeschwindigkeit. Da diese Geschwindigkeit für elektromagnetische Wellen, die sich in der Luft oder in Metallen fortpflanzen, dieselbe ist wie die des Lichtes, d. h. 300 Millionen Meter in der Sekunde, so haben die oben erwähnten elektrischen Wellen, wie sie Hertz benutzte, Wellenlängen von $\frac{1}{50.000.000}$ mal 300.000.000 bis zu $\frac{1}{500.000.000}$ mal 300.000.000, d. h. zwischen 6 m und 60 cm.

Auch diese Wellen waren hunderttausendmal länger als die Lichtwellen, deren Identität mit den elektrischen Wellen Hertz und die Fortsetzer seiner Arbeiten nachzuweisen suchten. Sie richteten daher ihr Hauptaugenmerk darauf, die Wellenperiode und damit die Wellenlänge herunterzudrücken, um möglichst genau mit den elektrischen Wellen analoge Erscheinungen mit denen der Lichtstrahlen zu erzielen.

Zu diesem Zwecke wurden Oszillatoren verwendet, bei denen Wellenlängen von einigen Zentimetern, ja sogar von wenigen Millimetern erreicht wurden.

Der Oszillator Marconi. In den folgenden Anwendungen der elektrischen Schwingungen auf die Telegraphie benutzte man zunächst diese neuen Oszillatoren geringer Wellenlänge. Man erkannte jedoch bald, daß die ursprünglichen Hertzschen Oszillatoren mit erheblichen Kapazitäten die Übertragung auf größere Entfernung zuließen und daß diese Entfernung wuchs, wenn man dem Draht, welcher die Erregerkugeln mit der Endkapazität verband, eine senkrechte Stellung gab und immer mehr verlängerte. Da dieser lange Draht an sich eine hinreichende Kapazität und Selbstinduktion mit sich brachte, so erwies es sich als überflüssig, am Ende noch besondere Kapazität anzubringen und es genügte die Anwendung eines einzigen Drahtes, d. h. die Verbindung einer der Erregerkugeln mit einem langen Draht oder einer senkrechten Antenne.

In der Tat vermehrte man mit der Länge des vertikalen Drahtes die Kapazität und Selbstinduktion des ganzen Systems und damit die Schwingungsdauer und Wellenlänge.

Um dem System die Symmetrie des Hertzschen Oszillators zu bewahren, hätte man auch die zweite Erregerkugel mit einer zweiten entgegengesetzt gerichteten Antenne verbinden müssen; diese zweite Antenne zeigte sich jedoch entbehrlich, wenn man an deren Stelle die zweite Erregerkugel mit der Erde in gute Verbindung brachte. Diese Erdverbindung stellte sich in der Folge als eines der wichtigsten Mittel, die Entfernung der Übertragung zu erhöhen, heraus.

Der Oszillator nahm demnach die in Fig. 34 schematisch dargestellte Form an, in welcher bb' die Kugeln der Funkenstrecke, T die Erdplatte, welche die Kugel b mit dem Boden verbindet, A die mit b' in Verbindung stehende Antenne und R den Funkeninduktor bedeutet.

Die Länge der von einem solchen Oszillator entsandten Welle ist angenähert der von einem gradlinigen Draht von der Länge der Antenne entsandten gleich und erreicht daher das Vierfache der Antennenlänge. In der Tat, da die Wellenlänge nach der obigen Begriffsbestimmung der Raum ist, welchen ein elektrischer Impuls während einer ganzen Schwingung durchläuft, und da eine ganze Schwingung sich vollzieht, während der elektrische Impuls, der von b ausgeht, nach A gelangt und nach b zurückkehrt und von einem Impuls entgegengesetzten Vorzeichens gefolgt ist, welcher denselben Weg durchläuft, so wird der elektrische Impuls während einer vollkommenen Schwingung viermal die Länge der Antenne durchlaufen. Die Länge der Welle längs der Antenne wird daher gleich dem Vierfachen der Antennenlänge sein und denselben Betrag auch für die in dem Raume sich ausbreitenden Wellen aufweisen, da, wie erwähnt, die Fortpflanzungsgeschwindigkeit der elektrischen Wellen in der Luft sowohl wie in Metallen jener des Lichtes gleichkommt.

Der Fall ähnelt dem einer geschlossenen Schallröhre. Auch eine solche wird während einer ganzen Schwingung zweimal durchlaufen, zweimal von der Verdichtung und zweimal von der Verdünnung und gibt daher als Grundton denjenigen Ton, dessen Wellenlänge dem Vierfachen der Röhrenlänge gleichkommt. Außer der Grundschwingung können die Antennen, ganz ebenso wie die Schallröhren auch Schwingungen von einer drei-, fünf-, siebenmal etc. geringeren Wellenlänge abgeben, doch bleibt die Grundschwingung am wirksamsten.

Fig. 34.

Auch der direkte Versuch bestätigt, daß die von der Antenne abgegebenen Wellen sehr lang sind. In der Tat konnte der Schiffsleutnant Tissot vermittelst eines drehenden Spiegels den von einem Antennenoszillator ausgehenden Funken in mehrere Funken zerlegen. Dies beweist, daß die Schwingungen viel weniger rasch sind als die von Hertz, welche durch einen drehenden Spiegel nicht aufgelöst werden können. Aus dem Abstand der Spiegelbilder der einzelnen Funken wurde die

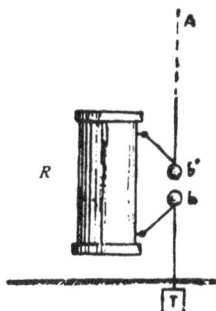

Schwingungsdauer auf 0,06 bis 1,8 Milliontel Sekunden, d. h. hunderte Male länger als die eines gewöhnlichen Hertzschen Oszillators bestimmt.

Oszillator Lecher. — In diesem (Fig. 35) dargestellten Oszillator sind die beiden Kugeln AA' des Oszillators Hertz (Fig. 28) durch zwei Metallplatten AA' ersetzt, welchen zwei andere Platten gleicher Art, in kurzer Entfernung gegenüberstehen. Von diesen beiden Platten BB' führen zwei parallele Drähte ab. Längs dieser parallelen Drähte kann ein Querdraht pp' verschoben werden.

Wenn zwischen den Kugeln die Funken des Induktors übergehen, ist das fast geschlossene System zwischen der Funkenstrecke und dem Querdraht der Sitz elektrischer Schwingungen von wohlbestimmter Periode, welche sich zu den jenseits des Querdrahtes liegenden Drahtabschnitten mit um so größerer Intensität übertragen, je länger der Querdraht ist.

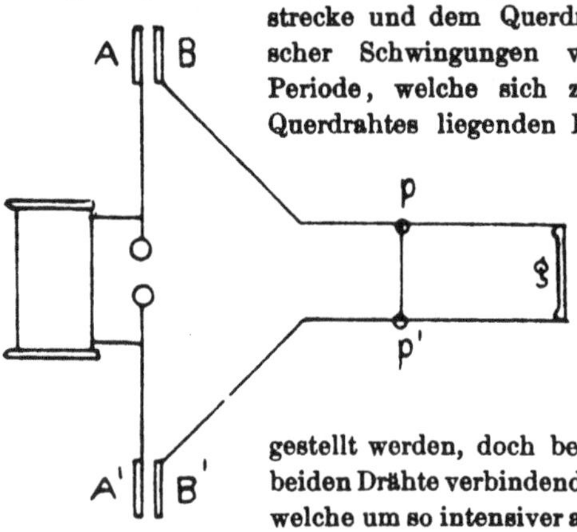

Diese Schwingungen können mit irgendwelchem Wellenanzeiger festgestellt werden, doch benutzt Lecher eine die beiden Drähte verbindende Geislersche Röhre g, welche um so intensiver aufleuchtet, je heftiger die elektrischen Schwingungen an den Punkten, an welchen die Röhre angelegt ist, sind.

Fig. 35.

Durch Verschieben des Querdrahts längs der parallelen Drähte kann man zwischen ziemlich weiten Grenzen die Schwingungsdauer des Systems verändern.

Wenn auch der Oszillator Lecher nicht direkt für die Zwecke der drahtlosen Telegraphie angewendet wurde, so kann doch die Sendevorrichtung einiger Systeme der drahtlosen Telegraphie, wie wir sehen werden, mit einem derartigen Oszillator verglichen werden.

Fortpflanzung der elektrischen Wellen.

Suchen wir uns nun darüber klar zu werden, wie ein Oszillator, welcher der Sitz elektrischer Schwingungen ist, in die Ferne wirken kann, und untersuchen wir zu diesem Zweck

zunächst die Wirkung des Hertzschen Oszillators, um hierauf zu
der des Oszillators Marconi überzugehen.

Kehren wir zu dem Fall der Fig. 28 zurück und fassen
den Augenblick ins Auge, in welchem die Kugel A des Oszillators
auf positivem und die Kugel A' auf negativem Potential sich
befindet. Wenn man an irgendeinem Punkte P der Fig. 36 in
dem umliegenden Mittel einen kleinen positiv elektrisierten
Körper anbrächte, so würde derselbe von A abgestoßen und
von A' angezogen und würde sich von A gegen A' zu bewegen,
indem er eine bestimmte Linie APA' verfolgen würde, welche
Linie man Kraftlinie, ähnlich den magnetischen Kraftlinien,
nennt. Wenn die Ladung von AA' unverändert bleibt, so
bleibt auch die elektrische Kraft in P konstant. Wenn jedoch
die Ladungen zu- oder abnehmen,
so nimmt in gleichem Maße zugleich
die elektrische Kraft in dem Punkt P
zu oder ab.

Man stellt sich vor, daß die
größere oder kleinere Stärke der
elektrischen Kraft auf einem Zustand
größerer oder geringerer Spannung
des Äthers in dem elektrischen Feld,
d. h. in dem Raum, in welchem die
erwähnten elektrischen Kräfte sich
betätigen, zurückzuführen ist.

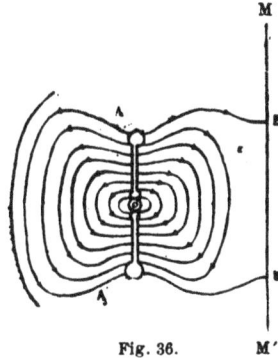

Fig. 36.

Wenn in einer gewissen Entfernung von dem Erreger ein
Leiter MM' sich befindet, so neigen sich die Kraftlinien letzteren
zu und trennen sich in zwei Teile AB und $A'B'$ und letzterer
wird durch Induktion geladen, indem er aus dem Mittel eine
gewisse Menge von Energie aufnimmt. Es ist jedoch klar, daß
die Energiemenge, welche der Leiter in verschiedenen Entfernungen aufnehmen kann, ungefähr im Verhältnis zum Kubus
der Entfernungen, abnehmen muß, weil alle Kraftlinien mit A
und A' verbunden sind und ein einziges elektrisches Feld
geben, daher zur Erzeugung einer Wirkung auf die Entfernung d
der ganze im Kugelraum mit dem Radius d sich befindliche Äther
unter Spannung sich befindet. Das erklärt auch die Tatsache, daß
einfach elektrostatische oder elektrodynamische Wirkungen nur
auf verhältnismäßig kleine Entfernungen wahrnehmbar sind.

Wenn jedoch die Entladungen zwischen A und A' mit der
außerordentlichen Schnelligkeit, welche die Hertzschen elek-

trischen Schwingungen kennzeichnen, vor sich gehen, so ändert
die Erscheinung ihren Charakter. Die Kraftlinien, welche im
Falle ruhender Entladungen oder von langsamen Ladungen und
Entladungen immer mit ihren Enden auf den Leitern *A* und *A'*
aufruhen, lösen sich andernfalls infolge der Heftigkeit der Entladung ab von letzteren, schließen sich in sich selbst, wie Fig. 37
zeigt und pflanzen sich mit der Schnelligkeit des Lichtes im
Raume fort, indem sie die aus der Spannung des in ihnen ein-
geschlossenen Äthers herrührende Energie mit sich führen und
so von den Vorgängen, am Ursprungsraum der Schwingungen
unabhängig werden, genau wie dies für die akustischen Wellen
zutrifft, welche sich unabhängig von der Schallquelle fortpflanzen
und andauern, auch wenn letztere zu wirken aufgehört hat.

Die Fig. 38 stellt den Zustand der Kraftlinien nach der
ersten halben Schwingung dar, d. h. nachdem der erste Funke,

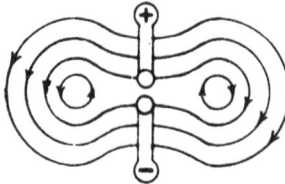 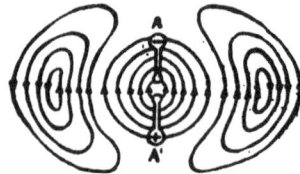

Fig. 37.   Fig. 38.

welcher die beiden Kugeln entlud, übergegangen ist, und während
sich letztere in entgegengesetztem Sinne laden, d. h. während
die zweite Gruppe von Kraftlinien von entgegengesetzter Richtung
sich vorbereitet.

Von solchen unabhängigen Wellen werden zwischen zwei
aufeinanderfolgenden Funken so viele erzeugt, als elektrische
Wellen im Oszillator zwischen einem und dem anderen Funken
auftreten. Eine gleiche Reihe von Wellenzügen wird nach einem
zweiten Funken des Induktors erzeugt.

Wenn die Schwingungen des Oszillators stark gedämpft
werden, wie dies bei dem bisher betrachteten Hertzschen
Oszillator der Fall ist, so sind in jeder Reihe nur eine geringe
Anzahl von Wellenzügen die Folge, wie dies in Fig. 30 dargestellt ist und zwischen einem Funken und dem folgenden besteht eine mehr oder minder lange wellenlose Pause. Mit
anderen Oszillatoren, wie beispielsweise mit dem in Fig. 31 dargestellten, kann die Dämpfung bedeutend herabgedrückt werden,
so daß die elektrischen Schwingungen zwischen zwei aufeinander-

folgenden Funken nicht abgebrochen werden, vielmehr eine
ununterbrochene Strömung elektrischer Wellen in dem Raum erzielt wird.

Auf dieser Entsendung von in sich geschlossenen Kraftlinien, welche einen Teil der dem Funkeninduktor und damit dem
Oszillator zugeführten Energie übertragen, beruht die Ausstrahlung
der Energie in Form elektrischer Wellen, auf welcher das neue
System der drahtlosen Telegraphie, die Telegraphie vermittelst
elektrischer Wellen beruht.

Indem die so ausgestrahlten elektrischen Wellen nun unabhängig von dem erzeugenden Oszillator geworden, üben sie
eine Wirkung aus, welche nicht mehr von dem Spannungs-
zustand des zwischen ihnen und dem Oszillator liegenden Äthers
abhängt. Die Intensität ihrer Wirkung steht daher, obwohl sie
sich nach allen Richtungen ausbreiten und immer mehr der

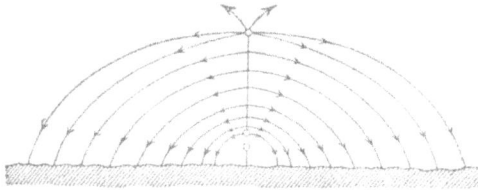

Fig. 39.

Kugelform sich nähern, im umgekehrten Verhältnis zu der Oberfläche, die sie einnehmen, und nicht zu dem Volumen, das sie
umschließen, d. h. im umgekehrten Verhältnis zum Quadrat und
nicht zum Kubus der Entfernung vom Schwingungsmittelpunkt.

Die von Marconi eingeführten Abänderungen am Oszillator
haben jedoch bewirkt, daß die Wirkung noch weniger schnell
abnimmt.

Um über die Wirkungsweise des Oszillators Marconi klar
zu werden, ist an die beiden hauptsächlichen Kunstgriffe, welche
die Anordnung von dem Hertzschen Oszillator unterscheiden, zu
erinnern:

      1. Die Verbindung einer der beiden Kugeln des Oszillators
         mit einem langen vertikalen Sendedraht.

      2. Die Verbindung der anderen Kugel mit dem Erdboden.

Das System der Kraftlinien, welches sich von einem solchen
Oszillator loslöst, läßt sich graphisch nach Fig. 39 darstellen,
insofern die leitende Erde eine Verlängerung der Erdverbindung $b\ T$ (Fig. 34) bildet. Die Kraftlinien, welche von einem

Leiter zum anderen übergehen müßten, verlaufen von dem
isolierten Leiter zur Erde in Gestalt von Halbkreisen und die
entsprechenden Wellen im Raum sind Halbkugeln, welche den
Sendedraht als Achse haben. Im Momente des Funkenüber-
gangs geschieht es, wenn letzterer die gewünschten Eigenschaften
hat, wie im Fall der Fig. 37 und 38, daß die Enden der Kraftlinien, welche auf dem metallischen, isolierten Leiter aufruhen,
sich von letzterem loslösen und sich durch den Boden mit dem
anderen Ende, welches die Erde nicht verlassen hat, vereinigen.
Die Kraftliniensysteme, welche demnach durch die aufeinanderfolgenden Schwingungen von dem Oszillator vermittelst des
Sendedrahts ausgestrahlt werden, geben das in Fig. 40 dargestellte Bild, auf welchem zwei Kraftliniensysteme entgegengesetzter Richtung, wie sie in zwei aufeinanderfolgenden

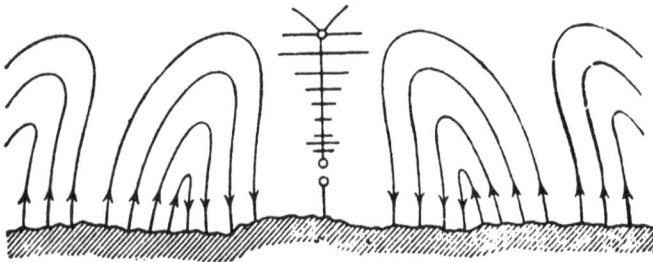

Fig. 40.

Schwingungen ausgestrahlt werden und die Kraftlinien, welche
vom Sendedraht beim Beginn der folgenden Schwingung ausgehen, dargestellt sind.

Die Übertragung findet demnach fast gänzlich durch die
Luft statt, wird jedoch vervollständigt durch die Erdoberfläche,
über welche die Ströme gewissermaßen hingleiten, welche die
Kraftlinien ergänzen und zwar um so leichter, je leitungsfähiger
diese Oberfläche ist, woraus sich erklärt, daß die Übertragung
leichter über dem Meer als über dem Festlande vor sich geht.

Diese Wellen, welche in ständiger Berührung mit der Erde
bleiben, pflanzen sich nicht im ganzen Raume fort, sondern bewegen sich längs der Erdoberfläche und werden nicht von der
Erde in den Raum zurückgeworfen, wie es bei jenen völlig in
sich geschlossenen Wellen der Fig. 38 der Fall wäre. Damit ist
auch eine Zerstreuung der Energie in unvorteilhafter Richtung
vermieden und der Übergang in der vorteilhaftesten, nämlich

der horizontalen erleichtert. In der praktischen Anwendung zeigt sich endlich, daß die Intensität solcher Wellen nicht viel schneller als umgekehrt mit der Entfernung von dem Ausstrahlungspunkt abnimmt.

Diese Eigenschaft der Wellen ermöglicht auch, daß sie den Krümmungen der Erdoberfläche auch dann folgen, wenn sich Hindernisse verschiedener Art, wenn letztere nur nicht im Vergleich zu den Wellendimensionen zu groß sind, entgegenstellen. Hieraus ergibt sich die Zweckmäßigkeit langer Sendedrähte, welche lange Wellen mit großer Schwingungsweite liefern, die geeignet sind, nicht nur die Krümmungen der Erdoberfläche sondern auch zwischenstehende Hindernisse bei den Übertragungen auf große Entfernungen zu überwinden.

Mit der Entfernung vom Sendedraht nehmen die Abmessungen der Wellen zu, weshalb ein entferntes Hindernis leichter überwunden wird als ein benachbartes.

Die hierbei auftretende Erscheinung wird mit Diffraktion der Wellen bezeichnet und äußert sich um so deutlicher, je länger die Wellen sind. Die bei den Hindernissen angekommenen Wellen werden infolge jener Erscheinung nicht aufgehalten, sondern derart herumgeführt, daß auch hinter dem Hindernis die Schwingungen wahrnehmbar bleiben.

Die Wellen des Meeres z. B. umgehen leicht einen Felsen, die akustischen Wellen werden zum Teil auch hinter nicht allzugroßen Hindernissen wahrgenommen, während die außerordentlich kurzen Lichtwellen hinter undurchsichtigen Körpern einen vollkommenen Schatten zurücklassen, es sei denn diese Körper sind von sehr geringen Abmessungen, in welchem Falle auch hier die Erscheinung der Diffraktion auftritt.

Um die Darstellung zu vereinfachen, beschränken wir uns auf die elektrischen Kraftlinien, welche von dem Oszillator ausgehen. Wie der Oszillator als ein von rasch aufeinanderfolgenden Wechselströmen durchflossener Leiter aufzufassen ist, und wie von jedem stromdurchflossenen Leiter eine zu letzterem senkrechte, magnetische Kraft ausgeht, so ist die Entsendung der elektrischen Kraftlinien von einer gleichzeitigen Entsendung magnetischer Kraftlinien, welche auf ersteren senkrecht stehen, begleitet, welche magnetische Kraftlinien im Falle des Oszillators mit vertikalem Sendedraht horizontale Kreise mit dem Sende draht als Mittelpunkt bilden.

Die Intensität der von den verschiedenen Punkten des Sendedrahts ausgehenden magnetischen Kraft ist um so größer,

je größer die Stromstärke an dem betrachteten Punkte ist. Da
die Stromstärke am oberen Ende des Sendedrahts, welches einen
Knotenpunkt bildet, von welchem die elektrische Erregung
zurückkehrt, Null ist und am größten an der Funkenstrecke, so
findet die größte Intensität der magnetischen Kraft in der
horizontalen Ebene des Funkens, d. h. in der Nähe des Erdbodens statt. Dies bedeutet, daß auch die von den magnetischen
Kraftlinien übertragene Energie in der wirksamsten Richtung,
d. h. in der horizontalen, ihren größten Wert aufweist.

Von dieser doppelten Entsendung von Kraftlinien, nämlich
von elektrischen und magnetischen, erhält das von dem Oszillator
erzeugte Feld die Bezeichnung elektromagnetisches Feld und
die zugehörigen Wellen die Bezeichnung elektromagnetische
Wellen.

Aufnahme der elektrischen Wellen.

Wir haben bereits gesehen, daß die elektrischen Kraftlinien, welche auf einen Leiter auftreffen, in letzterem eine Bewegung der Elektrizität hervorrufen. Zur Beobachtung dieser
Bewegungen dienen die sog. Wellenanzeiger, welche sehr verschiedene Formen annehmen können.

Hertz benutzt sog. Funkenanzeiger, welche er aus später
zu erörternden Gründen als Resonatoren bezeichnete. Die einfachste Anordnung eines solchen Resonators besteht aus einem
gradlinigen Draht von geeigneter Länge, welcher in seiner Mitte
eine Unterbrechungsstelle aufweist. Wird ein solcher Draht in
einer durch die Gerade *MM'* der Fig. 36 dargestellten Lage ausgespannt, so gibt sich die in ihm infolge auffallender elektrischer
Wellen auftretende elektrische Strömung dadurch kund, daß an
der Unterbrechungsstelle elektrische Funken übergehen.

Da es sich bei den Hertzschen Versuchen nur um sehr
geringe Entfernungen handelte, so genügte die an einem solchen
Wellenanzeiger ankommende Energie, um die Ankunft der
Wellen festzustellen. Die Wirksamkeit der Einrichtung wäre
jedoch durchaus ungenügend für Übertragungen auf große Entfernungen, in welchen die in der Empfangsstation ankommende
Energie außerordentlich klein ist. Glücklicherweise wurde in
der Folge ein Wellenanzeiger, der sog. Kohärer oder Fritter entdeckt, dessen Empfindlichkeit beinahe mit der des menschlichen
Auges, welches die überaus geringen Energien der Lichtstrahlen
wahrzunehmen vermag, verglichen werden kann.

In Kapitel 7 sollen die verschiedenen Formen des Fritters beschrieben werden. An dieser Stelle sei nur erwähnt, daß die häufigste Anordnung eines derartigen Wellenanzeigers aus einem mit metallischen Feilspänen gefüllten Röhrchen, das von einem kleinen Hammer erschüttert werden kann, besteht. Der Inhalt dieser Röhre bildet für gewöhnlich nahezu einen Nichtleiter, wird jedoch zum Leiter der Elektrizität, sobald er von elektrischen Wellen getroffen wird und verliert seine Leitfähigkeit sofort, wenn er durch das Hämmerchen erschüttert wird und die elektrischen Wellen aufhören. Wird der Fritter mit einer Batterie und einem Stromanzeiger, z. B. einer elektrischen Glocke verbunden, so wird die Ankunft elektrischer Wellen sofort durch ein Glockenzeichen angekündigt, welches Zeichen mit dem Aufhören der elektrischen Wellen ebenfalls aufhört, um unter neuerdings ankommenden Wellen wieder aufzutreten. In Fig. 41 ist ein Empfangsapparat mit Fritter dargestellt. Der Fritter selbst ist mit T bezeichnet, während F

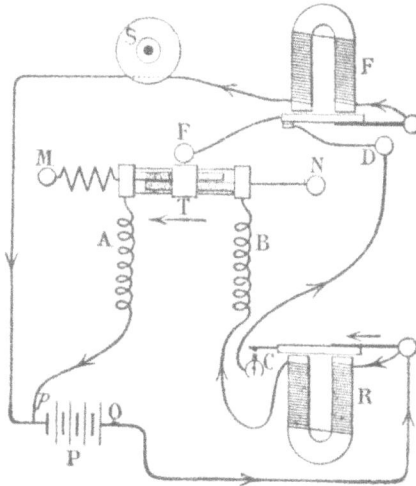

Fig. 41.

das Hämmerchen bedeutet. Unter der Wirkung ankommender elektrischer Wellen durchfließt der Strom der Batterie P den Fritter und den Elektromagneten R, dessen Anker bei C den Stromkreis eines zweiten Elektromagneten F schließt, welcher nach Art einer gewöhnlichen elektrischen Klingel einen Klöppel gegen den Fritter schlagen läßt und zugleich durch ein Glockenzeichen die Ankunft der Wellen kundgibt. Diese Anordnung wurde im Jahre 1895 von Popoff zur Aufnahme elektrischer Wellen angegeben und bildet noch heute die Grundlage der Empfangsapparate.

Marconi benutzt jedoch außer dem Fritter zur Aufnahme elektrischer Wellen einen durchaus verschiedenen Apparat, einen

5*

magnetischen Wellenanzeiger, welcher zusammen mit den übrigen
Anordnungen der Art beschrieben werden soll.

So empfindlich auch ein Wellenanzeiger sein mag, so bedarf es doch noch einer Einrichtung, um einen möglichst großen
Teil der in der Nähe des Empfangsapparats ankommenden
Energie der elektrischen Wellen, dem Wellenanzeiger zuzuführen. Popoff benutzte zu diesem Zweck einen Blitzableiter,
später bei den ersten Versuchen Marconis wurden große
zylindrische oder parabolische Spiegel angewendet,
welche die Wellen auf den Fritter, der im Brenn-
punkte angebracht war, konzentrieren sollten, ähnlich
wie dies die gekrümmten Spiegel hinsichtlich der die
spiegelnde Fläche treffenden Licht- oder Wärmestrahlen
besorgen. Dies Auskunftsmittel wurde jedoch immer
unbrauchbarer, je längere Wellen man in der Folge
anzuwenden veranlaßt war. Man ersetzte die Spiegel,
indem man auch in der Empfangsstation einen vertikalen Draht, wie er sich für die Entsendung der Wellen
so wirksam erwiesen hatte, anwendete, wodurch die
Empfangseinrichtung die in Fig. 42 dargestellte Form
annahm. An Stelle der Funkenstrecke der Sendestation

Fig. 42.

befindet sich hier der Fritter *F* einerseits in Verbindung mit dem
Sendedraht *A*, anderseits mit der Erde bei *E* und der Funkeninduktor ist durch die Batterie *B* und die Signalvorrichtung
ersetzt.

Nimmt man an, daß bei dem Empfangsdraht *A*, Fig. 43, ein
Wellenzug von der Fig. 40 dargestellten Form anlangt, so richten

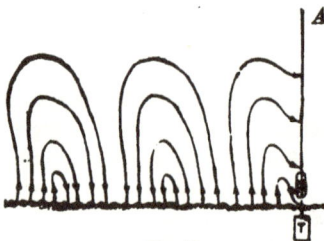

Fig. 43.

sich, wie Fig. 36 zeigt, die Kraftlinien gegen diesen leitenden
Körper, um durch denselben zum
Boden überzugehen. Je höher
dieser Draht geführt ist, desto
höhere Teile der Kraftlinien
werden von ihm erfaßt und desto
höher ist das Potential, auf welchen der Empfangsdraht gebracht wird.

Da der Empfangsdraht von aufeinanderfolgenden Kraftlinien geschnitten wird, so wird er auf abwechselnd wachsende
und abnehmende Potentiale gebracht; er wird daher von
elektrischen Schwingungen durchlaufen, welche den Fritter und
damit den zugehörigen Empfangsapparat betätigen.

Die magnetischen Kraftlinien, welche die elektrischen begleiten und welche, wie erwähnt, aus parallelen Reihen horizontaler konzentrischer Kreise bestehen, schneiden den Empfangsdraht A in senkrechter Richtung. Der Empfangsdraht befindet sich demnach in ähnlicher Verfassung wie der Leiter A' B' der Fig. 11, und der Durchgang der magnetischen Kraftlinien hat die Erzeugung undulatorischer Ströme zur Folge, welche sich längs des Empfangsdrahts bewegen und zur Betätigung des Fritters beitragen.

Je länger der Empfangsdraht ist, desto größer ist die Anzahl der ihn gleichzeitig treffenden magnetischen Kraftlinien, deren Wirkungen sich addieren und eine um so kräftigere Beeinflussung des Empfangsapparats erzeugen, je länger der Empfangsdraht ist.

Ein so empfindlicher Apparat der Fritter ist, so darf doch zur Betätigung desselben die Intensität der Schwingungen im Empfangsdraht nicht unter einen gewissen Betrag sinken. Da nun aber bei den Übertragungen auf große Entfernungen die Schwingungen, selbst wenn sie von den kräftigsten Sendeeinrichtungen ausgehen, nur sehr geschwächt ankommen können, so sind Vorkehrungen nötig, welche gestatten, den Fritter an der Grenze seiner Empfindlichkeit zu verwenden.

Abstimmung und Dämpfung. Die Grundbedingungen zur Erreichung dieses Zieles sind:

1. Daß Sende- und Empfangsvorrichtung abgestimmt seien, d. h. gleiche Schwingungszahlen aufweisen;
2. daß die vom Sendedraht abgegebenen Schwingungen so wenig als möglich gedämpft werden.

Was die erste Bedingung anlangt, so ist daran festzuhalten, daß der Empfangsapparat einen Oszillator ähnlich dem Sendeapparat darstellt. Sobald daher an ersterem ein elektrischer Impuls ankommt, so werden sich in demselben elektrische Schwingungen entwickeln, welche die Eigenperiode des Empfangsapparats aufweisen. Dasselbe wird bei jeder ankommenden Welle eintreten und da sich die von den verschiedenen Wellensystemen hervorgerufenen Wirkungen addieren, so ist es nötig, daß die ankommenden Wellen gleichen Rhythmus und dieselbe Periode mit jenen haben, welche im Empfangsdraht entstehen, da sonst die von den aufeinanderfolgenden Impulsen erregten Schwingungen sich unregelmäßig übereinanderlagern und sich gegenseitig schwächen, welche Erscheinung man bekanntlich mit dem Namen der Interferenz der Wellen bezeichnet.

Da jedoch die ankommenden Wellen die Periode des Sende-
apparats aufweisen, so ist es nötig, um die möglichst größte
Wirkung zu erzielen, daß die im Empfangsapparat erregten
Wellen die gleichen Perioden mit den ankommenden haben.

Genau derselbe Fall liegt vor, wenn man beispielsweise
eine große Glocke läuten will. Mit dem ersten Zug am Seil ist
kaum eine Bewegung der Glocke zu bemerken. Die Glocke
gerät jedoch bald mit ihrer eignen Schwingungszahl in Bewegung,
wenn der zweite Zug am Seil in dem Moment erfolgt, in welchem
die zweite Schwingung der Glocke beginnt, da sich die Wirkung
des zweiten Zuges zu jener des ersten addiert. Wird nun jeder
folgende Zug am Seil in dem Augenblicke ausgeübt, in welchem
die Glocke eine neue Schwingung beginnt, so nimmt die
Schwingungsweite ständig zu, bis der Klöppel anschlägt und die
Glocke läutet. In gegebener Zeit muß daher so oft an dem Seil
gezogen werden, als die Glocke in dieser Zeit Schwingungen
ausführt, d. h. die beiden Bewegungen müssen abgestimmt
sein. Aus demselben Grunde sind die Resonatoren von Hertz
am wirksamsten, wenn sie eine solche Länge aufweisen, daß
sie dieselbe Schwingungszahl wie die Erreger haben. Der erregende Oszillator und der empfangende stehen demnach in
einem ähnlichen Verhältnis, wie es durch akustische Resonanz
gegeben ist, welches zur Bezeichnung Resonator die Veranlassung
gegeben hat.

Ein sehr anschaulicher Versuch, um die elektrische Resonanz
vorzuführen, wurde im Jahre 1894 von Lodge angegeben.

Die Belegungen zweier Leydener Flaschen Co Co' (Fig. 44)
sind vermittelst zweier metallischer Leitungen in Verbindung·
Der Stromkreis der Flasche Co hat unveränderliche Abmessungen,
während der Stromkreis von Co' in seinen Maßen dadurch geändert wird, daß ein Querdraht T längs der parallelen Drähte 2,3
verschoben werden kann. Die Funkenstrecke der ersten Flasche
ist bei E jener der zweiten {bei e. Werden die beiden Belegungen der Flasche Co vermittelst der Drähte i i' mit einer
Elektrisiermaschine verbunden, so gehen lebhafte Funken, sowohl
bei E als bei e über, wenn T sich in solcher Stellung befindet,
daß die beiden Stromkreise übereinstimmen. Verschiebt man
jedoch T in irgend einer Richtung nur um ein Geringes, so
werden die Funken bei e schwächer und hören bei einer größeren
Verschiebung vollkommen auf.

Bei diesem Versuch erregen die im Stromkreis der Flasche Co
erzeugten Schwingungen entsprechende Schwingungen im Strom

kreis der Flasche Co'; vollkommene Resonanz hat jedoch nur dann statt, wenn die beiden Stromkreise gleiche Schwingungszahlen aufweisen, d. h. wenn sie abgestimmt oder in Resonanz sind.

Auch der in Fig. 35 dargestellte Apparat Lechers ist sehr geeignet, das Prinzip der Resonanz zu veranschaulichen. Man bemerkt deutlich, daß die Lichtstärke der Geislerschen Röhre, welche am Ende der parallelen Drähte angelegt ist, am größten ist, wenn der Querdraht eine bestimmte Stellung einnimmt. In dieser Stellung ist das zwischen Funkenstrecke und Querdraht eingeschlossene System in vollkommener Resonanz mit dem vom Querdraht und dem Ende gebildeten.

Verschiebt man den Querdraht nach rechts oder links, so

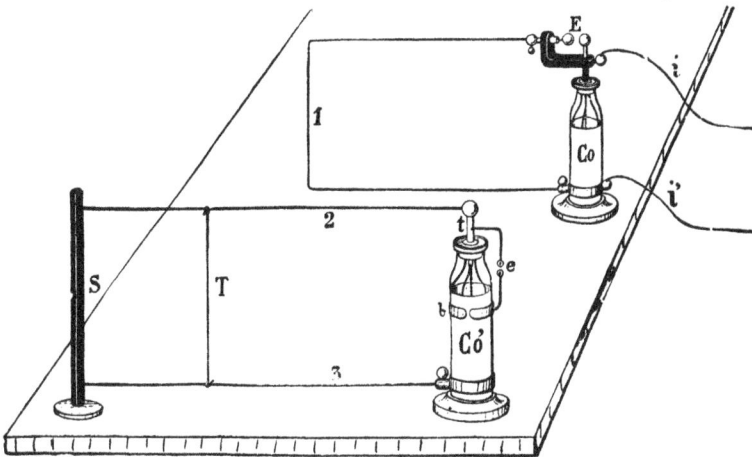

Fig. 44.

nimmt die Lichtstärke in der Röhre merklich ab zum Zeichen, daß die Resonanz gestört ist. In der Tat nimmt die Schwingungsperiode in dem System zu, welches durch die Verschiebung des Querdrahts an Umfang gewinnt und umgekehrt, wodurch die beiden Perioden ungleich werden.

Das Beispiel mit der Glocke ist auch imstande, die Wirkung der Dämpfung zu veranschaulichen. In der Tat, wenn man mit einer kleinen Kraft eine schwere Glocke in Schwingungen bringen will, so muß man die Wirkung einer größeren Anzahl von aufeinanderfolgenden Zügen ansammeln. Ähnlich muß im Fall der elektrischen Wellen, wenn die Energie der einfallenden Wellen gering ist, die Wirkung mehrerer aufeinanderfolgender Wellen

zusammengefaßt werden, damit die Schwingungen des Empfangsdrahts die zur Erregung des Empfängers erforderliche
Stärke erreichen.

Wenn der Erreger der Sendestation stark gedämpfte
Schwingungen beispielsweise nach Fig. 30 hervorbringt, so kann
eine solche Zusammenfassung nicht stattfinden, und die Wirkung
auf den Empfangsdraht bleibt auf die ersten wenigen Impulse
beschränkt. In solchem Falle ist es fast überflüssig, daß die
beiden Apparate abgestimmt sind, und der Fritter wird nur dann
erregt, wenn die dem Empfangsdraht von diesen wenigen Impulsen zugeführte Energie groß ist, weshalb auch in diesem
Falle nur geringe Entfernungen überwunden werden können.

Der Senderoszillator ist genau in diesem Falle. Aus direkten
Versuchen Tissots ergibt sich, daß zwischen einem und dem
anderen Punkte des Induktors nur drei rasch abnehmende
Schwingungen auftreten, nach welchen die Schwingung unwahrnehmbar wird. Um eine Reihe von zahlreichen weitausladenden
Wellen nach Art der Fig. 32 zu erhalten, ist es daher nötig,
einen wenig gedämpften Oszillator zu benutzen.

Aus der Anwendung der eben besprochenen beiden Mittel
der Resonanz und der Verminderung der Dämpfung ergibt sich,
wenigstens theoretisch die Möglichkeit, ein anderes wichtiges Er-
fordernis der drahtlosen Telegraphie, nämlich die Unabhängigkeit der Stationen voneinander, daß nämlich eine Station A
mit irgendeiner Station B verkehren kann, ohne daß hierdurch
die Empfänger anderer Stationen beeinflußt würden, zu erreichen.
Es würde zu diesem Zweck genügen, daß jede Station sich einer
besonderen Schwingungszahl bediente, oder daß sie die Zahl der
entsandten Schwingungen je nach der Zahl, wie sie den verschiedenen übrigen Stationen zugeordnet sind, verändern kann.
Man hätte damit den Fall des bekannten akustischen Versuchs
der Resonanz, in welchem eine Anzahl von Stimmgabeln verschiedener Schwingungszahl auf einem Tische aufgestellt werden
und nach Belieben die eine oder andere dieser Stimmgabeln
betätigt werden kann, je nachdem man eine Gabel gleicher Note
mit der zu betätigenden anschlägt.

Leider besteht zwischen dem akustischen und dem entsprechenden elektrischen Phänomen der Resonanz ein erheblicher Unterschied. In der akustischen Resonanz besteht ein
scharf ausgeprägtes Maximum der Übereinstimmung. Eine Stimmgabel antwortet auf die Schwingungen einer anderen nur dann,
wenn die Übereinstimmung vollkommen ist. Ein elektrischer

Oszillator dagegen antwortet auf die Schwingungen eines anderen zwar mit einem Funkenmaximum, wenn die Schwingungsperioden gleich sind, er antwortet jedoch auch, wenn auch schwächer, wenn die Schwingungszahlen ziemlich verschieden sind. Genügt nur, wie erwähnt, die am Empfangsdraht ankommende Energiemenge, so wird der Fritter betätigt, gleichgültig, welches die Schwingungszahlen des Sendeoszillators sind, infolge der Schwingungen, welche die Eigenperiode des Empfangsdrahts aufweisen. Bei Oszillatoren mit vertikalen Drähten, deren Wellenlängen dem Vierfachen der Drahtlänge entspricht, genügt es zur Herstellung der Resonanz, daß die beiden Drähte gleich lang sind. In Wirklichkeit wurde auch der größte Teil der Versuche mit Anordnungen ausgeführt, in welchen Sendedraht und Empfangsdraht gleich lang waren. Doch ist mit Oszillatoren dieser Art infolge der starken Dämpfung, wie erwähnt, auch die Abstimmung nur von geringer Wirkung.

Teilweise erreicht man eine Verminderung der Dämpfung durch Verlängerung der Drähte, da mit der Wellenlänge auch die Dämpfung abnimmt, wie auch in der Akustik die Erscheinung besteht, daß die hohen Töne stärker gedämpft werden als die tiefen. Die Aufgabe bietet jedoch erhebliche Schwierigkeiten, insofern der Hauptgrund der Dämpfung bei den vertikalen Drahtoszillatoren in der Ausstrahlung der großen Energiemenge besteht und gerade diese nicht vermindert werden kann, da sie nötig ist, um die zur Erregung der empfangenden Station erforderliche Energie in die Ferne zu übertragen.

Oszillatoren mit verhältnismäßig geringer Dämpfung sind z. B. die in sich selbst geschlossenen, wie sie in Fig. 31 dargestellt sind. Da dieselben jedoch aus zwei benachbarten Teilen bestehen, welche im entgegengesetzten Sinne schwingen, so vernichten sich deren Wirkungen in der Ferne. Da sie ferner nur eine geringe Fläche einschließen, ist auch das Volumen des an der Schwingung beteiligten Nichtleiters klein, weshalb sie zwar sehr andauernde Schwingungen, jedoch von geringerer strahlender Kraft liefern. Insoferne daher die Erzielung geringer Dämpfung und starker Strahlung sich bis zu einem gewissen Grade widersprechen, mußte man zu einem gemischten System, wie es Fig. 45 zeigt, greifen.

Der Funkeninduktor steht mit einem in sich selbst geschlossenen Oszillator, welcher einen Kondensator C enthält, in Verbindung. Der Stromkreis des Oszillators wirkt auf den Sendedraht A durch elektrodynamische Induktion. Damit letztere

möglichst groß ausfalle, sind die beiden Stromkreise spiralförmig
gewunden, wie der primäre Draht und der Sekundärdraht einer
Induktionsrolle einen sog. Transformator bildet.

Der Sendedraht strahlt frei in den Raum die Energie,
welche er vom Transformator erhält, und obzwar die Schwin
gungen gedämpft werden, so werden sie doch durch die an
haltenden Schwingungen des primären Oszillatorstromkreises PC
wieder aufgefrischt, so daß dieselbe Wirkung erzielt wird, wie
wenn die Schwingungen des Sendedrahts nur geringe Dämpfung
erführen.

Der Oszillator PC verliert mit jeder Schwingung die
Energie, welche er dem Sendedraht mitteilt, hat jedoch einen
für viele Schwingungen hinreichenden ¡Vorrat, wenn
der Kondensator C, welcher gewöhnlich aus einer
Batterie Leydener Flaschen besteht, eine genügende
Kapazität aufweist.

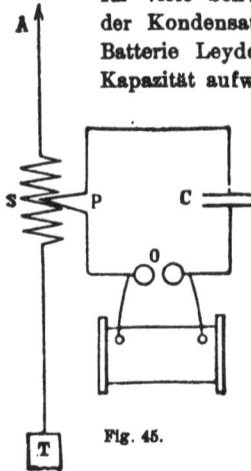

Fig. 45.

Eine unerläßliche Bedingung jedoch,
daß sich der Vorgang möglichst wirksam abspielt, besteht darin, daß sich
die beiden Oszillatoren AS und PC in
Resonanz befinden, was verhältnismäßig
leicht zu erreichen ist, indem man die
Selbstinduktion von S und die Kapazität von C entsprechend wählt.

Eine ähnliche Anordnung wurde für
den Empfangsdraht getroffen, welch
letztere durch Induktion auf den Stromkreis des Fritters vermittelst eines
Transformators wirkt, welcher die
Potentialdifferenz an den Fritterelektroden erhöht. Damit jedoch
nach dem Prinzip der Resonanz die von dem Empfangsdraht
aufgenommenen Impulse sich addieren und auch die sich
addieren, welche der Empfangsdraht auf den Fritterstromkreis
abgibt, ist es nötig, daß der Sendedraht dieselbe Schwingungsperiode wie der Empfangsdraht habe, und daß letzterer dieselbe
Periode wie der Stromkreis des Fritters aufweist. Und da der
Sendedraht mit seinem Oszillator abgestimmt sein muß, so ergibt sich, daß zur Erzielung allgemeiner Resonanz und der
größten Wirkung es notwendig ist, daß die beiden Drähte, der
Sendeoszillator und der Stromkreis des Fritters, vollkommen
gleiche Schwingungszahl aufweisen.

Um diese Übereinstimmung zu erreichen, wird in der Sendestation die Zahl der Windungen von S entsprechend verändert, um die Schwingungszahlen von Sende- und Empfangsdraht in Übereinstimmung zu bringen, und es wird die Kapazität C nötigenfalls verändert, um die Resonanz zwischen den beiden Schwingungskreisen der Empfangsstation aufrecht zu erhalten.

Nicht alle Systeme der elektrischen Wellentelegraphie gründen sich ausschließlich auf die eben besprochenen Prinzipien, noch werden letztere in allen auf die gleiche Weise angewendet. So wird beispielsweise in einem der verbreitetsten Systeme, dem von Slaby-Arco, der Sendedraht nicht durch Induktion in Schwingungen versetzt, anderseits wird in dem ebenfalls vielfach angewendeten System Braun der Sende- bzw. Empfangsdraht nicht mit der Erde, sondern mit einem Kondensator verbunden. Diese und andere Abweichungen werden bei der Beschreibung der einzelnen Systeme eingehender behandelt werden.

Einfluß des Tageslichtes. Eine ziemlich erhebliche Schwierigkeit entsteht für die Übertragungen auf große Entfernungen vermittelst elektrischer Wellen dadurch, daß das Tageslicht eine schädliche Wirkung ausübt. Marconi bemerkte diesen Einfluß bei Entfernungen welche 800 km übersteigen. Als er auf der ›Philadelphia‹ nach Amerika reiste, wurden die von der Station Poldhu in England ausgehenden Zeichen sowohl bei Tag als wie bei Nacht gleichgut erhalten, bis das Schiff jene Entfernung von 800 km erreicht hatte. Jenseits dieser Entfernung kamen die Zeichen nach dem Aufgang der Sonne immer schwächer an und wurden bei einer Entfernung von 1100 km unwahrnehmbar, während in der Nacht die Übermittelung bis auf 3300 km gelang.

Man könnte dieser schwächenden Wirkung des Tageslichtes durch größeren Energieaufwand in der Sendestation begegnen, doch scheint es bis jetzt noch nicht gelungen zu sein, während des Tages Nachrichten über den Ozean zu befördern.

Marconi schreibt diesen schädlichen Einfluß der von vielen Beobachtern festgestellten Tatsache zu, daß das Tageslicht die negativ elektrisierten Körper zu entladen sucht, infolgedessen die Sendedrähte während jener Hälfte der Schwingungsperiode, in welcher sie negativ geladen werden, teilweise entladen würden.

Lodge ist dagegen der Ansicht, daß eine stärkere Zerstreuung der Energie der elektrischen Wellen während des Tages längs ihres ganzen Verlaufes statthabe. Nach den neuesten Ansichten und Versuchen über den Zusammenhang zwischen elektrischen und optischen Erscheinungen nimmt man an, daß unter dem Einfluß der ultravioletten Sonnenstrahlen von den in der Luft schwebenden materiellen Molekülen sich die sog. Elektronen oder elektrischen Atome loslösen, deren Dasein die Atmosphäre schwach leitend macht.

Die elektrischen Wellen, welche in dem Falle, daß die Atmosphäre vollkommen isoliert, horizontal von der leitenden Oberfläche des Meeres geführt, verlaufen würden, zerstreuen sich nun, indem sie sich in einem teilweise leitenden Körper befinden, im Raume, indem sie schneller an Kraft abnehmen.

---

7. Kapitel.

Apparate für die elektrische Wellentelegraphie.

Im folgenden Abschnitt soll nicht eine genaue Beschreibung all der Apparate, welche bei der elektrischen Wellentelegraphie Anwendung finden können und welche auch in anderen Nutzanwendungen der Elektrizität gebraucht werden, gegeben werden. Von letzteren soll nur das angeführt werden, was zum Verständnis der Abänderungen nötig ist, welche diese Apparate für den Gebrauch bei der elektrischen Wellentelegraphie erfahren mußten.

Die eingehende Darstellung soll auf die ausschließlich für die elektrische Wellentelegraphie dienenden Apparate Oszillatoren, Resonatoren, Wellenanzeiger etc. beschränkt bleiben.

Um eine gewisse Ordnung in der Beschreibung festzuhalten, sollen die einzelnen Apparate in der Reihenfolge aufgeführt werden, in welcher sie während einer Übertragung in Tätigkeit kommen, daher zunächst die der Sendestation eigentümlichen, dann die beiden Stationen gemeinsamen, dann die der Empfangsstation eigentümlichen und endlich die, welche in beiden Stationen vorkommen können, beschrieben werden sollen.

Bei dieser Beschreibung werden wir uns, soweit möglich, auf die Beschreibung der einzelnen Apparate beschränken und deren Zusammenfügung bis zur Beschreibung der verschiedenen Systeme vorbehalten.

Energiequellen.

Der zur Erregung des Funkeninduktors nötige Strom kann von einer elektrischen Zentrale oder an Ort und Stelle von einer Batterie galvanischer Elemente oder Akkumulatoren geliefert werden. In einzelnen Fällen kann man unmittelbar den Strom einer Gleichstrom- oder Wechselstromdynamo benutzen.

Die direkte Verbindung einer Gleichstrommaschine mit dem Primärdraht des Funkeninduktors kann Unbequemlichkeiten mit sich bringen, insofern auch der Primärdraht von hochgespannten Strömungen durchflossen werden kann, welche die Isolation des Ankers der Dynamo gefährden können. Außerdem kann die Übermittelung der Zeichen, welche ein abwechselndes Schließen und Öffnen des Primärstromkreises erfordert, heftige Schwankungen in der Beanspruchung der Dynamo und damit Beschädigungen der letzteren verursachen.

An Bord von Schiffen jedoch, auf welchen ein ausgedehntes Starkstromnetz sich befindet, kann man ohne erheblichere Unbequemlichkeit den Primärdraht in Abzweigung an das Leitungsnetz unter Zwischenschaltung eines Regulierwiderstandes anlegen.

Meistenteils empfiehlt es sich, Akkumulatoren von 50 oder 100 Amperestunden anzuwenden, welche entweder im Falle einer vorübergehenden Anlage vermittelst galvanischer Elemente oder besser aus einer kleinen elektrischen Kraftanlage mit Gas oder Petroleummotor und einer Dynamo von 500 Watt Leistung geladen werden können.

Bei den abgestimmten Systemen ist die zur Übertragung erforderliche Energie so gering, daß man mit transportablen Apparaten bis 30 km überwinden kann, ohne einer anderen Stromquelle zu bedürfen, als sie in einer Batterie von Trockenelementen mitgeführt werden kann.

In den Übertragungen auf sehr große Entfernungen ist jedoch das Mißverhältnis zwischen der auf der Sendestation aufgewendeten und der an der Empfangsstation nutzbar gemachten Energie so groß, daß an ersterer verhältnismäßig äußerst leistungsfähige Energiequellen angewendet werden müssen. So wird die für die transatlantischen Übertragungen bestimmte elektrische Arbeit in Poldhu von einem Motor von 31 Pferdekräften geliefert, welcher eine entsprechende Wechselstrommaschine betätigt. Noch kräftiger sind die in den transatlantischen Stationen von Kap Breton und Kap Kod aufgestellten Energiequellen, welche durch Wechselstrommaschinen von 40—50 Kilowatt gebildet werden.

Berücksichtigt man die ungeheuer kurze Zeitspanne von ungefähr 1 Millionstel Sekunde für Wellen von 300 m Wellenlänge, in welcher die Energie einer jeden Schwingung ausgestrahlt wird, so berechnet sich die vom Sendeapparat im Augenblicke abgegebene strahlende Kraft auf mehrere Zehntausende von Kilowatt.

Um eine Vorstellung von der außerordentlichen Gewalt der Entladungen bei jedem Niederdrücken der Sendetasten zu geben, vergleicht Parkin den Gebrauch der Marconiapparate in Kap Breton mit kleinen künstlichen Gewittern, in welchen die Blitze scheinbar über 1 cm Durchmesser haben und ein derartiges Geräusch hervorbringen, daß sich die Umstehenden die Ohren mit Baumwolle verstopfen müssen. Über die beim System Slaby-Arco für Übertragungen auf mittlere Entfernungen verwendeten Energiemengen geben folgende Zahlen Aufschluß. Bis auf 40 km wird ein Funkeninduktor bis zu 15 cm Funkenlänge mit Hammerunterbrecher verwendet. Der Erregerstrom wird von einer galvanischen Batterie von 16 Volt Spannung geliefert, wobei die aufgewendete Arbeit zwischen 500 und 1000 Watt beträgt. Für Entfernungen bis zu 80 km wird ein Funkeninduktor von 30 cm Funkenlänge, mit Quecksilberturbinenunterbrecher und direkt von einer Wechselstrommaschine gespeist, verwendet. Der Arbeitsverbrauch beträgt ungefähr 1 Kilowatt. Für größere Entfernungen steigt letzterer auf 3 Kilowatt und darüber.

Taster.

Die Taster haben wie die gewöhnlichen Telegraphentaster die Aufgabe, den Strom des Funkeninduktors zu unterbrechen und wieder herzustellen, derart, daß die Funken nicht ohne Unterbrechung aufeinander folgen, sondern in mehr oder minder langen Abständen, welche den Strichen und Punkten des Morsealphabets entsprechen. Die Zeichen des letzteren sind folgende:

a	·—	h	····	o	———
b	—···	i	··	p	·——·
c	—·—·	j	·———	q	——·—
d	—··	k	—·—	r	·—·
e	·	l	·—··	s	···
f	··—·	m	——	t	—
g	——·	n	—·	u	··—

v	$\cdots$ —	1	$\cdot$ — — — —	6	— $\cdots\cdot$
w	$\cdot$ — —	2	$\cdot\cdot$ — — —	7	— — $\cdots$
x	— $\cdot\cdot$ —	3	$\cdots$ — —	8	— — — $\cdot\cdot$
y	— $\cdot$ — —	4	$\cdots\cdot$ —	9	— — — — $\cdot$
z	— — $\cdot\cdot$	5	$\cdots\cdot\cdot$	0	— — — — —

Im Gegensatz zum Telegraphentaster, welcher nur verhältnismäßig schwache Ströme zu unterbrechen und wieder herzustellen hat, muß der Taster für die drahtlose Telegraphie für viel stärkere Ströme eingerichtet sein. Er muß daher Kontakte mit viel größeren Oberflächen aufweisen.

Im Augenblick der Stromunterbrechung entstehen heftige Funken infolge der Selbstinduktion, welche häufig vermieden werden müssen. Zu diesem Zwecke wird ein Kondensator K, welcher die Unterbrechungsstelle des Tasters überbrückt, angelegt. Fig. 46.

Die Fig. 47 zeigt die Bauart eines Tasters, wie

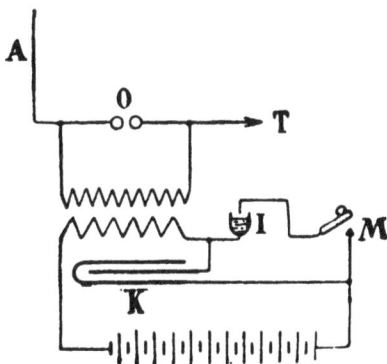

Fig. 46.

er von Marconi angewendet wird. Der Kontakt findet zwischen Platin statt, und im Grundbrett ist der Kondensator K der Fig. 46 angebracht. Ferrié benutzte mit gutem Erfolge eine Anordnung

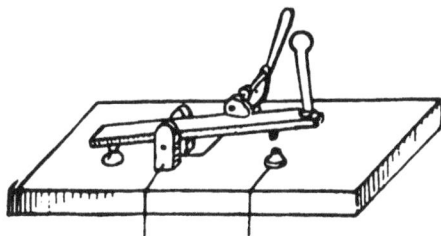

Fig. 47.

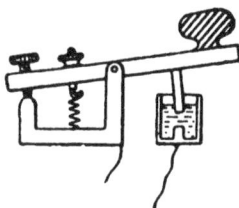

Fig. 48.

nach Fig. 48, in welcher die Stromunterbrechung zwischen zwei Kupferstücken, welche in ein Petroleumgefäß eintauchen, stattfindet. Eine andere Anordnung, ebenfalls von Marconi benutzt, zeigt die Fig. 49, welche jedoch nur dazu dient, den Empfangs-

draht mit dem Empfangsapparat zu verbinden, nicht aber als
Sender zu arbeiten. T ist ein Ebonitstück. In der gezeichneten
Stellung steht der Sendedraht mit a und über den Taster mit f
in Verbindung, von wo die Leitung zum Fritter führt. Wenn
der Taster niedergedrückt wird, so wird der Kontakt zwischen a
und f unterbrochen, und der Strom der Quelle S durchläuft den
Primärdraht P des Funkeninduktors.

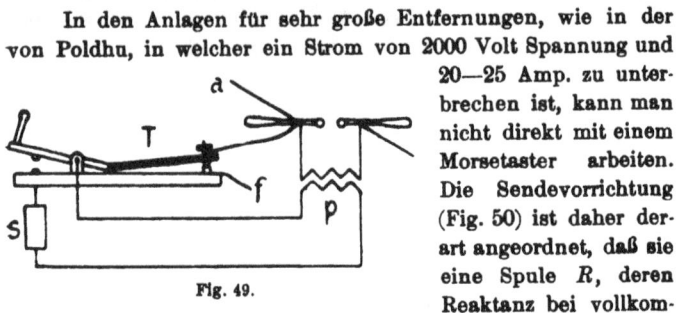

In den Anlagen für sehr große Entfernungen, wie in der
von Poldhu, in welcher ein Strom von 2000 Volt Spannung und
20—25 Amp. zu unter-
brechen ist, kann man
nicht direkt mit einem
Morsetaster arbeiten.
Die Sendevorrichtung
(Fig. 50) ist daher der-
art angeordnet, daß sie
eine Spule R, deren
Reaktanz bei vollkom-

Fig. 49.

men eingetauchtem Eisenkern N den Erregerstrom vollkommen
dämpft, kurzschließt. So oft daher der Taster niedergedrückt wird,
wird der Transformator erregt und damit der Funkenübergang
eingeleitet. Bei erhobenem Taster dagegen wird der Erregerstrom durch die eingefügte Reaktanz gedrosselt, und die Funken
hören auf, ohne daß man
weiter auf die Stromabgabe
der Wechselstrommaschine
einzuwirken hätte.

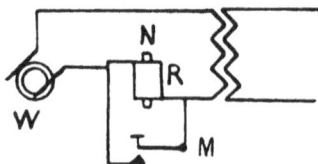

In dem System des Genie-
hauptmanns Giulio Cervera
Baviera, welches im spanischen Heere benutzt wird,

Fig. 50.

werden zwei besondere Sendevorrichtungen verwendet. Die eine
ähnelt der Tastervorrichtung an Schreibmaschinen. Indem der
Ebonitknopf, welcher den zu übertragenden Buchstaben aufge-
schrieben enthält, niedergedrückt wird, werden selbsttätig jene
Stromschlüsse und Stromunterbrechungen hervorgebracht, welche
die den betreffenden Buchstaben in der Morseschrift zugehörigen
Punkte und Striche ausmachen.

Vermittelst des anderen Tasters unterdrückt Cervera den
Unterbrechungsfunken vollkommen. Dies geschieht dadurch,
daß von den beiden Punkten, zwischen welchen die Stromunter-

brechung stattfindet, der eine direkt, der andere über einen Kondensator an Erde gelegt ist.

In Fig. 51 ist eine Sendevorrichtung dargestellt, wie sie in dem System der drahtlosen Telegraphie von Popoff-Ducretet Anwendung findet. Die Stromunterbrechungen finden zwischen zwei in Petroleum oder Vaselinöl eintauchenden Kupferstücken statt. Das Ölgefäß *L* ist zwischen den beiden voneinander isolierten Säulen *CC'* angebracht. *C'* ist mit dem oberen Kupferstück *T* vermittelst eines biegsamen Drahtes verbunden, während die andere Säule mit dem unteren Kupferstück in Verbindung steht. Der Kontakt wird hergestellt, indem auf den Ebonitknopf *M* gedrückt wird, während die Unterbrechung durch eine Feder bewirkt wird, welche das obere Kupferstück bei Aufhören des Druckes auf *M* wieder nach oben führt.

Fessenden benutzt in seinem System der elektrischen Wellentelegraphie eine Sendevorrichtung, welche statt einen Stromkreis zu öffnen und zu schließen die Resonanz zwischen dem Sender und Empfangsdraht herstellt oder vernichtet, während die Erregervorrichtung ununterbrochen in Tätigkeit ist. Der von Fessenden benutzte Taster (Fig. 52) hat die Anordnung eines gewöhnlichen Telegraphentasters.

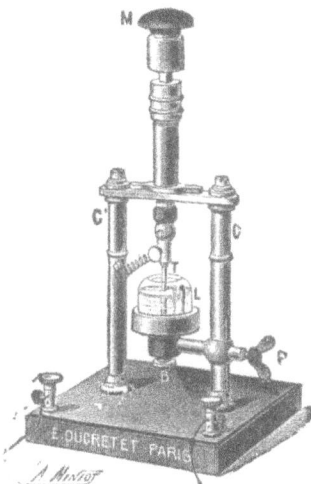

Fig. 51.

Unterhalb dieses befindet sich eine lange rechteckige Kassette, in welcher sich Öl befindet, in dem parallel gespannte Metalldrähte eingetaucht sind. Diese Drähte sind zu je zweien in Verbindung mit beweglichen Kontakten, welche an ihrem unteren Teile kleine Rädchen tragen, in deren Randrillen die unterliegenden Drähte eingreifen, und welche längs dieser Drähte verschoben werden können.

Das Niederdrücken des Tasters bewirkt vermittelst eines Winkelhebels die seitliche Verschiebung von Metallansätzen, welche nach und nach die parallelen Drähte berühren und in den Stromkreis des Oszillators die Kapazität und Selbstinduktion je eines Drahtpaares einschalten. Diese Kapazitäten und Selbst-

induktionen sind von Drahtpaar zu Drahtpaar verschieden infolge der verschiedenen Stellungen, welche die beweglichen Kontakte auf den einzelnen Drahtbahnen einnehmen.

Mit einem einzigen Niederdrücken des Tasters werden
daher so viel verschiedene Akkorde erzielt, als Metallstücke von
dem Taster bewegt werden und wenn eine der so erzeugten Schwingungszahlen mit der Schwingungszahl jener Station, für welche
die Nachricht bestimmt ist, übereinstimmt, so wird letztere die
Zeichen erhalten, und es ist leicht die Schwingungszahl zu
ändern, wenn Grund zu der Annahme vorhanden ist, daß die

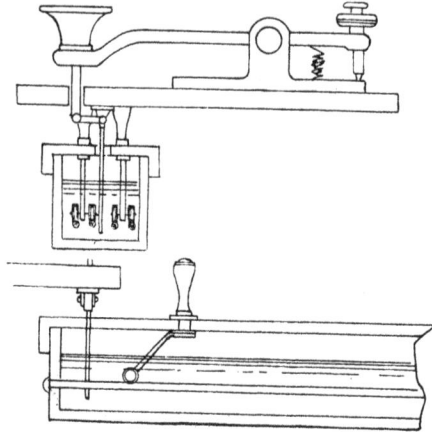

Fig. 52.

Zeichen von einer anderen Station aufgefangen werden. Offenbar
können die Zeichen übermittelt werden, sowohl indem im gewollten Augenblick die Resonanz zu den beiden Stationen hergestellt oder die bestehende Resonanz gestört wird.

Selbsttätige Sendevorrichtungen. Auch für die
drahtlose Telegraphie wurden statt der von Hand zu betätigenden Sender selbsttätige Sendevorrichtungen angewendet. Die
Anordnung ist ganz ähnlich jener, wie sie bei den Wheatstone-
Apparaten im Gebrauche ist. Ein Papierstreifen wird mit fortlaufenden Löchern in solchen Abständen, wie sie den zu übermittelnden Morsezeichen entsprechen, durchbohrt. Dieser Streifen
durchläuft einen zweiten Apparat, in welchem der Vorübergang
eines Loches an einem feststehenden Körper abwechselnd Strom-

schlüsse und Stromunterbrechungen des Erregerstroms hervorbringt. Infolgedessen wird die Funkenentsendung in solchen Zeitabständen unterbrochen, wie es die zu übermittelnden Morsebuchstaben erfordern.

Funkeninduktoren und Unterbrecher.

Funkeninduktoren.

Die Funkeninduktoren haben den Zweck, die Ströme niedriger Spannung, wie sie von der Stromquelle geliefert werden, in Ströme von hoher Spannung, die imstande sind, den Funkenübergang zwischen den Kugeln des Oszillators und damit die Ausstrahlung der elektrischen Wellen zu bewirken, zu übersetzen. In Wirklichkeit wären auch die Funken einer elektrostatischen Maschine wie die von Holtz, Wimshurst usw. imstande, den Oszillator zu erregen, und viele Untersuchungen über elektrische Wellen wurden in der Tat mit Elektrisiermaschinen angestellt. In der Praxis der drahtlosen Telegraphie jedoch werden vorzugsweise Induktionsspulen, welche sicherer arbeiten und leicht reguliert werden können, verwendet. In den Apparaten, in welchen der Funke unmittelbar am Sendedraht hervorgebracht wird, hat man, da die Kapazität des letzteren verhältnismäßig klein ist, kein anderes Mittel, um die entsandte Energie zu vermehren, als die Erhöhung der Spannung, d. h. die Vergrößerung der Induktionsspule. Die Vergrößerung der letzteren aber wird durch die Schwierigkeit, die Isolation bei hohen Spannungen in der Spule aufrecht zu erhalten, beschränkt.

Dagegen kann in den Apparaten, in welchen der Sendedraht durch Induktion erregt wird, die Kapazität des Oszillatorstromkreises beliebig vergrößert werden, indem man die Kapazität des eingeschalteten Kondensators vermehrt. Man greift daher bei den Stationen für die Übertragung auf sehr weite Entfernungen zu den Transformatoren für hohe Spannungen, welche von Wechselströmen gespeist werden. In den meisten Anlagen jedoch werden Induktionsrollen angewendet.

Der Funkeninduktor von Ruhmkorff besteht im wesentlichen aus zwei isoliert übereinander gewickelten Drahtspulen. Die innere Spule ist aus kurzem, dicken Draht und bildet einen Teil des primären Stromkreises, welcher von dem Strom der Stromquelle durchflossen wird. Die äußere Spule enthält zahlreiche Windungen sehr dünnen Drahts und bildet einen Teil des sekundären oder induzierten Stromkreises, dessen Enden

zu den Kugeln des Oszillators, zwischen welchen die Funken
übergehen sollen, geführt sind. Im Innern der Spule befindet
sich ein Bündel aus Drähten von weichem Eisen (Fig. 53). Bei
großen Funkeninduktoren besteht der induzierte Stromkreis aus
mehreren nebeneinander gesetzten Spulen, so daß im Falle einer
Beschädigung nur die beschädigte Spule ausgetauscht zu werden
braucht.

　　Da die Induktionsströme nur im Augenblicke des Strom-
schlusses und der Stromöffnung im induzierenden Stromkreis
stattfinden, so sind zum Schließen und Öffnen dieses Stromkreises besondere Unterbrecher erforderlich. Infolge der Induktion

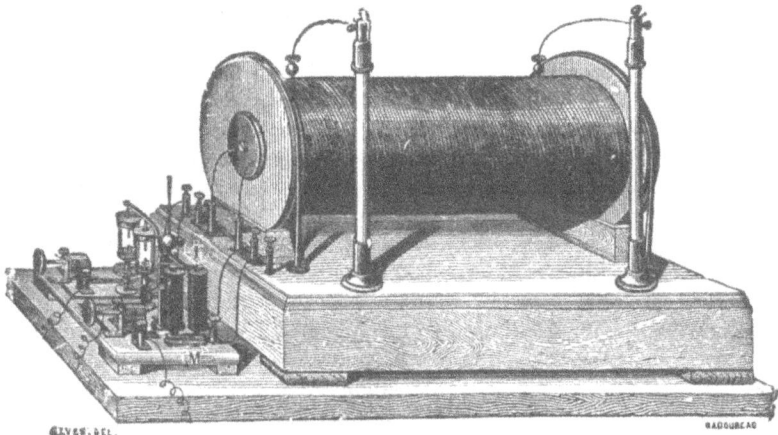

Fig. 53.

von einer Windung auf die andere entstehen jedoch auch im
induzierenden Stromkreis Ströme von hoher Spannung, welche
zur Funkenbildung an der Unterbrechungsstelle Veranlassung
geben. Da diese Funken bei dem Gebrauch der Apparate
mancherlei Störung bewirken, versucht man sie auf verschiedene
Weise zu vermeiden, beispielsweise durch Anwendung von
Kondensatoren nach Fig. 46.

　　Gewöhnlich gibt man die Leistungsfähigkeit eines Funkeninduktors durch die Länge des Funkens, welche er erzeugen
kann, an. Es werden gegenwärtig Funkeninduktoren mit einer
Funkenlänge von 40 bis 50 cm und darüber gebaut. Zur Vergrößerung der Funkenlänge kann man auch mehrere Induktoren derart verwenden, daß man die primären Drähte parallel

und die sekundären in Reihe hintereinander schaltet. Alle Ausführungsformen von Funkeninduktoren können zur elektrischen Wellentelegraphie verwendet werden, insofern sie gestatten, daß ein Pol der sekundären Wicklung an Erde gelegt wird, wenn man die Anordnung der direkten Verwendung des Funkens benutzt. Die Länge der Funken, welche durch einen Funkeninduktor unter gewöhnlichen Verhältnissen erzielt wird, gibt jedoch keinen Anhaltspunkt, um die größere oder kleinere Brauchbarkeit für die Zwecke der elektrischen Wellentelegraphie zu beurteilen. Manche Konstruktionen, welche ohne Sendedraht und ohne Erdverbindung bis zu 46 cm Funkenlänge ergeben, geben mit einem Sendedraht von 30 m und mit Erdverbindung nicht mehr als 2 bis 3 cm Funkenlänge oder noch weniger bei Anwendung von Kondensatoren. Andere Konstruktionen dagegen, welche im ersten Falle nur 30 cm Funken geben, geben im zweiten noch 5 bis 6 cm bei gleichem Energieverbrauch im primären Stromkreis.

Fig. 54.

Gewöhnlich wird die Achse der Spulen wagrecht angeordnet, wenn es auch Ausführungen mit senkrechter Achse, Fig. 54, gibt zu dem Zweck, die Apparate bequemer anwenden zu können. Man kann sich von der Vervollkommnung im Bau der Funkeninduktoren, welche bis jetzt fast ausschließlich für wissenschaftliche Zwecke verwendet wurden, noch viel versprechen, nachdem eine ausgiebige industrielle Anwendung durch die elektrische Wellentelegraphie gegeben ist, anderseits der Nutzeffekt dieser Apparate kaum noch 20 % überschreitet.

Einpoliger Transformator. Der sog. einpolige Transformator von Wydts und de Rochefort, welcher insbesondere in den französischen Anlagen für elektrische Wellentelegraphie in ausgedehnter Verwendung steht, ist in Fig. 55 dargestellt. Er besteht aus einem Primärdraht von zwei Lagen, welcher auf einem Kern von weichen Eisendrähten aufgewickelt und von einer isolierenden Röhre umschlossen ist. Der Sekundär-

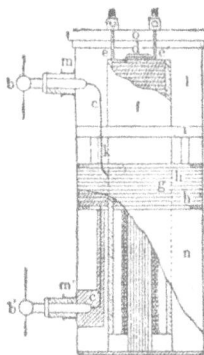

Fig. 55.

draht besteht aus kurzem und dickem Draht, welcher, in einer
oder zwei Spulen aufgewickelt, nur einen kleinen mittleren Teil
der Kernlänge einnimmt.

Der Draht ist derart aufgewickelt, daß das dem Kern benachbarte der beiden Enden eine sehr niedrige Spannung aufweist, während das andere eine sehr hohe Spannung zeigt. Die
Spule ist in ein Isoliermittel eingetaucht, welches durch Auflösung von Paraffin in heißem Petroleum gewonnen wird. Bei
der Schaltung mit direkter Verbindung der Funkenstrecke mit
dem Sendedraht ist das Ende des Sekundärdrahts von niedriger
Spannung mit der Erde verbunden, so daß die Länge des
Funkens durch die Erdverbindung nicht beeinträchtigt wird, wie
dies bei einem gewöhnlichen Funkeninduktor der Fall ist.

Tissot soll mit einem Funkeninduktor dieser Art Nachrichten auf 65 km Entfernungen übermittelt haben, während mit
einem Induktor gewöhnlicher Anordnung und gleicher Funkenlänge 35 km nicht überschritten werden konnten.

Unterbrecher.

Die in der drahtlosen Telegraphie angewendeten Unterbrecher müssen von einfacher Anordnung sein und regelmäßig
und dauernd ohne Störungen arbeiten. Diese Anforderungen
machen verschiedene Anordnungen, welche für Laboratoriums-
zwecke manche Anwendung finden, für den Gebrauch für die
elektrische Wellentelegraphie unverwendbar.

Vor allem müssen die Unterbrechungen sehr rasch vor
sich gehen, da infolge der raschen Dämpfung der Schwingungen
zwischen einem Funken und dem anderen ein gewisser Zeitraum besteht, in welchem die Schwingungen ausgelöscht sind,
und welcher so kurz wie möglich gemacht werden muß. Wenn
diese Zeiträume zu lange sind, so hat der Empfangsapparat Zeit,
zwischen zwei aufeinanderfolgenden Schwingungen in die Ruhelage zurückzukehren, wodurch statt einer fortlaufenden Linie
eine Reihe von Punkten übertragen wird. Es werden daher
Unterbrecher mit trockenen Kontakten und Turbinenunterbrecher
vorzugsweise angewendet.

Wenn der Funkeninduktor statt von einem Gleichstrom
von einem Wechselstrom gespeist wird, so ist offenbar kein
Unterbrecher nötig. Die Fig. 56, 57 und 60 zeigen schematisch
die drei Hauptunterbrechertypen, den Hammerunterbrecher mit
trockenen Kontakten, den Quecksilberunterbrecher und den
Turbinenunterbrecher. In allen drei Figuren ist nur der um

ein Eisendrahtbündel gewundene primäre Draht b' als geschlossene Strombahn gezeichnet. In allen drei Fällen ist das Ende des Primärdrahts direkt mit einem Pol der Elektrizitätsquelle S verbunden. Das andere Ende geht zum anderen Elektrizitätspol unter Zwischenschaltung des Unterbrechers.

Unterbrecher mit trockenem Kontakt. Die in Fig. 56 dargestellte Anordnung besteht aus einem Elektromagnet b, einer Batterie S und der Schraube K, welche eine Feder berührt, deren Ende den Eisenanker h trägt. Letzterer steht der Spule mit Weicheisenkern b gegenüber. In der Ruhelage besteht Kontakt zwischen der Schraube K und der Feder. Wird der Strom geschlossen, so wird der Eisenkern kräftig magnetisiert, letzterer zieht den Anker an, die Feder entfernt sich von der Schraube K, wodurch der Strom unterbrochen wird.

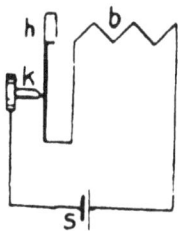
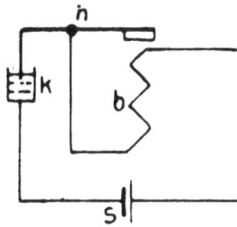

Fig. 56.   Fig. 57.

Mit Aufhören des Stromes wird der Eisenkern wieder unmagnetisch, läßt den Anker h los und die in die Ursprungslage zurückkehrende Feder stellt den Kontakt in K wieder her. Der Strom ist von neuem geschlossen und wird durch erneute Ankeranziehung wieder unterbrochen, worauf der Anker in die Ruhelage zurückkehrt, um das Spiel von neuem zu beginnen.

Quecksilberunterbrecher. In dem Fig. 57 dargestellten Unterbrecher taucht das eine Ende eines Winkelhebels h aus Metall in das Quecksilbergefäß K, während das andere Ende einen Eisenanker trägt. Wird der Strom der Batterie S über dem Elektromagnet b geschlossen, so wird der Anker angezogen und das andere Ende des Hebels verläßt das Quecksilber. Da der Strom von der Elektrizitätsquelle über das Quecksilber und den Drehpunkt des Winkelhebels h, über den Elektromagnet b und den Primärdraht der Induktionsspule führt, so wird er durch die Ankeranziehung und das Emportauchen des einen Arms des Winkelhebels aus dem Quecksilber unterbrochen. Durch die Unterbrechung fällt der Winkelhebel in seine Ruhelage zurück und

das bezügliche Ende taucht wieder in das Quecksilber, den
Strom von neuem herstellend. Der wiederhergestellte Strom
zieht den Anker neuerdings an, wodurch eine erneute Unter-

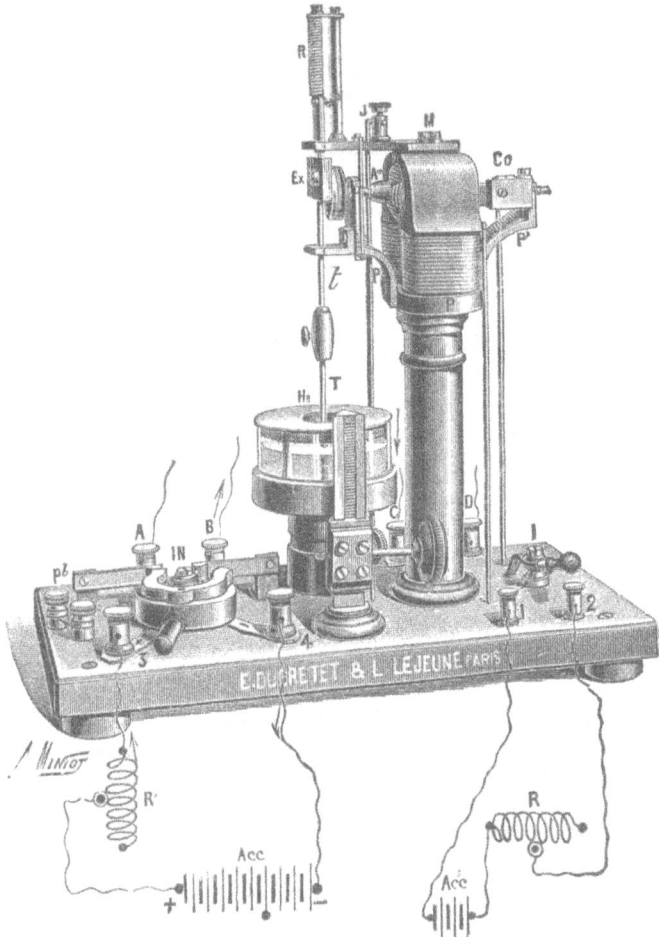

Fig. 58.

brechung des Stroms, der neue Rückgang des Ankers und damit
der Wiederbeginn des Spiels veranlaßt wird.

Bei einigen Bauarten dieser Unterbrecherkonstruktion wird
die Bewegung der in das Quecksilber eintauchenden Unter-

brecherspitze, unabhängig vom Primärstrom, von einem kleinen
elektrischen Motor, welcher den eintauchenden Körper auf und
ab bewegt, hervorgerufen. Man kann hierdurch die Anzahl der
Stromunterbrechungen nach Belieben wählen. Fig. 58 zeigt einen
derartigen Unterbrecher nach der Bauart Ducretet. Das die
Unterbrechungen ausführende Metallstück T wird von einem
auf der Säule P angebrachten kleinen elektrischen Motor, dessen
Geschwindigkeit durch einen Regulierwiderstand auf 600 bis
800 Unterbrechungen in der Minute eingestellt werden kann,
auf und ab bewegt.

Der Unterbrecher Lodge-Muirhead. In dem System
der drahtlosen Telegraphie von Lodge-Muirhead wird ein Unterbrecher nach Fig. 59 angewandt.

Der Apparat besteht aus einem gewöhnlichen Quecksilberunterbrecher, welcher statt von einem von zwei in Reihe ge

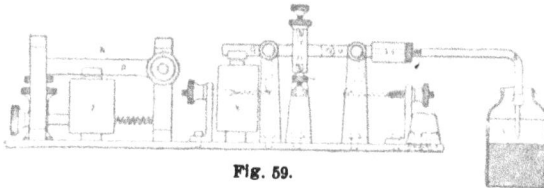

Fig. 59.

schalteten Elektromagneten betätigt wird. Der erste dieser Elektromagneten J wirkt wie ein gewöhnlicher Klingelunterbrecher.
Der bewegliche Arm schwingt auf und ab und schließt dabei den
Stromkreis des zweiten Elektromagneten K, an dessen Anker eine
in Quecksilber eintauchende Spitze angebracht ist. Diese Anordnung soll eine regelmäßigere Funkenfolge als der gewöhnliche
Quecksilberunterbrecher geben.

Turbinenunterbrecher.
In dem Turbinenunterbrecher,
wie er Fig. 60 dargestellt ist, ist
der freie Draht der primären
Wicklung der Induktionsspule b
mit einem Metallring m verbunden. Letzterer ist mit Fen-
stern versehen und befindet sich
in dem zylindrischen Gefäß g,
dessen Boden mit Quecksilber

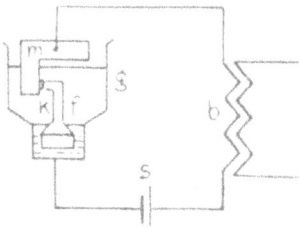

Fig. 60.

bedeckt ist. In das Quecksilber taucht die Turbine f, welche mit
großer Geschwindigkeit um ihre senkrechte Achse gedreht wird.

Sie besteht aus einer Röhre, welche mit ihrem unteren Teil ins
Quecksilber taucht und sich im oberen Teil im rechten Winkel dem
Ringe zuwendet. Die Umdrehung bewirkt, daß das Quecksilber in
der Röhre *k* aufsteigt und als Strahl aus dem oberen Röhrenende
gegen den Ring geschleudert wird. Da das Quecksilber mit dem
andern Pol der Elektrizitätsquelle verbunden ist, so ist der Strom
über die Primärrolle des Funkeninduktors geschlossen so oft
der Quecksilberstrahl auf die Metallwände des Ringes trifft.
Er wird jedoch unterbrochen, sobald der Strahl auf ein Fenster

Fig. 61.

trifft. Durch geeignete Wahl der Zahl der Fenster und der
Umdrehungsgeschwindigkeit können bis zu 1000 Unterbrechungen
in der Sekunde erreicht werden.

In den beiden letzterwähnten Anordnungen des Unterbrechers wird das Quecksilber mit einer Schicht isolierender
Flüssigkeit, Alkohol, Vaselinöl etc., bedeckt, wodurch die Oxydation und Verdampfung des Quecksilbers durch den Unterbrecherfunken verhindert wird, anderseits die Unterbrechung
des Stromkreises sich plötzlicher gestaltet. Fig. 61 zeigt die
äußere Gestalt, Fig. 62 die innere Einrichtung des von der
Allgemeinen Elektrizitätsgesellschaft in Berlin gebauten Queck-
silberunterbrechers.

Unterbrecher Wehnelt. Auf einem durchaus anderen Prinzip beruht der elektrolytische Unterbrecher Wehnelt, wie er schematisch in Fig. 63 dargestellt ist. Die Kathode besteht aus der Bleiplatte p, die Anode aus einem Platindraht k, welcher aus dem unteren Ende einer Glasröhre a in eine Schwefelsäure-

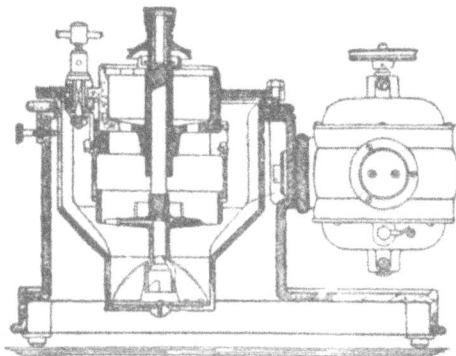

Fig. 62.

lösung taucht. Die beiden Elektroden sind mit dem Primärdraht des Funkeninduktors b_1 und mit einer Batterie s von wenigstens 20 Akkumulatoren verbunden. Sobald der Strom geschlossen wird, erhitzt sich der Platindraht, wenn der Strom genügend stark ist, das anliegende Wasser verdampft, und es bildet sich zwischen der Flüssigkeit und der Elektrode eine nichtlei- tende Gasschicht, welche den Strom unterbricht. Durch Aufhören des Stro- mes wird die Platinspitze wieder abgekühlt, die Flüssigkeit kommt von neuem in Berührung mit dem Platin, der Strom setzt von neuem ein, und eine

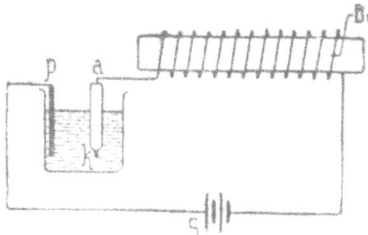

Fig. 63.

gleiche Folge von Stromunterbrechungen und Stromschlüssen wiederholt die Erscheinung.

Mit diesem Apparat können mehrere Hunderte von Unter- brechungen in der Sekunde hervorgebracht werden. Für die Zwecke der elektrischen Wellentelegraphie bietet diese Form des Unterbrechers jedoch geringe Vorteile.

Unterbrecher Cooper-Hewitt. Die von Cooper-Hewitt herrührende elektrische Quecksilberlampe kann, wie wir später sehen werden, auch als Unterbrecher verwendet werden.

Umwandler. Der Gebrauch der Quecksilberunterbrecher bietet eine Reihe von Schwierigkeiten, wenn es sich um die Anwendung bedeutender Stromstärken handelt. In solchen Fällen zieht man die Verwendung von Wechselströmen, sei es aus Wechselstrommaschinen, sei es durch Umformung von Gleichströmen in Wechselströme vermittelst besonderer Umwandler, vor. Die Fig. 64 zeigt schematisch den Umwandler Grisson, wie er in einigen Anlagen nach dem System Slaby-Arco angewendet ist. Die primäre Wicklung des Induktors weist außer den beiden Endklemmen tt die Klemmen P_1 P_2 P_3 auf; der Gleichstrom durchfließt durch einen Kommutator zuerst die Windungen der Spule P_1 P_2 und dann die Windungen der zweiten Spule P_2 P_3. Die beiden Spulen haben einen gemeinsamen Eisenkern und magnetisieren letzteren im entgegengesetzten Sinne derart, daß, wenn der Strom P_2 P_3 durchfließt, in P_1 P_2 eine gegenelektromotorische Kraft erregt wird, welche den in derselben fließenden Strom nahezu auf Null herabdrückt. Zu gleicher Zeit wird der erste Stromkreis unterbrochen und der Strom in P_2 P_3 erreicht sein Maximum usw. Um die selbsttätige Schließung und Öffnung der beiden Strom-

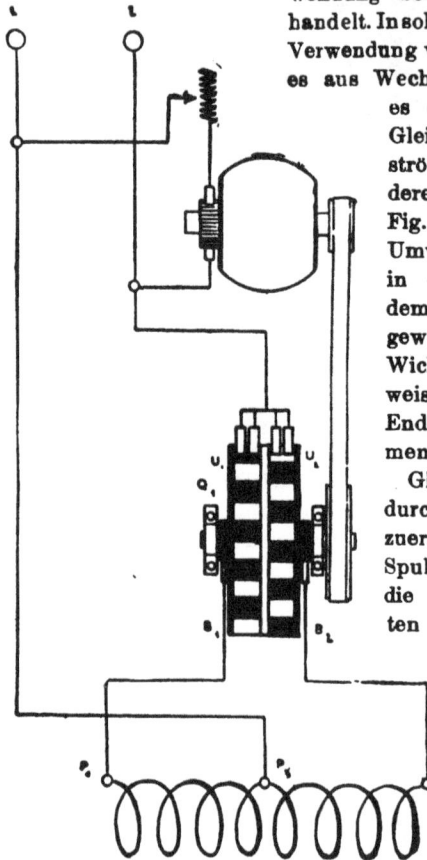

Fig. 64.

kreise zu erreichen, werden die beiden Kommutatoren, U_1 und U_2 welche voneinander elektrisch isoliert sind und auf einer gemein-samen Achse sitzen, verwendet. Jeder dieser Kommutatoren ist elektrisch mit einem Ring verbunden, an welchem vermittelst Schleifstücken die Drähte B_1 und B_2 anliegen. Ein gemeinsames Schleifstück kommt abwechselnd mit den Segmenten auf U_1 und dann mit den Segmenten auf U_2 in Berührung. Die beiden Kom-mutatoren und die zugehörigen Schleifstücke werden von einem kleinen Elektromotor in Umdrehung gebracht. Der Strom des Umwandlers wird auf diese Weise zum Wechselstrom, dessen Wellenform innerhalb weiter Grenzen geändert werden kann.

Die Wechselzahl kann leicht zwischen 50 und 100 vollen Wechseln in der Sekunde variiert werden, und da der Strom, während er den höchsten Wert erreicht, nicht unterbrochen wird, so ist die Funkenbildung sehr gering, wodurch es möglich wird, den Funkeninduktor mit sehr starken Strömen zu speisen.

Erreger und Oszillator.

Mit Erreger soll derjenige Teil der Apparate für die draht-lose Telegraphie bezeichnet werden, in welchem die die elek-trischen Schwingungen hervorbringenden Funken in dem System hervorgebracht werden, welches dann direkt oder vermittelst Umwandler die Schwingungen in den Raum ausstrahlen soll.

Anderseits soll der Name Oszillator jenem mit dem Erreger verbundenen Apparat vorbehalten bleiben, welcher an den elek-trischen Schwingungen teilnimmt, und welcher infolge der physi-kalischen Konstanten, der Kapazität und der Selbstinduktion des Apparats die Schwingungszahlen selbst bestimmt.

Die Oszillatoren werden eingehender bei der Beschreibung der einzelnen Systeme behandelt werden.

Der Erreger besteht im allgemeinen aus zwei Metallkugeln, welche mit den übrigen Teilen des Oszillators, d. h. dem Sende-draht, der Erde, den Umwandlern, den Kondensatoren etc., in den verschiedenen Systemen verbunden sind. An diese beiden Kugeln schließen sich die Enden des Funkeninduktors oder des die Schwingungen speisenden Umwandlers an. In dem Urtypus von Hertz, Fig. 28, besteht der Erreger aus den beiden Kugeln $b\,b'$ und der Oszillator aus dem ganzen System $A\,b\,b'\,A'$.

Bei der Hervorbringung elektrischer Wellen für die wissen-schaftliche Untersuchung war man darauf gekommen, daß der Zustand des Erregers eine entscheidende Bedeutung für die Regelmäßigkeit der erzeugten Schwingungen hatte, und daß es

zur Erzielung solcher Regelmäßigkeit notwendig war, die Kugeln
häufig von der Oxydschicht, welche sich durch den Funkenübergang bildet, zu reinigen. Um dieser lästigen Notwendigkeit
zu entgehen, schlugen Sarasin und De La Rive vor, die Funkenstrecke in eine isolierende Flüssigkeit zu verlegen, welcher Ausweg auch in den Anfängen der drahtlosen Telegraphie betreten
wurde.

Wenn der Funke in die Luft übergeht und bedeutende
Energiemengen im Spiele sind, so tritt das Bestreben auf, daß
sich zwischen den Polen ein elektrischer Lichtbogen bildet,
welcher dadurch, daß er den Stromkreis dauernd schließt, nicht
nur die Entwicklung der elektrischen Schwingungen hindern,
sondern auch die Apparate gefährden würde. Um die Bildung
des Funkens zu verhindern, wird der Funke ausgeblasen oder
die Funkenstrecke zwischen dem Pol eines Elektromagnets angeordnet, welch letzterer das Ausblasen des Funkens besorgt.

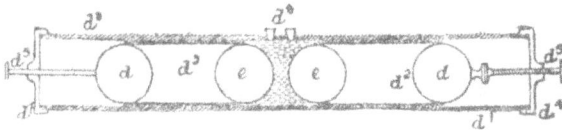

Fig. 65.

Der Hertzsche Oszillator erfuhr seitens der einzelnen
Forscher verschiedene Abänderungen, welche hauptsächlich sich
darauf richteten, eine möglichst geringe Wellenlänge zu erzielen.
Eine der erfolgreichsten Formen ist die von Righi angegebene.

Der Oszillator Righi-Marconi. Der Oszillator Righi
in der Form, wie ihn Marconi in seinen ersten Versuchen der
elektrischen Wellentelegraphie verwendete, ist in Fig. 65 dargestellt. Jedes der Kugelpaare $d\,e$ ist in einer kurzen Ebonitröhre $d\,2$ untergebracht, welche in einer größeren Röhre $d\,3$ verschoben werden kann. Jede Kugel $d\,d$ ist mit dem Metallstück
$d\,5$ verbunden, welches zum Anlegen des äußeren Stromkreises
und zur Regelung des Abstandes zwischen den Kugeln $e\,e$ dient.
Zu diesem Zweck ist das Metallstück $d\,5$ mit der Kugel d mit einem
Kugelgelenk verbunden, welches gestattet, das Metallstück $d\,5$ zu
drehen, ohne daß sich damit auch die Kugel d dreht. Die
Metallstücke $d\,5$ sind mit Gewinde versehen und durchdringen
eine Schraubenmutter im Deckel $d\,4$, so daß, wenn man die
Endknöpfe dreht, die Röhren $d\,2$ sich verschieben, wodurch sowohl die Stellung der Kugeln $e\,e$ in der Röhre $d\,3$ als auch der

Abstand zwischen ihnen reguliert werden kann. Der zwischen den Kugeln *e e* eingeschlossene Raum *d 6* wird von der äußeren Röhre umschlossen und bildet einen Behälter, in welchem sich Vaselinöl befindet.

Der Apparat geht auch unter dem Namen eines Oszillators mit drei Funken. Die Kugeln *d d*, welche den Erreger bilden, werden mit dem Funkeninduktor verbunden. Die beiden Funken, welche zwischen *d* und *e* übergehen, bestimmen die elektrischen Schwingungen in den Kugeln *e*, zwischen welchen ein dritter Funke überspringt.

In der Folge verließ man den Gebrauch der Ölzwischenschicht zwischen den Kugeln *e e*, weil man beobachtete, daß sich bei den gewaltigen Entladungen, die für die elektrische Wellentelegraphie nötig sind, das Öl teilweise zersetzte und Kohlenpartikelchen ausschied, welche die Isolierfähigkeit der Flüssigkeit verminderten, weshalb man zu den trockenen Kugeln zurückkehrte.

Die Oszillatoren mit Kugeln entsenden nur Wellen von kleiner Länge, beispielsweise von 25 cm bei Kugeln von 10 cm Durchmesser, welche geeignet sind, von zylindrischen Spiegeln bescheidener Abmessungen zurückgeworfen zu werden. Solche Oszillatoren wurden in der Tat benutzt, um den Wellen eine bestimmte Richtung zu geben.

Die Kugeln *d d* wurden in der Folge von Marconi einerseits mit dem Sendedraht, anderseits mit der Erde verbunden. Hierdurch wurde die Wellenlänge in der Art vergrößert, daß die Anwendung von Spiegeln ausgeschlossen war.

Oszillator Tissot. Der Schiffsleutnant Tissot, welcher systematische Untersuchungen über die Telegraphie mittelst Hertzscher Wellen angestellt hat, bevorzugt für kleinere Entfernungen die Verbindung einer der beiden mittleren Kugeln mit dem Sendedraht, während die andere an Erde liegt, und die beiden äußeren mit dem Funkeninduktor in Verbindung stehen. Diese Anordnung rechtfertigt sich durch den Umstand, daß die äußeren Kugeln nur zur Ladung der mittleren dienen, zwischen welch letzteren allein die oszillatorische Entladung stattfindet. Sie hat ferner den Vorteil, die Symmetrie des Funkeninduktors nicht zu stören.

Tissot hat vergleichende Versuche angestellt, um zu ermitteln, ob die Anzahl und der Durchmesser der Kugeln des Erregers Einfluß auf die Übertragung haben und gefunden, daß dies nicht der Fall ist. Erreger mit vier, drei und zwei

Kugeln ergaben gleichmäßig gute Wirkungen. Für nicht sehr große Entfernungen zieht der erwähnte Autor jedoch die oben beschriebene Anordnung mit vier Kugeln vor.

Erreger Ruhmkorff. Im allgemeinen wurde jedoch auch der Gebrauch der vier Kugeln verlassen und auf die Erregerformen mit einem einzigen Funken zurückgegangen. Man benutzt nunmehr einfach den Ruhmkorffschen Funkeninduktor mit Erregern, welche aus zwei Metallstangen bestehen die, innerhalb zweier isolierter und mit den Enden der Entwicklung des Funkeninduktors in Verbindung stehenden Metallringen verschoben werden können. Die beiden Stangen tragen an ihren Enden zwei gegenüberstehende massive Messingkugeln, an den äußeren Enden zwei Handgriffe aus isolierendem Material, vermittelst welcher sie einander genähert oder voneinander entfernt werden können. Von denselben Metallringen zweigen die Drähte ab, welche die Kugeln des Erregers einerseits mit dem Erdboden, anderseits mit dem Sendedraht verbinden.

In den abgestimmten Oszillatoren besteht der Erreger aus zwei Metallkugeln, welche mit den Enden des Stromkreises in Verbindung stehen, welcher den Kondensator und die Selbstinduktionsspule enthalten (Fig. 45).

Erreger Armstrong und Orling. Armstrong und Orling schlugen einen Erreger aus Hohlkugeln in Öl getaucht vor, in welche metallische Kugeln eingeführt werden können, um nach der Meinung der Erfinder die Schwingungsperiode verändern und mit jener eines gegebenen Empfängers in Übereinstimmung bringen zu können. Es ist jedoch nicht wohl einzusehen, wie die Anwesenheit dieser Kugeln innerhalb eines vollkommen geschlossenen Leiters einen merklichen Einfluß auf die Schwingungsperiode des Oszillators haben soll.

Erreger Slaby-Arco. Der früher von der A.E.G im Sendeapparat des Systems Slaby-Arco verwendete Erreger entbehrt der Kugeln und besteht aus zwei senkrechten Messingstäben, deren oberer verschiebbar eingerichtet ist. Der Erreger ist von einem zylindrischen Mantel aus Pappdeckel oder Ebonit umgeben, welcher dazu dient, das Geräusch der Funken zu dämpfen.

Im Deckel befindet sich eine Ebonitröhre, welche zur Ventilation des Innenraumes dient.

Von den beiden Polen des Erregers führen Drähte der Sekundärwicklung des Induktors, welche im allgemeinen nach Fig. 54 senkrecht an der Wand befestigt ist.

Da in diesem System einer der Pole des Funkeninduktors immer mit der Erde in Verbindung ist, so wird für diese Erdverbindung der obere bewegliche Pol des Erregers gewählt, welcher demnach ohne Gefahr gehandhabt werden kann, während der untere mit dem Sendedraht verbundene unzugänglich ist.

Erreger Fessenden. In diesem (Fig. 66) dargestellten Erreger geht der Funke nicht in gewöhnlicher Luft, sondern in Luft mit erhöhtem Druck über. Indem der Luftdruck erhöht wird, gelingt es, das Entladungspotential und damit die Tragweite der Wellen zu vermehren, ohne dabei die Länge und den Widerstand des Funkens zu vergrößern, da bei gleicher Potentialdifferenz die Funken um so kürzer sind, je höher der Luftdruck ist. In der Anordnung (Fig. 66) geht der Funke bei dem Punkte *a* über, innerhalb einer Luftkammer *b*, die mit einer Luftpumpe und einem Manometer *d* in Verbindung steht, vermittelst welcher die Luft auf 6 bis 7 Atmosphären Druck zusammengedrückt werden kann. Bis zu einem Druck von 3,3 Atmosphären beobachtete Fessenden kei-

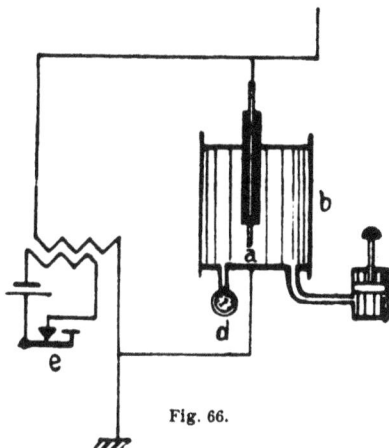

Fig. 66.

nerlei Zunahme in der Tragweite der Wellen, letztere stieg jedoch bei 4 Atmosphären und erreichte bei 5,8 Atmosphären das 3¹/₂ fache des Betrags bei 3,8 Atmosphären.

Erreger von Lodge und Muirhead. Ein von Lodge und Muirhead kürzlich angegebener Erreger besteht in einer Luftkammer, in welcher die beiden Erregerkugeln untergebracht sind und in welcher der Luftdruck nach Bedarf geregelt werden kann. Die Kugeln werden durch einen außerhalb der Luftkammer befindlichen Motor während des Gebrauchs des Erregers in dauernder Umdrehung erhalten, so daß der Funkenübergang an stets wechselnden Punkten der Kugeln stattfindet. Die Abnutzung der Kugeln durch die übergehenden Funken wird daher auf den ganzen Kugelumfang verteilt. Zum Zwecke der Zuführung der Elektrizität zu den Kugeln sind letztere mit axialen Bohrungen versehen, in welche Quecksilber eingefüllt ist. In das Quecksilber

tauchen die ruhenden von oben durch den Deckel der Luftkammer kommenden Zuleitungen und führen so den Kugelober-
flächen die zum Funkenübergang erforderlichen Spannungen zu.

Sende- und Empfangsdrähte.

Die Sendedrähte und Empfangsdrähte bilden einen der wichtigsten Teile in den Einrichtungen für die drahtlose Telegraphie,
sobald es sich darum handelt, einigermaßen erhebliche Entfernungen zu gewinnen, insofern die Übertragungsentfernung unter
gleichen Umständen mit der Höhe des Sendedrahtes zunimmt.

Marconi fand das Gesetz bestätigt, daß die Übertragungsentfernung mit dem Quadrat der Höhe des Sendedrahtes zunimmt.

In der Praxis scheint es jedoch, daß für einigermaßen
lange Sendedrähte die erreichbaren Entfernungen etwas größer
ausfallen, als dies Gesetz erwarten läßt. In der Tat zeigen die
in der folgenden Tabelle zusammengestellten Zahlen, wie sie
sich aus praktischen Versuchen von Tissot mit verschiedenen
Längen des Sendedrahts ergaben, wesentliche Unterschiede
zwischen den berechneten und beobachteten Werten.

Länge des Sende- drahtes m	Berechnete Übertragungs- entfernung km	Beobachtete Übertragungs- entfernung km
12	1,6	1,8
20	4,8	4,5
25	7,5	7,5
30	10,8	13,5
35	14,0	22,0
45	24,0	40,0

Dem Sendedraht an der Sendestation entspricht der Empfangsdraht an der empfangenden Station. Der Sendedraht hat,
wie oben ausgeführt die Aufgabe, die Energie in der Form aufeinanderfolgender elektrischer Wellen in den Raum auszustrahlen und den Wellen genügende Länge und Amplitude zu
geben, um auf große Entfernungen unter Überwindung zwischenliegender Hindernisse übertragen zu werden. Der Empfangsdraht dagegen hat die Energie der ankommenden elektrischen
Wellen aufzufangen, in einem Punkt die Wirkungen sämtlicher
aufeinanderfolgender Wellen, die eine Zeichengebung ausmachen,
zusammenzufassen und dem Fritter oder einem andern Wellenanzeiger zuzuführen.

In den Systemen mit direkter Erregung wird die Wellenlänge von der Länge des Sendedrahtes bestimmt, während in
den Systemen mit Erregung vermittelst Induktion die Wellen-

länge, wie kürzlich C. A. Chant gezeigt hat, nur in geringem Maße von der Länge des Sendedrahtes dagegen fast ausschließlich von dem die Kondensatoren enthaltenden Schwingungskreis abhängt.

Empfangsdraht Popoff. Ein senkrechter Draht am Empfangsapparat wurde zum erstenmal von Popoff angewendet. Er bestand aus einer gewöhnlichen Blitzableiterstange, vermittelst welcher die elektrischen Wellen der Atmosphäre aufgefangen wurden.

Sende- und Empfangsdrähte Marconi. Die ersten von Marconi in London auf eine Entfernung von ungefähr 3 km

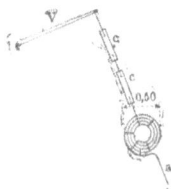

Fig. 67.

ausgeführten Versuche wurden ohne Sende- und Empfangsdrähte mit Parabolspiegeln an beiden Stationen unternommen. Später fand er es vorteilhaft, mit Metalldrähten am Oszillator und am Fritter Metall-Lamellen anzubringen, welche sich um so wirksamer erwiesen, in je größerer Höhe sie angebracht waren. Endlich erkannte er, daß diese Metall-Lamellen überflüssig seien, und die emporgeführten Drähte allein genügten, indem er so die wichtige Erfindung der Oszillatoren mit senkrechten Sendedrähten machte.

Die Sendedrähte in dauernden Anlagen für die Funkentelegraphie werden von einem kleinen Mast, welcher am Ende eines großen senkrechten, nach Art der Schiffsmasten gebauten Trägers angebracht ist, gehalten oder an Türmen und anderen hohen Gebäuden befestigt. Bei provisorischen Anlagen jedoch können die Sendedrähte auch durch kleine Luftballone oder selbst durch einfache Drachen in der Höhe gehalten werden. Auf alle Fälle ist es jedoch nötig, daß die Isolation derselben eine vollkommene sei.

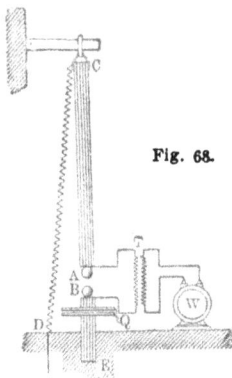

Fig. 68.

Infolgedessen ist der obere Teil des Sendedrahts am Mastbaum vermittelst Ebonitzylindern befestigt und der kleinere Baum selbst ein wenig geneigt angebracht, um Berührungen mit dem Tragbaum zu verhüten, wie Fig. 67 zeigt, in welcher der obere Teil einer von Marconi in Wimereux verwendeten Sendevorrichtung dargestellt ist, welcher Teil an den kleineren Teil V mit den beiden Ebonitzylindern cc verbunden ist und mit dem spiralförmig gewundenen blanken Draht a endigt. Mit ihrem unteren Ende

dringen die Drähte in den Apparatraum, wobei sie starke Ebonit-
ringe, die von Porzellanisolatoren getragen werden, durchlaufen.

    Mehrfache Empfangs- und Sendedrähte. Im
Anfang benutzte man Sende- und Empfangsvorrichtungen, welche
aus einem einzigen blanken oder mit Isoliermaterial überzogenen
Draht bestanden. In der Folge erkannte man jedoch, daß die

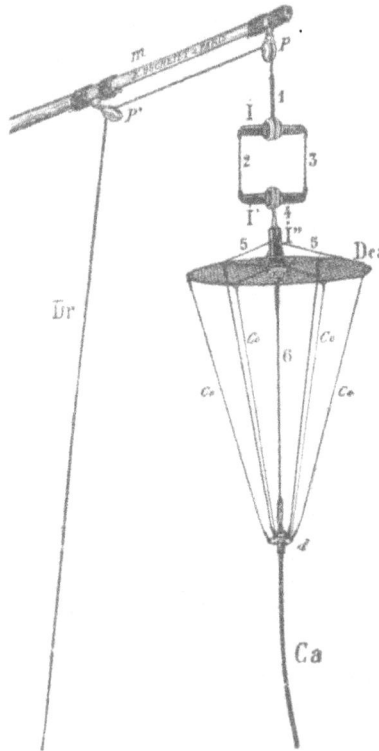

Fig. 69.   Fig. 70.

Leistungsfähigkeit bedeutend erhöht würde, wenn die Sende-
und Empfangsvorrichtungen aus 8 oder 4 parallelen, durch
hölzerne Querstücke in gleichmäßigem Abstand voneinander
gehaltene oder nach den Erzeugenden eines Zylinders (Slaby
und Guarini, Fig. 68 und 69) angeordneten Drähten bestünden
oder in Kegelform mit der Kegelspitze (Ducretet, Fig. 70) nach

unten angeordnet wird. Braun schlug zur Erhöhung der Leistungsfähigkeit verschiedene andere Formen vor (Fig. 71), welche aus
parallelen, unter sich an einem oder beiden Enden verbundenen
Drähten, oder auch aus zwei solcher Anordnungen nebeneinander
oder hinterein-
ander verbun-
den, oder auch
hintereinander
mit gekreuzten
Drähten, oder aus
einem in Form
eines rechtecki-
gen Solenoids
aufgewundenen
Drahte mit einem
metallischen Git-
ter oder Netz im
Innern des
Rechtecks beste-

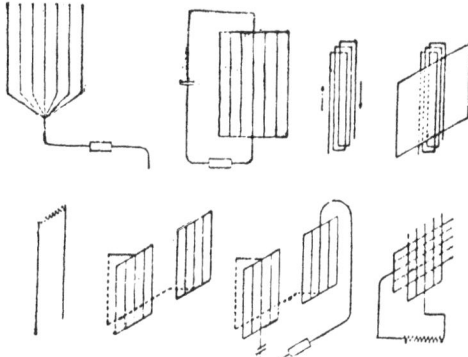

Fig. 71.

hen und die erhöhte Wirkung ohne zu hohe Vermehrung der
Kapazität des Systems erreichen sollten.

Nach Popoff besteht eine gute Anordnung aus zwei Masten
(Fig. 72), deren Höhe der zu überwindenden Entfernung anzupassen ist, und welche voneinander 20—25 m entfernt sind.
Jeder dieser Masten trägt zwei isolierte geneigte Drähte, welche
über dem Häuschen der Empfangsapparate zwischen den Masten
endigen. Die gleiche Anordnung benutzt Popoff für die Stationen
an Bord, in welchen die Empfangsdrähte an den Schiffsmasten
angebracht sind.

Lodge und Muirhead benutzen in ihrem Feldapparat eine
pyramidenförmige Vorrichtung von 15 m Höhe.

Aus gewissen theoretischen Erwägungen über die Rolle
der Erde bei der Übertragung der Wellen verlangt Fessenden,
daß die Sende- und Empfangsvorrichtung mit einem gutleitenden
Netz verbunden sei, welches sich mindestens $1/4$ Wellenlänge
nach der Richtung der Empfangsstation und noch weiter, wenn
die Sendestation von Gebäuden, Bäumen oder anderen Hindernissen umgeben ist, ausdehnen muß. Er benutzt demnach die
in Fig. 73 dargestellte Anordnung.

Das untere Ende der Sendevorrichtung ist vermittelst der
Funkenstrecke an ein Drahtnetz angeschlossen, dessen Drähte
in einer Entfernung von mindestens $1/4$ Wellenlänge mit der

Erde in Verbindung stehen. Längs der senkrechten Sendevorrichtung sind Induktionsrollen deren Schwingungsperiode ver-

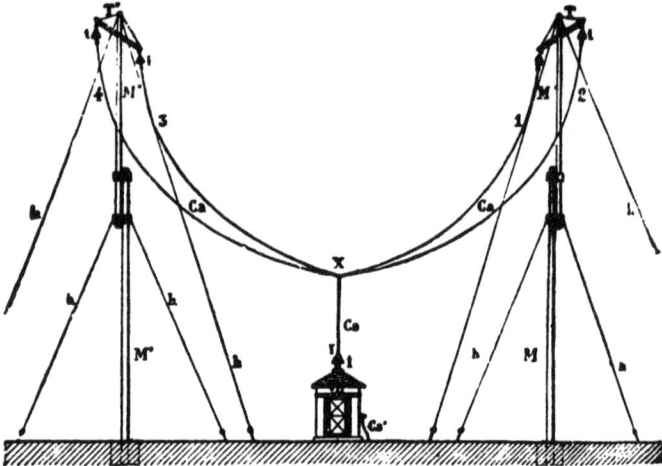

Fig. 72.

schieden ist von der Schwingungsperiode der zu übertragenden
Wellen, angebracht, durch welche nach der Ansicht Fessendens
die elektrischen Schwingungen der Atmosphäre und die nicht

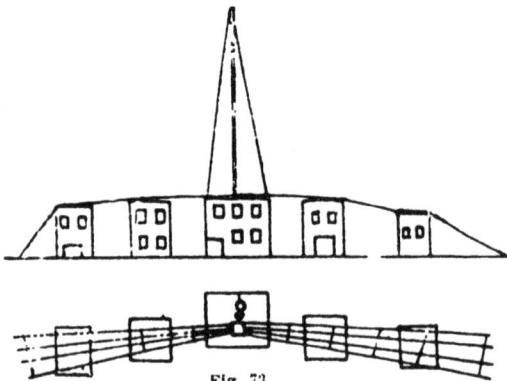

Fig. 73.

mit dem Empfangsapparat übereinstimmenden Schwingungen vernichtet werden sollen.

Drahtgitter. Auf Schiffen werden außer den bei Landstationen üblichen Vorrichtungen zur Entsendung und Aufnahme

elektrischer Wellen Drahtgerüste benutzt, welche aus zwischen
den Masten ausgespannten Drahtbündeln bestehen und über
dem Apparatenraum zusammenlaufen. Die Fig. 74 und 75 zeigen
die Gitter, wie sie nacheinander auf dem königlichen Schiff Carlo
Alberto während der Reise nach Kronstadt verwendet wurden.
Im Fall der Fig. 74 bestand das Gitter aus vier Drähten, welche
zwischen zwei Masten von 16 m Höhe ausgespannt waren. Am

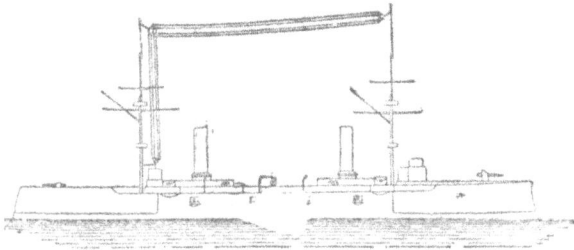

Fig. 74.

Hauptmast waren die Drähte niedergeführt, um zum Apparatenraum zu gelangen. Die Fig. 75 zeigt die später auf derselben
Reise zur besseren Übereinstimmung zwischen der Schwingungszahl des Senders in Poldhu abgeänderte Anordnung.

Im letzten Falle bestand das Gitter aus 50 dünnen Kupfer-
drähten, welche fächerförmig angeordnet waren und von einem

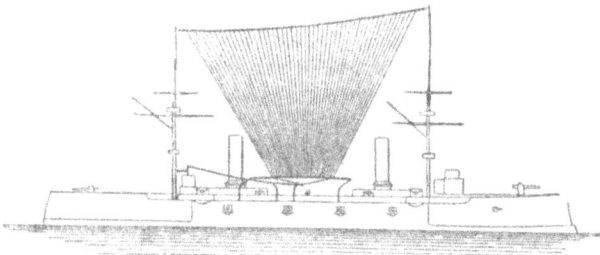

Fig. 75.

zwischen den beiden Masten ausgespannten Stahldraht hoch gehalten wurden. Die Höhe der Vorrichtung, welche im Anfang 45 m
betrug, wurde in der Folge während der Reise auf 52 m gebracht.

Diese Gitter sammeln die Wellen aus einem großen Raum-
abschnitt, um sie vereinigt dem Empfangsapparat zuzuführen,

wodurch eine erheblich größere Wirkung als bei der Verwendung eines einzigen Drahtes erzielt wird.

Sendevorrichtungen für große Entfernungen. Mit den Übertragungsentfernungen mußte die von der Sendestation ausgestrahlte Energie mehr und mehr zunehmen, und die Leistungsfähigkeit der Sendevorrichtungen erhöht werden.

In den Stationen, welche für die Übermittlung von Nachrichten vermittelst elektrischer Wellen über den Ozean dienen, wobei die Wellenlänge ca. 300 m erreicht, und die Ausstrahlungen von Wechselstrommaschinen von 50 Kilowatt Leistung geliefert werden, müssen die Sendevorrichtungen imstande sein, Zehntausende von Kilowatt in der Zeit von $1/_{1000}$ Sekunde abzugeben. Die Sendevorrichtungen bestehen daher jedenfalls aus einer großen Anzahl von Drähten, welche nach Art der Station Glace-Bay angeordnet sind.

Vier in den Ecken eines Quadrats von 70 m Seitenlänge aufgestellte, verstrebte und mit Drahtseilen verankerte Türme tragen vier horizontal ausgespannte Kabel, deren jedes 100 aus 7 Drähten zusammengewundene Kupferseile in die Höhe hält. Sämtliche Leiter laufen unten an den Seiten eines kleinen Quadrats zusammen, von welchem der zum Sende- oder Empfangsapparat gehende Draht abzweigt. Die Spannung, auf welche die Sendevorrichtungen dieser Station gebracht wird, ist derart, daß Funken von 30—40 cm Länge zwischen einem der Leiter und der Erde erhalten werden. Es ergibt sich hieraus, welche schwierige Aufgabe es ist, nicht nur an dem untern Ende der Sendevorrichtung, sondern auch an der Aufhängung der 400 Leiter die erforderliche Isolation, insbesondere in feuchten Gegenden aufrecht zu erhalten. Eine weitere Schwierigkeit für Einrichtungen dieser Art besteht in dem ungeheuern Winddruck, welchen das Bauwerk auszuhalten hat.

Sende- und Empfangseinrichtungen mit konzentrischen Zylindern. Einen anderen Typus der Sende- und Empfangsvorrichtung bildet jene, welche aus 2 konzentrischen Zylindern besteht, von welchen der innere mit der Erde und mit einer der Erregerkugeln, der äußere mit der anderen Erregerkugel verbunden ist. Die Anordnung mit konzentrischen Zylindern gestattet eine große Kapazität bei verhältnismäßig geringer Höhe zu erreichen, und eignet sich daher insbesondere für transportable Stationen. (Fig. 76.)

Es genügen 6—7 m Höhe, um Übertragungsentfernungen bis zu 50 km zu erreichen, während bei Übertragungen über das

Meer diese Entfernung vermittelst der Anordnung schon bei 1,25 m Höhe und 40 cm Durchmesser erreicht wird.

Neue Vorrichtung Fessenden.

Fessenden hat in jüngster Zeit eine eigenartige Sende- und Empfangsvorrichtung angegeben, welche hauptsächlich für den Gebrauch auf Schiffen in solchen Fällen bestimmt ist, in welchen die Anwendung von Masten unmöglich oder wie in Seeschlachten durch Zerstörung der Maste unmöglich geworden ist. Sie besteht darin, daß an Stelle des Mastes ein oder mehrere Wasserstrahlen verwendet werden, welche durch ein Druckwerk in die Höhe geschleudert zur Abgabe und Aufnahme der elektrischen Wellen dienen, indem sie am unteren Ende mit den Wellenerzeugern bzw. -Empfängern verbunden werden.

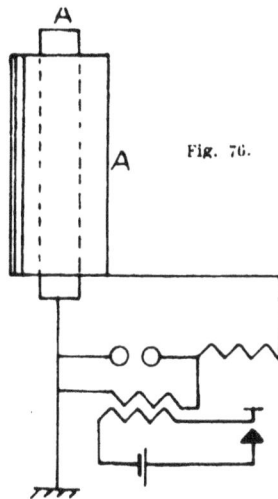

Fig. 76.

Empfangsvorrichtung O. Squire. Wie O. Squire beobachtete, lassen sich auch lebende Bäume als Empfänger elektrischer Wellen verwenden. Unter den verschiedenen benutzten Anordnungen hat sich als wirksamste die ergeben, bei welcher vom Fuß des Baumes eine Drahtverbindung zu einem Telephon als Wellenempfänger hergestellt ist, während das andere Ende der Telephonwicklung vermittelst eines Drahtes in einer Entfernung von ein Viertel Wellenlänge vom Fuß des Baumes geerdet ist.

Empfangs- und Sendevorrichtungen für gerichtete Wellen. Es fehlte nicht an Versuchen, der Sendevorrichtung eine solche Anordnung zu geben, daß sie die Wellen ganz oder hauptsächlich in einer bestimmten Richtung ausstrahlen, sowohl um Energieverlust zu vermeiden, als um ein Auffangen der Mitteilungen zu erschweren. Die erzielten Erfolge scheinen jedoch bisher der Wichtigkeit der Sache noch nicht zu entsprechen.

Guarini benutzte den konzentrischen Vorrichtungen ähnliche Anordnungen, in welchem ein zentraler Metalldraht von einem Blechzylinder, der mit dem Boden in Verbindung steht und einen Längsspalt enthält, umgeben ist. Nach der Angabe des Urhebers soll die Strahlung nur in der Ebene stattfinden,

welche durch den Draht und den Spalt gebildet wird, und nur
von einem Empfänger, der sich in derselben Ebene befindet, aufgenommen werden können.

Kitsel und Wilson schlugen eine Empfangsvorrichtung vor
(Fig. 77), welche aus einem senkrechten Mast besteht, dessen
oberes Ende ein horizontal angeordnetes
Kreuz trägt, dessen Balkenenden mit je
einer Metallplatte versehen sind, von
welchen jede mit einem besonderen Empfänger verbunden ist. Nach der Angabe
der Urheber, sollte der Empfänger am
meisten beeinflußt werden, welcher mit
der den ankommenden Wellen zukommenden Metallplatte verbunden ist, woraus sich die Richtung der ankommenden
Wellen erkennen ließe.

Ein anderer Vorschlag der beiden
Autoren besteht darin, am oberen Ende
des Mastes eine Kugel in Verbindung
mit einem Empfänger anzubringen, und
ein Kugelsegment, welches mit einem
anderen Empfänger in Verbindung steht,
darum herum zu bewegen. Wenn das
Kugelsegment während einer Umdrehung
sich zwischen der Kugel und der Sendestation befindet, so würde der Empfänger
der Kugel aufhören zu wirken, und an dessen Stelle der Empfänger des Segments in
Tätigkeit treten, wodurch die Richtung der
ankommenden Wellen angegeben wäre.

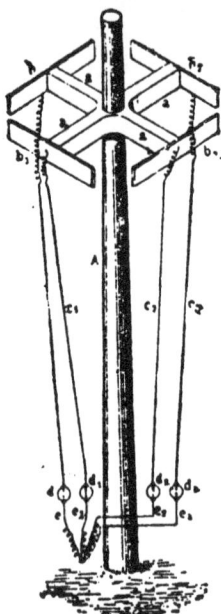

Fig. 77.

Es ist jedoch nicht wahrscheinlich, daß zwei so benachbarte Empfänger verschiedene Angaben hervorbringen.

Sendevorrichtung Artom. Eine sehr sinnreiche, kürzlich bekannt gewordene und mit Erfolg angewendete Anordnung,
die Wellen in bestimmter Richtung zu führen, ist die von Artom
in Turin angegebene. Sie besteht darin, daß statt eines einzigen
Sendemastes zwei aufeinander senkrechte angewendet werden,
welche von elektrischen Wellen gleicher Amplitude und gleicher
Frequenz, aber mit einer Phasenverschiebung von $^1/_4$ Periode,
durchlaufen werden. Aus der Zusammensetzung dieser beiden
Schwingungen soll eine einzige Schwingung in der gewollten
Richtung entstehen.

Um eine Vorstellung davon zu geben, wie zwei Schwingungen mit den erwähnten Eigenschaften sich zusammensetzen können, sei auf die Fig. 78, in welcher A und B die beiden aufeinander senkrechten Sendedrähte bezeichnen, verwiesen.

Um den Schwingungs- zustand der beiden Drähte im selben Augenblick dar- zustellen, bedeutet in Fig. 79 die ausgezogene Linie den Schwingungszustand des Drahtes A und die punk- tierte Linie jenen des Drahtes B. In der Figur ist die ganze Schwingung in 16 Abschnitte zerlegt und man bemerkt, daß der

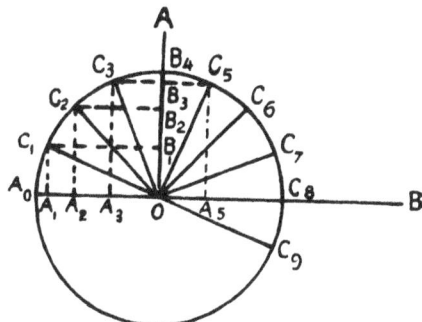

Fig. 78.

Draht A in den Zeiten 0, 1, 2, 3, 4 etc. in demselben Schwingungszu- stande sich befindet, in welchem der Draht B sich zu den Zeiten 4, 5, 6, 7, 8 usw. befindet, weshalb letzterer immer um 4 Zeit- abschnitte d. h. um $\frac{1}{4}$ Periode im Rückstande sich befindet.

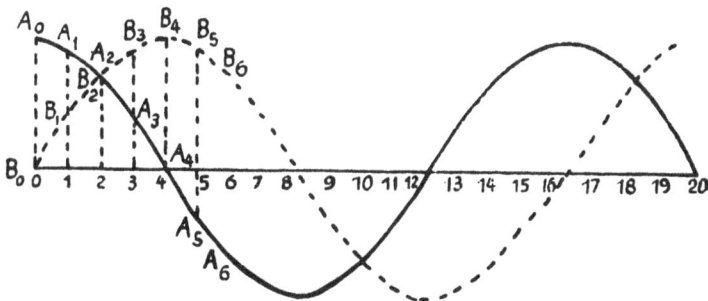

Fig. 79.

Tragen wir die Längen $A0$, $A1$, $A2$, $A3$ senkrecht auf Draht A von 0 ab, so erhält man die Längen $0A0$, $0A1$, $0A2$ etc., welche die von dem Draht A in den Augenblicken 0, 1, 2, 3, ausgestrahlte elektrische Kraft darstellen. Trägt man in gleicher Weise die Längen $B0$, $B1$, $B2$ senkrecht auf den Draht B auf, so stellen die Längen 0, $0B1$, $0B2$, $0B3$ etc. die elektrische Kraft dar, welche von dem Draht B in den Augenblicken 0, 1, 2, 3, 4 ausgeht. Die elektrische Kraft zu irgend einem Zeitpunkt ist

gegeben durch die Diagonale des Parallelogramms, welches aus
den die elektrischen Kräfte, die in diesem Augenblick von den
Drähten ausgehen, darstellenden Geraden gebildet wird. Im
Augenblicke 0 wird sie daher von der Linie $0A0$ gegeben
werden, da in diesem Augenblicke $B0$ gleich 0 ist. Im Augenblicke 1 wird sie dargestellt sein, durch die Linie $C1$ 0, d. h. die
Resultante aus $0A1$ und $0B1$ im Augenblicke 2 durch $B20$,
dann durch $C30$ etc. Es ergibt sich hieraus, daß die resultierende
elektrische Kraft um den Punkt 0 rotiert und so ein sogenanntes
elektrisches Drehfeld bildet, welches sich längs der senkrechten
auf der Ebene der Drähte A und B in 0 fortpflanzt. Um daher
die Fortpflanzungsrichtung zu verändern, ist nichts nötig als die
Ebene, in welcher sich die beiden Drähte befinden, zu drehen.

Durch Versuche, welche Alessandro Artom anfangs 1905 angestellt hat, deren Ergebnisse der Accademia dei Lincei in Rom vor-
gelegt worden sind, ist nachgewiesen, daß mit dem beschriebenen
Verfahren die Übertragung von Nachrichten in einer bestimmten
Richtung möglich ist. So wurden beispielsweise Signale von
Monte Mario in Rom nach der Maddalenainsel übermittelt, ohne
daß der Empfangsapparat für drahtlose Telegraphie auf der Insel
Ponsa, die nur verhältnismäßig wenig von der Verbindungslinie
der beiden genannten Stationen entfernt ist, im geringsten in Mit-
leidenschaft gezogen wurde. Ferner scheint bei dem Verfahren
die Höhe der Sendedrähte verringert werden zu können.

System Magni. In diesem System werden zwei parallele
Sendedrähte, welche unten mit einem Draht verbunden sind,
verwendet. Auf Einzelheiten der Anordnung wird im Kapitel 9
zurückgekommen werden.

Was über die Sendedrähte gesagt ist, gilt auch für Empfangsdrähte, insofern die beiden Bestandteile einer drahtlosen Verbindung im allgemeinen identisch sind. Auch arbeitet ein ein
und derselben Station ein und dieselbe Einrichtung abwechselnd
als Empfangseinrichtung und Sendevorrichtung. Man gibt daher
auch den beiden Vorrichtungen soweit als möglich dieselbe Länge
und möglichst parallele Richtung.

Anfangs glaubte man, daß Sendevorrichtung und Empfangsvorrichtung an Punkten angebracht sein müssen, von welchen
der eine vom anderen aus gesehen werden könne. Mit der Anwendung empfindlicher Wellenanzeiger stellte sich jedoch heraus,
daß dies keine unerläßliche Bedingung ist.

Sendevorrichtung ohne Drähte. Blochmann führt
eine Reihe von Versuchen drahtloser Telegraphie mit gerichteten

Wellen aus, ohne daß in den benutzten Apparaten Sendedrähte verwendet wurden.

Der Oszillator befand sich im Brennpunkt einer Linse aus Paraffin. Die elektrischen Wellen werden beim Durchgang durch die Linse wie Lichtwellen gebrochen und in der Richtung der Linsenachse fortgepflanzt. Eine gleiche Linse befindet sich am Empfangsapparat und ist derart gerichtet, daß ihre Achse mit der Richtung der ausgesandten Wellen zusammenfällt. Im Brennpunkt befindet sich der Fritter oder ein anderer Wellenanzeiger mit den übrigen erforderlichen Empfangsapparaten.

Der Erfinder beansprucht für sein System verschiedene Vorteile gegenüber den Systemen mit Sendedrähten. Der erste dieser Vorteile besteht darin, daß die Empfangsstation nicht von Zeichen, welche von fremden Stationen ausgehen, beeinflußt wird, daher absichtliche und unabsichtliche Störungen im Empfang der Nachrichten ausgeschlossen sind. Zweitens könnte die Empfangsstation die Richtung bestimmen, in welcher sich eine gebende Station befindet. Zu diesem Zweck würde es genügen, verschiedene Wellenanzeiger in der horizontalen Linie, welche durch den Brennpunkt der Linse geht, anzubringen. Die gesuchte Richtung wäre von der Geraden gegeben, welche den betätigten Wellenanzeiger mit dem Mittelpunkt der Linse verbindet.

Dem Erfinder gelang es bei Versuchen, welche im Jahre 1903 angestellt wurden, auf eine Entfernung von 1,5 km zu telegraphieren, wobei in der Sendestation eine Energiequelle von nicht mehr als 1 Kilowatt angewendet wurde.

Erdverbindungen.

In dem größten Teil der Systeme der drahtlosen Telegraphie ist sowohl der Sendedraht als der Empfangsdraht in guter Verbindung mit der Erde. Die Anordnung empfahl sich durch die Erfahrung. In der Tat bemerkte Marconi, daß die Übertragungsentfernungen in hohem Maße zunahmen, wenn man eine der beiden mit dem Erreger und mit dem Empfänger verbundenen Lamellen durch Erdverbindungen ersetzte.

Die Übertragung ist auch ohne derartige Verbindungen möglich und in einigen Schaltungen der Systeme Braun, Slaby-Arco und Lodge sind die Erdverbindungen durch Kapazitäten von entsprechender Größe ersetzt. Durch die Einführung derartiger Kapazitäten wird jedoch die Erdverbindung nicht sowohl unterdrückt, als vielmehr die direkte Verbindung durch eine indirekte ersetzt.

Nach den Versuchen von Ferrié ist die Erdverbindung des
Sendedrahts viel wichtiger als die des Empfangsdrahtes. So
mußte man beispielsweise die Länge des Sendedrahtes verdoppeln, während die Länge des Empfangsdrahtes nur 1 $1/_2$ mal
so lang sein mußte, wenn man dieselbe Übertragungsentfernung
bei Unterdrückung der Erdverbindungen erreichen wollte.

Die Erdverbindung scheint für die Übertragung in erster
Linie deswegen vorteilhaft, weil sie beinahe eine Verdoppelung
der Wellenlänge mit sich bringt, dadurch daß die Kapazität des
zweiten Teils des Oszillators praktisch unendlich groß wird, ferner
weil sie, wie oben erwähnt, verhindert, daß sich die Fortpflanzung
zu sehr von der günstigsten Richtung, d. i. der horizontalen entfernt, endlich weil sie im Empfangsapparat die Störungen durch
die Elektrizität der Atmosphäre, insbesondere jene, welche von
langsamen Potentialänderungen der Luft herrühren, vermindert.

Um eine gute Erdverbindung zu gewinnen, ist es nötig,
daß die betreffenden Apparatteile vermittelst möglichst kurzer,
dicker Drähte mit großen Metallplatten von möglichst großer
Oberfläche verbunden sind und daß diese Platten an einem
Punkte der Erdoberfläche eingegraben werden, wo letztere durch
Natur oder Kunst eine möglichst große Leitungsfähigkeit aufweist, wobei für die Anlage dieselben Grundsätze Geltung haben,
welche die Erdverbindungen für Blitzableiter bestimmen.

Als ein Beispiel für derartige Anordnungen seien die
Einrichtungen für die Stationen für drahtlose Telegraphie zwischen
Biot und Calvi erwähnt. In Biot wurden vier Erdverbindungen
hergestellt. Eine in einem benachbarten Bach, zwei andere
vermittelst je einer Zinkplatte von 2 qm Oberfläche, welche
horizontal in einer Tiefe von 0,5 m eingegraben wurden. Eine
vierte aus 5 oder 6 Zinkplatten, welche in eine Tiefe zwischen
50 cm und 3 m versenkt waren.

In Calvi wurde zunächst eine Erdverbindung aus 20 qm
Zinkplatten, welche horizontal in eine Tiefe von 0,5 m eingegraben waren, hergestellt; dann die Oberfläche auf 30 qm vergrößert, da sich die Station auf felsigem Boden befand, welcher
nur durch wenige Spalten mit dem Meer verbunden war.

Man zog vor, die Erdverbindung auf diese Weise zu bewirken, anstatt bis zum Ufer des Meeres zu gehen, um eine zu
große Länge des Erddrahtes zu vermeiden.

Ein Versuch in Biot hatte in der Tat gezeigt, daß die Übermittlung der Zeichen unmöglich wurde, wenn mehr als 30 m
Erddraht an den Empfänger angeschlossen wurden.

Transformatoren.

Die Transformatoren sind Apparate, welche den Zweck haben, durch Induktion die Energie eines Stromes von einem Stromkreis auf einen anderen zu übertragen.

Die elektrische Energie in einem stromdurchflossenen Leiter ist durch das Produkt aus der elektromotorischen Kraft und der Stromstärke bestimmt. Die Transformatoren gestatten nun bei der Übertragung der Energie von einem Stromkreis auf den anderen nach Belieben den einen Faktor dieses Produkts auf Kosten des anderen zu verändern. Sie gestatten beispielsweise die elektromotorische Kraft zu verdoppeln, zu verdreifachen, indem zugleich die Stromstärke in dem induzierten Stromkreis auf die Hälfte oder ein Drittel herabgesetzt wird, oder die elektromotorische Kraft auf die Hälfte oder ein Drittel herunterzusetzen, wobei gleichzeitig eine Verdoppelung oder Verdreifachung der induzierten Stromstärke erhalten wird, abgesehen natürlich von den unvermeidlichen Verlusten, welche bei jeder Energieübertragung stattfinden.

Die Transformatoren bestehen im allgemeinen aus zwei auf einem gemeinsamen Kerne aufgewickelten und völlig voneinander isolierten Drahtwicklungen. In der einen dieser Wicklungen fließt der primäre, in der anderen der induzierte oder sekundäre Strom. Die elektromotorische Kraft des primären Stroms verhält sich zu jener des sekundären Stromes wie die Anzahl der Drahtwindungen im primären Stromkreis zu der Anzahl der sekundären sich verhält, so daß, wenn die beiden Spiralen die gleiche Anzahl Windungen aufweisen, auch die in beiden Stromkreisen wirksamen elektromotorischen Kräfte gleich sind. Hat jedoch die sekundäre Wicklung beispielsweise die zehnfache Anzahl von Windungen gegenüber der primären, so ist in ersterer auch die elektromotorische Kraft die zehnfache, während zugleich die Stromstärke im sekundären Stromkreis zehnmal kleiner ausfällt. Umgekehrt erhält man von der sekundären Wicklung eine zehnfach kleinere elektromotorische Kraft wie im primären Stromkreis, wenn die Anzahl der Windungen in ersterer zehnmal kleiner ist.

Die Funkeninduktoren nach Ruhmkorff sind wirkliche Transformatoren, welche denStrom niedriger Spannung der Elektrizitätswerke in einen Strom von hoher Spannung im Sekundärdraht verwandeln, weshalb die primäre Wicklung aus einigen wenigen, die sekundäre aus einer großen Anzahl Windungen besteht.

In der drahtlosen Telegraphie werden die Transformatoren hauptsächlich angewendet, um die Energie des Oszillators entsprechend umgeformt dem Sendedraht zuzuführen und die am Empfangsdraht ankommende Energie dem Wellenanzeiger zuzuleiten.

Wir werden in folgendem sehen, daß der Transformator zunächst in den Empfangsapparaten und erst viel später an dem Sendeapparat angewendet worden ist.

Diese beiden Transformatoren arbeiten unter sehr verschiedenen Bedingungen und weisen daher verschiedene Bauart auf.

Empfangstransformatoren Marconi-Kennedy. Schon im Jahre 1898 traf Marconi am Empfangsapparate die Einrichtung, daß er den Empfangsdraht vom Stromkreis des Fritters isolierte und letzteren durch Induktion von ersterem beeinflußen ließ. Er erkannte dabei, daß bei dieser Art der Wellenaufnahme die Bauart des Transformators von höchster Wichtigkeit ist, insoferne bei der Verwendung der gewöhnlichen Transformatoren mit wenigen Windungen im Primärkreis und vielen im Sekundärkreis die Wirksamkeit nicht nur nicht erhöht, sondern verringert wird. Der Transformator ist nur in dem Falle von Vorteil, wenn er auf einem Kern von bestimmtem Durchmesser aufgewickelt ist, und aus Windungen von bestimmter Anzahl und Lage besteht.

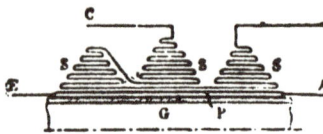

Fig. 80.

Fig. 81.

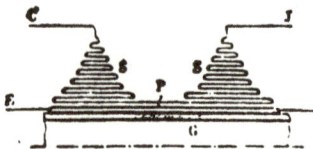

Fig. 82.

Marconi hat in Verbindung mit Kennedy eine große Anzahl von Transformatoren untersucht, und unter anderen die in den Fig. 80—85 dargestellten als die brauchbarsten patentieren lassen.

In diesen Figuren, welche nur die obere Hälfte jedes Abschnittes geben, ist die primäre Wicklung, welche mit dem Empfangsdraht verbunden ist, P, durch starke Linien, die sekundäre mit dem Fritter verbundene Wicklung S, mit dünnen Linien dargestellt, obwohl die beiden Drähte in der Regel gleiche Dicke aufweisen.

Die Wicklungen sind nicht im Schnitt d. h. durch eine oder mehrere Punktreihen für jede Wicklung sondern durch Zickzacklinien, welche eine bessere Übersicht geben, dargestellt.

Jede horizontale Linie bedeutet eine Lage der Wicklung um ein Glasrohr vom Durchmesser von 0,935 cm im Schnitt zur Hälfte mit *G* bezeichnet, und die Längen der darüberliegenden Linien geben das Verhältnis zwischen der Anzahl der Windungen, welche die aufeinanderfolgenden Drahtlagen bilden.

Aus den Figuren ist ersichtlich, daß die Anzahl der Windungen in den verschiedenen Lagen abnimmt, je entfernter diese von dem Glasrohr liegen.

Die besten Resultate ergab unter den geprüften Transformatorenformen die in Fig. 80 dargestellte. In dieser Anordnung bestehen die beiden Wicklungen aus Draht von 0,1 mm Durchmesser und der Primärdraht besteht

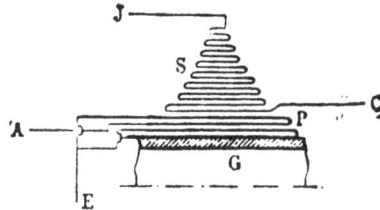

Fig. 83.

aus 2 nebeneinander angelegten Lagen von je 160 Windungen. Die Verbindung mit den übrigen Teilen der Schaltung der Empfangsstation wird im nächsten Kapitel behandelt werden.

Die sekundäre Wicklung ist in drei Teile geteilt, deren erster und dritter gleich sind und aus zehn Lagen von 45, 40,

Fig. 84.

35, 30, 25, 20, 15, 12, 5 Umgängen in den aufeinanderliegenden Lagen bestehen, deren zweiter 12 Lagen aus 150, 40, 39, 37, 35, 33, 29, 25, 21, 15, 10, 5 Umgängen enthält.

Eine theoretische Begründung für diese Anordnung läßt sich nicht geben. Doch legt Marconi großes Gewicht darauf, da sie

Fig. 85.

seiner Meinung nach verhindert, daß die elektromagnetische Induktion der elektrostatischen an den Enden der Spulen entgegenwirkt. In Kapitel 10 werden wir auf die von Marconi mit der Einrichtung erzielten Erfolge zurückkommen.

Im Jahre 1899 ließ Marconi noch andere Transformatoren-
arten patentieren, welche von dem erwähnten insbesondere sich
durch die Einführung eines Kondensators, welcher den Sekundärdraht in dessen Mitte unterbricht, unterscheiden. Die Fig. 86 und 87
stellen bei gleicher Bezeichnungsweise wie in den vorigen Figuren

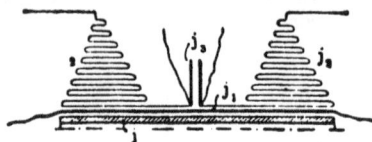

die neuen Anordnungen
dar. Die primäre Wicklung
ist dieselbe, wie in den
Fig. 80—85 und steht wie
gewöhnlich mit dem Emp-
fangsdraht und der Erde
in Verbindung, $j3$ ist ein
Kondensator, welcher den Sekundärdraht in dessen Mitte unterbricht. Von den Belegungen des Kondensators gehen zwei Drähte
aus, welche über besondere Induktionen zum Stromkreis der Relais-
batterie führen, während die vom Kondensator abgewendeten
Enden mit den Polen des Fritters verbunden sind. Der Transformator der Fig. 86 hat im Primärstromkreis 100 Windungen

isolierten Kupferdrahtes
von 0,37 mm Durchmesser,
welche auf dem Glasrohr j
von 6 mm Durchmesser auf-
gewickelt sind, während der
Draht der sekundären Wicklung nur die Hälfte des
Durchmessers des primären Drahtes aufweist. Die beiden Wicklungen des ersteren beginnen in der Mitte und sind im gleichen
Sinne wie die des Primärdrahtes geführt, wobei jede Wicklung
500 Windungen aufweist, deren Zahl von Lage zu Lage von 77—3
abnimmt, während die primäre Wicklung 17 Lagen umfaßt. In
dem Transformator der Fig. 87 besteht der primäre Stromkreis
aus 50 Windungen von 0,7 mm starkem Draht, welcher auf eine
Glasröhre von 25 mm aufgewickelt ist. Jede Hälfte der sekundären Wicklung umfaßt 160 Windungen von 0,05 mm Draht
welcher in einer einzigen Lage aufgewickelt ist.

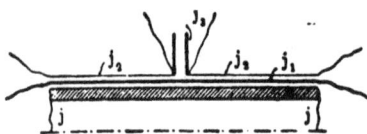

Bezüglich dieser Anordnungen, welche mehr durch zahlreiche Versuche als durch theoretische Überlegungen empfohlen
sind, weiß man nur, daß die besten Resultate dann erzielt werden,
wenn der Sekundärdraht des Empfängers in einer einzigen Lage,
wie in Fig. 87 und in gewisser Entfernung (ein paar Millimeter,
damit die Kapazität vernachläßigt werden kann) aufgewickelt ist
und die Länge des Sekundärdrahtes der Höhe des Empfangs-

drahtes gleichkommt. Dies rührt nach Marconi von dem Umstande her, daß ein derartiger Transformator eine Schwingungszahl aufweist, welche nahezu jener des Empfangsdrahtes entspricht, indem er die gleiche Länge wie der Empfangsdraht zeigt.

Der Transformator Marconi für die Sendestation.

Die von Marconi für die Sendestation gewöhnlich angewendeten Transformatoren zeigen folgende Anordnung: In der Mitte eines viereckigen paraffinierten Holzstücks von 30 cm Seite ist eine einzige Windung Draht aufgewickelt, welche den primären Stromkreis bildet. Diese Leitung besteht aus einem bis zehn parallel geschalteten Drähten; zu beiden Seiten des Primärdrahts sind in einer Ebene oberhalb des Holzstückes eine gewisse Anzahl von Windungen aus sehr gut isoliertem Draht aufgewickelt, welche den Sekundärstromkreis bilden. Die Windungszahl dieses Drahtes ist größer oder kleiner, je nach der Wellenlänge, welche hervorgebracht werden kann. Die Enden der sekundären Wicklung sind einerseits mit der Erde, anderseits mit einer Selbstinduktionsspule, in welche nach Belieben eine mehr oder minder große Zahl von Windungen zur Regulierung der Schwingungszahl des Sendeapparats eingeschaltet werden kann, verbunden.

Letztere Spule besteht aus 1 cm starkem Kupferdraht und ist in Windungen von 15 cm Durchmesser auf einem Zylinder aus isoliertem Material aufgewickelt.

Der Transformator Braun. Auch in dem System der elektrischen Wellentelegraphie von Braun wirkt der Oszillator auf den Sendedraht vermittelst eines

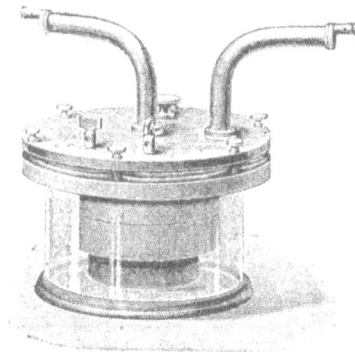

Fig. 88.

Transformators, in dessen primärem Stromkreis die Funkenstrecke sich befindet, während der Sekundärstromkreis mit dem Sendedraht verbunden ist. Die Fig. 88 zeigt die Anordnung des Apparats, wie sie von der Firma Siemens angegeben ist. Da die Einrichtung unter sehr hohen Spannungen zu arbeiten hat, so ist sie in einem verschlossenen, mit Öl gefülltem Gefäß untergebracht. Auch in der Empfangsvorrichtung dieses Systems wirkt der Empfangsdraht vermittelst eines Transformators auf den Stromkreis des Fritters. Da der Apparat in diesem Falle nur sehr geringen Spannungsunterschieden ausgesetzt ist, genügt die Isolation durch die Luft.

Transformator Tesla. Einen Transformator, wie er insbesondere in den Stationen für die Übertragung auf sehr große Entfernungen zur Erhöhung des Potentials der von gewöhnlichen Wechselstrommaschinen gelieferten Ströme dient, zeigt schematisch die Fig. 89.

In diesem von Tesla angegebenen Transformator durchfließt der Strom einer Wechselstrommaschine die primäre Wicklung P.

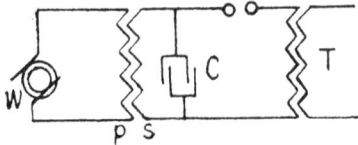

Fig. 89.

In der sekundären Wicklung S entsteht eine Wechselstromfolge von gleicher Periodenzahl, wie sie im Stromkreis der Elektromaschine W besteht, aber von viel höherer Spannung. Dieser Strom lädt abwechselnd den Kondensator C, welcher sich über die Funkenstrecke entlädt und so elektrische Schwingungen im Primärdraht eines zweiten Transformators T erzeugt, welcher in Öl eingetaucht ist. Der Transformator T bildet die sog. Teslaspule. Die elektrischen Schwingungen des Primärkreises von T sind unendlich viel schneller als jene des Maschinenstromkreises, wodurch durch Induktion im Sekundärstromkreis von T Ströme von gleicher Frequenz, aber von viel höherer Spannung wie im Kondensator erzeugt werden.

Der Transformator, welcher zur ersten Spannungserhöhung des von der Maschine gelieferten Wechselstroms dient, ist ein gewöhnlicher Transformator, wie er für industrielle Zwecke üblich ist. Professor Tuma von Wien, welcher als der erste bereits im Jahre 1898 den Teslatransformator in seinen Versuchen der drahtlosen Telegraphie anwandte, benutzte statt des gewöhnlichen industriellen Transformators einen Ruhmkorff, welcher von einer Batterie gespeist wurde. In den Stationen für sehr große Entfernungen, wie jene von Poldhu, werden industrielle Wechselstromtransformatoren verwendet, welche die Spannung in der Maschine von 2000 Volt auf 20 000 Volt erhöhen. Diese Transformatoren bedürfen besonderer Vorkehrungen, um eine vollkommene Isolation des sekundären Stromkreises zu sichern.

Der sekundäre Draht ist deshalb, wie dies in den Ruhmkorff-induktoren zu geschehen pflegt, in verschiedene Abschnitte zerlegt und besteht aus einer Reihe von ebenen Rollen, welche auf der primären Wicklung aufgewickelt sind. Jede einzelne dieser Rollen ist in folgender Weise angeordnet. Ein Stück Leitungs-draht mit sehr hoher Isolation und entsprechender Länge geht durch ein in einer Ebonitscheibe angebrachtes Loch derart, daß die eine Hälfte des Drahtes auf der einen, die andere Hälfte auf der anderen Seite der Scheibe sich befindet. Jede Hälfte ist in einer ebenen Spirale auf der zugehörigen Scheibenober-fläche aufgewickelt, derart, daß der Sinn der Wicklung auf beiden Seiten der Scheibe verschieden ist. Die auf der primären Wicklung aufgereihten Scheiben sind untereinander in Hintereinander-schaltung verbunden. Man erhält auf diese Weise eine wohl-isolierte Sekundärwicklung von geringem Widerstande, welche imstande ist, in kürzester Zeit einen Kondensator von hoher Kapazität zu laden.

Transformator Oudin und d'Arsonval. Die Fig. 90 zeigt schematisch den Transformator Oudin. Die inneren Be-legungen zweier Leydener Fla-schen LL stehen mit dem Pol eines Funkeninduktors in Ver-bindung und sind zugleich mit den beiden Kugeln des Erregers verbunden. Von den äußeren Belegungen der Flaschen ist die eine mit dem einen Ende einer senkrechten Spule P, die andere mit einem verschiebbaren Kon-takt G verbunden. Durch letz-

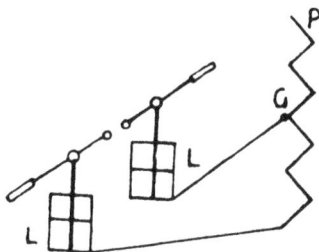

Fig. 90.

teren wird die Spule in zwei aufeinanderfolgende Teile zerlegt, deren Längenverhältnis sich ändert, wenn der bewegliche Kontakt verschoben wird. Ist die Stellung des Kontakts G derart, daß die Schwingungsperiode der Flasche und des ersten Spulen-abschnitts übereinstimmt mit der Schwingungsperiode des zweiten Spulenabschnitts GP, so ist der Punkt P der Sitz elektrischer Schwingungen von sehr hoher Spannung, welche sich durch lebhafte Lichtausstrahlungen an diesem Punkte kund-geben.

Wird der Punkt G bis nach P verschoben, so erhält man den Transformator d'Arsonval, welcher als eine Abart des Trans-formators Tesla aufgefaßt werden kann.

Kondensatoren.

Die wesentlichen Teile eines Kondensators sind bekannt-
ich zwei in geringem Abstand einander gegenüberstehende große
Metallflächen, welche durch eine
Isolierschichte voneinander getrennt sind. Je nach der Größe
der Flächen oder dem Abstand
derselben besitzt ein derartiges
System eine große elektrische
Kapazität, d. h. es erfordert verhältnismäßig große elektrische
Ladungen, bevor es eine hohe
elektrische Spannung annimmt.

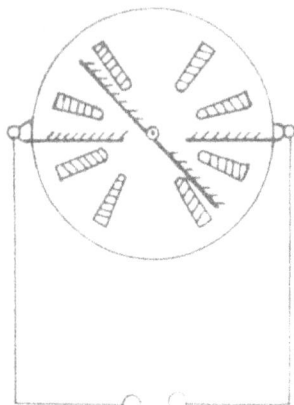

Beispielsweise haben die
beiden Kugeln der Fig. 91 eine
geringe Kapazität. Werden sie
mit den Polen einer Elektrisiermaschine verbunden, so genügt
eine kleine Menge der von der
Maschine den beiden Kugeln

Fig. 91.

zugeführten Elektrizität verschiedenen Vorzeichens, um letzteren
eine genügende Spannungsdifferenz mitzuteilen, daß zwischen
ihnen ein Funke überspringt. Wird daher
die Maschine dauernd in Tätigkeit erhalten,
so entsteht zwischen den beiden Kugeln
eine Reihe von rasch aufeinanderfolgenden
schwachen Funken.

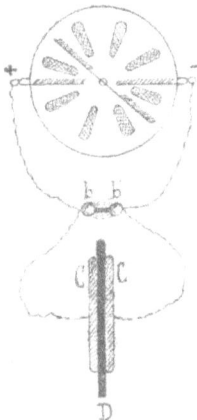

Verbindet man dagegen die Kugeln $b\,b'$
(Fig. 92) mit einem Kondensator, dessen
Belegungen CC von der Isolierschicht D
getrennt sind, so entsteht ein System von
bedeutend größerer Kapazität, so daß die
Maschine den beiden Kugeln $b\,b'$ eine viel
größere Elektrizitätsmenge mitteilen muß,
bevor die Spannungsdifferenz den zum
Übergang des Funkens erforderlichen Wert
erreicht. Wird daher die Maschine in ständiger Tätigkeit erhalten, so wird man in
diesem Falle in der Zeiteinheit eine geringere

Fig. 92.

Anzahl von Funken erhalten, dagegen werden letztere, um so
kräftiger und geräuschvoller, da die bei jedem Funkenübergang

sich entladende Elektrizität bedeutend größer ist als im ersten Falle.

Die Kapazität eines Kondensators nimmt mit der Oberfläche der Belegungen zu und mit deren Abstand ab. Je mehr daher die Belegungen CC einander genähert werden, in desto größeren Zeitabständen folgen sich um so lebhaftere Funken, und bei gleichem Abstand werden die Funken um so häufiger und um so schwächer, je mehr man die Oberfläche der Belegungen vermindert.

Eine der häufigsten Formen der Kondensatoren ist die der Leydener Flasche Fig. 93, welche aus einem Glasgefäß, welches innen und außen bis zu einem gewissen Abstand vom Rand mit Stanniol beklebt ist, be-
steht. Die innere Stanniolschicht bildet die eine,
die äußere die andere Belegung, während das
Glas des Gefäßes die isolierende Zwischenschicht
darstellt.

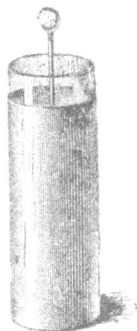

Wie erwähnt, werden in den Anwendungen
der drahtlosen Telegraphie die Kondensatoren
hauptsächlich im Erregerkreis eingeschaltet, um
die Schwingungsdauer der in diesem Stromkreis
entstehenden elektrischen Schwingungen zu vergrößern und zugleich die von jeder einzelnen
Entladung des Funkeninduktors ins Spiel gebrachte Energie zu erhöhen. In den abgestimmten

Fig. 93.

Systemen ist es zudem, wie erwähnt, nötig, die Schwingungsdauer des Erregers und des Empfängers derart regeln zu können, daß sie in Übereinstimmung mit den Schwingungszahlen des Sendedrahtes bzw. Empfangsdrahtes stehen, weshalb die angelegten Kondensatoren in ihrer Kapazität regulierbar angeordnet sein müssen.

Auch für diese Anwendungen ist die gebräuchlichste Form des Kondensators die einer Batterie Leydener Flaschen, welche nebeneinander geschaltet sind, indem sämtliche äußere Belegungen und sämtliche innere Belegungen miteinander verbunden werden. Um die Kapazität einer solchen Batterie zu ändern, besteht kein anderes Mitel, als eine mehr oder minder große Anzahl von Flaschen ein- oder auszuschalten oder eine Batterie durch eine andere zu ersetzen. In beiden Fällen findet die Ver-
änderung der Kapazität sprungweise statt. Wenn es sich darum handelt, die Kapazität kontinuierlich zu ändern, so müssen Kondensatoren von veränderlicher Kapazität angewendet werden. Ge-
wöhnlich benutzt man zu diesem Zwecke parallele Platten, deren

Abstand verändert werden kann, oder die in Fig. 94 angegebenen
Plattensysteme, die mehr oder minder weit ineinandergeschoben

Fig. 94.

werden können und die
dadurch verschiedene Ka-
pazitäten erhalten.

Man benutzt auch mit
Erfolg Kondensatoren aus
Metallplatten, mit Mikanit-
zwischenlagen, welche in
Gefäßen mit Petroleum eingetaucht werden. Es werden dabei
in kleinem Raum große Kapazitäten erreicht, und durch ver-
schiedene Zusammenfassungen der einzelnen Platten kann die
Kapazität des gesamten Systems nach Belieben geändert werden.

Kondensatoren Braun. Unter den verschiedenen Arten,
die Kondensatoren zu schalten, sei die in Fig. 95 dargestellte,

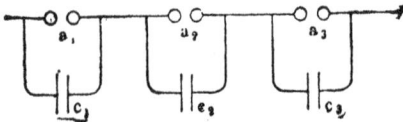

Fig. 95.

von Braun in seinem
System der drahtlosen
Telegraphie angewen-
dete, erwähnt. Jeder
Kondensator besitzt
in dieser Anordnung
seine eigene Funkenstrecke, so daß durch Ein- oder Ausschalten
eines der Elemente die Schwingungszahl der Entladung nicht
geändert, sondern nur die von der Entladung ins Spiel gebrachte
Energie verändert wird.

Die beste Form dieser Anordnung ist nach Braun die in
Fig. 96 dargestellte, in welcher die eine der Belegungen eines

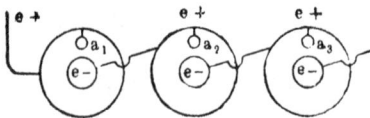

Fig. 96.

Kondensators vollkommen
von der anderen umgeben
ist und die Kapazität der
Kugeln und der Verbin-
dungsdrähte auf einen
Mindestwert herunterge-
setzt ist.

Die endgültige Ausführungsform, welche die Firma Siemens
und Halske der Braunschen Kondensatorenbatterie gegeben hat,
ist in Fig. 97 dargestellt. Jeder Kondensator besteht aus einer
bestimmten Anzahl Leydener Flaschen, deren jede aus einem
Glasrohr von 25 mm Durchmesser und $2^{1}/_{2}$—3 mm Wandstärke
besteht. Von außen gleicht eine solche Batterie einer Gruppe
von umgekehrten Reagenzgläschen, welche so angeordnet sind,
daß die Anzahl der Flaschen mit größter Leichtigkeit vermehrt

oder vermindert werden kann und im Fall eines Bruches der
Ersatz auf das bequemste erfolgt. Die Kapazität einer einzelnen
Flasche beträgt 0,0004—0,0005 Mikrofarad.

Diese Kondensatoren werden vermittelst einer Spule geladen, welche derart gewickelt ist, daß sie nicht sowohl sehr

Fig. 97.

hohe Spannungen als große Elektrizitätsmengen liefert. Der in
Verbindung mit diesem Kondensator angewendete Transformator
ist in Fig. 98 dargestellt. Die bei dem Braunschen Empfangsapparat angewendeten Kondensatoren sind von gleicher Kapazität
wie die an der Sendestation verwendeten, zeigen jedoch, da sie
viel geringere Spannungen auszuhalten haben, viel geringere
Abmessungen und
sind im allgemeinen
aus einer bestimm-
ten Anzahl von Be-
legungen, die durch
sehr dünne Isolier-
schichten getrennt
sind, gebildet.

Die Fig. 98 zeigt
einen   derartigen
Kondensator in Ver-

Fig. 98.

bindung mit dem zugehörigen Transformator zur Aufnahme
elektrischer Schwingungen von 200 m Wellenlänge.

Kondensator Slaby-Arco. Die Flaschen dieser Anordnung sind paarweise ineinandergesetzt, zeigen eine Kapazität
von je 0,001 Mikrofarad und werden zwischen zwei Holzplatten
unter Zwischenlage von Filzringen festgehalten. Die äußeren
Belegungen sind vermittelst eines Stanniolblattes in der unteren
Holzscheibe miteinander verbunden. Die inneren Belegungen
sind voneinander getrennt und mit einer in der Mitte angebrachten
Schaltvorrichtung verbunden, vermittelst welcher die Kontakte
je nach Bedarf hergestellt werden können. Die Batterie ist von
einem zylinderischen Mantel aus Pappdeckel oder Mikanit
umgeben und in dem großen Zylinder des Sendeapparats
eingesetzt.

Kondensator von Poldhu. Da bei den Stationen
auf sehr große Entfernungen sehr erhebliche Energiemengen
ins Spiel gebracht werden müssen, müssen die im Entladungsstromkreis solcher Stationen angewendeten Kondensatoren eine
erhebliche Kapazität ausmachen.

In der Station von Poldhu bestehen die angewendeten
Kondensatoren aus 20 einzelnen Elementen, welche nebeneinander
geschaltet sind. Jedes einzelne dieser Elemente besteht aus
einer Glasplatte, welche auf beiden Seiten von einem quadratischen
Stanniolblatt von 30 cm Seite bedeckt ist. Zwanzig solcher, in
einem mit gekochtem Leinöl gefüllten Gefäße aufgestellter Elemente bilden einen Elementarkondensator, welcher eine Kapazität
von ungefähr $^1/_{20}$ Mikrofarad aufweist. Der ganze Kondensator besteht aus 20 solchen parallel geschalteten Elementarkondensatoren und zeigt daher eine Kapazität von ungefähr
1 Mikrofarad.

Ein aus vielen Elementen zusammengesetzter Kondensator
bietet den Nachteil, daß die einzelnen Elemente nicht dieselbe
Stelle im Entladungsstromkreis ein-
nehmen, weshalb die partiellen
Entladungen nicht die gleichen
Schwingungszahlen aufweisen.
Dieser Übelstand ist besonders bei
der Übermittlung mit abgestimmten Wellen, bei welcher der Stromkreis, in welchen der Kondensator

Fig. 99.

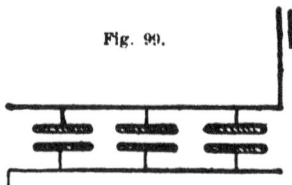

eingeschaltet ist, eine scharf abgestimmte Schwingungszahl aufweisen muß, fühlbar.

Man sucht diesem Nachteil zu begegnen, indem man die
einzelnen Elementarkondensatoren nach Fig. 99 anordnet. Die

Länge des Entladungsstromkreises ist dabei für jeden Elementarkondensator genau dieselbe, so daß alle ihre Einzelentladungen
genau die gleiche Schwingungszahl aufweisen.

Abstimmungsmittel.

Unter Abstimmungsmittel sind die Apparate verstanden,
welche dazu dienen, die Stromkreise der beiden Stationen oder
verschiedene Stromkreise derselben Station auf dieselbe Schwingungszahl abzustimmen. Da Resonanz zwischen zwei Schwingungskreisen besteht, wenn
die Schwingungszahlen beider Kreise gleich sind, und da
die Schwingungszahl eines
Kreises von dessen Kapazität
und Selbstinduktion abhängt,
so müssen diese beiden Kreise
einzeln oder zusammen ge-
ändert werden können, um
die gewünschte Resonanz
herzu stellen.   Die Mittel
zur Abstimmung bestehen
daher im allgemeinen ent-
weder aus Selbstinduktionsspulen von veränderlicher
Selbstinduktion oder aus
Kondensatoren von regulierbarer Kapazität.

Die Mittel, um eine be-
queme und rasche Verände-
rung der Selbstinduktion und

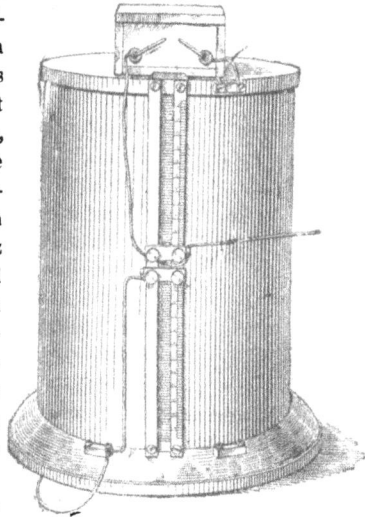

Fig. 100.

Kapazität eines Stromkreises zu erzielen, sind verschieden.
Fessenden benutzt z. B. den bereits beschriebenen Taster nach
Fig. 52. Andere verwenden die in Fig. 90 angegebene Anordnung,
mit dem längs einer Spule P verschiebbaren Kontakt G, dessen
Stellung die Länge des in den Schwingungskreis eingeschalteten
Spulenteils bestimmt. Ducretet benutzt ein großes Wandbrett,
welches einen blanken Kupferdraht von ca. 100 m in Zickzack
gewunden trägt, längs welchem Kontakte verschoben werden
können, durch die eine mehr oder minder große Länge des
Drahtes in den Stromkreis eingeschaltet wird.

Transportable Abstimmungsspule. Dieser von
Graf Arco angegebene Apparat gestattet, verschiedene Stationen

vollkommen gegeneinander abzustimmen, ohne daß dieselben
vorher miteinander in Verbindung treten.

Fig. 100 zeigt die Einrichtung, welche aus einer zylindrischen
Kassette besteht, die oben ein Funkenmikrometer trägt, während
an der Außenwand parallel mit der Zylinderachse eine Skala
angebracht ist, längs welcher ein Kontakt verschoben werden
kann. Innerhalb des Zylinders befindet
sich eine Selbstinduktionsspule. Das untere Ende der letzteren wird mit dem unteren Ende des Sendedrahtes oberhalb
der Spule U Fig. 101, durch welche im
System Slaby-Arco der Sendedraht mit der
Erde in Verbindung steht, verbunden. Das
obere Ende ist mit einer der Spitzen des
Funkenmikrometers verbunden, während
ein mittlerer veränderlicher Punkt mit dem
äußeren beweglichen Kontakt in Verbindung steht. Die andere Spitze des Funkenmikrometers steht mit dem verschiebbaren
Kontakt in Verbindung. Längs der Drähte,
welche von der Spule und dem beweglichen
Kontakt zum Funkenmikrometer gehen,
ist in Abzweigung ein Kondensator eingeschaltet, welcher dieselbe Kapazität wie
der in der Empfangsstation verwendete Fritter aufweist.

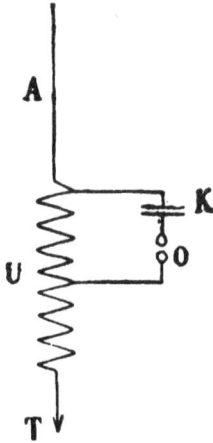

Fig. 101.

Nachdem die Schwingungszahl des Erregers mit jener des
senkrechten Drahtes, der auf die Selbstinduktion U und den
Kondensator wirkt, abgestimmt ist, wird die Abstimmungsspule
an das untere Ende des senkrechten Drahtes angelegt und der
bewegliche Kontakt so lange verschoben, bis die Funken am
Funkenmikrometer die größte Länge aufweisen. In dieser
Stellung stimmt die Schwingungszahl der Abstimmungsspule
mit jener der Station überein.

Man stellt hierauf den beweglichen Kontakt in der betreffenden Lage fest, bringt die Spule zu der Station, welche mit
der anderen in Resonanz gebracht werden soll, legt sie am
unteren Ende des senkrechten Drahtes an und verändert die
Selbstinduktion U und die Kapazität K des Oszillators solange,
bis die Funken am Funkenmikrometer der Abstimmungsspule
wiederum die größte Länge erreichen. Nun sind die beiden
Stationen imstande, Wellen von gleicher Schwingungszahl auszutauschen. In gleicher Weise wird der Empfänger abgestimmt,

indem man den Fritter auf einen Augenblick durch einen Hilfs-
erreger ersetzt.

Die Skala dieses Apparates kann auch derart geteilt sein,
daß sie unmittelbar die Wellenlänge des Erregers angibt, mit
welchem die Abstimmung vorgenommen wurde.

Wellenmesser Doenitz. Nach Doenitz kann vermittelst
des Apparates von Arco die Abstimmung nicht mit genügender
Schärfe erreicht werden, infolge der zu großen Dämpfung, welche
die Spule bei offenem Stromkreis bewirkt. Der in Fig. 102

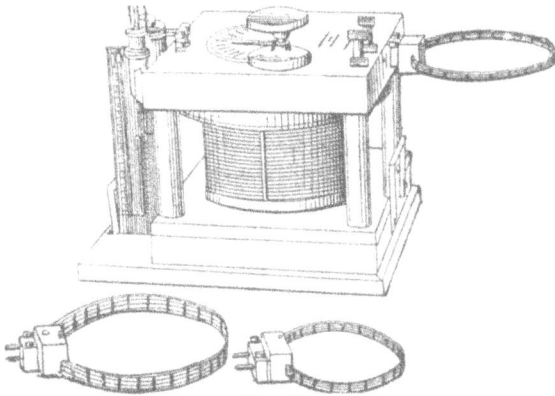

Fig. 102.

dargestellte Wellenmesser von Doenitz verwendet daher als
Schwingungskreis einen geschlossenen Stromkreis mit Selbstinduktion und Kapazität, welcher leicht gegen den schwingenden
Stromkreis, dessen Wellenlänge ermittelt werden soll, abgestimmt
werden kann.

Rechts in der Fig. ist die Induktionsrolle dargestellt, welche
durch zwei andere dem Apparat beigegebene Rollen ersetzt werden
kann. Die Selbstinduktionen der drei Rollen verhalten sich wie
$1/_4 : 1 : 4$. In der Mitte des Apparates befindet sich ein zylind-
risches mit Öl gefülltes Gefäß, in welchem verschiedene halbkreisförmige parallele Metallamellen befestigt sind, während ebensoviele halbkreisförmige Lamellen derart um eine vertikale Achse
drehbar angeordnet sind, welche vermittelst eines außen angebrachten Knopfes mehr oder minder weit in die Zwischenräume der festen Platten eingeführt werden können, wodurch
ein Kondensator von veränderlicher Kapazität etwa nach Fig. 94
gegeben ist.

Links befindet sich die Anzeigevorrichtung, welche aus einem Luftthermometer besteht, in dessen Kolben eine Rolle eingeschlossen ist, auf welche durch Induktion eine andere im Hauptstromkreis eingeschaltete Rolle wirkt.

Der Stromkreis, dessen Wellenlänge man bestimmen will, wirkt durch Induktion auf die Selbstinduktionsrolle des Wellenmessers. Dreht man nun den äußeren Knopf solange bis infolge der Änderung der Kapazität des Kondensators das Thermometer die höchste Temperatur anzeigt, so ist der Wellenmesser in Resonanz mit dem schwingenden Stromkreis und die Wellenlänge kann an dem am Deckel des Apparates angebrachten Zifferblatte, dessen Zeiger in Übereinstimmung mit dem Knopfe steht, abgelesen werden. Das Zifferblatt enthält drei Teilungen, von welchen jede einer der drei verwendeten Selbstinduktionssäulen entspricht.

Mit geeignet gewählten Kapazitäten und Selbstinduktionen können mit dem Apparat Wellenlängen von 140 bis 1200 m gemessen werden.

Wellenanzeiger.

Der Fritter. Das in den Empfangsstationen für die elektrische Wellentelegraphie am häufigsten angewandte Mittel zur Aufnahme der elektrischen Wellen ist, wie erwähnt, der Fritter. Zu gleichem Zweck wurde später von Marconi ein anderer auf durchaus anderen Erscheinungen beruhender Apparat, der magnetische Wellenanzeiger, verwendet. Es wurde bereits erwähnt, daß die Wirksamkeit des Fritters auf der Eigenschaft beruht, daß metallische Pulver und andere unvollkommene Kontakte unter gewöhnlichen Umständen den Durchgang des elektrischen Stromes beinahe völlig

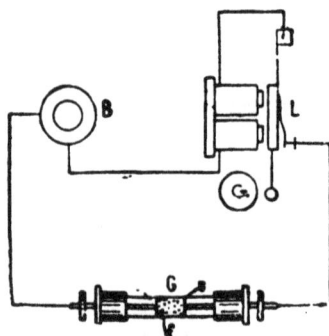

Fig. 103.

verhindern, dagegen sofort gestatten, sobald sie von elektrischen Wellen getroffen werden, und daß sie den ursprünglichen Widerstand wieder annehmen, sobald die Wellen aufhören und deren Wirkung durch schwache Erschütterungen wieder beseitigt wird.

Die erwähnten Pulver sind daher unter gewöhnlichen Umständen nahezu Nichtleiter der Elektrizität, welche unter der Wirkung der elektrischen Schwingungen zu Leitern werden.

Die Pulver werden gewöhnlich in kleine Glasröhrchen G (Fig. 103), zwischen zwei metallischen Stromzuführungen untergebracht, von welch letzteren die Drähte zur Einschaltung einer Batterie B und einer elektrischen Klingel L abzweigen. Befinden sich Fritter und Glocke auf einem gemeinsamen Brett montiert, so genügt der Anschlag des Klöppels, um den Fritter derart zu erschüttern, daß er beim Aufhören der Wellen auch seine Leitfähigkeit wieder verliert.

Geschichtliches Die Röhre mit Feilspänen als Wellenanzeiger zu verwenden, wurde von Lodge vorgeschlagen, welcher der Einrichtung den Namen Kohärer gab, da er die unter der Einwirkung der Wellen hervorgebrachte Leitfähigkeit des Pulvers einer Art von Kontakt oder Kohäsion zuschrieb, welche sich zwischen den einzelnen Körnern des Pulvers infolge der elektro-

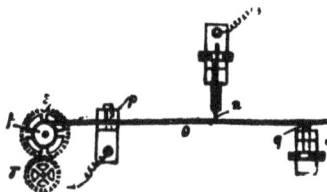

Fig. 104.

statischen Anziehung, oder der zwischen den einzelnen Körpern übergehenden Funken ausbilden sollte. Diese Kohäsion sollte durch die Erschütterungen wieder aufgehoben werden, wodurch der ursprüngliche Zustand hohen Leitungswiderstandes sich wieder einstelle Lodge zeigte auch die außerordentliche Empfindlichkeit des Apparates. Doch bestand der anfangs von Lodge benutzte Kohärer aus einem einzigen Kontakt, welcher durch zwei außerordentlich benachbarte Kugeln oder durch die Metallspitze n (Fig. 104) gegenüber einer Metallfeder gebildet wurde, ein Kontakt, zwischen welchem bei der Ankunft der elektrischen Wellen ein kleiner Funken überging, welcher die elektrische Leitung zwischen den beiden Spitzen hervorrief. Die Aufhebung dieser Leitfähigkeit, die Entfrittung, geschah auf mechanischem Weg, vermittelst des Rädchens T, welches vermittelst eines Uhrwerks in dauernder Umdrehung erhalten wurde, und auf welchem die Feder O schleifte. Diesen Fritter ersetzte Lodge durch das Röhrchen mit Feilspänen, nachdem er von den gleichzeitigen Forschungen Branlys Kenntnis erhalten hatte. In den Branlyschen Röhren liegt ein Fritter mit vielfachen Berührungspunkten vor, welcher viel bequemer und empfindlicher ist als der Fritter mit einem einzigen Kontakt.

Die Entdeckung der Tatsache, daß mit Metallfeilspänchen gefüllte Röhrchen, Metallkörper oder Halbleiter unter der Wirkung elektrischer Entladungen oder elektrischer Ströme ihren Widerstand mehr oder minder verringern, reicht bis zum Jahr 1838 zurück und ist Munk von Rosenschöld zuzuschreiben, welcher auch erkannte, daß die Pulver ihren ursprünglichen Widerstand durch mechanische Erschütterungen wieder annehmen. Die Erscheinung wurde jedoch vergessen. Im Jahr 1884—85 unternahm Prof. Calzecchi-Onesti vom Liceo di Fermo, unabhängig von den erwähnten Entdeckungen, eine systematische Untersuchung über die Leitfähigkeit metallischer Pulver, durch welche er feststellte, daß die Leitfähigkeit solcher Pulver durch aufeinanderfolgende Unterbrechungen des durchgeleiteten Stromes zunahm, eine Wirkung, welche auch durch die Entladungen einer Holtzschen Maschine oder eines Funkeninduktors oder endlich in geringem Grade durch die Influenz eines elektrischen Körpers hervorgebracht wird.

Calzecchi vernichtete die so erhaltene Leitfähigkeit des Röhrchens, indem er es um seine eigene Achse drehen ließ.

Im Jahre 1891 nahm Branly ohne Kenntnis der Untersuchungen Calzecchis die Untersuchung des Widerstandes von Pulvern wieder auf und dehnte sie auch auf Mischungen zwischen metallischen Pulvern und isolierten Körpern, welche entweder zusammengedrückt oder zu festen Zylindern zusammengeschmolzen wurden, und auf einfache Kontakte zwischen Stäben, Platten und Kugeln aus Metall aus.

Er stellte nicht nur die Widerstandsverringerungen in den von Calzecchi untersuchten Fällen fest, sondern beobachtete auch, daß die Wirkung der Entladungen nicht nur stattfanden, wenn sie in Leitern die mit den Pulvern in metallischer Berührung waren, vor sich gingen, sondern auch wenn sich die Elektroden in mehr oder minder großer Entfernung befanden und sogar, wenn nicht metallische Körper dazwischen traten. Er fand, daß die Wirkung nur dann ausblieb, wenn der Empfangsdraht oder die Sendevorrichtung vollkommen in einer metallischen Hülle eingeschlossen waren. Ferner stellte er fest, daß mechanische Erschütterung oder leichte Erwärmung die durch die elektrischen Wirkungen hervorgerufene Leitfähigkeit der Pulver wieder beseitigte. Endlich entdeckte er, daß mit besonderen Pulvern aus Antimon, Aluminium etc. Röhren hergestellt werden können, welche das umgekehrte Verhalten zeigten, d. h. unter der Einwirkung der elektrischen Wellen ihren Widerstand vermehrten, statt ihn zu vermindern.

Lodge zeigte in den Erscheinungen, welche an den Branlyschen Röhren beobachtet wurden, eine Wirkung der elektrischen Wellen, welche von entfernten Entladungen ausgehen, und gestaltete so, wie erwähnt, die Branlysche Röhre zu einem Anzeiger elektrischer Wellen, dem man in der Folge den kleinen Hammer zufügte, welcher den Fritter in den ursprünglichen Zustand nach dem Aufhören der Wirkung der Wellen zurückführt.

Das von ihm zunächst benutzte Hämmerchen war der Klöppel einer elektrischen Klingel, welche durch den den Fritter selbst durchströmenden Strom betätigt wurde. Später ersetzte er das elektrisch angetriebene durch ein mechanisch bewegtes Hämmerchen, weil er bemerkt hatte, daß die Funken an der Unterbrechung der Klingel öfters das Pulver verhinderte, den ursprünglichen Widerstand wieder anzunehmen, da auch diese Funken von elektrischen Wellen begleitet sind.

Theorie des Fritters. Nachdem die große Empfindlichkeit des Fritters erkannt war, versuchte man die Anordnung desselben derart zu vervollkommnen, um eine regelmäßige und sichere Wirkung zu erzielen, wie sie der wichtigen Aufgabe, die der Wellenanzeiger in der praktischen Anwendung auf die drahtlose Telegraphie zu erfüllen hat, entspricht.

Bei den in der Folge angestellten Versuchen entbehrte man jedoch einer sicheren Führung, insoferne trotz zahlreicher Untersuchungen der Zusammenhang der Erscheinungen mehr oder minder bis heute im Dunklen blieb.

In der Tat zeigt der Fritter eine Mannigfaltigkeit der Erscheinungen, welche schwer durch eine einzige Erklärung gedeckt wird.

Es gibt vier Arten von Frittern, für welche die Theorie eine Erklärung zu geben hätte.

1. Die gewöhnlichen Fritter, welche unter der Wirkung der elektrischen Wellen an elektrischem Widerstand verlieren, und denselben durch mechanische Stöße, durch leichte Erwärmung oder andere äußere Wirkungen wiedergewinnen.

2. Die umgekehrten Fritter, welche unter der Wirkung der elektrischen Wellen an Widerstand zunehmen und durch mechanische Stöße die alte Leitfähigkeit wiedergewinnen.

3. Die Fritter, welche sich selbst entfritten, d. h. von selbst den ursprünglichen hohen Widerstand mit Aufhören der elektrischen Wellen wiedergewinnen, ohne daß eine äußere Beeinflussung hierzu nötig wäre.

4. Die umgekehrten Fritter, welche mit Aufhören der
   elektrischen Wellen von selbst den unter der Wirkung
   der Wellen erreichten höheren Widerstand wieder verlieren, und welche insbesondere dadurch erhalten werden,
   daß das Dielektrikum in den anderen Frittern durch
   einen Elektrolyten ersetzt wird.

Unter den verschiedenen Theorien zur Erklärung dieser
Erscheinungen erfreut sich die oben erwähnte von Lodge all-
gemeinerer Zustimmung. In der Tat gibt sie auf die einfachste
Weise von der Grunderscheinung der gewöhnlichen Fritter
Rechenschaft.

Nach dieser Anschauung verursachen die elektrischen Wellen
elektrische Schwingungen zwischen den einzelnen Teilchen der
Feilspäne, infolge deren kleine Funken zwischen diesen Teilchen
überspringen und so zwischen benachbarten Körnern zarte, leicht
zerstörbare leitende Brücken bilden, die aus den feinsten Körnern
des Pulvers bestehen und von dem Funken zwischen die großen
eingefügt werden. Ein mechanischer Stoß oder eine Erwärmung
durchbricht diese Überbrückungen und stellt den ursprünglichen
Zustand wieder her. In einigen Körpern wie Kohle und Quecksilber, welche die Erscheinung der Selbstentfrittung zeigen, sollen
diese Überbrückungen infolge einer besonderen Struktur der
Körper außerordentlich zart sein und von selbst ohne äußeren
Anstoß nach Aufhören der elektrischen Wellen wieder zusammen-
fallen

Schwierig läßt sich durch diese Theorie die Wirkungsweise
der umgekehrten Fritter erklären, die übrigens gering an Zahl
und unsicher in der Wirkung sind. In einigen derselben kann
die Erscheinung auf eine chemische Reduktion des Körpers
zurückgeführt werden, in anderen, wie beispielsweise in den
umgekehrten Frittern, welche aus einer versilberten mit feinen,
durch den Diamant hergestellten Strichen bestehen, durch das
Dasein von metallischen Fäden, welche als Überbrückungen
zwischen den beiden Seiten eines Striches übrig geblieben sind,
erklärt werden. Diese Fäden würden entweder infolge der Funken
abgebrochen, oder durch die Kondensation von Dämpfen hergestellt, oder es tritt die Vermehrung des Widerstandes infolge
der Erwärmung durch die Wirkung der elektrischen Wellen wie
in gewöhnlichen Metalldrähten auf. Die Theorie von Lodge
wird ergänzt durch die Annahme von Ferrié, welcher den Fritter
mit einer Reihe von Kondensatoren vergleicht, welche aus den
aufeinanderfolgenden Körnern gebildet werden, welche sich selbst

entladen und durch die Erhöhung der Spannung infolge der Wellen zusammenschmelzen, und ferner durch die Annahmen von Guthe und Trowbridge, wonach die Abnahme des Widerstandes auf die unter der Wirkung der elektrischen Wellen eintretende höhere Potentialdifferenz und daraus sich ergebende Jonisation des Dielektrikums zwischen den einzelnen Pulverteilchen zurückzuführen ist.

Die Auffassung von Lodge wird auch durch eine Reihe unmittelbarer Beobachtungen gestützt, wie beispielsweise durch die von Tomasina unter der Wirkung der elektrischen Wellen erhaltenen Körnerketten zwischen zwei Elektroden, auf deren einer metallisches Pulver sich befand, und ferner durch die von Arons und Malagoli beobachteten Funkenerscheinungen, durch welche die günstige Aufnahme der erwähnten Theorie vollauf gerechtfertigt ist. Wenn sie auch nicht die Gesamtheit der Erscheinungen völlig erklärt, so bringt sie doch einigermaßen Licht in das verwickelte Phänomen der Fritter.

Dieser Erklärung stellte Branly eine andere gegenüber, nach welcher die elektrischen Wellen der zarten isolierenden Zwischenschicht, welche die einzelnen Teilchen des Pulvers trennt, eine vorübergehende Leitfähigkeit mitteilen sollen, oder vielmehr den Übergang der Elektrizität zwischen zwei Teilchen ermöglichen sollen, welche sich in größerer Entfernung voneinander befinden als die mit dem Fritter verbundene Batterie überwinden kann.

In einem Fall wie in dem anderen würde mit Aufhören der Wellen der ursprüngliche Zustand zurückkehren. Diese Theorie würde sich eher zur Erklärung des verhältnismäßig seltenen Falls der Fritter, welche sich selbst entfritten, als zur Erklärung der Erscheinungen in dem gewöhnlichen Fritter eignen.

Die Wirkungsweise der Fritter der Gruppe 4 erklärt sich anstatt durch die Theorie von Lodge durch die Annahme, daß der Elektrolyt, welcher die Stelle des Dielektrikums vertritt, mehr oder weniger, je nach der größeren oder geringeren angewendeten Spannungsdifferenz zersetzt wird, und daß die Widerstandszunahme auf die Gasentwicklung zurückzuführen ist. Da jedoch das Gas sofort wieder entweicht, so nimmt auch der Widerstand mit dem Verschwinden der Ursache, welche die Spannung erhöht hat, von selbst wieder ab, woraus sich ein umgekehrter Fritter mit selbsttätiger Frittung ergibt.

Praktisches. So scharfsinnig und ausdauernd die Untersuchungen über die Theorie der Fritter geführt wurden, so gaben sie doch nicht die erhofften Aufschlüsse über den zur Vervoll-

kommnung dieser Apparate einzuschlagenden Weg. Die wirklich
in dieser Richtung gemachten Fortschritte gründen sich vielmehr
im wesentlichen auf die praktischen Erfahrungen in der Anwendung
des Apparats für die Zwecke der drahtlosen Telegraphie.

Die ersten Anforderungen, welche ein Fritter für die Zwecke
der drahtlosen Telegraphie zu erfüllen hat, sind Empfindlichkeit
und Sicherheit in der Wirkung. Der Fritter muß demnach auf
ein Minimum von Spannungsmehrung mit einem Maximum der
Widerstandsabnahme antworten und bei der geringsten Erschütterung sofort und sicher auf den ursprünglichen Wert des
Widerstands zurückkehren.

Einen wertvollen Fingerzeig für die Aufsuchung der besten
Arbeitsbedingungen eines Fritters bietet die von Blondel beob-
achtete Tatsache, daß eine Entfrittung durch Erschütterung nicht
mehr stattfindet, sobald die Spannungsdifferenz zwischen den
Elektroden des Fritters eine bestimmte Grenze überschreitet.
Diese Grenze ist nicht scharf bestimmt und wechselt in ihrem
Wert mit der Natur der Metalle, mit dem Grade der Oxydation
und mit dem Druck, unter welchem das Pulver steht.

Es ist daher nötig, im Stromkreis des Fritters eine Batterie
von ziemlich niedriger Spannung zu verwenden, damit nicht
durch diese Spannung und durch die von der Selbstinduktion
im Augenblicke der Unterbrechung des Fritterstromkreises herrührende Spannung jene kritische Grenze erreicht wird, da sonst
der Fritter auch nach der Erschütterung seine Leitfähigkeit behält.

Da jedoch die Anwendung einer Batterie von zu kleiner
elektromotorischer Kraft die Benutzung eines allzuempfindlichen
Relais bedingen würde, so sucht man die elektromotorische Kraft
der Selbstinduktion zu verringern, indem man mit Abzweigdrähten
die Enden der Spulen des Stromkreises, in welchem sich eine
solche elektromotorische Kraft entwickelt, verbindet.

Während der Benutzung des Fritters werden die Metalle,
aus welchen er sich zusammensetzt, oxydiert. Es wechselt
daher auch der Wert der zulässigen Spannungen und die Arbeitsbedingungen. Um diesen Übelstand zu vermeiden, schlug Lodge
vor, die Röhrchen des Fritters statt mit Luft mit Stickstoff zu
füllen.

Es scheint jedoch, daß mehr als der Sauerstoff der Luft
die in den Röhrchen enthaltene Feuchtigkeit für das Pulver
und die Dauerhaftigkeit des Fritters schädlich ist, weshalb das
in der Röhre befindliche Glas vollkommen trocken sein muß.

Auf die Empfindlichkeit des Fritters sind hauptsächlich von Einfluß die Natur der Metalle, des Pulvers und der Elektroden, deren Grad der Oxydation, die Feinheit des Pulvers und der Druck, welchen letzteres auf die Elektroden ausübt.

Was die Natur der Metalle betrifft, so ist es nötig und genügend für den praktischen Gebrauch, daß das eine derselben leicht oxydierbar sei, damit die Grenze der zulässigen Spannung nicht zu niedrig liegt. Das Pulver darf nicht allzufein sein, da mit zu fein gepulverten Metallen die Ergebnisse unsicher werden. Der Druck darf nicht zu schwach und nicht zu stark sein, weil sonst der Fritter in dem einen Falle zu empfindlich, im anderen dauernd leitend würde. Der Druck wird durch Veränderungen der Pulvermenge reguliert, oder indem man auf das Pulver ein magnetisches Feld einwirken läßt, im Falle Pulver und Elektroden aus magnetischen Metallen bestehen.

Man darf nicht annehmen, daß die Empfindlichkeit des Fritters beliebig weit gesteigert werden kann. Denn die Empfindlichkeit des Fritters, d. h. seine Fähigkeit, auf ein Minimum der Spannungserhöhung durch die einfallenden Wellen zu antworten, wächst im allgemeinen im umgekehrten Verhältnis mit der Sicherheit, d. h. mit der Fähigkeit, den ursprünglichen Widerstand unter der geringsten Erschütterung wieder anzunehmen. Wenn man z. B. den Druck des Pulvers erhöht, bis eine minimale elektromotorische Kraft genügt, um die Frittung zu bewirken, so kann die Erschütterung, welche ihn hierauf in den Anfangszustand zurückführen soll, die Dichtigkeit des Pulvers derart verändern, daß der Fritter eine dauernde Leitfähigkeit aufweist.

Eine Bedingung, welche sowohl die Empfindlichkeit als auch gleichzeitig die Sicherheit begünstigt, ist die Anwendung einer Batterie von geringer Spannung an den Elektroden des Fritters.

Infolge der Schwierigkeiten, welche die Beschaffung von gleichzeitig sehr empfindlichen und sehr sicher arbeitenden Frittern darbietet, ist man vielfach gezwungen, die erstere Eigenschaft gegenüber der wichtigeren zweiten zurücktreten zu lassen und die Fritter derart zu regulieren, daß eine verhältnismäßig geringe Empfindlichkeit besteht.

Die eben erwähnten praktischen Erwägungen lassen die Gründe erkennen, auf welchen die die verschiedenen Frittertypen kennzeichnenden Unterschiede beruhen.

Die verschiedenen Arten der Fritter. Die Fritter lassen sich in folgende Hauptarten einteilen: 1. gewöhnliche

Fritter mit Pulver, 2. magnetische Fritter, in welchen die Elektroden und das Pulver aus magnetischen Metallen bestehen, welche die Regulierung des Pulverdrucks vermittelst eines Magnetes gestatten, 3. Fritter mit einfachen Kontakten, in welchen an Stelle des Pulvers Metallplatten oder Kugeln benutzt werden, zwischen welchen nur ein oder wenig Berührungspunkte bestehen. 4. Selbstentfrittende Fritter, 5. umgekehrte Fritter. Der Beschreibung der ersten drei Arten von Frittern soll die Erörterung der zur Entfrittung dienenden Kunstgriffe folgen.

Gewöhnliche Feilspänfritter.

Fritter von Lodge. Wie erwähnt, war es Lodge, welcher zuerst den Feilspänfritter als Wellenanzeiger für elektrische Wellen benutzte. Er bestand aus nichts anderem als aus einer Branlyschen Röhre, welcher Lodge das die Entfrittung bewirkende Hämmerchen zugefügt hatte. Wir haben gesehen, daß er in der Folge vorschlug, in die Röhre Stickstoff einzuführen, um die Oxydation der Feilspäne zu verhindern, und damit die Empfindlichkeit des Apparates zu erhalten. In Verbindung mit Muirhead machte er ferner den Vorschlag eines magnetischen Fritters, dessen nähere Beschreibung folgen soll, in welchem das Pulver zwischen Metallplatten ohne Benutzung einer Röhre zusammengepreßt ist.

Fritter Marconi. Eine der ersten Sorgen Marconis in seinen Versuchen der drahtlosen Telegraphie war es, die Anordnung der Branlyschen Röhre derart umzugestalten, daß die erforderliche Empfindlichkeit und Sicherheit erreicht würde.

Die Fig. 105 zeigt die Einzelheiten des von Marconi im Jahre 1897 angegebenen und seitdem in seinen Apparaten bei behaltenen Fritters. Das metallische Pulver ist zwischen zwei Silberelektroden, von welchen zwei in die Glasröhre an den

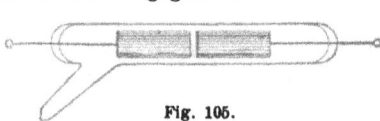

Fig. 105.

Enden eingeschmolzene Platindrähte zum äußeren Stromkreis führen, untergebracht. Das Pulver besteht aus einer Mischung von 4 Teilen Nickelfeilspänen auf 100 Teile Silberfeilspäne. Indem man die Menge der Silberspäne vermehrt, wird der Fritter empfindlicher. Bei zu hoher Empfindlichkeit macht sich jedoch der Einfluß der Elektrizitätsbewegungen in der Atmosphäre zu sehr fühlbar. Ein dem Metallpulver zugefügter Quecksilbertropfen erhöht ebenfalls die Empfindlichkeit des Fritters. Die Menge des Quecksilbers darf jedoch nicht das Pulver durchtränken. Anstatt das Quecksilber dem Pulver beizumischen, können auch die Endflächen der Elektroden amalgamiert werden.

Am günstigsten fand Marconi Röhren von 38 mm Länge und 2—2 $1/_2$ mm innerem Durchmesser. Die Dicke der Silberelektroden beträgt ungefähr 5 mm und deren Abstand 0,55 mm. Je geringer dieser Abstand, desto empfindlicher wird der Fritter, es besteht jedoch eine Grenze der Annäherung, jenseits welcher die Vorrichtung nicht mehr tadellos arbeitet.

Das Metallpulver muß aus verhältnismäßig großen und gleichmäßigen Körnern bestehen. Vermittelst entsprechender Siebe werden zu große und zu kleine Körner ausgeschieden. Die Körner müssen häufig gewaschen und getrocknet werden und dürfen nur in trockenem Zustande verwendet werden. Die Körner dürfen zwischen den Elektroden nicht zu stark geklemmt werden, damit sie sich frei bewegen können, wenn das Hämmerchen anschlägt. Die Röhre luftleer zu machen ist zwar nicht nötig, doch empfiehlt es sich, den Luftdruck auf $1/_{1000}$ Atmosphäre zu verringern.

Ein guter Fritter muß von dem Funken einer elektrischen Klingel in der Entfernung von 1—2 m ansprechen und muß den Strom eines induktionsfreien Stromkreises, welcher ein einziges Element enthält, sofort unterbrechen.

Der den Fritter durchfließende Strom darf 1 Milliampere nicht überschreiten, weshalb in Verbindung mit dem Fritter nur ein einziges Leclanché-Element verwendet wird. Bei einer elektromotorischen Kraft von mehr als 1,5 Volt würde der Fritter auch ohne elektrische Wellen vom Strome durchflossen werden.

Fritter Slaby. Den von der A. E. G. im System Slaby-Arco verwendeten Fritter zeigt die Fig. 106. Er besteht aus einer luftleeren Röhre mit einer Einschnürung in der Mitte, in welch letztere zwei Silberzylinder eindringen. Letztere sind so

Fig. 106.

eingepaßt, daß zwischen der Glaswand und den Zylindern das zwischen den Zylindern befindliche Pulver nicht eindringen kann.

Von den Zylindern gehen zwei Platindrähte ab, welche an zwei an den Röhrenenden aufgekitteten Kappen angelötet sind.

Eine Eigentümlichkeit dieser Röhren besteht darin, daß die Empfindlichkeit trotz des vollkommenen Verschlusses reguliert werden kann. Zu diesem Zweck sind die gegenüberstehenden

Flächen der Silberzylinder nicht parallel, sondern eine derselben
ist schief geschnitten, so daß der Raum für das Pulver eine
kegelförmige Gestalt annimmt. Das Pulver nimmt nicht mehr
als die Hälfte der so gebildeten Kammer ein. Ist der Fritter
so angebracht, daß der enge Teil des kegelförmigen Raumes
nach unten steht, so erreicht das Pulver die größte Höhe, der
Druck des Pulvers wird ein Maximum, die Empfindlichkeit des
Apparats ist daher für diese Stellung am größten. Wird der
Fritter dagegen umgekehrt, so daß der geräumigere Teil des
Pulverraums nach unten gekehrt ist, so erreicht das Pulver die
geringste Höhe, übt daher den geringsten Druck aus, woraus sich
ein Mindestwert der Empfindlichkeit des Fritters ergibt. Das
Fritterröhrchen ist derart gelagert, daß es um seine eigene Achse
gedreht werden kann, so daß man der Vorrichtung jeden beliebigen Grad der Empfindlichkeit geben kann. Diese Regulier-
barkeit der Empfindlichkeit des Fritters besteht naturgemäß auch
während des Eingangs von telegraphischen Nachrichten.

    Fritter Blondel. In der Fig. 107 ist der von Blondel
angegebene Fritter dargestellt. Er besteht aus einer luftleeren

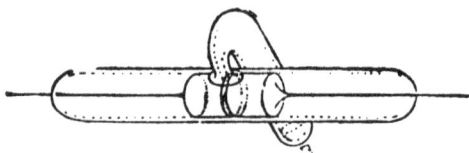

Fig. 107.

zylindrischen Röhre, an welcher ein seitliches, unten ge-
schlossenes, Feilspäne enthaltendes Rohr angebracht ist und in
den Raum zwischen den zylindrischen Elektroden mündet

    Indem man das Fritterrohr entsprechend neigt, kann man
Feilspäne aus dem Zwischenraum zwischen den Zylindern in
die seitliche Röhre fallen lassen oder neue Feilspäne aus dem
Seitenrohr in den Zwischenraum zwischen den Zylindern überführen und so durch Veränderung des Drucks die Empfindlichkeit
regulieren.

    An Stelle des von Marconi benutzten Metallgemisches ver-
wendet Blondel Legierungen aus einem oxydierbaren und nicht
oxydierbaren Metall (Silber und Nickel oder Kupfer). Bei geringem Zusatz des oxydierbaren Metalls werden Legierungen
gewonnen, welche sich nur bei Erhitzung oxydieren. Indem
man die hergerichteten Feilspäne erhitzt, kann man ihnen den

gewünschten Grad der Oxydation mitteilen, welcher sich dann
bei gewöhnlicher Temperatur nicht mehr verändert.

Fritter Ferrié. Ferrié hat den eben beschriebenen
Fritter unter Beibehaltung des Pulvervorrats in folgender Weise
abgeändert: Der Pulvervorrat ist in einer Höhlung H (Fig. 108),
die in einer Elek-
trode eingeschnitten
ist, enthalten. Ver-
mittelst eines klei-
nen Längskanals r
kann man Pulver

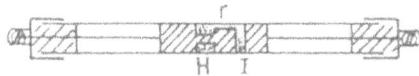

Fig. 108.

aus dem Vorratsraum in den Zwischenraum zwischen den Elektroden l überführen oder aus letzterem entfernen. Die Röhre ist
mit Siegellack geschlossen. Ihre Enden sind mit aufgeschobenen
Metallkapseln versehen, an welche die von den Elektroden kommenden Drähte angeschlossen sind. Je nach der gewünschten
Empfindlichkeit benutzt Ferrié Feilspäne aus Gold oder Silber, in
verschiedenen Mischungsverhältnissen legiert mit Kupfer, reines
Gold oder reines Silber zwischen Elektroden aus Messing oder
Stahl. Reines Gold liefert die empfindlichsten Fritter.

Diese Apparate werden mit einer Batteriespannung von
0,2—1 Volt verwendet. Ein Spannungsregler gestattet, die verwendete Spannung dem für die Wirkung des Fritters günstigsten
Wert anzupassen.

Fritter Ducretet. (Fig. 109.) In der Ebonitröhre T sind
die beiden Elektroden A und B, zwischen welchen sich die

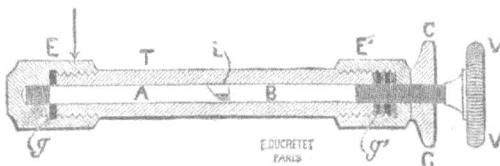

Fig. 109.

Pulverkammer befindet, enthalten. Die eine Elektrode A liegt
fest und ist an dem Pulverende schief geschnitten, während die
Elektrode B vermittelst der Schraube V in der Röhrenachse verschoben werden kann und am Pulverende senkrecht zur Röhrenachse abgeschnitten ist. Das Ganze ist hermetisch geschlossen
und zerlegbar angeordnet, ohne daß jedoch der Pulverraum luftleer
gemacht wäre.

Durch Verschieben der Elektrode *B* vermittelst der Schraube *V* kann der Stand des Pulvers in dem Zwischenraum zwischen den Elektrodenenden und damit die Empfindlichkeit des Fritters reguliert werden.

In diesem Fritter wird vorzugsweise ein Pulver aus Nickel-körnern mittlerer Größe, welche leicht oxydiert sind, verwendet. Die Oxydierung geschieht derart, daß das Pulver auf einer Stahl-platte ausgebreitet und so lange erhitzt wird, bis die Stahlplatte goldgelb angelaufen ist.

Die Fig. 110 zeigt eine andere Form eines Drucretetschen Fritters, in welchem die Elektroden aus zwei Platindrähten *a* und *b*

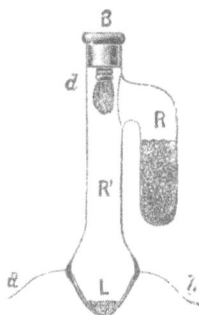

Fig. 110.

bestehen, welche in eine Glasröhre *R'* eingeschmolzen und auf den Boden des Raumes *L* angebracht sind. In den letz-teren Raum bringt man aus der Vorrats-kammer *R* Pulver von der oben erwähnten Zubereitung, und bemißt dabei die Höhe des Pulvers und damit den Druck nach dem Grad der Empfindlichkeit, den man zu erreichen wünscht. Das Beutelchen *d* enthält Substanzen, welche die im Inneren der Glasröhre befindliche Luft trocken halten.

Fritter Rochefort. Diese Anord-nung besteht aus zwei Elektroden, deren eine ringförmig einen Zylinder aus nicht-leitender Masse umgibt, und deren andere in Gestalt eines Stabes die Achse der ersteren durchdringt und in dem isolierenden Zylinder endigt. Der Stab oder Ring ist mit zwei Platindrähten, die am Ende der Röhre eingeschmolzen sind, verbunden.

Das Pulver ist derart zwischen die beiden Elektroden ein-gebracht, daß es den Stab beinahe einhüllt. Vermittelst eines zylinderförmigen Chlorkalciumstückes wird der Inhalt der Röhre trocken erhalten, wenn man nicht die Entfernung der Luft vorzieht.

Die magnetischen Fritter.

Der Fritter Tissot. Diese Anordnung besteht aus zwei Elektroden aus weichem Eisen von 3—5 mm Durchmesser. Die-selben sind schief geschnitten und in eine Glasröhre eingesetzt, derart, daß zwischen den Elektrodenenden eine kleine Menge Weicheisenfeilspäne sich befindet. Von den Elektroden führen

Platindrähte ab, welche in den Röhrenenden eingeschmolzen sind. In der Röhre ist die Luft auf ungefähr 1 mm Quecksilberdruck verdünnt. Ober der Röhre befindet sich ein Dauermagnet, vermittelst dessen der Druck des Pulvers gegen die Elektroden geregelt werden kann.

Die Anordnung gründet sich auf die von Tissot beobachtete Erscheinung, daß ein Fritter aus magnetischen Metallfeilspänen in einem magnetischen Feld, dessen Kraftlinien parallel zur Fritterachse verlaufen, an Empfindlichkeit wesentlich gewinnt und auch eine höhere Regelmäßigkeit der Wirkung aufweist.

Die Anordnung bietet auch den Vorteil, daß man zwischen die Elektroden eine Batterie von erheblicher elektromotorischer Kraft einschalten kann, weil die Entfernung der Elektroden in einem magnetischen Fritter auf 6—8 mm ohne Beeinträchtigung der Empfindlichkeit gebracht werden kann.

Fritter Braun. In dem System der drahtlosen Telegraphie von Braun werden Fritter mit Stahlpulver zwischen Elektroden aus demselben Material verwendet. In der das Pulver umschließenden Ebonitröhre ist die Luft nicht entfernt.

Eine der Elektroden des Fritters ragt ein wenig aus der Röhre hervor, und befindet sich zwischen den Polen eines Hufeisenmagnets, welcher derart verschoben werden kann, daß man entweder den einen oder den anderen Pol der Elektrode nähern oder letztere symmetrisch zwischen den Polen anbringen kann, in welch letzterem Falle deren Wirkungen sich aufheben. Das Fritterpulver erhält demnach eine schwache Magnetisierung, welche je nach der gewünschten Empfindlichkeit geregelt werden kann.

Fritter mit einfachem Kontakt.

Fritter Lodge. Die bereits oben erwähnte, in Fig. 104 dargestellte Anordnung diente als erste Einrichtung zur Feststellung ankommender elektrischer Wellen.

Fritter Orling und Braunerhjelm. Diese Anordnung besteht aus einer Reihe gleitender Kugeln, welche in einer geschlossenen Isolierröhre eine hinter der anderen zwischen zwei Elektroden untergebracht sind. In der Röhre ist die Luft teilweise entfernt. Um den Druck der Kugeln gegeneinander zu verändern, ist die Röhre derart befestigt, daß sie mehr oder minder stark gegen die Horizontale geneigt werden kann.

Eine ebenfalls von Orling und Braunerhjelm herrührende Abänderung dieses Apparates besteht darin, daß die Kugeln in zwei übereinanderliegenden Reihen angebracht sind. Die die Kugeln enthaltende Röhre bleibt stets in wagrechter Stellung. Der Druck zwischen den Kugeln wird dadurch geändert, daß man vermittelst eines im Innern der Röhre befindlichen Eisenstücks, welches durch einen außerhalb der Röhre befindlichen Magneten verschoben werden kann, die Kugeln der unteren Reihe mehr oder minder gegeneinander drückt.

Fritter Popoff-Ducretet. Diese Konstruktion besteht aus den Metallstäbchen EE', welche in einem hermetisch ver-

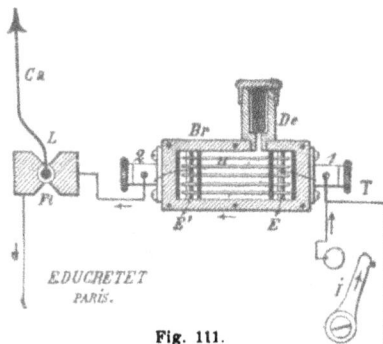

Fig. 111.

schlossenen und zerlegbaren Gehäuse mit der Trockenvorrichtung De eingeschlossen sind. Diese Metallstäbchen sowohl, als deren Träger können aus verschiedenen Metallen bestehen und müssen denselben Grad von Politur und Oxydation aufweisen, wie dies für den Pulverfritter Ducretet angegeben wurde.

Die Urheber benutzen vorzugsweise Stäbe aus geglühtem Stahl, in welchem Falle man vermittelst eines Magneten den Druck zwischen den Stäben und deren Träger regeln kann. (Fig. 111.)

Fritter Branly. Dieser Fritter besteht aus einem Dreifuß mit Stahlspitzen, welche auf einer Metallplatte ruhen. Der Fritterkontakt wird durch die Berührung der Spitzen mit der Metallplatte gebildet.

Vorrichtungen zum Entfritten.

Mechanische Entfritter. Der Kürze halber seien die Vorrichtungen, welche dazu dienen, die unter den elektrischen Wellen gewonnene Leitfähigkeit des Fritters wieder zu vernichten, mit Entfritter bezeichnet. Wie erwähnt, benutzte Lodge zu dem Zwecke ein mit der Branlyschen Röhre verbundenes Hämmerchen eines Elektromagneten und dann eine mechanische Vorrichtung. Auch heute noch werden vorzugsweise elektromagnetisch angetriebene Vorrichtungen zur Erschütterung des Fritterpulvers verwendet. Diese Einrichtungen haben eine sehr hohe Bedeutung,

da von ihrer Wirksamkeit die Deutlichkeit und Regelmäßigkeit
der Aufzeichnung der einlaufenden Signale wesentlich abhängt.

Popoff benutzte (Fig. 41) ein Hämmerchen *F*, ähnlich dem
Klöppel einer elektrischen Klingel, welches infolge der Anziehung
des Elektromagneten gegen eine Glocke beim Rückgang des
Ankers gegen einen Gummiring, welcher das Röhrchen des
Fritters umschloß, anschlug.

Marconi verwendet eine ähnliche Vorrichtung, bei welcher
jedoch das Röhrchen bei der Anziehung des Ankers getroffen
wird. Der Widerstand des hiebei benutzten Elektromagneten beträgt 500 Ohm. Die Bewegungen des Ankers sind außerordentlich
gedämpft, so daß das Hämmerchen die Röhre kaum berührt.
Dieser Umstand gestattet eine Spannung anzuwenden, wie sie
der höchsten Empfindlichkeit des Fritters entspricht, ohne daß
die Gefahr bestünde, daß durch den Anschlag des Hammers das
Pulver soweit zusammengedrückt werde, daß es eine unzulässige
Leitfähigkeit erhielte.

Bei anderen Empfangsapparaten Marconis geschieht die
Erschütterung des Fritterpulvers durch den Rückgang des
Ankers.

Um die Entfrittung zu erleichtern, unterbricht Slaby den
Stromkreis des Fritters, bevor letzterer den Entfritterschlag erhält.
Zu diesem Zweck wird der Apparat der Fig. 112 angewendet.

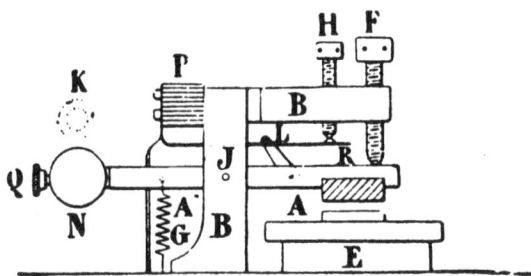

Fig. 112.

Der Hebel *N A* trägt bei *N* den Hammer. Sobald dieser Hebel
von dem Elektromagneten *E* nach unten gezogen wird, hebt er
vermittelst des Metallstücks *L* die Feder *R* von der Schraube *H*
ab und öffnet dadurch den Stromkreis des Fritters.

Eine andere Anordnung von Slaby ist weiter unten beschrieben.

Rupp erreicht die Entfrittung, indem er den Fritter dauernd
um die eigene Achse bewegt und hiefür das Uhrwerk benutzt,
welches in dem Empfangsmorse-
apparat den Papierstreifen fort-
schiebt.

Magnetische Entfritter.
In den magnetischen Frittern wird
im allgemeinen auch die Entfrittung auf magnetischem Wege
erreicht. Turpain z. B. bringt
den Fritter Tissot in das Feld
eines Elektromagneten, welcher
in demselben Augenblicke, in
welchem der Fritter leitend wird,
erregt wird, wodurch der Fritter
eine Erschütterung erfährt, welche
die sofortige Entfrittung herbeiführt. Braun umgibt den Fritter
mit Eiseneletroden mit einem Draht, welcher von einem Wechselstrom durchflossen wird. Letzterer magnetisiert die Elektroden
abwechselnd im entgegengesetzten Sinne und bringt das zwischen-

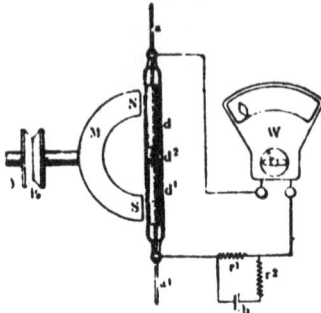

Fig. 113.

liegende Nickelpulver in
Bewegung. Die gleiche
Wirkung wird erzielt, in-
dem man einen Hufeisen-
magneten M vor den Eisen-
elektroden rotieren läßt.
(Fig. 113.)

Die magnetische Ent-
frittung läßt sich auch auf
nicht magnetische Fritter
durch geeignete Kunst-
griffe anwenden. In dem

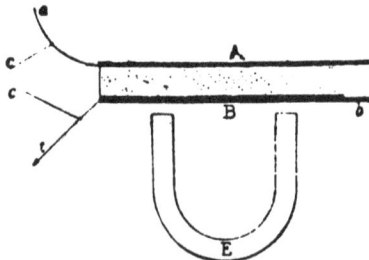

Fig. 114.

von Lodge und Muirhead im Jahre 1898 patentierten Fritter
Fig. 114, befindet sich das Pulver zwischen zwei Platten, deren
eine nahe über den Polen des Dauermagneten E angebracht
und mit Lack längs eines Streifens b überzogen ist. cc sind
die Zuführungsdrähte zum Relais, während a und t die Verbindung zum Empfangsdraht und zur Erdleitung herstellen. Sobald
die elektrischen Wellen das Pulver leitend machen, durchfließt
der Strom des Fritters die Platte B und infolge der Wechsel-
wirkung zwischen dem Strom und dem Magneten wird die Platte vom
Magneten angezogen, wodurch die Entfrittung des Pulvers erfolgt.

Auch der Fritter Orling wird auf magnetischem Wege entfrittet. Die Entfrittung geschieht durch zwei Elektromagneten,
welche übereinander unter der Röhre angebracht sind und von
einem besonderen durch das Fritterrelais geschlossenen Strom
erregt werden.

Auch die Schwingungen von Telephonmembranen wurden
mehrfach zur Entfrittung verwendet.

Marescal, Michel und Dervin ließen sich zahlreiche Apparat-
formen patentieren, welche sich auf dieses Prinzip gründen.
Zwei derselben sind in den Fig. 115 und 116 dargestellt. Fig. 115
zeigt einen Fritter mit einfachem Kontakt, welcher aus der

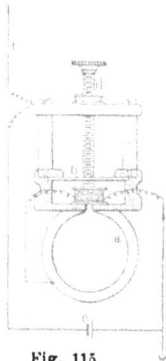

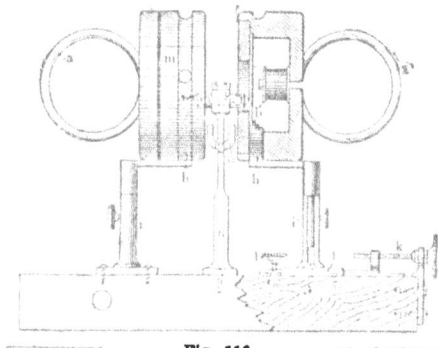

Fig. 115.   Fig. 116.

Schraube d und der darunterliegenden Telephonmembrane b besteht. Sobald infolge der elektrischen Wellen der Kontakt leitend
wird, so durchströmt der Strom der Batterie e die Spule des Telephons a, wodurch die Membrane b angezogen und die Entfrittung
bewerkstelligt wird.

In dem Apparat der Fig. 116 besteht der Fritter wie jener
von Orling (S. 139) aus einer Reihe in einer Röhre aus isolierendem Material eingeschlossener Kugeln, deren letzte an den
Enden der Röhre zwei Telephonmembranen berühren. Der den
leitend gewordenen Fritter durchfließende Strom geht auch durch
die Telephonspulen und bewirkt eine Bewegung der Membranen
und damit die Entfrittung.

Selbstentfrittende Fritter.

Schon das Vorhandensein einer so großen Anzahl verschiedener Apparate zur Entfrittung beweist, daß die bisherigen
Lösungen der Aufgabe in dem einen oder anderen Punkte zu

wünschen übrig lassen und daß es wichtig wäre, der Notwendigkeit der Entfrittung überhaupt enthoben zu sein.

Die vollkommenste Lösung würde durch selbstentfrittende
Fritter, d. h. durch Fritter, welche mit der Ankunft elektrischer
Wellen leitend und mit deren Aufhören von selbst wieder nicht-
leitend würden, gegeben. Die Empfangsvorrichtung könnte in
solchem Falle sehr einfach gehalten werden, insoferne es genügte,
im Stromkreis des Fritters ein Telephon einzuschalten, und die
Nachrichten vermittelst des Gehörs aufzunehmen.

Man hat verschiedene Fritter mit der Eigenschaft der Selbstentfrittung entdeckt, die zwar eine genügende Empfindlichkeit
aufweisen, aber hinsichlich der Sicherheit und Regelmäßigkeit
den gewöhnlichen Fritter für einen dauernden Dienst nicht ersetzen können.

Der Körper, welcher bis jetzt für die Herstellung von selbstentfrittenden Frittern unerläßlich erscheint, ist die Kohle. Sie
kann allein und in Verbindung
mit verschiedenen Metallen verwendet werden.

Fritter von Hughes.
Der Hughessche Fritter ist nichts
anderes als ein gewöhnlicher
Mikrophonkontakt, und besteht
aus Kohlenstückchen, welche
einen losen Kontakt untereinander bilden, welcher mit einer
Batterie und einem Telephon zu
einem Stromkreis verbunden ist.
Wir werden später sehen, daß
Hughes bereits im Jahre 1879,
d. h. noch vor der Entdeckung
der Hertzschen Wellen, bei Versuchen mit seinem Mikrophon
Erscheinungen entdeckte, welche
er auf elektrische Wellen zurückführte und zur Übertragung von
Signalen auf eine Entfernung
von 400 m benutzte.

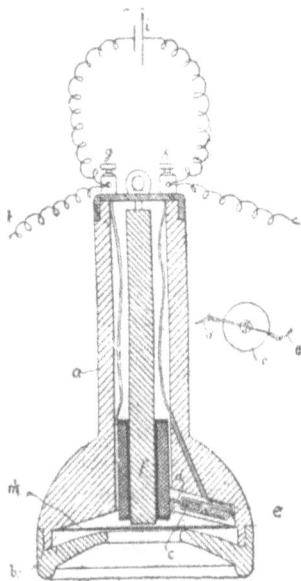
Fig. 117.

Der Telephonfritter Tomasina. Die eben erwähnten
Beobachtungen wurden von Hughes erst in letzter Zeit veröffentlicht, und erst heute kann man sich vollkommen Rechenschaft
darüber geben, welche Rolle dabei der Mikrophonkontakt spielt.

Unabhängig von diesen Versuchen wurde von Tomasina beobachtet, daß Fritter aus Kohlenkörnern sich von selbst entfritten.

In einer Ebonitplatte c (Fig. 117) von 2,5 mm Dicke ist ein Loch von 2 mm Durchmesser gebohrt, welches von zwei Glimmerplatten verschlossen ist. Zwischen den Platten befindet sich Kohlenpulver, wie es in den Mikrophonen der Telephonapparate benutzt wird. Zwei Neusilberdrähte d und e tauchen in das Kohlenpulver und bilden die Elektroden mit einem Abstand von ungefähr 1 mm. Der Urheber der Anordnung gab der Ebonitplatte auch die Form eines Rechtecks, von 12 und 15 mm, so daß sie in dem Gehäuse eines gewöhnlichen Telephons untergebracht werden konnte. Der Fritter selbst wird im Stromkreis der Telephonspule eingeschaltet und die Anordnung so getroffen, daß er die Telephonmembrane nicht berührt. Auf diese Weise wird ein Frittertelephon erhalten, welches in jeder beliebigen Stellung arbeitet und, ans Ohr gebracht, bei jedem Funken des Erregers ein Geräusch hervorbringt, welches die Aufnahme der Nachrichten nach dem Gehöre ermöglicht.

Der Fritter Popoff. Der von der Firma Ducretet ausgeführte Fritter Popoff wird in ausgedehntem Maße in der russischen Marine verwendet. Es ist ein Fritter mit Selbstentfrittung und eignet sich daher zur Benutzung des Telephons als Empfänger. Er besteht aus

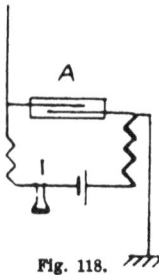

Fig. 118.

einer Röhre A (Fig. 118), welche zwei Platinplatten enthält, welche die Kohlenkörner oder Körner aus temperierten Stahl von verschiedenem Grad der Oxydation zwischen sich nehmen. Die Stahlkörner werden durch Zerbrechen von Stahlkugeln erhalten. Um die Empfindlichkeit des Fritters und die Sicherheit seiner Lösung zu erhöhen, wird die Röhre in mehrere Abschnitte vermittelst nichtleitender Diaphragmen geteilt.

Das Telephon T kann direkt in den Stromkreis eingeschaltet werden oder befindet sich in dem sekundären Stromkreis einer Induktionsspule, deren Primärstromkreis den Fritter und eine Batterie enthält.

Dieser Fritterkonstruktion wurde auch eine Form, ähnlich jener des Fritters Popoff-Ducretet der Fig. 111 gegeben, mit dem Unterschied, daß nun die Elektroden EE aus Kohle bestehen und auf einer derselben die Metalldrähte aufruhen.

Fritter der italienischen Marine. Diese Anordnung besteht aus zwei Elektroden, aus Kohle oder Eisen, zwischen

welche ein Tropfen Quecksilber (Fig. 119) gebracht ist. An
Stelle der zwei Eisenstücke und des einen Quecksilbertropfens
können auch zwei Quecksilbertropfen und drei Eisenstücke nach
Fig. 120 verwendet werden. Daß Quecksiber mit Kohle die Erscheinung der Selbstentfrit-
tung zeigt, wurde zum erstenmal von Tomasina beobachtet.
In der Praxis der drahtlosen
Telegraphie wurde dieser Fritter von Castelli vorgeschlagen
und von Kapitän Bonomo in
der Installation zwischen Palmaria und Livorno unter dem
Namen des Fritters der itali-
enischen Marine angewendet. Marconi benutzte diesen Fritter
in der ersten transatlantischen Übertragung.

Fig. 119.

Fig. 120.

Aus den Beobachtungen bei der Station Palmaria ergab
sich, daß für einen gut eingestellten Fritter der Art die elektromotorische Kraft zwischen 1 und 1,5 Volt betragen soll. Die
Selbstentfrittung tritt um so sicherer ein, je reiner und freier von
Amalgamen das Quecksilber ist, je trockener und glatter das
Innere der Röhre und je kleiner die Tropfen des Quecksilbers
sind. Die Tropfen des Quecksilbers sollen zwischen 1,5 und

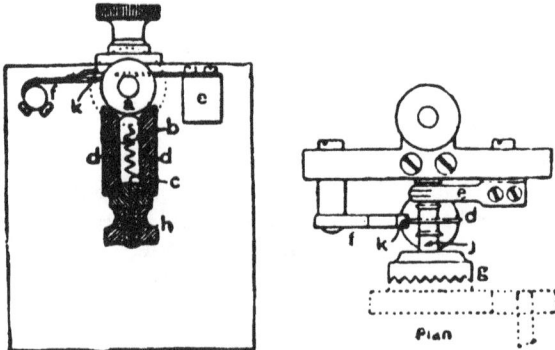

Fig. 121.

3 mm Durchmesser aufweisen, während die Röhre einen inneren
Durchmesser von 3 mm zeigt. Diese Anordnung geht auch unter
dem Namen eines Wellenanzeigers Solari.

Selbstentfrittender Fritter Lodge. Die Anordnung
wird in dem System der drahtlosen Telegraphie Lodge-Muirhead

verwendet und besteht (Fig. 121) aus einem rotierenden Rad mit scharfem Rande aus Stahl, welches in ein Gefäß eintaucht, das Quecksilber enthält, dessen Oberfläche durch eine kleine Ölschicht bedeckt ist. Zwischen dem Rad und dem Quecksilber besteht trotz des Eintauchens keine Berührung infolge der Öl-zwischenschicht Allein eine Spannungsdifferenz von weniger als 1 Volt zwischen Rad und Quecksiber, genügt bereits, die Ölschicht zu durchbrechen und den Stromkreis zu schließen, welcher je-doch sofort wieder infolge der Umdrehung des Rades geöffnet wird.

Da die Spannung eines galvanischen Elements zu groß ist, wird sie derart durch einen Spannungsregler herabgesetzt, daß sie nicht mehr als $1/_{10}$ Volt beträgt, wobei das Quecksilber mit dem negativen, das Rad mit dem positiven Pol verbunden ist. In dem Augenblick, in welchem die Frittung stattfindet, wird ein Empfänger von niedrigem Widerstand betätigt, welcher mit großer Sicherheit die Zeichen der sendenden Station wiedergibt. Als Empfänger kann auch der »Syphon-Recorder«, wie er in der transatlantischen Telegraphie verwendet wird, benutzt werden. Auch kann die Aufnahme der Zeichen durch das Gehör ver-mittelst des Telephons erfolgen. Lodge erklärt, daß die An-ordnung eine Abänderung des von Lord Rayleigh vor einigen Jahren beschriebene und von Rollo Aplleyard umgebauten Queck-silberfritters ist.

Trotz seiner hohen Empfindlichkeit gestattet dieser Fritter eine ungemein leichte Regulierung. Eine Mikrometerschraube h gestattet den Quecksilberspiegel beliebig zu erhöhen oder herunter-zusetzen, so daß die Einstellung des Apparats in wenigen Sekunden erreicht ist.

Fritter Dormann. In dieser Anordnung dringen zwei Metallelektroden in die beiden Enden einer Glasröhre ein und nehmen zwischen sich einen Tropfen Quecksilber, welcher zu-nächst mit einer Schicht Mineralöl, dann von außerordentlich feinen Stäubchen aus Eisenoxyd, Schmirgel, Kohle oder ver-schiedenen Metallen überzogen wird. Der Urheber beansprucht für die Anordnung eine energischere und regelmäßigere Wirkung und eine geringere Empfindlichkeit gegen atmosphärische Wellen, als sie die übrigen selbstentfrittenden Fritter aufweisen.

Umgekehrte Fritter.

Wie erwähnt, bestehen die umgekehrten Fritter aus un-vollkommenen Kontakten, welche ihren Widerstand unter der Wirkung der elektrischen Wellen erhöhen. Die umgekehrten

10*

Fritter von Branly bestehen aus Röhren mit Bleisuperoxyd, aus platiniertem Glas, oder mit Goldblättchen belegtem Glas. Nach Arons erhält man einen Fritter derart, indem man einen Stanniolstreifen auf Glas aufklebt, durchschneidet und den Schnitt mit metallischen Feilspänen bedeckt. Neugschwendners Anordnung besteht aus einer versilberten Glasplatte, deren Silberschicht auf die Breite von ungefähr $1/_8$ mm unterbrochen wird. Die Unterbrechung wird mit Feuchtigkeit bedeckt, indem man die Platte anhaucht. Die Einrichtung von Aschkinaß besteht aus einem gewöhnlichen Fritter aus Feilspänen, dessen Zwischenräume mit Wasser etc. angefeuchtet sind. Die umgekehrten Fritter, welche einigermaßen Anwendung in der drahtlosen Telegraphie gefunden haben, sind die Schäfersche Platte und der Apparat von De Forest und Smithe.

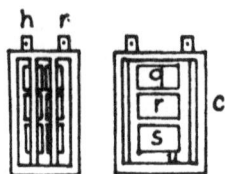

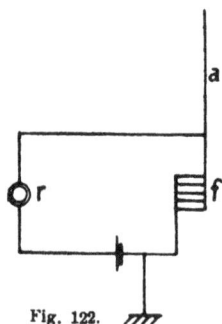

Die Schäfersche Platte. Die Schäfersche Platte ist eine Abänderung der Neugschwenderschen Anordnung und besteht aus einer Glasscheibe, welche mit Stanniol bedeckt ist. Letzteres ist durch einen außerordentlich feinen Schnitt in zwei voneinander isolierte Teile geteilt.

Solange der Spalt zwischen diesen beiden Teilen trocken ist, kann der Strom einer angelegten Batterie nicht übergehen.

Haucht man jedoch gegen den Spalt, so bilden die feinen Wassertröpfchen, welche sich an den Rändern des Spalts absetzen, leitende Brücken, welche den Durchgang des Stroms ermöglichen. Unter der Wirkung der elektrischen Wellen fließen die kleinen Tröpfchen zu größeren zusammen, die jedoch zu weit voneinander entfernt sind, um den Stromdurchgang zu gestatten.

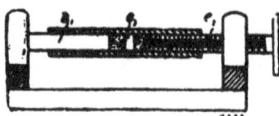

Lodge beobachtete einen ähnlichen Einfluß der elektrischen Wellen auf Seifenblasen. Zwei sich berührende Seifenblasen floßen in eine einzige große zusammen, sobald sie von elektrischen Wellen getroffen wurden.

Fig. 122.

Fig. 123.

In der praktischen Anwendung wird die Schäfersche Platte nicht angehaucht, sondern in der Nähe eines angefeuchteten Tuches oder eines Wassergefäßes angebracht. Für den Apparat wird gegenüber dem gewöhnlichen Fritter größere Empfindlichkeit und weiterhin größere Einfachheit in Anspruch genommen, da er keinerlei äußerer Einwirkungen bedarf, um in den ursprünglichen Zustand zurückzukehren. Schäfer, Renz und Lippold haben in der Folge eine Schäfersche Platte mit mehreren Lamellen, nach Fig. 122 patentieren lassen. Die Metallstreifen qrs werden von den isolierenden Stützen u innerhalb eines Gehäuses c, welches zudem feuchte, poröse Körper und die Klemmen hr enthält, getragen.

Der untere Teil der Figur gibt die Verbindung der Platte f mit dem Relais r, dem Empfangsdraht a, der Batterie und Erde.

Die Anordnung De Forest und Smithe. Die in Fig. 123 dargestellte Konstruktion besteht aus einer kleinen Ebonit- oder Glasröhre, in welcher sich die beiden Elektroden $e_1 e_2$ aus Metall von 3,2 mm Durchmesser und eine Hilfselektrode $e3$ von gleichen Durchmesser befinden. Die einander zugewendeten Flächen der Elektroden stehen 1,6 mm voneinander ab. Die Zwischenräume zwischen den Elektroden sind mit einer besonderen Paste aus ziemlich groben Feilspänen zu gleichen Teilen gemischt, mit Bleioxyd unter Zugabe von Glyzerin oder Vaselin oder einer Spur von Wasser oder Alkohol angefüllt.

Nach Angabe der Erfinder lösen sich beim Durchgang des Stromes kleine Metallteilchen von der Anode ab, und gehen durch die Zwischenlage zur Kathode über, indem sie sich miteinander verbinden und so leitende Fäden zwischen den Elektroden bilden. Wenn sich auf den so bestehenden Ortstrom die elektrischen Wellen überlagern, so schieben sich kleine Wasserstoffbläschen infolge der Zersetzung des Wassers zwischen die Kathode und die Fäden und zwischen die Teilchen der Fäden selbst, wodurch der Widerstand erheblich vermehrt wird. Mit dem Aufhören der elektrischen Wellen wirkt das Bleioxyd als Depolarisator, beseitigt die Wasserstoffbläschen und stellt die leitenden Fäden in ihrem ursprünglichen Zustande wieder her.

Der Apparat wird nach einigen Tagen unwirksam, da der Sauerstoff der depolarisierenden Masse sich erschöpft. Gleichgültig, ob diese Erklärung den tatsächlichen Vorgängen in der Anordnung entspricht oder nicht, der Apparat scheint vorzüglich zu arbeiten, indem er sehr rasch und ohne äußere Hilfsmittel sofort nach dem Aufhören der elektrischen Wellen in den ur-

sprünglichen Zustand zurückkehrt, und damit eine sehr be-
schleunigte Übermittlung der Signale zuläßt.

Verschiedene Wellenanzeiger.

Wellenanzeiger Rutherford. Der von Rutherford
im Jahre 1896 angegebene Wellenanzeiger beruht auf einer durchaus anderen Erscheinung wie die Fritter, nämlich auf der Tatsache, daß Wechselströme von sehr hoher Wechselzahl, wie sie
z. B. bei den Entladungen einer Leydener Flasche erhalten werden,
dauernd die Magnetisierung eines magnetisierten Stahlstabs verändern. Die von Lord Rayleigh entdeckte Erscheinung wurde von
Rutherford zur Konstruktion eines Apparates benutzt, welcher
elektrischen Wellen gegenüber eine ähnliche Empfindlichkeit
wie die Fritter aufweist.

Der Apparat besteht aus einem Bündel feiner Stahldrähte
von ca. 1 cm Länge, welche durch Siegellack voneinander isoliert
und kräftig magnetisiert sind. Um dies Bündel ist eine lange
Wicklung von Kupferdraht gewunden, dessen Enden zu einem
sehr empfänglichen Spiegelgalvanometer führen.

Wird das Drahtbündel von elektrischen Wellen getroffen, so
ist eine plötzliche Entmagnetisierung zu bemerken, infolge welcher
in der Drahtspule ein von dem Galvanometer angezeigter Induktionsstrom entsteht. Wird das Bündel hierauf von neuem
magnetisiert, so ist es imstande, die Ankunft eines neuen Wellenzuges durch einen erneuten Induktionsstrom anzuzeigen. Nach
der Angabe des Erfinders zeigt der Apparat elektrische Wellen
auf 800 m an, auch wenn sich zwischen den beiden Stationen
Häuser befinden.

Wellenanzeiger Wilson. Beinahe zur gleichen Zeit
bediente sich Wilson einer dem Rutherfordschen Apparat ähnlichen Einrichtung zur Aufnahme elektrischer Wellen. Der
Unterschied bestand darin, daß die Magnetisierung des Draht-
bündels keine dauernde, sondern eine zyklische war, indem neben
dem Bündel ein permanenter Magnet nach Fig. 124 in Umdrehung
erhalten wurde. Sobald eine das Bündel umgebende Drahtwicklung von elektrischen Wellen durchflossen wurde, zeigte sich
eine plötzliche Änderung der Magnetisierung des Bündels, welche
an einem Galvanometer oder einem Telephon, das in einer
zweiten über das Bündel geschobenen Spule eingeschaltet war,
durch den erzeugten Induktionsstrom wahrnehmbar wurde.

Wellenanzeiger Marconi. Der Apparat von Rutherford,
welcher konstruiert wurde, bevor die elektrischen Wellen ihre

Anwendung auf die drahtlose Telegraphie gefunden hatten, wurde von Marconi zur Aufnahme rasch aufeinanderfolgender Wellen in die Fig. 124 angegebene Form gebracht. Die Drahtrolle steht nicht mit einem Galvanometer, sondern mit einem rascher an- sprechenden Telephon in Ver- bindung, und um das Draht- bündel wurde eine Spule ge- wickelt, welche einerseits mit dem Empfangsdraht, anderseits mit der Erde in Verbindung gebracht wurde, um die Wirkung der elektrischen Wellen, welche vom Empfangsdraht aufgefan- gen wurden, besser auf das Drahtbündel zu vereinigen.

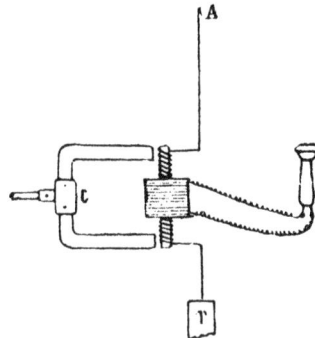

Das Drahtbündel ist, wie

Fig. 124.

in dem Wellenanzeiger Wilson, in dem Feld eines Hufeisen- magnetes *C* untergebracht, welch letzterer durch einen kleinen Elektromotor in ständiger Umdrehung um die eigene Achse und damit in dauernder Empfangsbereitschaft gehalten wird.

Marconi bemerkte, daß die Zeichen im Telephon kräftiger aus- fielen, wenn die Drähte sich dem Magneten näherten, d. h. wenn die Magnetisierung im Zunehmen ist. Um diese Erscheinung nutzbar zu machen, traf er folgende Anordnung.

Das feststehende Eisendrahtbündel ist dabei durch ein Eisen- drahtseil, welches durch einen Elektromotor ständig über zwei Rollen geführt wird, ersetzt. Der untere Lauf des Seils geht durch eine Spule, welche die beiden Wicklungen enthält, von welchen die eine mit Empfangsdraht und Erde, die andere mit dem Telephon in Verbindung steht, und tritt unmittelbar nach dem Verlassen der Spule in das Feld eines kräftigen Hufeisen- magneten. Infolge dieser Anordnung sind die die Induktions- rolle durchlaufenden Punkte des Seils in einem Zustand wachsen- der Magnetisierung, insofern sie sich dem festen Pol des Mag- neten nähern, wodurch die günstigsten Bedingungen für die Wirkung des Apparats erreicht werden.

Marconi gründet die Wirkungsweise seiner Anordnung auf die von Gerosa und Finzi beobachtete Tatsache, daß ein von Wechselströmen hoher Wechselzahl durchflossenes Eisenstück der Wirkung eines magnetisierenden Feldes rascher folgt, als ein stromloses, welch letzteres die Erscheinung der Hysteresis zeigt,

infolge welcher das Eisen nur unter Verzögerung eine Magnetisierung annimmt, welche zudem geringer ausfällt, als der magnetisierenden Stromstärke entspricht. Ein Drahtbündel, welches nicht
von elektrischen Wellen durchflossen wird, befindet sich daher
während der Drehung des Magneten infolge der Hysteresis auf
einem anderen Grad der Magnetisierung als der augenblicklichen
Stellung des magnetisierenden Magneten entspricht. Durch das
Zwischentreten der Wellen nimmt dagegen die Magnetisierung
augenblicklich den entsprechenden Wert an, und die schnelle
Veränderung in der Magnetisierung des Bündels verursacht einen
entsprechend kräftigen Ton im Telephon.

Wellenanzeiger Tissot. Die in Fig. 125 dargestellte
Anordnung von Tissot ähnelt einem Grammeschen Ringe. Ein

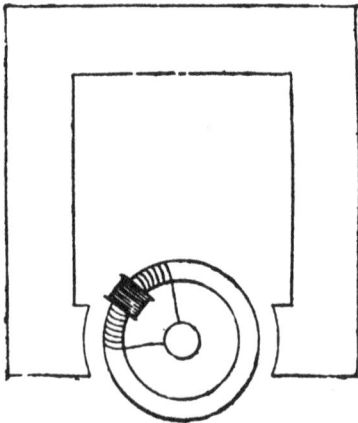

Fig. 125.

Ring aus Stahldrähten be-
wegt sich zwischen den
Polen eines feststehenden
Elektromagneten und trägt
zwei übereinander aufge-
brachte Drahtwicklungen.
Die eine wird durch eine
einzige Lage feinen Drahtes
gebildet, deren beide En-
den mit zwei voneinander
isolierten, auf der Umdre-
hungsachse aufgebrachten
Ringen in Verbindung
stehen, welche vermittelst
zweier Schleiffedern einerseits mit dem Empfangs-
draht, anderseits mit der
Erde verbunden ist. Die zweite Bewicklung steht auf gleiche
Art mit einem Telephon in Verbindung. Werden gleiche Bewick-
lungen an mehreren Punkten des drehbaren Ringes aufgebracht, so
wird sich in irgend einem gegebenen Moment eine Rolle um so
sicherer in der günstigsten Stellung für die Wellenaufnahme befinden, je größer die Anzahl der Rollen auf dem Ringe gewählt wird.

Tissot benutzt auch einen Wellenanzeiger in welchem anstatt
eines Hufeisenmagnets ein einfacher Magnet oder Elektromagnet
benutzt wird. Die passendste Umdrehungsgeschwindigkeit beträgt
1—5 Umdrehungen pro Sekunde.

Tissot bemerkte, daß die Schwingungszahl der Wellen keinen
unmittelbaren Einfluß auf die Wirkungsweise solcher Wellen-

anzeiger ausübe. Bei gleicher Energie scheint es jedoch, daß
die stark gedämpften Wellen die größte Wirkung zeigen, wobei
die Wirkung der eines von den ersten Schwingungen ausgeübten
Stoßes vergleichbar ist. Die Stärke der am Wellenanzeiger be-

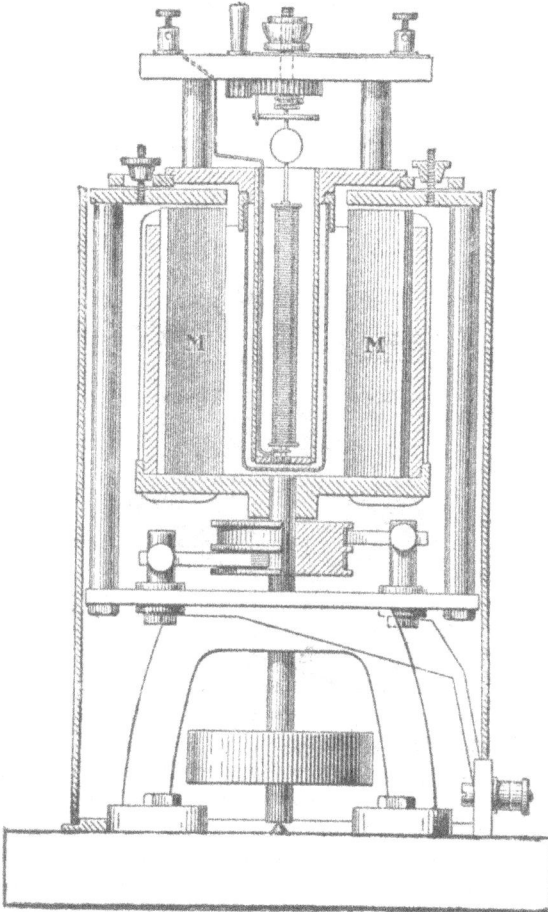

Fig. 126.

obachteten Wirkung zeigte sich dabei proportional der Maximal-
stärke des im Empfangsdraht induzierten Stromes.

Wellenanzeiger Ewing-Walter. Der von Ewing
und Walter in letzter Zeit der Royal Society vorgelegte Apparat

besteht aus einer Spule von mit Seide isoliertem Stahldraht, welche zwischen den keilförmigen Polen eines Elektromagneten angebracht von Wechselströmen durchflossen und an einer senkrechten Achse angeordnet ist. (Fig. 126.)

Infolge der Hysteresis sucht sich die Spule zu drehen, wird jedoch von einer Feder festgehalten und weicht um einen bestimmten Winkel aus der Ruhelage ab. Sobald die Spule von elektrischen Wellen durchflossen wird, so nimmt in diesem Falle die Hysteresis merkbar zu und damit auch die Ablenkung. Die Zunahme der Ablenkung zeigt nicht nur die Wellen an, sondern

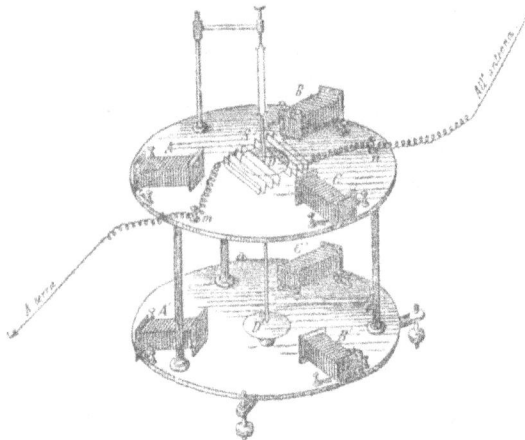

Fig. 127.

gestattet auch, deren Stärke zu messen, was zur Ermittlung der besten Arbeitsbedingungen für die Praxis der elektrischen Wellen- telegraphie von Wichtigkeit ist.

Wellenanzeiger Arno. Die Anordnung besteht (Fig. 127) aus zwei Eisen- oder Nickelplatten DD', welche an den Enden eines bifilar aufgehängten Stabes angebracht sind. Die obere Scheibe unterliegt der Wirkung der Elektromagnete $A\,B\,C$, welche von Wechselströmen mit $^1/_3$ Phasenverschiebung durchflossen werden. Die Wirkungen der letzteren vereinigen sich ähnlich wie in dem Falle der polarisierten Wellen des Systems Artom und erzeugen ein Ferrarisches magnetisches Drehfeld, welches die Scheibe zu drehen versucht. Die untere Scheibe befindet sich unter der Wirkung eines gleichen entgegengesetzten, von den Elektromagneten $A'\,B'\,C'$ hervorgebrachten Drehfelds. Das aufgehängte System ist daher im Gleichgewicht. Die obere Scheibe wird jedoch von einer Spule umgeben, welche einerseits mit dem Empfangsdraht, anderseits mit der Erde verbunden ist. Wird demnach die Spule von elektrischen Wellen aus dem Empfangsdraht durchflossen, so wird die Hysteresis der oberen Scheibe geändert und das Gleichgewicht zwischen den Wirkungen der beiden Drehfelder aufgehoben, wodurch eine Ablenkung des beweglichen Systems erzielt wird.

Die magnetischen Wellenanzeiger sind unter Umständen empfindlicher als die Fritter und übertreffen letztere auf alle Fälle hinsichtlich der Zuverlässigkeit der Wirkung. In ihrer einfachen Gestalt haben sie gegenüber den Frittern den Nachteil, daß sie keine selbsttätige Aufzeichnung der Signale bewirken, letztere vielmehr vermittelst des Gehörs durch das Telephon aufgenommen werden müssen.

Der thermische Wellenanzeiger Fessenden (Fig. 128). Die Anordnung von Fessenden beruht auf der Eigenschaft der Metalle, daß deren elektrischer Widerstand mit ihrer Temperatur zunimmt. Ein in Gestalt eines V gebogener Silberdraht

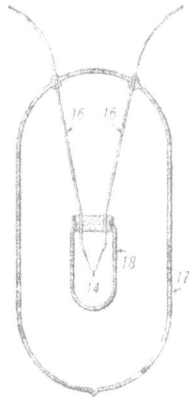

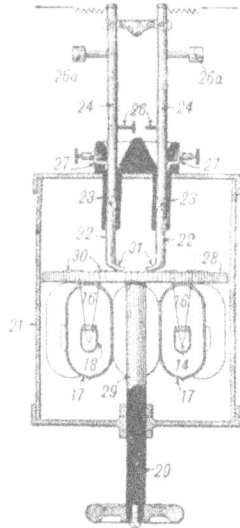

Fig. 128.

von 0,15 mm Durchmesser enthält einen Kern aus Platindraht von 0,0015 mm Durchmesser, dessen unteres Ende in Salpetersäure eingetaucht wurde, wodurch nach Auflösung des Silbers ein kurzes Stück des Platindrahts freigelegt ist. Der V-förmig gebogene Draht ist von der silbernen Kapsel 18 umschlossen, welch letztere wieder von dem Glasgefäß 17 umgeben ist. Aus dem allseitig geschlossenen Gefäß ist die Luft entfernt. Zwei eingeschmolzene Drähte 16 sind mit den Enden des Silberdrahtes verlötet. Sobald der Draht 14 von elektrischen Wellen

durchflossen wird, wird er in rascher Folge erwärmt und beim
Aufhören der Wellen wieder abgekühlt, welche Temperatur-
schwankungen, Widerstandsschwankungen in einem den Silberdraht, eine Batterie und Telephon enthaltenden Stromkreis und so
der Dauer der Wellenentsendung entsprechend mehr oder minder
lange Töne im Telephon hervorbringen.

Mehrere derartig gebaute Glasgefäße mit verschiedener Empfindlichkeit des Drahtes 14 sind an einer Scheibe aus Ebonit 28
angebracht, welche vermittelst des Knopfes 29 gedreht werden kann
und mit irgend einem der Gefäße die Stromabnehmer 22 in Verbindung bringt, eine Einrichtung, welche eine Anpassung des Empfangsapparates an die Stärke der ankommenden Wellen ermöglicht.

Die Überlegenheit eines solchen Wellenanzeigers beruht
in erster Linie auf der größeren erreichbaren Übertragungsgeschwindigkeit, welche durch die Schnelligkeit der Erwärmung
und Abkühlung des Drahtes gegeben ist, in zweiter Linie in der
erhöhten Möglichkeit, die Resonanz zwischen Sende- und Empfangsstation herzustellen. In der Tat behauptet Fessenden, daß
mit seinem System 65 Worte in der Minute aufgenommen werden
können, während man mit gewöhnlichen Frittern über eine
Schnelligkeit von 15 Worten nicht hinauskommt. Ferner sammelt
sich im Empfänger unter der Form der Wärme die ganze, von
den Schwingungen übertragene Energie, wodurch es möglich ist,
Schwingungen niedriger Spannungen und großer Dauer anzuwenden an Stelle der hochgespannten Wellen, welche zur Erregung des Fritters, der hauptsächlich auf die Maximalwerte der
Energie antwortet, notwendig sind. Es genügen daher kürzere
Sende- und Empfangsdrähte, und es wird angegeben, daß mit
dem System Fessenden auf eine Entfernung von 160 km mit
Funkeninduktoren von 6 mm Funkenlänge und einfachen Emp-
fangs- und Sendedrähten von 12 m Höhe Zeichen ausgetauscht
werden können.

Neuerdings ersetzte Fessenden den Platindraht seines thermischen Wellenanzeigers durch ein Flüssigkeit. Dieser neue
Wellenanzeiger besteht aus einem kleinen Gefäß mit einer Flüssigkeit, in welcher ein Diaphragma mit einem sehr feinen Loch
eingetaucht ist. Vor dem Loch befindet sich eine äußerst feine
Drahtspitze, welche mit dem Empfangsdraht in Verbindung steht.
Unter der Wirkung der auf den Empfangsdraht treffenden elektrischen Wellen wird die dünne in dem Loch des Diaphragmas
befindliche Flüssigkeitsschicht erwärmt und spielt nun dieselbe Rolle
wie der Platindraht in dem oben beschriebenen Wellenanzeiger.

Der neue Wellenanzeiger soll den Vorteil bieten, daß er nicht der Gefahr unterliegt, abgeschmolzen zu werden, und keiner Schutzhülle aus leitendem Material bedarf.

Da ferner die Flüssigkeiten mit der Zunahme der Temperatur im Gegensatz zu den festen Körpern ihren Widerstand verringern, ist der zur Aufnahme dienende Strom in dem Augenblick, in welchem die Wellen die Flüssigkeit treffen, größer als während der wellenlosen Zeit und kann daher besser zur Aufnahme ausgenutzt werden.

Die Widerstandsschwankungen in dem thermischen Wellenanzeiger mit Draht betragen nach Fessendens Angabe $^1/_4\,^0/_0$ des ursprünglichen Widerstandes, während die Schwankungen bei dem Wellenanzeiger mit Flüssigkeit unter gleichen Bedingungen $12\,^0/_0$ d. h. das 50 fache betragen.

Wellenanzeiger L. H. Walten. Diese Anordnung besteht aus einem Quecksilberbehälter, in welchem eine Glaskapillare eintaucht. Letztere enthält einen Platindraht, der bis auf $^3/_{10}$ mm Abstand von der unteren Röhrenöffnung reicht. Über dem Quecksilber befindet sich eine Wasserschicht, welche als Isoliermittel dient. Das Quecksilber und der Draht stehen mit dem Pol einer Batterie in Verbindung. Der Strom kann jedoch nicht übergehen, weil das Quecksilber infolge der Kapillarität zu tief steht, um den Draht zu berühren. Sobald jedoch eine elektrische Welle den Apparat trifft, ändert sich die Kapillarkraft, das Quecksilber steigt, die Berührung mit dem Draht wird hergestellt und der Strom geschlossen. Zu gleicher Zeit wird ein Elektromagnet durch den Strom geschlossen, hebt auf einen Augenblick die Röhre, wodurch der Strom unterbrochen wird und das Ganze in den ursprünglichen Zustand zurückkehrt bereit zu einer neuen Aufnahme.

Wellenanzeiger Schloemilch. Die Anordnung von Schloemilch beruht auf einer noch nicht eingehend bekannten Erscheinung, welche auftritt, wenn ein sehr feiner als Anode in einem Säurevoltmeter dienender Platindraht einer elektromotorischen Kraft ausgesetzt ist, welche gerade hinreicht, um die Elektrolyse einzuleiten. In diesem Fall geht ein außerordentlich schwacher Strom über, welcher jedoch augenblicklich zunimmt, wenn der Apparat von elektrischen Wellen getroffen wird. Ein in den Stromkreis eingeschaltetes Telephon zeigt die von den ankommenden Wellen bewirkten Stromschwankungen an.

Elektrokapillarer Wellenanzeiger »Armor«. Dieser Apparat wird vorzüglich als Relais benutzt, weshalb er bei der

Besprechung dieser Apparate näher erwähnt werden soll. Insbesondere fand er bisher seine Anwendung in der drahtlosen Telegraphie durch die Erde, doch soll die Empfindlichkeit hinreichend sein, um seine Anwendung auch für die drahtlose Telegraphie durch die Luft an Stelle des Fritters zu ermöglichen.

Wellenanzeiger Placher. Die für die drahtlose Telegraphie bestimmte Anordnung soll Kap. 11 näher besprochen werden.

Empfindlichkeit der Wellenanzeiger.

Prof. Fessenden gibt die folgende Übersicht über die Empfindlichkeit der verschiedenen bisher zur Aufnahme Hertzscher Wellen in der drahtlosen Telegraphie verwendeten Wellenanzeiger. Die Zahlen geben die zur Erzeugung eines Zeichens notwendige Energie in Erg an.

Fritter Marconi aus Nickel, Silber, Quecksilber . . .	4,000
Legierung aus 25 % Gold und 5 % Wismut	1,000
Wellenanzeiger Solari, Kohle, Stahl, Quecksilber . . .	0,220
Thermischer Wellenanzeiger Fessenden mit Draht . .	0,080
Derselbe mit Flüssigkeit	0,007

Relais.

Die Relais werden in der gewöhnlichen Telegraphie im großen Umfange verwendet, wenn die an der Empfangsstation ankommenden Ströme zu schwach sind, um unmittelbar die Empfangsapparate zu betätigen.

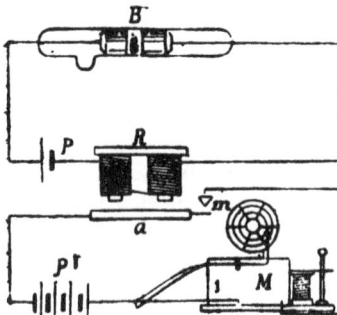

Fig. 129.

Fig. 129 zeigt die Anwendung in Verbindung mit einem Fritterstromkreis.

Bedeutet M den zu betätigenden Empfangsapparat beispielsweise ein Morseschreibwerk und PRB den Stromkreis, welcher von dem zu schwachen ankommenden Strom durchflossen wird, so wird in letzteren das Relais R eingeschaltet. Das Relais besteht aus einem Elektromagneten mit dem Anker aus Weicheisen a. Wenn der Stromkreis BPR von dem schwachen Strom durchflossen wird, so zieht das Relais R den Anker a an, welch letzterer den Strom der Ortsbatterie P^1 schließt. Dieser Strom reicht hin, den Elektromagnet des Schreibwerks M zu betätigen. Hört der schwache Strom in R auf, so fällt Anker a ab, öffnet den Kontakt m, unterbricht damit den Strom der Batterie P' und bringt den Anker des Schreibwerks M zum Abfallen.

Auch in der drahtlosen Telegraphie spielen die Relais eine bedeutende Rolle. In Fig. 129 befindet sich das Relais R im Stromkreis des Fritters B einer Empfangsstation. Das Relais wurde bereits in den ersten Schaltungen von Popoff angewendet.

Um die Empfindlichkeit des Fritters nicht zu gefährden, ist, wie erwähnt, die Anwendung einer Batterie P von geringer elektromotorischer Kraft geboten, weshalb der im Augenblick der Erregung des Fritters in dem Stromkreis BPR fließenden Strom nur von geringer Stärke sein kann, doch hinreichen muß, um das Relais zu betätigen.

In einigen Fällen bedient man sich als Relais eines Galvanometers, dessen Nadel in dauernder Verbindung mit der Ortsbatterie sich befindet, während der andere Pol mit einem Draht in Verbindung steht, dessen Spitze der Galvanometernadel gegenübersteht. Der schwache, das Galvanometer durchfließende Strom lenkt die Nadel ab, bringt sie in Berührung mit der Metallspitze und schließt so den Stromkreis des Empfangsapparats.

Fig. 130.

Polarisierte Relais. Die Relais werden in sehr zahlreichen Formen ausgeführt. Die für die Zwecke der drahtlosen Telegraphie verwendeten Apparate der Art müssen eine hohe Empfindlichkeit aufweisen, da nur eine geringe Stromstärke, insbesondere beim Gebrauch von Frittern mit niediger Spannung, zur Verfügung steht.

Die Fig. 130 zeigt ein von der Firma Siemens für das System Braun ausgeführtes Relais. Auf einem gemeinsamen Grundbrett befindet sich außerdem der Fritter mit magnetischem Regulator und die Entfrittungsvorrichtung.

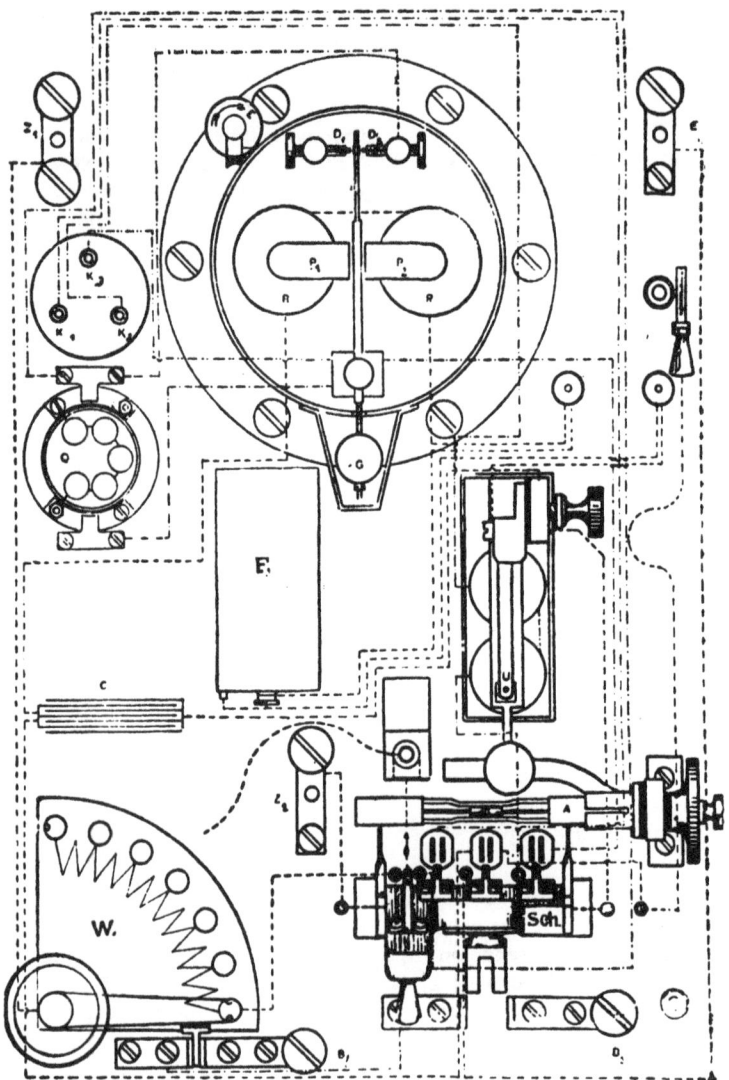

Fig. 131.

Auch in dem System Slaby-Arco wird ein Relais nach der Anordnung des polarisierten Relais Siemens in der Zusammensetzung der Fig. 131 benutzt. Die Wirkungsweise ist folgende: Ein Dauermagnet aus Stahl magnetisiert die Eisenkerne $P1$ $P2$, auf welche die Spulen derart aufgeschoben sind, daß die Enden gleiche Polarität annehmen. Außerdem befindet sich zwischen den Polenden eine freibewegliche Lamelle aus weichem Eisen, welche entgegengesetzt zu den Eisenkernen magnetisiert wird. Diese Lamelle wird von den beiden Schrauben $D1$ $D2$, deren eine die Ruhestellung, die andere die Arbeitsstellung bestimmt, in bestimmter Lage erhalten.

Sobald die Bewicklung des Relais von dem schwachen Strom der Fritterbatterie durchflossen wird, wird die Magnetisierung des Eisenkerns $P2$ vermehrt, jene des Kernes $P1$ vermindert und die in labilem Gleichgewicht zwischen den Polen befindliche Lamelle wird von $P2$ angezogen, schließt den Kontakt $D2$ und damit den Ortsstromkreis. Ein ähnliches Relais wird auch von Marconi angewendet.

Relais mit beweglicher Bewicklung. In Frankreich verwendet man vorzugsweise Relais mit beweglicher Bewicklung nach dem Typus Deprez. Das Modell Claude eines solchen Relais besteht aus einem Rahmen, auf welchem der Draht aufgewickelt ist, der mit dem Fritter und der zugehörigen Batterie verbunden ist. Der Rahmen ist zwischen den Polen eines Dauermagneten aufgehängt. Sobald der Draht von einem Strom durchflossen wird, wird der Rahmen gedreht und ein Kontakt geschlossen, welcher den Ortsstromkreis vervollständigt. In den Versuchen von Tissot wurden Relais dieser Bauart angewendet, welche bereits bei einem Strom von 0,25 Milliampère ansprachen.

Im allgemeinen haben die in der drahtlosen Telegraphie benutzten Relais sehr hohe und im Verhältnis zum Fritterwiderstand verschiedene Widerstände. Marconi benutzt Relais mit Widerständen zu 10 000 Ohm. Das oben beschriebene Relais des Systems Slaby zeigt einen Widerstand von 2000 Ohm, der dem des Fritters gleichkommt. Ferrié blieb nach vielen Versuchen bei einem Relaistypus von 500 Ohm.

Das elektrokapillare Relais ›Armor‹. Das von Armstrong und Orling angegebene Relais kann auch an Stelle des Fritters als Wellenanzeiger benutzt werden.

Es beruht auf der Tatsache, daß die Kapillarkräfte im Berührungspunkt zwischen Quecksilber und Schwefelsäurelösung

sich ändern, wenn diese Berührungsstelle von einem elektrischen
Strom durchflossen wird, eine Erscheinung, welche bekanntlich dem
außerordentlich emp-
findlichen Kapillar-
elektrometer von Lipp-
mann zugrunde liegt.

In dem Relais Ar-
morl, Fig. 132, wird
mit *f* ein Heberrohr
bezeichnet, durch wel-
ches aus dem Behäl-
ter *a* Quecksilber in
den Schwefelsäure ent-
haltenden tieferliegen-
den Behälter *b* überzu-
treten sucht. Da je-
doch das Ende *h* der
Heberröhre außeror-
dentlich dünn ausge-
zogen ist, wird das
Quecksilber durch die
Kapillarkraft zurückge-
halten. Wird jedoch
zwischen Punkt *i*, der
mit dem Quecksiber in Verbindung steht, und dem Punkt *j*
der Säure eine elektrische Spannungsdifferenz hervorgebracht, so
verschiebt sich das
Quecksilber in dem
Sinne, in welchem
der Strom fließen wür-
de. Ist *i* daher posi-
tiv, so treten kleine
Tropfen von Queck-
silber aus dem Heber-
rohr, treffen auf das
Ende des Hebels *k*,
welch letzterer den
Kontakt bei *c* und
damit den Stromkreis
einer Ortsbatterie und eines Morseschreibwerks schließt.

Der Behälter *r* bildet eine Art Mariottescher Flasche und
hält den Stand des Quecksilbers in dem Gefäß *a* unveränderlich.

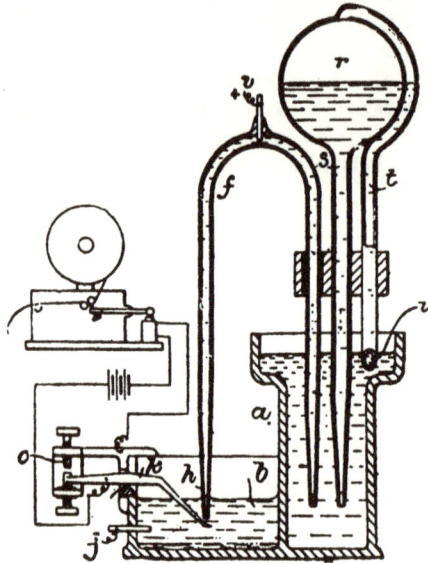

Fig. 132.

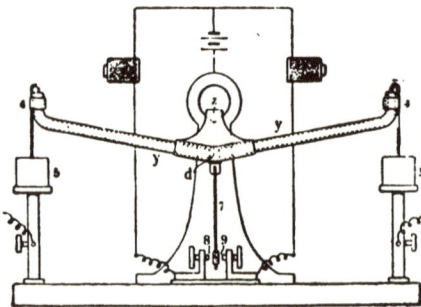

Fig. 133.

Dieser Wellenempfänger erwies sich als sehr empfindlich und kann auch als Übertrager für die Zwecke der elektrischen Wellentelegraphie dienen. Eine Abart des Apparats zeigt die Fig. 133. Die zum Empfangsdraht und Erde führenden Drähte endigen an den Ständern der Gefäße 5,5. An einem Wagbalken sind an den beiden Enden nach abwärts gekehrte Röhrchen, welche angesäuertes Wasser und einen Tropfen Quecksilber enthalten, angebracht. Sobald ein Strom ankommt, verschiebt sich das Quecksilber im Sinne der Stromrichtung, wodurch der Wagbalken sich neigt und den Kontakt des Ortsstromkreises schließt.

Schreibvorrichtungen.

Die in der elektrischen Wellentelegraphie am häufigsten angewendete Schreibvorrichtung ist das gewöhnliche Morseschreibwerk welches in den Ortsstromkreis des Relais eingeschaltet ist. In diesem Apparat werden bekanntlich die Zeichen des Alphabets in der Form von Punkten und Linien auf einem Papierstreifen, welcher durch ein Uhrwerk an einem Schreibrädchen vorbei bewegt wird, hervorgebracht. Das eingefärbte Schreibrädchen ist mit dem Anker des Schreibwerks verbunden und wird gegen die Mitte des laufenden Papierstreifens angedrückt, solange der Elektromagnet des Schreibwerks erregt ist. Hört die Erregung infolge Unterbrechung des Ortsstromkreises auf, so wird das Schreibrädchen von dem Papierstreifen abgehoben und die auf letzterem aufgezeichnete Linie unterbrochen.

Die in der drahtlosen Telegraphie verwendeten Morseschreibwerke ähneln jenen in der gewöhnlichen Telegraphie verwendeten mit dem Unterschied, daß infolge der geringeren Übertragungsgeschwindigkeit der Papierstreifen in den Apparaten für drahtlose Telegraphie nur ungefähr 60 cm in der Minute, d. h. viel langsamer als in den gewöhnlichen Morseapparaten fort bewegt wird.

Um die Wirkungsweise des Morseschreibwerks bei den Anwendungen in der drahtlosen Telegraphie vollkommen zu verstehen, muß man im Auge behalten, daß in diesen Anwendungen jedes einzelne Signal aus so vielen Wellenentsendungen besteht, als während der Hervorbringung des Zeichens Unterbrechungen durch den Unterbrecher des Funkeninduktors der Sendestation stattfinden, und daß daher das Schreibwerk jedes einzelne Signal aus einer Reihe sehr benachbarter Punkte zusammensetzt. Erst infolge der Trägheit der bewegten Teile des Schreibwerks fließen

diese Punkte zu einer einzigen zusammenhängenden Linie zusammen. Im allgemeinen wird das Morseschreibwerk neben den
Elektromagneten, dessen Anker die Entfrittung befördert, geschaltet und der Widerstand der beiden Elektromagnete entsprechend gewählt.

In einer von Slaby Arco patentierten Anordnung trägt der
Anker des Schreibwerkselektromagneten eine Kugel, welche gegen
den Fritter schlägt und letzteren entfrittet.

Zammarchi hat beobachtet, daß die Aufzeichnungen von Nachrichten durch elektrische Wellen mit gewöhnlichen Morseapparaten nicht genügend ausfielen, da die Trägheit des Ankers nicht
hinreichte, die aufeinanderfolgenden Punkte zu einer zusammenhängenden Linie zu vereinigen, und die Bewegung des Ankers
genau in dem Momente aufzuhalten, in welchem der ankommende
Wellenzug aufhörte. Anderseits stellte er fest, daß die Zeichen
einer elektrischen Klingel, welche an Stelle des Morseapparates
eingeschaltet wurde, diese Übelstände nicht aufwiesen. Er änderte
demnach das Morseschreibwerk derart, daß der Hebel, welcher
das Schreibrädchen gegen den Papierstreifen drückt, während der
Dauer eines Zeichens, Punktes oder Striches, nicht ununterbrochen
angedrückt bleibt, sondern leicht und schnell wie der Klöppel
einer elektrischen Klingel schwingt. Um diese Schwingungen zu
erzielen, wurde dasselbe Mittel wie bei den elektrischen Klingeln,
d. h. die Unterbrechung des erregenden Stromkreises durch die
Ankeranziehung verwendet.

Die vermittelst dieser Einrichtung hervorgebrachten Zeichen
bestehen aus zusammenhängenden Punkten und Linien, welche
genau in dem Augenblicke beginnen und aufhören, in welchem
das Relais den Stromkreis der Schreibwerkelektromagnete schließt
oder öffnet.

S c h r e i b w e r k   H u g h e s .   Der in der gewöhnlichen Telegraphie nach dem Schreibwerk Morse am häufigsten angewendete
Empfangsapparat ist der Drucktelegraph Hughes, welcher die
einlaufenden Zeichen in gewöhnlichen Drucklettern widergibt.
Die Anordnung besteht darin, daß in der Sendestation und Emp-
fangsstation je ein in ständiger Bewegung befindlicher Apparat
aufgestellt ist, deren Bewegungen vollkommen synchron ver-
laufen. Wird in der Sendestation die Taste des zu übermittelnden
Buchstabens gedrückt, so wird in der Empfangsstation derselbe
Buchstabe auf einem fortlaufenden Papierstreifen abgedruckt.
Die Übertragungsgeschwindigkeit ist bei der Verwendung dieser
Apparate eine erheblich größere, als bei der Morsetelegraphie,

insofern bei letzterer jeder Buchstabe durch die Zusammenfügung
einer größeren und geringeren Anzahl von Punkten und Strichen,
d. h. einer mehr oder minder großen Anzahl von Stroment-
sendungen, sich zusammensetzt, während bei den Hughesappa-
raten zur Übermittlung eines jeden Buchstabens nur eine einzige
sehr kurz andauernde Stromentsendung erforderlich ist.

Um die Übertragungsgeschwindigkeit in der drahtlosen Telegraphie zu erhöhen, wurde auch versucht, den Hughesapparat
zu benutzen

Die Möglichkeit dieser Benutzung wurde von K. Strecker
im Jahre 1899 nachgewiesen und im Jahre 1903 wurden in Gegenwart Marconis und unter der Leitung des Leutnants Sullino vermittelst Hughesapparate Telegramme zwischen den funkentelegraphischen Stationen von Monte Mario und dem Marineministerium in Rom ausgetauscht. Die Einzelheiten der verwendeten
Anordnung wurden, soweit bekannt, nicht veröffentlicht. Es
scheint, daß auf der Station Monte Mario ein Tastensender Hughes
im Synchronismus mit einem Druckapparat im Marineministerium
aufgestellt war.

Der erste Apparat bewirkte die Entsendung der elektrischen
Wellen, welche auf der zweiten Station vermittelst Fritter und
Relais auf den Druckapparat wirkten.

A n d e r e D r u c k a p p a r a t e. In neuester Zeit wurden
auch noch andere Druckapparate für den Gebrauch bei der drahtlosen Telegraphie vorgeschlagen.

Einer derselben rührt von Ingenieur Kamm her, doch sind
darüber nur wenige Angaben bekannt geworden. Der Apparat
soll äußerlich von einer gewöhnlichen Schreibmaschine sich nicht
unterscheiden. Er soll nach der Angabe seines Urhebers mit
seinem Gegenüber so vollkommen und empfindlich abgestimmt
werden können, daß die Übertragung vollkommen geheim und
ein Auffangen der Nachrichten unmöglich ist. Der Apparat
wurde im Laboratorium des Erfinders vor dem Chefingenieur der
Marconigesellschaft vorgeführt.

Ein anderer Apparat derselben Art wurde von Giuseppe
Musso in Vado Ligure angegeben und beruht wie jener von
Hughes auf dem Synchronismus zweier Apparate an der Sende-
und Empfangsstation. Die Apparate sind zu verwickelt gebaut,
als daß hier eine genaue Beschreibung gegeben werden könnte.
Es muß auf L'Elettricità vom 9. August 1903 bezüglich eingehender Beschreibung verwiesen werden. Erwähnt sei nur,
daß der Erfinder beansprucht, Stationen, mit welchen nicht ver-

kehrt werden kann, oder nicht verkehrt werden will, ausschließen,
und das System als Duplex, d. h. zur gleichzeitigen Übertragung
zweier Nachrichten in entgegengesetzter Richtung arbeiten lassen
zu können.

Schreibvorrichtung Lodge-Muirhead.

In dem System Lodge-Muirhead seiner letzten Ausführungs-
phase wird als Schreibvorrichtung der in der transatlantischen
Telegraphie benutzte Syphon-Recorder verwendet.

Bei diesem System ist kein Relais im Stromkreis des Fritters
benutzt. Der Fritter und der Spannungsregler (S. 146) sind
unmittelbar mit dem Schreibapparat in Reihe geschaltet. Die
Schreibfeder besteht aus einem kleinen Glasheberröhrchen,
welches an dem beweglichen Rahmen eines Galvanometers aufgehängt ist. Dieser Rahmen wird von dem Strom, welcher bei
der Ankunft der Wellen den Fritter durchfließt, bewegt.

Das eine Ende des Heberöhrchens taucht in ein Tinten-
gefäß, während das andere über dem Papierstreifen liegt, welcher
die ankommenden Zeichen aufzunehmen hat. Solange keine
Zeichen ankommen, führt die Feder eine feine, gerade Linie über
den Papierstreifen, welche in eine Zickzacklinie durch die Ablenkungen des Galvanometerrahmens übergeht, sobald Zeichen
von der entfernten Station einlangen. Aus der mehr oder minder
langen Dauer der Ablenkungen ergeben sich die den Punkten
und Strichen des Morsealphabets entsprechenden Zeichen.

Die Empfindlichkeit und Genauigkeit des Apparats ist derart,
daß man aus der auf dem Papierstreifen aufgezeichneten Linie
erkennen kann, ob der Funkenübergang in der Sendestation
gleichmäßig oder ungleichmäßig vor sich geht, da jede Ungleich-
mäßigkeit sich in mehr oder minder starker Aufkräuselung der
Linie auf dem Papierstreifen äußert.

Übertrager.

Man bezeichnet mit dem Namen Übertrager in der gewöhnlichen Telegraphie Apparate, welche zwischen der Sende- und
Empfangsstation eingefügt werden, wenn letztere zu weit voneinander entfernt sind, als daß mit den verfügbaren Mitteln die
Zeichen unmittelbar von einer Station zur anderen übertragen
werden könnten. Sie bestehen aus Relais, ähnlich den S. 158 u. ff.
beschriebenen, welche anstatt einen Empfangsapparat zu betätigen
an dem Ort ihrer Aufstellung selbsttätig die bei ihnen ein-

laufenden Zeichen in einen Stromkreis weitergeben, indem sie den Strom einer in der Hilfsstation aufgestellten zweiten Stromquelle in der die Hilfsstation und die Empfangsstation verbindenden Leitung schließen. Offenbar können mehrere derartige Übertragestationen hintereinander in passender Entfernung angeordnet werden und so immer größere Übertragungsentfernungen erreicht werden.

Obgleich die drahtlose Telegraphie Übertragungen auf außerordentlich große Entfernungen zuläßt, so ist dies doch nur durch einen bedeutenden Energieaufwand an der Sendestation und daher durch die Benutzung sehr kräftiger Apparate erreichbar. Man hat daher auch in der drahtlosen Telegraphie Übertragevorrichtungen, vermittelst welcher mit Apparaten von bescheidener Wirkung bedeutende Entfernungen sollen überwunden werden können, vorgeschlagen und versucht. Im allgemeinen kann jede Funkentelegraphenstation, in welcher ein Sende- und Empfangsapparat sich befindet, zu einer Übertragestation verwendet werden. Es genügt zu diesem Zweck, daß das im Fritterstromkreis liegende Relais statt den Stromkreis eines Schreibwerks den eines Funkeninduktors, der mit dem Sendedraht verbunden ist, schließt. Der Funkeninduktor wird demnach dieselben Zeichen weitergeben, welche bei der Station von der Sendestation her angekommen sind. Die von dieser Übertragestation wiederholten Zeichen können von einer zweiten, dritten u. s. f. weitergegeben werden, bis sie in der Bestimmungsstation wirklich aufgezeichnet werden.

Im Falle der drahtlosen Telegraphie bietet jedoch die Anwendung von Übertragern Schwierigkeiten, welchen man in der gewöhnlichen Telegraphie nicht begegnet. Diese Schwierigkeiten rühren daher, daß die funkentelegraphischen Zeichen sich in allen Richtungen um den Sendedraht übertragen, infolgedessen ein von einer Zwischenstation wiederholtes Zeichen nicht nur von der folgenden, sondern auch von der vorausgehenden Station aufgenommen wird. Letztere würde daher das Zeichen ein zweites Mal abgeben, so daß eine unlösbare Verwirrung der Zeichen die Folge wäre. Es wurden verschiedene Vorschläge gemacht, diesem Übelstand abzuhelfen.

System Cole-Cohen. Cole und Cohen empfehlen zu diesem Zweck entweder den Übertrager derart anzuordnen, daß er nicht unmittelbar das zurückkommende Zeichen aufnehmen kann, oder ihn unfähig zu machen, Zeichen unmittelbar nach seiner Tätigkeit als Übertrager aufzunehmen, wobei jedoch die Fähigkeit für eine neue Übertragung nach einiger Zeit wieder

eintreten muß. Für den zweiten Fall wird an die Verwendung
von Synchronkommutatoren gedacht. In einem dritten System
sollen für jede Station zwei Luftdrähte angewendet werden, deren
jeder von einem metallischen Halbzylinder, der durch eine
Kappe gedeckt ist, geschützt sein soll. Werden diese Halb-

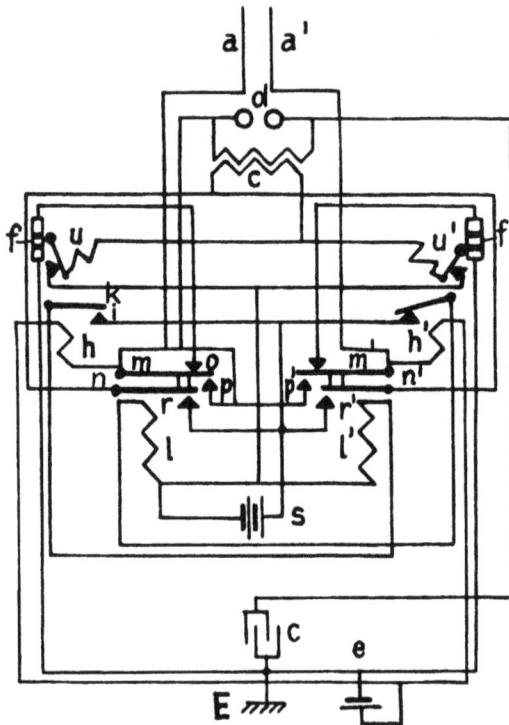

Fig. 134.

zylinder entsprechend gerichtet, so können nur die von einer
Richtung kommenden Zeichen aufgenommen werden, um vermittelst des anderen Luftdrahts in der entgegengesetzten Richtung
weiter gegeben zu werden.

Die Fig. 134 zeigt die Apparate und die Schaltung einer
Übertragungsstation Cole-Cohen; $a\,a_1$ stehen bzw. mit dem Empfangsdraht und dem wiederholenden Draht in Verbindung, c ist
der Funkeninduktor, d die Funkenstrecke, f und f' sind die Fritter,
h und h_1 die Übertragerrelais, s deren Batterie, l, l_1 sind zwei

Hilfsrelais, *e* eine Batterie, *u* und *u'* die Entfrittungshämmerchen, *C* ein Kondensator und *E* die Erdverbindung.

Die Endstationen sind in gewöhnlicher Weise geschaltet. Bei Ankunft eines Zeichens, welches nach der Behauptung der Erfinder einen Strom nur in dem Luftdraht *a* hervorbringt, geht dieser Strom über den Kontakt *m* des Hilfsrelais *l*, den Kontakt *c*, von hier zum Fritter *f* und endlich zur Erde bei *E*. Der Stromkreis des Relais *h* wird geschlossen, der Anker *k* schließt den Kontakt bei *i* und die Batterie erregt das Relais *l'*. Über *m'* und *n'* werden die Kontakte *p'* und *r'* geschlossen. Durch den Anker *m'* wird die Verbindung zwischen dem Fritter *f'* und dem Draht *a'* unterbrochen und die Verbindung von *a'* mit einer der Erregerkugeln *d* hergestellt. Zu gleicher Zeit wird der Kontakt bei *r'* und daher die Batterie *s* über die Hämmerchen *u, u'* und den Primärkreis von *c* geschlossen. Die Zeichen werden daher von dem Draht *a'* der folgenden Station zugeführt und sollen nach Angabe der Erfinder keineswegs mehr zur vorausgehenden Station zurückkehren.

System Guarini. Der Übertrager Guarini enthält einen einzigen Luftdraht, welcher zu gleicher Zeit mit dem Empfänger und dem Übertrager derart verbunden ist, daß die Verbindung des Luftdrahts mit dem Empfänger unterbrochen ist, wenn der Luftdraht als Sender arbeitet.

Über die mit dem Übertrager Guarini zwischen Brüssel, Antwerpen und Malines angestellten Versuche wird im Kap. 10 zu sprechen sein. Guarini hält die Anwendbarkeit hauptsächlich für die drahtlosen Übertragungen über Land für gegeben.

System Armorl. Armstrong und Orling halten ihre Relais mit Kapillarelektrometer nach Fig. 130, wie erwähnt, für geeignet als Übertragungsvorrichtung zu dienen.

---

8. Kapitel.

Verschiedene Systeme der elektrischen Wellentelegraphie.

Allgemeines.

Die Systeme der drahtlosen Telegraphie vermittelst elektrischer Wellen sind heute schon ziemlich zahlreich und man kann sagen, daß beinahe jede Nation ihr eigenes System verwendet, wenn es auch im Grunde nicht leicht ist, festzustellen, welcher Grad von Ursprünglichkeit den einzelnen Systemen zuzusprechen ist.

In Italien verwendet man ausschließlich das System Marconi; das System Artom befindet sich noch im Versuchsstadium, das Duddel-Campos ist noch im Projekt.

In England ist das System Marconi vorherrschend, welches von der Marconi-Wireless telegraph signal Cie. ausgebreitet wird (englische Patente Nr. 12039 [1896], 29306 [1897], 12325 [1898], 12326 [1898], 5547 [1899], 6982 [1899], 25186 [1899], 5387 [1900], 20576 [1900]). Außerdem besteht das System Lodge und Muirhead (englische Patente Nr. 18644 [1897], 11575 [1897], 29069 [1897]), dann das System Armstrong und Orling (englische Patente Nr. 19640 [1899], 14841 [1900]), das System Preece und der Fleeming Wireless Tel. Co. (englische Patente 20576 [1902], 3481 [1902]).

In Frankreich benutzt man die Apparate Rochefort-Tissot (französisches Patent Nr. 301615 vom 25. Juni 1900) und Ducretet (englische Patente Nr. 9791 [1899], 23047 [1899]); außerdem hat man das System Marconi und das von Popp-Pilsoudski versucht, während das System Valbreuze in Vorschlag gebracht wurde.

In Deutschland bekämpften sich die Systeme Slaby-Arco (deutsche Patente Nr. 12720 [1898], 113285 [1889], 7021 [1900], 13342 [1900], 13648 [1900]), welches von der allgemeinen Elektrizitätsgesellschaft in Berlin ausgebildet wurde, das System Ferdinand Braun (deutsche Patente Nr. 111578 [1898], 115081 [1898], 104511 [1898], 13221 [1900]), welches von der Firma Siemens und Halske in Berlin verwertet wurde. Die beiden Gesellschaften vereinigten sich zu einer einzigen Gesellschaft für drahtlose Telegraphie, welche ihr System mit Telefunken bezeichnet.

In Belgien wurden Versuche mit dem System Guarini mit Wechselstrom (englische Patente Nr. 1555 [1900]) und mit dem Übertrager desselben Erfinders angestellt; doch bestehen auch einzelne Anlagen, die von der Marconi-Gesellschft eingerichtet wurden.

In Spanien benutzt das Kriegsministerium das System des Genie-Hauptmanns Julio Cervera Baviera (englische Patentnummer 20084 [1899]).

In der Schweiz wird der Telephonempfänger Tommasina (französisches Patent Nr. 299855 [1900]) gebraucht.

In Rußland bedient sich das Landheer und die Marine des Systems Popoff (englisches Patent Nr. 2797 [1900]), in der Ausführungsform von Ducretet.

In Österreich-Ungarn verwendete man das Patent Schäfer (englische Patente Nr. 6002 [1899], 1224 [1901]), und macht gegenwärtig auch mit dem System Marconi Versuche.

In Argentinien wurde das Patent Ricaldoni (englisches Patent Nr. 15870 [1900]) angewendet.

In den Vereinigten Staaten von Amerika sind die Systeme Fessenden (englisches Patent Nr. 17706 [1902]), und das System De Forest (englisches Patent Nr. 10452) in Gebrauch; die Systeme Tesla und Cooper-Hewitt scheinen über das Stadium des Projekts nicht hinausgekommen zu sein.

Zunächst soll das System Marconi, welches zuerst das Feld der praktischen Funkentelegraphie betrat, und heute noch die bedeutendsten Erfolge und umfassendsten Anordnungen aufweist, beschrieben werden. In der zeitlichen Reihenfolge ihres Auftretens sollen die einzelnen Vervollkommnungen, welche das System später erfuhr, dargestellt werden. Auch hinsichtlich anderer Systeme, welche mehr oder minder von der Marconischen Anordnung abweichen, soll die zeitliche Folge ihres Auftretens die Reihenfolge der Beschreibung bestimmen, wenn auch letztere gelegentlich verlassen werden muß, in den Fällen, in welchen sich die Zusammenfassung nach dem Grade der Ähnlichkeit der Systeme unter sich empfiehlt.

Fig. 135.

Die Systeme Marconi.

Marconis Apparate des ersten Systems.

Versuchs-Apparate. Die Apparate, wie sie von Marconi bei den ersten Versuchen auf dem Gebiete der drahtlosen Telegraphie verwendet wurden, sind in den Fig. 135 und 136 dargestellt. Den Sender zeigt schematisch die Fig. 135. Die Enden des Sekundärstromkreises des Funkeninduktors J sind mit zwei Metallkugeln G und H, deren Abstand den Übergang der Funken gestattet, verbunden. Der primäre Stromkreis des Funkeninduktors enthält die Batterie E und einen Telegraphentaster. Wird letzterer niedergedrückt, so geht zwischen den Kugeln G und H ein Funkenstrom über und erzeugt, wie Kap. 6 angegeben eine Reihe elektromagnetischer Wellen, welche von dem Zwischenraum zwischen den beiden Kugeln nach allen Richtungen ausgestrahlt werden. Bleibt der Taster längere Zeit niedergedrückt, so ist die Wellenentsendung andauernd, kurz dagegen, wenn der Tastendruck rasch vorübergeht.

Der Empfangsapparat in Fig. 136 schematisch dargestellt, besteht aus einem Feilspänfritter, dessen Enden mit den beiden Metallplatten M und M' verbun-den sind. Letztere haben solche Abmessungen, daß die Schwin-gungszahl des die Platten enthal-tenden Stromkreises der Schwin-gungszahl der vom Sender aus-gehenden Wellen entspricht.

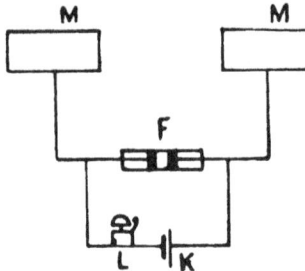

Fig. 136.

Der Fritter ist in den Strom-kreis 1 der Batterie K einge-schaltet. In diesem Stromkreis befindet sich ferner in Reihen-schaltung der Empfangsapparat L.

Dem Fritter ist ein in der Zeichnung nicht angegebenes Häm-merchen einer elektrischen Klingel beigefügt, dessen Schwin-gungen den Fritter fortwährend erschüttern und entfritten.

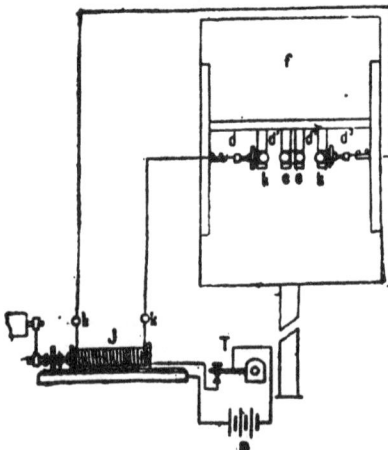

Das sind die auf ihre einfachste Form gebrachten Apparate, wie sie zur Über-tragung auf kurze Entfer-nungen dienen können. In der Praxis müssen andere Formen angewendet wer-den, welche die solchen Ver-suchsapparaten anhaften-den Unvollkommenheiten nicht aufweisen.

Apparate mit Re-flektoren. Die Fig. 137 zeigt einen der ersten Sende-apparate, wie sie Marconi für die Versuche im Freien benutzte. Zwei Kugelpaare aus Quecksilber oder Kupfer

Fig. 137.

kk ee werden von den Ebonitarmen $d'd'$ gehalten. Die Ent-fernung zwischen den Armen dd kann vermittelst Schrauben ge-regelt werden. Um die Kugeln ee ist ein Stück Pergamentpapier gewickelt, welches eine Art Behälter bildet, der mit Vaselin ge-füllt ist. Das Ganze bildet so eine dem Righischen Oszillator ähnliche Einrichtung, in welcher die die beiden Kugeln umgebende Flüssigkeit die strahlende Kraft erhöht und gleichmäßigere Wirkungen erzielen läßt.

Der Abstand zwischen den Kugeln k e hängt von der elektromotorischen Kraft, welche zum Betrieb des Apparats verwendet wird, ab. Die Wirkung nimmt mit dem Abstand zwischen k und e zu, solange der Funkenübergang ungehindert vor sich geht. Mit einem Funkeninduktor von 20 cm Funkenlänge soll der Abstand zwischen k und e 25 mm, der zwischen e und e ungefähr 1 mm betragen.

Die Abmessungen der Kugeln sind

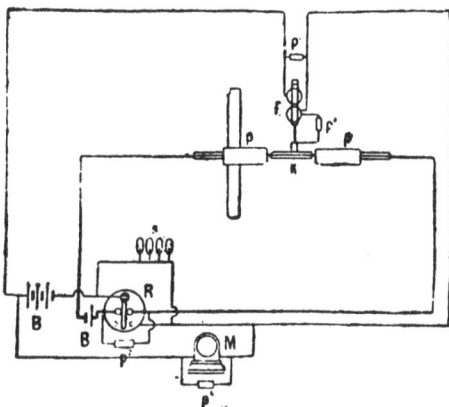

Fig. 138.

ebenfalls von bedeutendem Einfluß auf die mögliche Übertragungsentfernung. Unter sonst gleichen Umständen ist die Übertragungsentfernung um so größer, je größer die Kugeln sind.

Hinter dem Erreger befindet sich ein zylindrischer Spiegel f aus Metallblech mit parabolischem Querschnitt, in dessen Brennlinie die Funkenstrecke sich befinden muß. Der Spiegel dient dazu, dem Strahlenbündel eine bestimmte Richtung zu geben.

Die Enden des Sekundärdrahts des Funkeninduktors J sind mit den äußeren Kugeln k k verbunden. Der Funkeninduktor muß mit einem guten Selbstunterbrecher versehen sein; in dem von Marconi verwendeten Unterbrecher wird ein Kontaktzylinder von einem kleinen Motor in dauernder Umdrehung erhalten.

An Stelle der Kugeln k, k, e, e mit der beschriebenen Anordnung verwendete Marconi auch den in Fig. 65 dargestellten Oszillator, bei welchem die Funkenstrecke zwischen e e bequem in die Brennlinie gebracht werden kann.

Etwas ausgeprägter ist der Unterschied zwischen der schematischen Darstellung nach Fig. 136 und der praktischen Ausführung. Bei den großen zu überwindenden Entfernungen und dem kleinen Bruchteil der Energie des Senders, welcher in der Empfangsstation ankommt, muß die Empfangsvorrichtung die äußerste Empfindlichkeit aufweisen. Um so sorgfältiger muß daher auch vermieden werden, daß in der empfangenden Station selbst elektrische Wellen hervorgerufen werden, welche auf den Fritter wirken könnten und daher die einlaufenden Zeichen verwirren würden. Es müssen daher die Funken des Extrastroms im Morse-Apparat, im Relais, in der Entfrittungsvorrichtung usw. vermieden werden.

Die Fig. 138 stellt die von Marconi verwendete Anordnung der Empfangsvorrichtung dar, wie sie in Verbindung mit der Sendevorrichtung der Fig. 137 verwendet wurde. Der Fritter K ist im Stromkreis der Batterie B, welche aus bereits erwähnten Gründen aus einem einzigen Element besteht, eingeschaltet. In demselben Stromkreis befindet sich das Relais R, welches durch die Batterie B jedesmal betätigt wird, wenn der Fritter durch die ankommenden Wellen seinen Widerstand sinken läßt. Der Relaisanker schließt die mehrzellige Batterie B' über die Schreibvorrichtung M. Von diesem Stromkreis zweigt ein zweiter ab, durch welchen die Entfrittungsvorrichtung E, die aus dem Klöppel, ähnlich wie in einer gewöhnlichen elektrischen Klingel, besteht, betätigt wird. Beim Aufhören der Wellen kehrt der Anker des Relais in die Ruhelage zurück und unterbricht die beiden Stromkreise der Batterie B', so daß sowohl das Schreibwerk, als das Hämmerchen der Entfrittungsvorrichtung ihre Tätigkeit einstellen, bis ein neuer Wellenzug ankommt und eine neue Tätigkeit von Relais und Entfrittungsvorrichtung hervorruft.

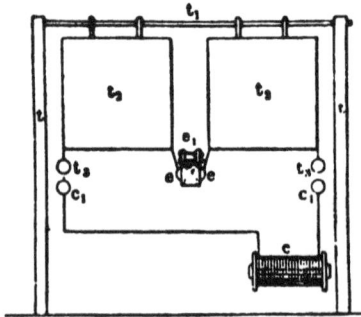

Fig. 139.

Die bifilar gewickelten Widerstände $p1$, $p2$, $p3$ und $p4$, wie sie an der Entfrittungsvorrichtung am Relais und am Schreibwerk angebracht sind, verhindern die Funkenbildung infolge der Extraströme und damit die Erzeugung von elektrischen Wellen an den betreffenden Unterbrecherstellen, durch welche die Leitfähigkeit des Fritters gerade in dem Augenblick wieder hergestellt würde, in welchem sie vernichtet werden muß.

Ein anderer Widerstand S ist zwischen der Batterie B' und dem Arbeitskontakt des Relais eingeschaltet. Man benutzt hiezu vorzugsweise einen Flüssigkeitswiderstand, welcher eine gegenelektromotorische Kraft von 10—15 Volt aufweist und einem Widerstand von 20000 Ohm entspricht. Der Flüssigkeitswiderstand besteht aus mit angesäuertem Wasser angefüllten Glasröhrchen, in deren Enden Platindrähte eingeschmolzen sind. Dieser Widerstand muß den hochgespannten Strömen, welche bei der Unterbrechung des Stromkreises auftreten können, Durchlaß gewähren und infolge der gegenelektromotorischen Kraft der Polarisation, welche zwischen den Platinelektroden auftritt, eine Stromabgabe aus der Batterie B' verhindern.

Marconi hält es für unerläßlich, daß der Fritterstromkreis mit der Schwingungszahl des Sendestromkreises abgestimmt werde, um den Vorteil der elektrischen Resonanz zu gewinnen. Er benutzt daher bei K einen Fritter mit regulierbarer Schwingungszahl.

Mit den ebenbeschriebenen Apparaten machte Marconi die ersten Versuche in London im Jahre 1896 auf eine Entfernung von ungefähr 2 km.

Apparate mit strahlenden Flächen. In der Folge benutzte Marconi zur Vergrößerung der Übertragungsentfernung und zur Überwindung zwischenliegender Hindernisse einen Sender, von der in Fig. 139 angegebenen Einrichtung und stellte fest, daß je höher, größer und weiter voneinander entfernt, die beiden Platten t_i waren, desto größer die erreichte Übertragungsentfernung ausfiel. Ähnliche Platten wurden auch in der Empfangsstation angewendet.

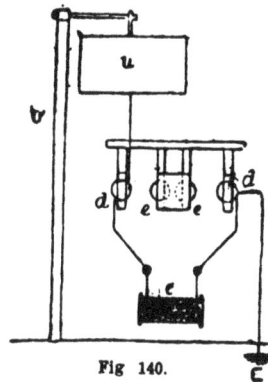

Fig 140.

Mit der Erde verbundene Apparate. Später wurde die Übertragungsentfernung dadurch bedeutend erhöht, daß die eine der beiden Platten durch eine Erdverbindung ersetzt wurde, wie Fig. 140 angibt. In dieser Schaltung ist eine der Kugeln d in Verbindung mit der Erde bei E und die andere in Verbindung mit der in beträchtlicher Höhe vom Boden aufgehängten Platte u, eine Anordnung, welche sich der von Edison (Fig. 15) nähert. In je größerer Höhe die Platte u sich befindet, auf um so größere Entfernung gelingt die Übertragung.

Die dieser Sendevorrichtung entsprechende Empfangsvorrichtung zeigt Fig. 141, in welcher die Einzelheiten der Konstruktion,
die mit jener der Fig. 138 übereinstimmen, weggelassen sind.
Ein Ende des Fritters I ist mit der an dem langen Mast x auf-

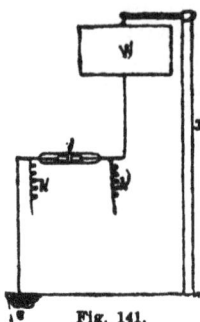

Fig. 141.

gehängten Metallplatte w verbunden. Das
andere Fritterende führt zur Erdplatte E.
Mit den beschriebenen Apparaten führte
Marconi seine Versuche über den Kanal
von Bristol im Jahre 1897 aus.

Apparate mit Mast. In der Folge
bog Marconi die Metallplatten UW der
Fig. 140 und 141 zu einem oben geschlossenen Zylinder und setzte letzteren
als Kappe auf das Kopfende des Mastes.
Er bemerkte jedoch bald, daß die erreichbare Übertragungsentfernung in erster Linie
von der Höhe, in welcher sich die Zylinder
befanden und nicht von der am Ende des hochgeführten Drahtes
angebrachten Kapazität abhing. Er gab daher die Anwendung
von Kappen überhaupt auf und verwendete nur mehr einfache

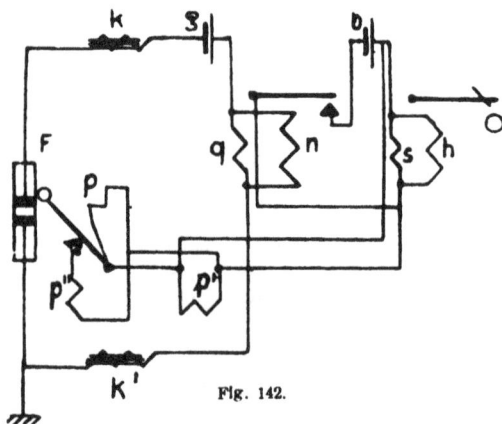

Fig. 142.

vertikale Drähte, welche von Masten, Luftballonen oder Drachen
in die Höhe gehalten wurden. Die Platten, welche dazu dienen
sollten, durch ihre Kapazität die Resonanz zwischen Sende- und
Empfangsstation herzustellen, wurden nun auch insoferne entbehrlich, als gegenüber der durch die neue Sendedrahtanordnung

einerseits und durch die Erdverbindung anderseits eingeführten
Kapazität die Kapazität der Platten verschwand.

Die Fig. 142 zeigt die bisher beschriebenen Abänderungen
der Einrichtung. Der Fritter F ist einerseits mit dem Empfangsdraht, anderseits mit der
Erde verbunden; K K' sind
Widerstände, g die Batterie, n
das Relais, o die Entfrittungsvorrichtung des Fritters, b ist die
Ortsbatterie des Schreibwerks,
p'' p' q, s sind Nebenschlüsse, um
die Funkenbildung an dem betreffenden Magnete zu verhindern. Als Unterschied gegenüber der Fig. 138 ist zu bemerken,
daß der Flüssigkeitswiderstand in
der letztgenannten Schaltung
durch einen bifilargewickelten
Widerstand p' ersetzt ist. Jeder
der angewendeten Nebenschlüsse

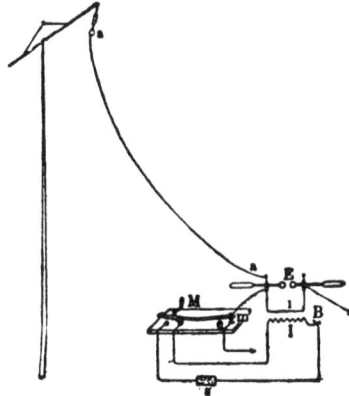

Fig. 143.

zeigt das vierfache des Widerstandes des Elektromagneten, dessen
Funkenbildung er zu verhindern hat. Außer der Verhütung
der Funkenbildung haben diese Nebenschlüße noch den Zweck,
einen schwachen Strom in dem zugehörigen Elektromagneten

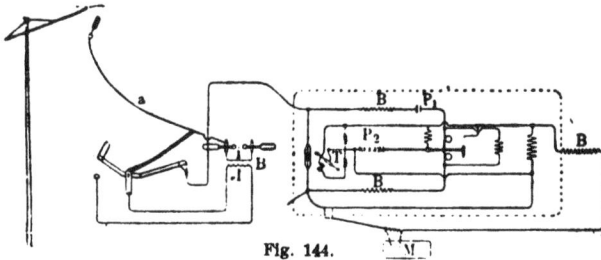

Fig. 144.

zu unterhalten und so eine gewisse Magnetisierung hervorzubringen, auch wenn der Relaisanker den eigentlichen Ortsstrom
unterbricht.

Dieser Kunstgriff bewirkt zusammen mit der Trägheit des
Ankers des Schreibwerks, daß die Aufeinanderfolge der Wellen
vom Schreibwerk als mehr oder minder lange, zusammenhängende
Linie aufgezeichnet wird und daß Relais n und Entfrittungsvorrichtung eine größere Empfindlichkeit aufweisen.

Doppelte Stationen. Zum Austausch von Nachrichten
genügt es nicht, daß die eine Station nur als Sendestation, die
andere nur als Empfangsstation arbeitet, sondern es ist nötig,
daß jede Station sowohl Nachrichten senden, als auch aufnehmen
kann. Jede Station umfaßt daher sowohl eine Sendevorrichtung
als eine Empfangsvorrichtung. Lediglich der in die Luft empor-
geführte Draht ist beiden gemeinsam. Dieser Draht ist in dauernder
Verbindung mit einem der Pole des Sekundärkreises des Funkeninduktors Fig. 143, ist jedoch zu gleicher Zeit auch bei *m* vermittelst des Tasters mit dem Drahte *e*, welcher zum Fritter führt,
verbunden. In der Ruhestellung des Tasters ist daher die Station
zum Empfang einlaufender Nachrichten bereit Wird dagegen
der Taster gedrückt, um Zeichen in die Ferne zu geben, so wird

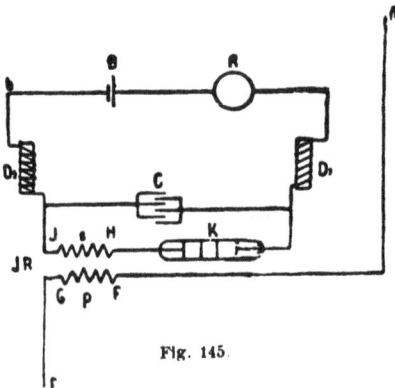

Fig. 145.

bei *m* die Verbindung
zwischen Sendedraht
und Fritter aufgehoben
und ersterer bleibt nur
mit dem Oszillator ver-
bunden, um die ent-
stehenden Wellen aus-
zustrahlen. Eine be-
sondere Vorrichtung
verhindert, daß der
Sendedraht, solange er
als solcher wirkt, mit
dem Fritter in Berüh-
rung gerate. Die
Fig. 144 zeigt eine Station in ihrer Doppeleigenschaft, als
Empfangs- und Sendevorrichtung, wobei die Sendevorrichtungen in ihrem wesentlichen Teil dargestellt sind. Mit Ausnahme des Tasters und des Morse-Schreibwerks sind sämtliche
Apparate in metallische Gehäuse eingeschlossen, welche mit
dem Erdboden in Verbindung stehen. Auch der Kontakt
des Morse-Tasters ist von einer geerdeten Metallschutzhülle
umgeben.

Empfänger mit vom Fritter isoliertem Luftdraht.
Seit dem Jahre 1898 brachte Marconi eine erhebliche Abänderung
an dem Empfangsapparat an, welche er erst später auf den
Sendeapparat übertrug. Sie besteht in der Unterdrückung der
dauernden Verbindung zwischen Empfangsdraht und Fritter und
Übertragung der Wirkung aus dem Empfangsdraht auf den Fritterstromkreis durch Induktion.

Er hatte nämlich erkannt, daß die Wirkung der elektrischen Wellen auf den Fritter mehr von der elektromotorischen Kraft der Schwingungen als von der Zahl der Wellen, welche den Fritter in der Zeiteinheit treffen, abhängt. Er suchte daher die elektromotorische Kraft auf Kosten der Intensität zu erhöhen, und gelangte daher zum Gebrauch eines Transformators, wie die Schaltungsfigur 145 angibt. Der Fritterstromkreis ist sowohl vom Empfangsdraht A als von der Erde E vollkommen isoliert. Der Empfangsdraht bleibt über G mit der Erde in Verbindung und zwischen E und A befindet sich die primäre Wicklung p des Transformators $I\,R$ eingeschaltet. Der Fritter K ist einerseits mit der sekundären Wicklung $J\,s\,H$ des Transformators und anderseits mit dem Stromkreis des Relais R verbunden. Das zweite Ende J der Sekundärwicklung geht zur Batterie B, welche ihrerseits in Verbindung mit dem Relais steht. $D\,1$, $D\,2$ sind die gewöhnlichen Drosselspulen, welche die in s erregten Schwingungen derart dämpfen, daß sie nicht auf das Relais wirken können.

Zwischen zwei Punkten der Drähte, welche einerseits vom Fritter zur Spule $D\,1$ und anderseits von der Sekundärstromkreiswicklung zum Widerstande $D\,2$ führen, ist in Abzweigung ein Kondensator C eingeschaltet, welcher die Aufgabe hat, die abwechselnden Potentialdifferenzen, welche in der Sekundärwicklung des Transformators auftreten, zu neutralisieren, wenn die Primärwicklung von den elekrischen Wellen, die vom Sendedraht kommen, durchflossen wird.

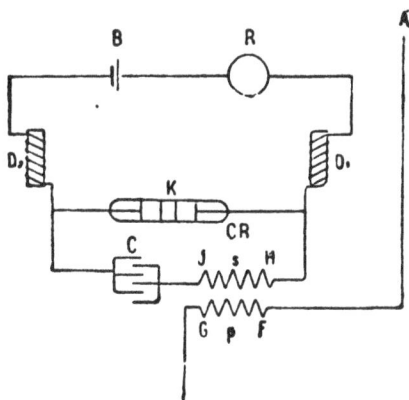

Fig. 146.

Die Fig. 146 zeigt eine ähnliche Schaltung, welche von der vorigen Figur sich nur dadurch unterscheidet, daß der Fritter K in der Abzweigung, der Kondensator C dagegen im Hauptstromkreis eingeschaltet ist. Doch scheint diese zweite Anordnung weniger gute Resultate als die erste zu geben. Ein weiterer Vorteil, welchen nach Marconi die Trennung des Empfangsdrahtes vom Fritterstromkreis mit sich bringt, besteht in der Be-

12*

seitigung etwaiger Gefahren infolge atmosphärischer Störungen,
insoferne der Empfangsdraht in dauernder Verbindung mit der
Erde steht und daher die Schutzwirkung eines Blitzableiters leistet.

Bei dieser Schaltung hat nach der Meinung Marconis die
Anordnung des Transformators eine große Bedeutung. Die gewöhnliche Form der Induktionsspulen mit einer Primärwicklung
aus dickem, kurzen, und einer Sekundärwicklung aus dünnem,
langen Draht, kann hier nichts nützen. Wir haben bereits auf
S. 112 die Bemühungen kennen gelernt, durch welche Marconi
dem Transformator die für die Zwecke der drahtlosen Telegraphie
geeignetste Form zu geben versuchte.

Abgestimmte Apparate mit konzentrischen
Zylindern. Wir haben gesehen, wie durch die Anwendung
der Resonanz zwischen Sende- und Empfangsstation die Übertragungsentfernung zunimmt und wie vielleicht vermittelst dieses
Kunstgriffs auch nicht nur der unabhängige Verkehr mehrerer
in demselben Wirkungsbereich liegender Stationen, sondern auch
die Geheimhaltung dieses Verkehrs ermöglicht werden kann.

Marconi bemerkte bereits in seinen ersten Versuchen die
Vorteile der Resonanz. In der Tat haben wir gesehen, daß der
von ihm seit 1897 angewendete Fritter Einrichtungen zur Regulierung der Schwingungszahl besaß. Mit der Zunahme der Kapazität
der Sendevorrichtung durch Einführung des Sendedrahts und der
Erdverbindung hatten jedoch die kleinen Kapazitätsänderungen,
welche durch den Regulator am Fritter hervorgebracht werden
konnten, nur eine unbedeutende Wirkung, weshalb der Regulator
aufgegeben wurde.

Ein erster von Marconi unternommener Schritt zur Abstimmung war die Verwendung von zwei oder drei Sendern nach
der Fig. 143, welche Sendedrähte von sehr verschiedener Länge
enthielten, und die Verwendung eines Sekundärdrahts von veränderlicher Länge im Empfangstransformator beispielsweise nach
Fig. 145, vermittelst welches letzteren der primäre Empfangsstromkreis auf die Länge der ankommenden Wellen abgestimmt werden
konnte. Dabei wurde beobachtet, daß die besten Ergebnisse
erzielt wurden, wenn die Länge des Sekundärdrahts HJ des
empfangenden Transformators gleich dem vertikalen Draht der
Sendestation war.

Über die tatsächlich erreichten Erfolge mit dieser Anordnung
wird im Kap. 10 weiter die Rede sein. So zufriedenstellend
dieselben auch ausfielen, so sah Marconi darin doch keine erschöpfende Lösung der Aufgabe, insoferne er beispielsweise in

einer Empfangsstation nicht zwei verschiedene Telegramme aufnehmen konnte, wenn die beiden Sendestationen in gleicher
Entfernung von ersterer sich
befanden, gleichgültig wie
groß der Längenunterschied
in den Sendedrähten bemessen wurde.

Wir haben gesehen, daß
es sich zur Erreichung der
Resonanz empfiehlt, eine
möglichst scharf begrenzte
Schwingungszahl der von der
Sendestation ausgehenden
Wellen und eine möglichste
Verringerung der Dämpfung
der Wellen anzustreben.

Marconi vermehrte zu
diesem Zweck die Kapazität
der Erregervorrichtung, ohne

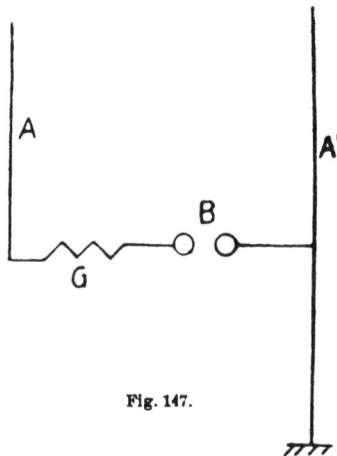

Fig. 147.

im gleichen Maß auch deren strahlende Kraft, d. h. die infolge
einer jeden Entladung auftretende Anfangsintensität der entsandten Wellen zu vergrößern. Er begann einen vertikalen
Draht A' Fig. 147, welcher in der Nähe des gewöhnlichen
Drahtes A mit dem Erdboden
verbunden war, zu verwenden.
Das so gebildete System aus
zwei Drähten stellt einen Kondensator von bedeutend größerer Kapazität als sie der einzelne Sendedraht aufwies, dar,
ohne daß dabei die Oberfläche
des Drahtes A' vermehrt wurde,
was eine erhöhte Ausstrah-
lungsfähigkeit des letzteren
während der ersten Schwingungen bewirkt hätte.

Die gleiche Anordnung
hat Marconi in der Empfangs-
station angewendet, die Fig. 148 zeigt, in welcher der zweite
Draht A' an den Transformator der Empfangsvorrichtung angeschlossen ist. — Bei den weiteren Versuchen, die Kapazität
der Luftdrähte zu vermehren, gelangte Marconi zu der Fig. 76

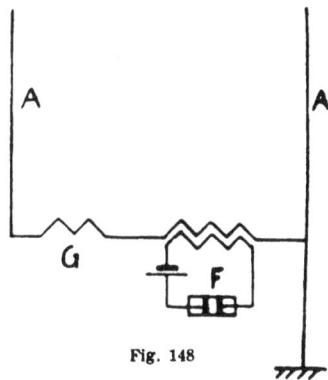

Fig. 148

S. 105 dargestellten am 21. März 1900 patentierten Form, in welcher der Leiter A', welcher mit der Erde verbunden ist, aus einem Zinkzylinder besteht, der von einem zweiten Zinkzylinder als strahlendem Leiter umgeben ist. Letzterer steht vermittelst der Induktionsrolle mit der Funkenstrecke in Verbindung, deren Kugeln mit dem Funkeninduktor verbunden sind. Die Voraussetzung der Wirksamkeit dieser Anordnung besteht darin, daß die Selbstinduktion des Drahtes, welcher A' mit der Erde verbindet, kleiner sei, als jene des Drahtes, welcher A mit der Funkenstrecke verbindet, eine Bedingung, welche die Anbringung der Induktanzrolle erklärt. Nach Marconi ist die Induktanzrolle notwendig, weil eine Phasenverschiebung zwischen den Schwingungen der beiden zylindrischen Leiter nötig ist, damit eine Ausstrahlung und nicht eine Neutralisierung statthabe.

Wie dem auch sei, Tatsache ist, daß sehr erhebliche Erfolge erzielt wurden. Mit der Induktanzrolle wurde es nach Marconi möglich, die Schwingungen des Empfängers mit jenen irgend einer von drei Sendestationen derartig in Resonanz zu bringen, daß nur die von letzterer ausgehenden Zeichen aufgenommen wurden.

Mit Zinkzylindern von nur 7 m Höhe und 1,5 m Durchmesser konnten Zeichen auf 50 km ausgetauscht werden, welche von irgend einer anderen in der Nähe eingerichteten Station für drahtlose Telegraphie weder wahrgenommen, noch gestört wurden. Die große Kapazität des Empfängers antwortete nur auf deutlich ausgesprochene Schwingungszahlen und wurde weder von den nicht in Resonanz befindlichen Sendern noch von den atmosphärischen Entladungen beeinflußt.

Der Empfänger ist nicht figürlich dargestellt, besteht jedoch aus denselben Zylindern, wie sie im Sender der Fig. 76 verwendet sind. Ersetzt man in dieser Figur die Funkenstrecke und die zugehörige Spule G durch den Fritter F mit dem Transformator der Fig. 148, so entsteht die Empfängerschaltung.

Apparate Marconi, zweites System.

In den bisher beschriebenen Apparaten war der Erreger in direkter Verbindung mit dem Sendedraht und der Erde. Ein sehr wichtiger Fortschritt wurde damit verwirklicht, daß Marconi begann, den Erreger vom Sendedraht zu trennen und die Wirkung des ersteren auf letzteren durch Induktion zu übertragen. Der so fast geschlossene Erregerstromkreis lieferte damit sehr wenig gedämpfte Wellen von leicht regulierbarer Schwingungszahl.

Durch diese grundlegenden Änderungen sind die Apparate des zweiten Systems scharf von jenen des ersten unterschieden.

Einen der Übelstände des letzteren bildete die rasche Dämpfung der Schwingungen infolge der starken Strahlung des Sendedrahts.

Durch Lodge lernte man den Sender der Fig. 149 kennen, welcher sich von der gewöhnlichen Schaltung durch den Kondensator c unterscheidet. Mit dieser Sendevorrichtung in Verbindung mit einem gleichen Stromkreis lassen sich leicht die Erscheinungen der abgestimmten Leydener Flaschen nach S. 71 nachbilden. Für die Zwecke der drahtlosen Telegraphie mußte dieser Apparat zu einer wirksamen Ausstrahlungsvorrichtung umgewandelt werden. Marconi erfüllte diese Bedingung, indem er die Schaltung mit einem Sendedraht nach Fig. 150 durch Induktion verband. Zu diesem Zweck ist ein Teil des sekundären Stromkreises der Lodgeschen Anordung zur Spule aufgewunden und bildet den primären Draht eines Tesla-Transformators T, dessen sekundäre Wicklung einerseits mit der Erde, anderseits

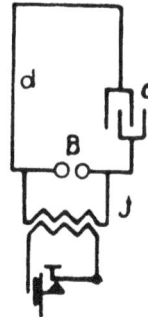

Fig. 149.

mit dem Sendedraht verbunden ist. Durch einen verschiebbaren Kontakt G kann vermittelst einer zwischen Transformator und Sendedraht eingeschalteten Spirale J die Schwingungszahl des Sendekreises und Kondensatorkreises in Resonanz gebracht und das Auftreten schwächender Differenzen zwischen den Schwingungen des Kondensatorkreises und des Sendekreises verhindert werden. Gleicherweise kann die Kapazität des Kondensators geändert und dadurch die Schwingungszahl des aus dem Kondensatorstromkreis und Sendestromkreis bestehenden durch Induktion verbundenen Systems geregelt werden.

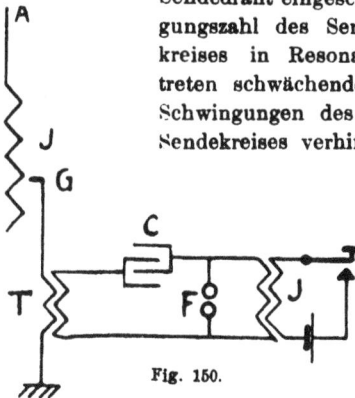

Fig. 150.

Wir sehen in dieser Schaltung auch zwischen dem Sendedraht und dem Erreger des Sendeapparats jene direkte Verbindung aufgehoben, welche vom Empfangsapparat schon aus anderen Gründen beseitigt war, auch wenn die Resonanz nicht in Anspruch genommen wurde. Es bedurfte daher für die Empfängerschaltung nur der Einführung einer veränderlichen Selbstinduktion zwischen Sendedraht und Empfangstransformator, und der Hinzufügung eines Kondensators im Nebenschluß zum Fritter zur Regulierung der Schwingungszahl zwischen Empfangsstromkreis und Ortsstromkreis, um die beiden Schaltungen in Empfangsstation und Sendestation für die Verwendung vermittelst abgestimmter Wellen nahezu übereinstimmend zu machen.

Vermittelst dieser Einrichtungen kann man die verschiedenen Stromkreise derselben Station vollkommen gegeneinander abstimmen und mit denen der anderen Stationen in Resonanz bringen, sodaß die größte Wirksamkeit der Übertragungen erreicht wird.

Damit die Resonanz zwischen den vier Stromkreisen, d. h. den beiden Empfänger- und den beiden Sendestromkreisen stattfindet, ist es theoretisch nötig, daß, wie erwähnt, der Leitungswiderstand nahezu verschwindet und daß das Produkt aus der Kapazität mit der Selbstinduktion in allen vier Stromkreisen denselben Wert aufweist.

In Wirklichkeit ist es nicht leicht, die Kapazität und noch weniger leicht, die verwendeten Induktanzen zu messen. Man kann jedoch annäherungsweise durch den Versuch auf folgende Weise die Abstimmung erreichen. Nach der Angabe auf Seite 180 sind die Schwingungszahlen des Empfangsdrahtes und des Empfangstransformators gleich, wenn Empfangsdraht und Sekundärdraht die gleiche Länge aufweisen. Man kann daher, indem man in beiden Stationen Luftdrähte von gleicher Länge und von der Länge des sekundären Transformatordrahtes der Empfangsstation verwendet, bereits drei abgestimmte Stromkreise erhalten, so daß nur noch die Kapazität des Kondensators (Fig. 150) des Senders eingestellt werden muß, um die Resonanz zwischen den vier Stromkreisen zu erzielen.

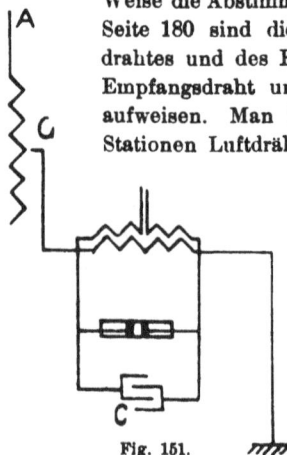

Fig. 151.

Indem man auf die Schaltung (Fig. 151) die konzentrischen Zinkzylinder der Fig. 76, anwendet, entsteht die in Fig. 152 angegebene Anordnung, vermittelst welcher es gelang, auf 50 km bei einer Zylinderhöhe von nur 1,25 m und einem Durchmesser der Zylinder von 1 m Nachrichten auszutauschen.

Marconi versuchte später festzustellen, bei welcher geringsten Entfernung ein zweiter auf eine gewisse Schwingungszahl abgestimmter Sender dieser Art von einem Empfänger anderer Schwingungszahl angebracht sein konnte, ohne daß letzterer betätigt würde. Bei den Versuchen mit Wellen sehr verschiedener Schwingungszahl ergab sich, daß ein Sender, welcher auf 50 km mit einem abgestimmten Empfänger zusammenarbeiten konnte, nicht abgestimmte Empfänger schon in einem Abstand von 50 m nicht mehr beeinflußte.

Wenn die Schwingungszahlen weniger von einander verschieden sind, so findet eine Beeinflussung nicht abgestimmter Empfänger auch auf mehrere Kilometer statt.

Transportable Stationen. Die Verwendung der konzentrischen Zylinder gestattete, wie erwähnt, die Höhe der Sende- und Empfangsvorrichtungen erheblich zu verringern, was Marconi zur Konstruktion transportabler Apparate, wie sie in verschiedenen Fällen, insbesondere für militärische Zwecke, vorzügliche Dienste leisten können, veranlaßte.

Fig. 152.

In einer von Marconi angegebenen Anordnung befindet sich auf dem Dache eines Automobils ein 6—7 m hoher Zylinder, welcher während der Fahrt niedergelegt werden kann und zum Nachrichtenaustausch auf eine Entfernung von 50 km genügt. Ein Streifen Drahtgitter, welcher auf den Boden ausgelegt wird, dient als Erdverbindung, welche von dem Wagen während der Fahrt dadurch aufrecht erhalten wird, daß der Wagen das Gitter hinter sich herzieht. Man kann die Erdverbindung auch vermittelst des Kessels des Motors bewirken.

Zur Erzeugung der elektrischen Wellen genügt ein Funkeninduktor von 25 cm Funkenlänge, welcher von einer Akkumulatorenbatterie gespeist wird und ca. 100 Watt beansprucht. Die

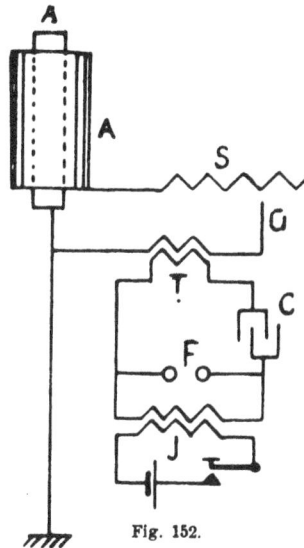

Akkumulatoren werden von einer kleinen Dynamomaschine, die
vom Motor des Automobils angetrieben wird, geladen. Man kann
auch auf erhebliche Entfernungen bei horizontaler Stellung des
Zylinders telegraphieren.

          Apparate großer Tragweite. Mit den bisher be-
schriebenen abgestimmten Apparaten gelangte Marconi im
März 1901 auf eine Übertragungsentfernung von 300 km zwischen
Lizard in Cornwallis und Santa Katharina auf der Insel Wight
unter Aufwand einer Arbeit von 150 Watt. Um größere Entfernungen zu erzielen, erbaute er in der Folge Stationen, in
welchen bedeutend erheblichere Energiemengen zur Anwendung
kamen. Die erste dieser Stationen war die von Poldhu in Cornwallis, welche im Jahre 1902
für die Versuche mit dem Carlo
Alberto und die ersten transatlantischen Übertragungen,
d. h. auf Entfernungen von
mehr als 1500 km diente.

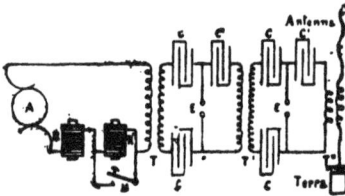

Fig. 153.

          In der Station von Poldhu
besteht die Elektrizitätsquelle
aus einer Wechselstromma-
schine A (Fig. 153) von 50 Kilowatt Leistung, welche einen
Strom von 25 Ampere bei 2000 Volt Spannung hervorbringt.

          Dieser Strom durchfließt die beiden Drosselspulen $R R'$
und den Primärdraht des Transformators T, durch welchen die
Spannung auf 20 000 Volt erhöht wird.

          Der Sekundärdraht dieses Transformators steht vermittelst
der beiden Schutzkondensatoren $C C$ mit der Funkenstrecke E,
welche im Nebenschluß zu einem zweiten den Kondensator C'
von einer Kapazität von 1 Mikrofarad und den Primärdraht
eines zweiten Tesla-Transformators T' enthaltenden Stromkreis
angebracht ist, in Verbindung. Zur Erregung des primären
Stromkreises des Tesla-Transformators T' steht dabei eine Kapazität von 1 Mikrofarad, welche auf eine Potentialdifferenz von
20 000 Volt geladen werden kann, zur Verfügung.

          Ein ähnlicher Stromkreis wie der, welcher den Sekundärdraht
des Transformators T mit dem Primärdraht von T' verbindet,
verbindet den Sekundärdraht von T' mit dem Primärdraht eines
dritten Tesla-Transformators T'', dessen sekundäre Wicklung einerseits mit dem Sendedraht, anderseits mit der Erde verbunden ist.

          Als Sendedraht wurde bei diesen Versuchen die auf S. 104
dargestellte Anordnung verwendet. Zwischen dem Transfor-

mator T'' und den Sendedrähten können weitere Tesla-Transformatoren eingeschaltet werden, oder es kann der Transformator T''' unterdrückt und die Verbindung zwischen Sendedraht und Sekundärdraht des Transformators T' direkt hergestellt werden.

Die beiden Kondensatoren CC wurden nach dem Vorgang von d'Arsonval zu dem Zwecke eingeführt, um eine dauernde Bogenbildung zwischen den Kugeln der Funkenstrecke zu vermeiden. Teilweise dient dem gleichen Zweck auch ohne Anwendung der Kondensatoren CC die Drosselspule R, deren Kern soweit eingetaucht wird, daß die dauernde Bogenbildung bei E verhindert wird, ohne daß die Erscheinungen der

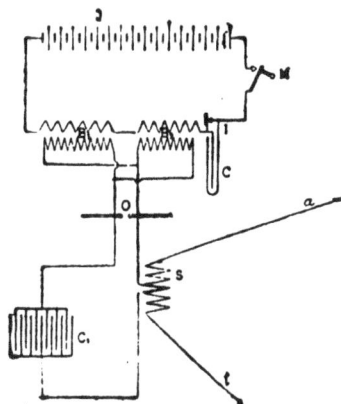

Fig. 154.

oszillatorischen Entladung des Kondensators C' gestört würden. Die Anwendung der Kondensatoren CC gestattet jedoch, die Bogenbildung vollkommen sicher zu unterdrücken.

Die Drosselspule R', deren Eisenkern während der eben erwähnten Einstellung des Eisenkerns von R völlig herausgezogen bleibt, bildet zusammen mit dem Taster M die Gebevorrichtung nach Angabe von S. 80, vermittelst welcher dem Morse-Alphabet entsprechende längere oder kürzere Wellenentsendungen hervorgebracht werden.

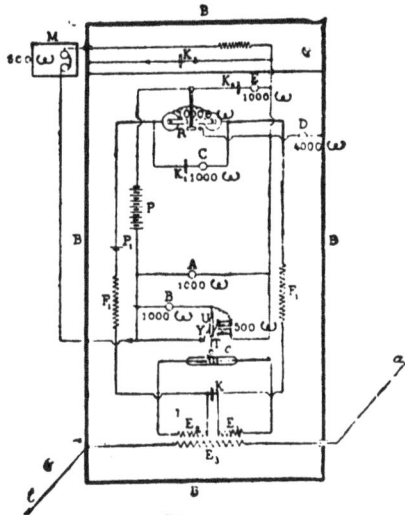

Fig. 155.

Die Kondensatoren CC' sind nach Fig. 99 angeordnet.

Anordnungen der Apparate. Die Fig. 154 und 155 geben die Schaltung der Apparate nach Marconis zweitem System, wie sie in Biot bei den Versuchen zwischen Frankreich und Korsika (s. Kap. 10) angewendet wurde.

Um von der Entsendung zum Empfang der Nachrichten oder umgekehrt überzugehen, wird das Ende des Luftdrahts abwechselnd mit der einen oder anderen der beiden Schaltungen verbunden.

Sendeschaltung. Die Schaltung ist in Fig. 154 dargestellt. Die Akkumulatorenbatterie Q ist mit den Primärdrähten der beiden Spulen $B1$, $B2$ verbunden. Eine dieser beiden Spulen kann ausgeschaltet werden, wenn die andere genügt. Der Stromkreis OC_1, welcher die Funkenstrecke O, den Kondensator C_1 und die primäre Wicklung des d'Arsonvaltransformators S enthält, darf nur eine sehr geringe Selbstinduktion aufweisen, damit die Schwingungen eine möglichst große Intensität erreichen. Zu diesem Zweck wird die Länge der Drähte dieses Stromkreises möglichst herabgedrückt und die Drahtstärke möglichst erhöht. Um die Apparate dieses Stromkreises einander zu nähern, wird der Transformator S über dem Kondensator $C1$ angebracht. Die Regulierung der Schwingungszahlen geschieht vorzugsweise ausschließlich durch Veränderung der Kapazität $C1$. Der Transformator S ist gewöhnlich in ein mit Petroleum oder Leinöl gefülltes Gefäß zur Sicherung der Isolation eingetaucht.

Empfangsschaltung. Wie in der Anordnung auf S. 177 sind sämtliche Empfangsapparate mit Ausnahme des Morse-Schreibwerks und der Glocke im Innern eines Metallgehäuses B (Fig. 155), welches mit der Erde in Verbindung steht, untergebracht.

Doch wurden in den in Rede stehenden Apparaten verschiedene Änderungen in den Einzelheiten, namentlich in den verwendeten Widerständen und Nebenschlüssen angebracht. Um den Stromverbrauch der Batterie P, welche das Morse-Schreibwerk M und die Entfrittungsvorrichtung T über die Abzweigung am Relais betätigt, zu vermeiden, ist letztere durch einen mit einem kleinen Kondensator $K2$ in Reihe geschalteten induktionslosen Widerstand E von 1000 Ohm gebildet. Gleicherweise besteht, damit der ganze durch die Leitfähigkeit des Fritters hervorgerufene Strom über die Spulen des Relais von 10000 Ohm fließe, der Nebenschluß über diese Spulen aus dem induktionslosen Widerstand C in Reihe geschaltet mit dem kleinen Kondensator $K1$. Werden jedoch Fritter von hoher Empfindlichkeit verwendet, so müssen die Kondensatoren beseitigt werden.

Ein weiterer Kondensator $K\,3$ liegt im Nebenschluß zu der Selbstinduktion, welche dazu dient, die von dem Morse-Apparat kommenden Schwingungen aufzuhalten und diejenigen Schwingungen, welche die Selbstinduktion selbst etwa erreichen, zur Erde abzuleiten.

Neueste Empfängerschaltung Marconi. Die neueste Empfängerschaltung Marconis verfolgt den doppelten Zweck, einmal eine genauere Abstimmung zu erzielen und dann die störenden Einflüsse der atmosphärischen Elektrizität möglichst unschädlich zu machen. Die Fig. 156 und 157 zeigen die schematische Anordnung. Der Luftdraht A Fig. 156 ist mit der Rolle L vermittelst eines Gleitkontakts verbunden. Das untere Ende der Rolle L führt zu dem Kondensator C, dessen zweite Belegung mit dem einen Ende der einen Bewicklung der Induktionsrolle D, deren anderes Ende geerdet ist, in Verbindung steht. Die zweite Bewicklung von D führt zum Wellenanzeiger. Längs der Rolle L kann ein zweiter, mit Erde verbundener Gleitkontakt E verschoben werden. Behufs Herstellung der Resonanz wird zunächst der Gleitkontakt E abgenommen und der mit dem Luftdraht A verbundene solange verschoben, bis die Zeichen mit einem Maximum der Deutlichkeit ankommen. Hierauf wird auch der Gleitkontakt E angelegt und so eingestellt, daß wieder jenes Maximum der Deutlichkeit der Zeichen eintritt. Der Gleitkontakt E steht dann an einem Knotenpunkt der ankommenden Wellen. Kommen nun Wellen anderer Wellenlänge an, für welche der Punkt E keinen Knotenpunkt bildet, so werden sie von E direkt zur Erde abgeführt. Durch Vervielfachung der Anordnung der Fig. 156, wie sie Fig. 157 zeigt, kann man die Auslese einer bestimmten Wellenlänge aus einer Vielheit verschiedener ankommender Wellen verschiedener Länge soweit treiben, daß eine beinahe vollkommene Ablenkung fremder Wellen und völlige Beseitigung atmosphärischer Störungen erreicht wird.

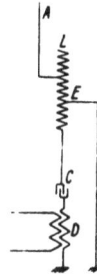

Fig. 156.

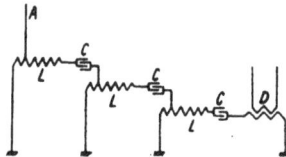

Fig. 157.

Die Systeme Lodge-Muirhead.

Lodge, dem die drahtlose Telegraphie die Entdeckung der außerordentlichen Empfindlichkeit des Fritters gegen elektrische Wellen verdankt, trägt auch einen großen Teil des Verdienstes für die nach den ersten Versuchen Marconis gemachten Fort-schritte. Er war es, welcher in der Folge in einer gründlichen Erörterung der Bedingungen, welchen die elektrischen Wellen für die Zwecke der drahtlosen Telegraphie auf große Entfernungen zu genügen haben, die Voraussetzungen für die wichtigsten, späteren Vervollkommnungen schuf. Aus diesem Grunde glauben wir seine Anordnungen unmittelbar nach denen Marconis darstellen zu sollen, wenn auch deren praktische Anwendung nicht den weiten Umfang angenommen hat, wie dies für andere Systeme der Fall.

Abgestimmte Apparate vermittelst Induktion.

Die ersten Versuche Lodges auf dem Gebiete der draht-losen Telegraphie reichen bis zum Jahre 1898, d. h. bis zur Zeit der ersten Erfolge Marconis zurück. Er ging von dem Gedanken aus, daß die Telegraphie durch Induktion vermittelst Wechsel-strömen von niedriger Wechselzahl zwischen geschlossenen ab-gestimmten Stromkreisen gegenüber der Telegraphie ohne Draht vermittelst elektrischer Wellen verschiedene Vorteile darbiete, unter anderen den der Überwindung von Hindernissen zwischen den Stationen (eine Möglichkeit, welche sich später auch bei der Anwendung elektrischer Wellen von großer Wellenlänge herausstellte), und den, die Wirkung durch die Verwendung geschlossener Stromkreise von großer Ausdehnung erhöhen zu können.

Fig. 156 zeigt die Anordnung einer Sendestation auf dieser Grundlage. Eine elektromagnetisch angetriebene Stimmgabel F dient dazu, den Strom der Akkumulatorenbatterie B in regel-mäßigen Zwischenräumen zu unterbrechen. Dieser Strom durch-fließt die rechteckige Wicklung C von 150 m und 30 m Seiten-länge, zwischen dessen Enden im Nebenschluß der Kondensator S angebracht ist.

Ein in der Fig. nicht dargestellter Morse-Taster gestattet den Strom in mehr oder minder großen Zeitabschnitten zu unter-brechen und wieder herzustellen.

In der Empfangsstation befindet sich ein Apparat, welcher
dieselben Abmessungeu der Spule und des Kondensators aufweist
und vermittelst Hilfsspulen in vollkommene Resonnanz mit
dem Sendeapparat gebracht ist.   An Stelle der Stimmgabel und
der Batterie ist dagegen ein Telephon eingeschaltet.

Der Apparat stellt, wie ersichtlich, die Lodgesche Anordnung
mit abgestimmten Flaschen im großen dar, doch sind dabei infolge der hohen Kapazität des Kondensators und der starken
Selbstinduktion der Spulen die Entladungen sehr langsam, d. h.
von einigen Hundert in der Sekunde und von der Ordnung
der Schwingungszahlen der Töne, weshalb sie auch vermittelst
des Telephons wahrgenommen werden.

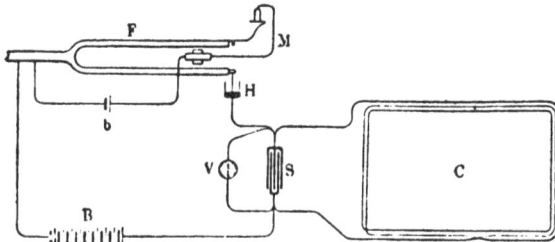

Fig. 158.

Mit einer Stromstärke von 10—20 Ampere konnten hörbare Zeichen bis auf 3 km übertragen werden.   Später hat Lodge
berechnet, daß eine Länge von 2 km Kupferdraht auf der Spule
und eine elektromotorische Kraft von 100 Volt bei 400 Perioden
in der Sekunde und bei Verwendung geeigneter Kondensatoren in
der Entfernung von 100 km ein Induktionsstrom von 0,05 Milliampere in dem abgestimmten Empfangsdraht hervorrufe, welche
Stromstärke mehr als hinreicht, um ein gewöhnliches Telephon,
noch besser aber eins der Telephone oder Mikrophone zu erregen, wie sie der Schwingungszahl der beiden Stromkreise entsprechend von Lodge selbst für ein Maximum der Empfindlichkeit
gebaut wurden.

Trotz dieser Aussichten verließ Lodge nach dem ersten
Versuch, wie es scheint, seinen Plan, welcher ein System
zwischen der Übertragung vermittelst einfacher Induktion und
jener vermittelst elektrischer Wellen darstellt, um sich der Entwicklung des letzteren zuzuwenden, wobei er sich mit Muirhead
verband, welcher seit 1894 elektrische Wellen für die Telegraphie
zu verwerten suchte.

Lodge erkannte sofort die wesentlichen Bedingungen, unter
welchen elektrische Wellen sich für die Übertragung auf große

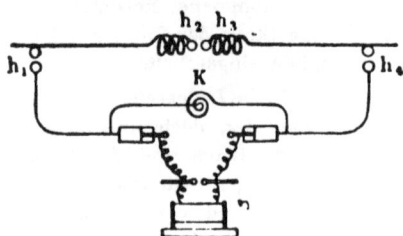

Entfernungen eignen, vor
allem die Wichtigkeit
der Resonanz zwischen
Sende- und Empfangs-
station. Ihm sind auch
die ersten Versuche in
dieser Richtung zu ver-
danken, in welcher die
verschiedenen Systeme
der elektrischen Wellen-

Fig. 159.

telegraphie später so verheißungsvoll von den verschiedenen
Forschern ausgebildet wurden.

Abgestimmte Apparate für elektrische Wellen.

Einen der von Lodge für die abgestimmten Übertragungen
angegebenen Apparate zeigt die Fig. 159, welche gestattet, wenig

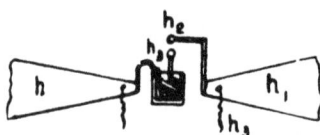

gedämpfte Schwingungen von
hoher Spannung und scharf
begrenzter Schwingungszahl zu
erzielen.

Fig. 160.

Die von den Enden des
Sekundärstromes des Funkeninduktors abgehenden Drähte
sind mit den Kugeln der Funkenstrecke, jedoch auch mit den
inneren Belegungen zweier Leydener Flaschen verbunden, deren
äußere Belegungen zu den Kugeln h_4 und h_1 geführt sind.

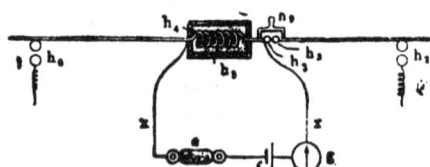

Letzteren stehen zwei
andere Kugeln gegen-
über, von welchen
Drähte zu den Selbst-
induktionen h_2 h_3 führen und an zwei weite-
ren gegenüberstehen-
den Kugeln enden.

Fig. 161.

Sobald der Funke an der Funkenstrecke des Funkeninduktors
überspringt, entladen sich auch die äußeren Belegungen der
Flaschen, wodurch zwei Funken in h_1 h_4 und einer zwischen h_2
und h_3 entsteht. Die äußeren Belegungen der Platten sind jedoch auch mit einer Drosselspule K verbunden, welche den

Zweck hat, den Flaschen zu gestatten, volle Ladung aufzunehmen. Während der Entladung wirkt diese Spule als Nebenschluß, ohne jedoch zu hindern, daß Funken an der Funkenstrecke übergehen.

Um die strahlende Kraft des Sendeapparats zu erhöhen, wurden an den Enden des Drahtes, welcher die Funkenstrecke $h_2 h_3$ enthält, zwei strahlende Luftplatten, ähnlich den mit h und h_1 in Fig. 160 dargestellten, angebracht. Die letztere Figur zeigt eine etwas abgeänderte Ausführungsform des Lodgeschen Erregers.

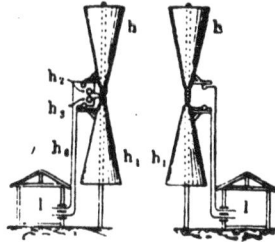

Fig. 162.

Die Fig. 161 zeigt die Anordnung des Apparats, wie sie sowohl als Sender, wie als Empfänger benutzt werden kann. $h_6 h_7$ sind Drähte welche von einem Induktionsapparat von hoher Spannung kommen. Die beiden dicken horizontalen Drähte wirken als Oberflächenkapazitäten, h_4 ist eine Drosselspule, welche wie im Fall der Fig. 160 in einem Gefäß mit isolierender Substanz eingebettet ist.

Der Bügel h_9 dient dazu, die Funkenstrecke zu überbrücken, wenn der Apparat als Empfänger dienen soll. In e ist der Fritter, in f die Ortsbatterie, in g das Relais dargestellt.

Die Fig. 162 zeigt die Schaltung zweier abgestimmter Stationen, die eine als Sende- die andere als Empfangsstation. In dieser Anordnung sind die Flügel $h h_1$

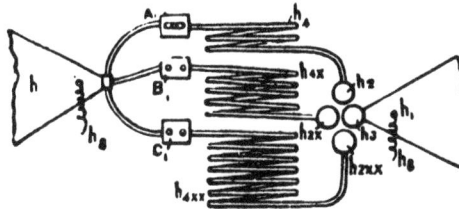

Fig. 163.

durch zwei Kegel $h h_1$ ersetzt. Ein Oszillator mit vier Kugeln bewirkt im Sendeapparat die oszillatorische Entladung zwischen den beiden mittleren Kugeln h_2 und h_3, welche mit den Kegeln vermittelst Drosselspulen verbunden sind.

Der Empfangsapparat hat nahezu dieselben Abmessungen, Kapazitäten und Selbstinduktionen wie der Sendeapparat, um eine möglichst genaue Resonanz zu erhalten.

Doch kann die Schwingungszahl innerhalb gewisser Grenzen geregelt werden, indem die Selbstinduktion der Spulen verändert

wird. Zu diesem Zwecke benutzt man entweder mehrere Spulen,
nach Fig. 163, welche vermittelst der Stromschlußstücke *A*1, *B*1, *C*1

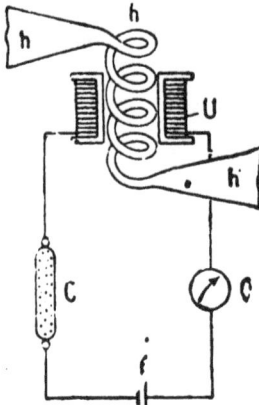

je nach Bedarf ein- oder ausgeschaltet
werden können. Doch kann auch eine
einzige Spule verwendet werden, deren
Windungszahl oder Windungsabstand
verändert werden kann.

Fig. 164 zeigt eine andere Anordnung des Empfangsapparats, in
welcher der Stromkreis des Fritters
von den Luftleitungen isoliert ist, und
von letzteren durch Induktion beeinflußt wird. Die Luftleitungen *h h*
führen die Wellen dem Primärdraht *h*
eines Transformators zu, in dessen Sekundärdraht *U* in gewöhnlicher Weise
der Empfangsapparat eingeschaltet
wird. Man begegnet hier der Verbindung des empfangenden Schwin-

Fig. 164.

gungskreises mit dem Fritterstromkreis durch Induktion, eine Anordnung, welche später von Marconi zu großem Vorteil, sowohl im
Empfangsapparat als auch im Sendeapparat angewendet wurde.

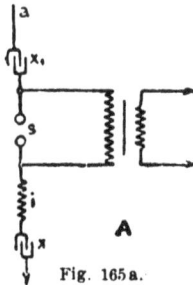

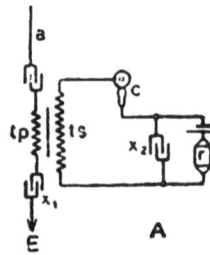

Fig. 165a.					Fig. 165 b.

Es ist nicht bekannt geworden, daß das System Lodge, wie
es eben beschrieben wurde, in größerem Maßstabe angewendet
worden wäre.

Neuer Apparat Lodge-Muirhead. Die Apparate,
welche die Ausrüstung einer Station bilden, sind eine Akkumulatorenbatterie, ein Syphonempfänger mit dem selbstentfrittenden Rädchenfritter, der Funkenstrecke, dem Funkeninduktor, dem Taster, dem selbsttätigen Sender mit Papierdurch-
lochungen und dem Unterbrecher für den Funkeninduktor von

der Konstruktion S. 89. Die Fig. 165a, 165b, 166a und 166b geben schematisch zwei für den Sender, bzw. den Empfänger eingerichtete Schaltungen, welche sich leicht aus dem erstangeführten System ableiten.

In AA ist die Anordnung für größere Leistungen dargestellt, in welcher Schaltung c und r bzw. den Rädchenfritter und den Syphonschreiber bedeuten, a sind die Luftleitungen, bei E ist die Erde angelegt.

Das hervorstechendste Merkmal in diesen Schaltungen besteht in dem Mangel einer direkten Erdverbindung.

Wir haben gesehen, daß nach einer weitverbreiteten Ansicht die Erde nichts anderes als die zweite Belegung eines Kondensators darstellt, dessen andere Belegung durch den Luftdraht mit

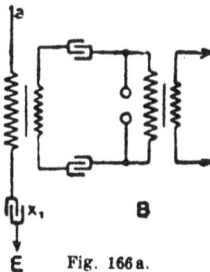

Fig. 166a.

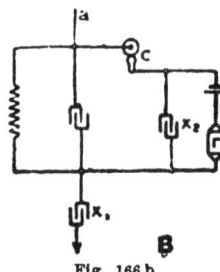

Fig. 166b.

seinen angeschlossenen Kapazitäten, gebildet wird. Lodge und Muirhead scheinen diese Vorstellung zu teilen, insofern in ihrem System ebenfalls eine zweite Kapazität, jedoch von der Erde isoliert, angewendet ist.

In diesen Schaltungen sehen wir den Fritter, den Erreger, die Selbstinduktion etc. in verschiedenen gegenseitigen Stellungen, wie wir auch schon beobachtet, daß der Transformator verwendet und nicht verwendet wird, und daß sich die Schwingungen, wie in A im offenen Stromkreis oder wie in B im geschlossenen Stromkreis entwickeln.

Welche der verschiedenen dieser Schaltungen anzuwenden ist, richtet sich in dem einzelnen Fall nach dem Zwecke und nach den äußeren Bedingungen, unter welchen sie zu arbeiten hat, da eine jede Schaltung unter bestimmten Umständen ihre besonderen Vorteile aufweist.

Mit dem erwähnten System wurden zwei Versuchsstationen, die eine in Elmers End, die andere in Downe in einem Abstand

13*

von ca. 10 km im Binnenland eingerichtet. Unter Berücksichtigung der örtlichen Umstände kann diese Entfernung der
achtfachen bis zehnfachen bei der Übertragung über das Meer
gleichgeachtet werden.

Bei der Wertschätzung eines Systems treten jedoch gegenwärtig die Rücksichten auf die Entfernungen in die zweite Linie
zurück, insbesondere seit Marconi klar gezeigt hat, daß man
unter Aufwand einer entsprechenden Energiemenge beinahe jede
beliebige Entfernung überwinden kann. Wichtiger sind die
Sicherheit und Deutlichkeit des Zeichenaustausches und die
Möglichkeit der Abstimmung, Gesichtspunkte, unter welchen das
System Lodge-Muirhead zu den aussichtsvollsten gerechnet wird.

Felddienstapparate. Lodge und Muirhead haben
ihrem neuen Apparat auch eine für den Gebrauch im Felde
passende Ausführungsform gegeben. Die für die beiden Stationen
verwendete Schaltung ist die der Fig. 165 a und 166 b mit dem
Unterschied, daß in der Sendestation der Kondensator x fehlt,
so daß die eine der Kugeln der Funkenstrecke unmittelbar mit
dem Luftdraht in Verbindung steht, welcher in Form einer
nach abwärts gerichteten viereckigen Pyramide von 15 m Höhe
ausgebildet ist. Die geringe Höhe erklärt sich daraus, daß Lodge
der Ansicht ist, daß ein rascher Synchronismus zwischen Sende-
und Empfangsstromkreis bedeutend wichtiger ist als die einfache
Höhe der Luftleitung.

Die vier Seiten der Pyramide sind aus vier im Dreieck
gebogenen voneinander isolierten Drähten gebildet, welche durch
Löcher im oberen Teil der Pyramide laufen und längs der Achse
der Pyramide zurückkehren, um zu den Apparaten zu gelangen.

Diese Pyramiden werden auf dem Dach eines Wagens, in
dessen Innerem die Apparate untergebracht sind, fortgeführt.
Der Wagen wiegt mitsamt der Apparatausrüstung 500 kg, der
Luftdraht 18 kg, die ganze Auffangvorrichtung 200 kg und ein
Kupferdrahtnetz, welches zur Herstellung der Erdverbindung auf
dem Boden ausgebreitet wird, wiegt ca. 150 kg. Der Hauptvorzug
der Anordnung besteht in der Schnelligkeit der Installation und
des Transports. In 40 Minuten ist die Einrichtung dienstbereit,
in 45 abgerüstet und eingepackt.

Der Apparat wurde bei den großen englischen Manövern
im Jahre 1903 benutzt und ist für Entfernungen über Land von
32 km berechnet.

Die Systeme Braun.

Übertragungen durch das Wasser.

Prof. Braun in Straßburg begann seine Untersuchungen über die drahtlose Telegraphie im Jahre 1898, indem er das Wasser als Übertragungsmittel benutzte.

Grundlage des Verfahrens. — Berücksichtigt man, daß ein Gleichstrom in einem zylindrischen Leiter gleichförmig den Querschnitt des Leiters durchströmt, ein Wechselstrom dagegen nur in einer oberflächlichen Schicht sich fortpflanzt, deren Tiefe um so geringer ist, je rascher die Stromwechsel aufeinanderfolgen, so ist klar, daß eine in eine große Wassermasse eingetauchte, elektrische Schwingungen erfahrende Metallplatte Ströme in dem Wasser bewirkt, welche nur auf einer verhältnismäßig geringen Tiefe wahrnehmbar bleiben.

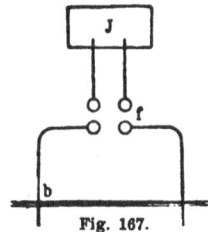

Fig. 167.

Braun ist der Ansicht, daß diese Tiefe unter 2 m zurückbleibt. Er dachte daher, die Versuche, welche von anderen vermittelst Gleichstrom für die drahtlose Telegraphie durch das Wasser früher angewendet wurden, unter Verwendung elektrischer Wellen wieder aufzunehmen. Mit der Verwendung der elektrischen Wellen wurde nicht nur der Vorteil erreicht, daß die Stromlinien sich nur in einer dünnen Schichte des Wassers fortpflanzen, sondern auch der andere, daß für die Übertragung nur eine zusammenhängende Wasserfläche erforderlich war, bei welcher Inseln und Halbinseln kein Hindernis bilden würden.

Apparate. — In seinen ersten Versuchen erzeugte Braun die elektrischen Wellen im Wasser, vermittelst der in Fig. 167 dargestellten

Fig. 168.

Anordnung. Die beiden Pole der sekundären Bewicklung eines Funkeninduktors *I* stehen zwei Kugeln gegenüber, welche vermittelst zweier Leiter an zwei voneinander entfernten Punkten mit dem Wasser verbunden sind. Sobald die Funken zwischen den Kugeln übergehen, werden in den Verbindungsdrähten elektrische Schwingungen hervorgerufen, welche teils in der Luft, teils im Wasser verlaufen.

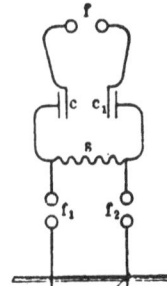

Sehr bald bemerkte jedoch Braun, daß es nötig sei, dem Entladungsstromkreis eine scharf bestimmte Schwingungszahl bei geringer Dämpfung zu geben. Er benutzte daher statt des einfachen Funkeninduktors beinahe geschlossene Stromkreise mit scharf regulierbarer Kapazität und Selbstinduktion, wie Fig. 168 angibt. Die beiden Kugeln *f* bilden den Hertzschen Erreger; in Verbindung mit dem Funkeninduktor *C* und C_1 sind zwei Kondensatoren *c* und c_1, deren äußere Belegungen vermittelst der Selbstinduktion *s* gleichmäßig verbunden sind, von deren Enden die beiden Kugeln f_1, f_2 abzweigen, welche sich auf die ins Wasser getauchten Leiter entladen.

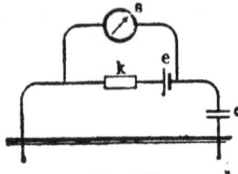

Fig. 169.

In der Empfangsstation bilden zwei ins Wasser getauchte Leiter Teile eines Stromkreises, welcher außerdem den Fritter *k*, den Kondensator *c* und das Relais *s* und eine Batterie *e* enthält, wie dies schematisch die Fig. 169 und 170 anzeigen.

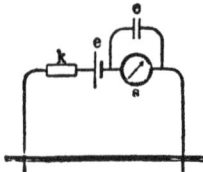

Praktische Versuche. Im Sommer 1898 führte Braun mit diesem System der Übertragung Versuche aus, indem er Sende- und Empfangsdrähte an den Enden der gewundenen Gräben der alten Straßburger Befestigungen versenkte. Später wurden die Versuche in größerem Maßstabe in Kuxhaven nahe der Elbemündung fortgesetzt. Trotz der provisorischen Anlage gelang in letzterem Fall die Übertragung bei einer Entfernung von 3 km.

Fig. 170.

Zahlreiche Kontrollversuche überzeugten, daß die Übertragung ausschließlich durch die vom Wasser fortgeleiteten elektrischen Wellen und nicht durch Leitung oder Induktion zwischen den geschlossenen Stromkreisen oder durch elektrische Wellen durch die Luft zustande kam.

Trotz der guten Erfolge setzte Braun die Versuche nicht fort, sondern wandte sich der Übertragung vermittelst elektrischer Wellen durch die Luft zu.

Übertragung durch die Luft.

Grundsätzliche Neuerungen. Aus den Patenten von Braun zu schließen, war er der erste, welcher die Sendeapparate von der erheblichen Dämpfung befreite, die durch die direkte Verbindung des Sendedrahts mit der Erregervorrichtung entsteht, und wolcher die Länge der verwendeten Wellen zu vergrößern suchte. Die Anwendung eines Oszillators mit geringer Dämpfung in unabhängigem Stromkreis vom Sendedraht brachte für Braun infolge der außerordentlich geringen strahlenden Kraft eines derartigen Oszillators die Notwendigkeit mit sich, den Oszillator auf den Sendedraht durch Induktion wirken zu lassen und daher zwischen beiden einen Transformator einzuschalten.

Braun bestimmte genau die Schwingungszahl seiner Sender und fand durch den Versuch, daß die Länge des Sendedrahtes zur Erzielung der Resonanz zwischen der Schwingungszahl des Oszillators und dem Sendedraht $1/_4$ der Länge der Grundwelle des Oszillators betragen müsse. (Siehe S. 59, Kap. VI). Es ist leicht zu sehen, daß diese Neuerungen auf denselben theoretischen Grundlagen beruhen, wie die von Marconi an seinen Apparaten beim Übergang von seinem ersten System zu seinem zweiten angebrachten Veränderungen. Dieser Sachverhalt führte naturgemäß für beide Forscher zu Apparatenformen, welche sich nur in untergeordneten Punkten voneinander unterscheiden.

Es handelt sich an dieser Stelle nicht darum, die Ansprüche des einen oder des anderen der beiden Forscher auf die Priorität zu untersuchen. Wir gehen daher ohne weiteres zur Beschreibung der grundlegenden Schaltungen Brauns für die drahtlose Telegraphie über.

Grundschaltungen. Eine der ersten und einfachsten Anordnungen Brauns zeigt die Fig. 171. Der Entladungsstromkreis ist beinahe geschlossen und enthält den Kondensator C und die Selbstinduktion S. Die Kugeln der Funkenstrecke sind wie gewöhnlich an die Enden des Sekundärdrahts eines Ruhmkorff, der in der Figur weggelassen ist, angeschlossen.

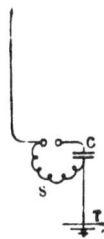

Fig. 171.

Von den beiden Enden der Selbstinduktion steht die eine mit einer der Kugeln der Funkenstrecke und dem Luftdraht A, die andere mit einer der Belegungen des Kondensators C und der Erde T in Verbindung. Braun zeigte durch den Versuch, daß, wenn auch der Stromkreis CS eine schwache strahlende Kraft hat, doch die in direkter Verbindung damit stehende Luftleitung A der Sitz kräftiger Schwingungen wird, welche frei ausstrahlen, wenn deren Länge $1/_4$ der Wellenlänge des Oszillators beträgt.

Braun bediente sich später der symmetrischen Anordnung der Fig. 172, welche als ein Lecherscher Stromkreis bezeichnet

werden kann, mit dem Unterschied, daß der resonierende, aus
der Luftleitung A und dem mit der Erde verbundenen Draht bestehende Stromkreis direkt an die zweiten Belegungen der Kondensatoren angelegt ist, anstatt von zwei diesen Belegungen
benachbarten Punkten der Selbstinduktion S abzuzweigen.

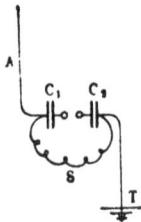

Fig. 172.

Bekanntlich sind in der Schaltung von Lecher
die Resonanzwirkungen um so kräftiger, je länger
der Bügel ist, welcher die parallelen Drähte verbindet. Im Falle der Fig. 172 kann die ganze
Selbstinduktion S als Bügel aufgefaßt werden. In
der Folge fand es jedoch Braun wenigstens für
den Sender überflüssig, die Verbindung mit der
Erde herzustellen, weshalb er zur Verminderung
des Einflusses atmosphärischer Entladungen den
einen der vom Ende der Selbstinduktion aus-
gehenden Drähte isoliert ließ und ihm der Symmetrie halber eine
dem Sendedraht gleiche Länge gab, während das andere Ende
mit dem Sendedraht verbunden blieb. (Fig. 173).

Braun vermehrte in der Folge die Anzahl der Kondensatoren, indem er sie in der S. 120 beschriebenen Art zusammen
schaltete, so daß im Augenblicke der Entladung die Funken
zwischen den Belegungen eines jeden Kondensators überspringen,
wodurch die Möglichkeit, große Energiemengen ins Spiel zu

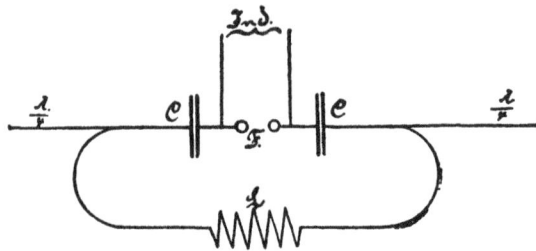

Fig. 173.

bringen, erreicht wird, ohne Beeinträchtigung des oszillatorischen
Charakters der Entladungen und ohne Änderung der Schwingungszahl.

An Stelle der direkten Verbindung des Sendedrahts mit
dem Oszillator benutzte Braun jedoch ferner die Kupplung durch
Induktion vermittelst eines Transformators LS, wie Fig. 174
angibt, derart, daß der Erregerstromkreis $CCFL$ sowohl von
der Erde als vom Sendedraht vollkommen isoliert bleibt. Die

Sekundärwicklung S des Transformators steht einerseits mit dem Sendedraht, anderseits mit einem gleichlangen isolierten Draht in Verbindung.

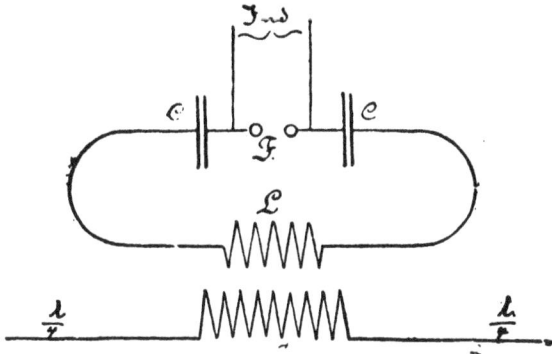

Fig. 174.

Der Transformator ist in einem mit Öl gefüllten Glasbehälter untergebracht. Zusammengefaßt hat man auch hier im Sendeapparat zwei wesentliche miteinander verbundene Teile: den beinahe geschlossenen Erregerstromkreis von scharf begrenzter Schwingungszahl, welcher infolge der geringen Dämpfung gewissermaßen als Energiebehälter dient, und der Sendekreis im engeren Sinne, welcher offen ist und den Sitz von Schwingungen bildet, welche infolge der dauernden Energieausstrahlung stark gedämpft werden.

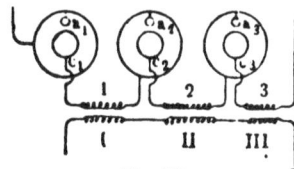

Fig. 175.

Der symmetrische Draht der Fig. 174 ist in jedem Augenblick von gleichen, denen im Luftdraht im gleichen Augenblick entgegengesetzt gerichteten Wellen durchflossen. Er kann daher durch einen Kondensator oder eine passende Spule gleicher Wirkung ersetzt werden.

Auch die Erde könnte zu diesem Zwecke dienen, was jedoch die Unbequemlichkeit der Herstellung einer guten Erdverbindung und Störungen der Übertragung durch atmosphärische Einflüsse mit sich brächte.

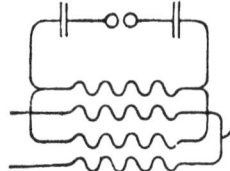

Fig. 176.

Auch mit dem System der Erregung durch Induktion nach Fig. 174 können mehrere Kondensatoren nach der Schaltung der

Fig. 95 und 96 verbunden werden, wobei ein jeder über die eigene Belegung sich entlädt und mit einer besonderen Abteilung der primären Bewicklung des Transformators nach Fig. 175 in Verbindung steht. Man kann jedoch die Schaltung der Fig. 176 anwenden und die primäre Schwingung auf eine gewisse Anzahl parallel geschalteter induzierender Drähte, welche auf ebensoviele einerseits mit dem Sendedraht, anderseits mit der Erde verbundener induzierter Drähte wirken, verteilen.

Der Empfänger, welchen man als Umkehrung des Senders auffassen kann, ist in Fig. 177 dargestellt. Das hervorstechendste Merkmal der Anordnung besteht darin, daß sie sehr empfindlich für die Wellen von der Schwingungszahl des Senders und fast

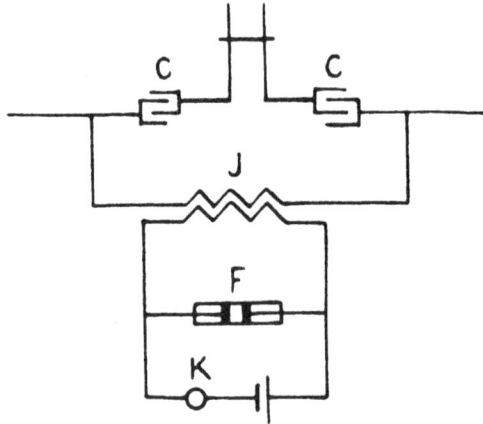

Fig. 177.

unempfindlich gegen Wellen anderer Schwingungszahl sich verhält. Die Wellen werden von einem Luftdraht, welcher sie dem Resonanzkreis CCJ zuführt, aufgenommen. Der Stromkreis CCJ sammelt die ihm zukommende Energie, bis sie imstande ist, auf den Fritter F zu wirken. Die Schwingungszahl des Stromkreises CCJ muß in Übereinstimmung mit der des Stromkreises von F sich befinden, welch letzterer die Transformatorwindung, den Fritter, die Batterie und das Relais K enthält. Für den Transformator des Empfängers ist auch hier infolge der geringeren Spannungen die Luftisolation als genügend zu erachten. (Siehe Fig. 98). Auch im Empfangsdraht kann der Symmetriedraht entbehrt und durch einen passenden Kondensator, welcher jedoch als eine indirekte Verbindung mit der Erde angesehen

werden kann, ersetzt werden. Damit nimmt das System Braun
die in Fig. 178 dargestellte Form an, in welcher mit $S1$ und $S2$
die die Symmetriedrähte
an den Luftleitungen $a1$
und $a2$ ersetzenden
Kapazitäten darstellen.

Andere Schal-
tungen. — In der eben-
falls von Braun benutz-
ten in Fig. 179 sche-
matisch dargestellten
Schaltung wird der
Sendedraht A vermit-
telst des Kondensators
K erregt, dessen eine
Belegung mit dem

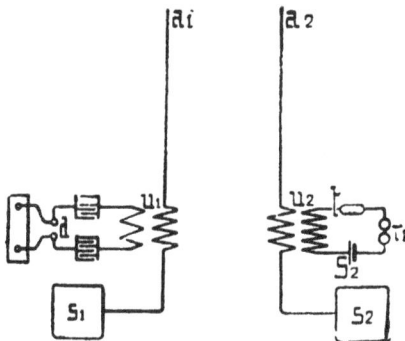

Fig. 178.

Sendedraht, dessen andere mit einer der Kugeln der Funkenstrecke O verbunden ist. Der Kondensator K' im Nebenschluß
zur Funkenstrecke dient zur Regulierung der Schwingungszahl.
In den Draht der Erdverbindung T ist eine zweite Funkenstrecke O' eingeschaltet. Es scheint jedoch, daß diese Schaltung
weniger günstige Resultate, als die mit der Erregung vermittelst
Induktion ergibt, welch
letztere außer den bereits
erwähnten Vorzügen noch
den bietet, den Sendedraht
ungefährlich zu machen.
Es treten nämlich in dem
Sendedraht Tesla-Ströme
auf, welche sich bei der
Berührung unangenehm
bemerkbar machen. Auch
die zufälligen Isolations-
fehler am Sendedraht wer-
den bei der letztgenannten
Schaltung weniger nachteilig empfunden.

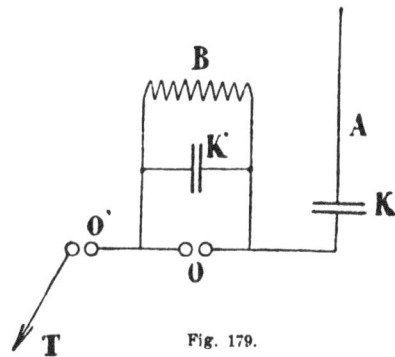

Fig. 179.

Braun benutzt auch für den Empfänger außer der Schaltung,
mit der Erregung durch die Induktion (Fig. 177), die Anordnung
der Fig. 180, in welcher der Stromkreis des Fritters direkt mit
der einen Belegung des Kondensators verbunden ist, welcher
ebenfalls in direkter Verbindung mit dem Sendedraht steht, ferner
die gemischte Schaltung der Figur 181, in welcher der Stromkreis

des Fritters einerseits mit dem Sekundärdraht des Transformators,
anderseits mit der Belegung des Kondensators und dem Empfangsdraht A in Verbindung steht.

Praktische Ausführung. — Die Fig. 182 zeigt den
Stromlauf der Verbindungen im Empfangsapparat. Bei der
linken ersten Klemme der Fig. 182 wird der Empfangsdraht an-

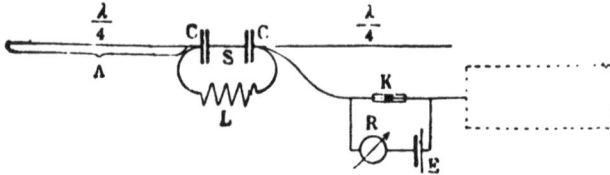

Fig. 180.

gelegt, dessen Schwingungen den Stromkreis des Kondensators C
und der Induktanz L erregen (s. Fig. 182). Von der zweiten
Klemme links zweigt der Verbindungsdraht zu der Platte ab,
welche den zum Empfangsdraht symmetrischen Draht ersetzt.

Der punktiert gezeichnete Stromkreis verbindet den sekundären Draht des Transformators mit dem Fritter COH. Der

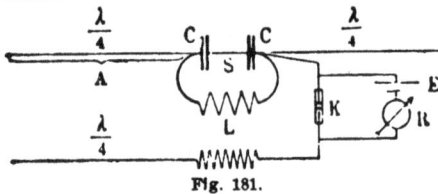

Fig. 181.

strichpunktierte
Stromlauf enthält
das Relais R, wäh-
rend der Ortsstrom-
kreis des letzteren
durch Striche, die
mit zwei Punkten

abwechseln, dargestellt ist.

Kpf bedeutet die Entfrittungsvorrichtung, Kl die Anruf-
glocke, während bei M das Morse-Schreibwerk angelegt ist.

Die Fritter bestehen aus Stahlpulver, wie es in Verbindung
mit den übrigen Fritterformen beschrieben ist.

Die Buchstaben $W1$, $W2$, $W3$ bezeichnen die Induktions-
widerstände, welche die Funkenbildung bei der Öffnung der
Stromkreise des Relais, der Frittervorrichtung und der Rufglocke
zu verhindern haben.

Parabolische Sender. — In neuerer Zeit hat Braun
Sender für die drahtlose Telegraphie in der Form von Zylindern
mit parabolischem Querschnitt, welche aus einer Reihe senkrechter, nach den Erzeugenden des Zylinders angeordneten
Stäben bestehen, angegeben. Jeder Stab ist vermittelst eines
geradlinigen Drahtes mit einer Kugel verbunden, welche sich in

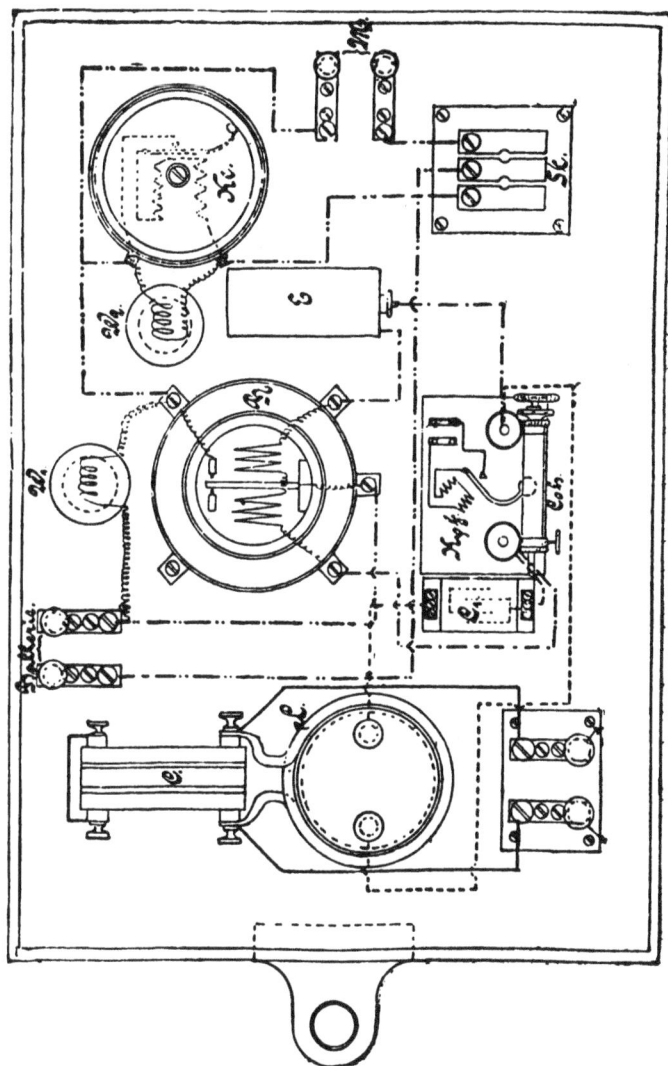

Fig. 182.

der Brennlinie des Zylinders befindet. Zwei gleiche Apparate sind derart miteinander verbunden, daß sich die Kugeln zu je

zweien in geringer Entfernung voneinander befinden und so
eine Reihe von Funkenstrecken bilden.

Sämtliche Stäbe werden gleichzeitig erregt, die Schwingungs-
phase eines jeden Stabes hängt dabei jedoch von der Länge des
Verbindungsdrahtes ab. Die Gesamtwirkung sämtlicher Stäbe
bewirkt ein der Achse genau parallel verlaufendes Strahlenbündel.

Die Kapazität jedes Drahtes kann durch die Hinzufügung
von Kondensatoren beliebig erhöht werden, wodurch die Ausstrahlung größerer Energiemengen ermöglicht wird. Die Kapazitäten und Selbstinduktionen der Stäbe sind so gewählt, daß
deren Schwingungszahlen sämtlich gleich ausfallen.

Dieser Sender eignet sich für ein System der drahtlosen Telegraphie vermittelst gerichteter elektrischer Wellen, ähnlich dem
auf andere Weise arbeitenden System von Blochmann (S. 109).

System Slaby-Arco.

Slaby, Prof. am Polytechnikum in Charlottenburg, stellte
seine ersten Versuche auf dem Gebiete der drahtlosen Telegraphie
im Jahre 1897 an, kurz nachdem er den ersten Versuchen Marconis in England beigewohnt hatte, wobei er zunächst die von
Marconi benutzte Apparatenanordnung verwendete.

In der Sendestation gebrauchte er einen Funkeninduktor der
Firma Siemens & Halske von 25—30 cm Funkenlänge, welcher von
8 Akkumulatoren gespeist wurde. Als Oszillator diente eine Einrichtung vom Typus Righi (Fig. 65), deren innere Kugeln sich in einer
unveränderlichen Entfernung von 2 mm befanden, während der Abstand der äußeren zwischen 3 und 15 mm geregelt werden konnte.

In der Empfangsstation enthielt der Primärstromkreis in
Reihenschaltung den Fritter, ein Trockenelement und ein
Westongalvanometer, dessen Zeiger die Rolle eines Relaisankers
übernahm. Von den
induktiven Widerstän-
den, wie sie Marconi an-
wendet, um Störungen des
Relais durch elektromag-
netische Wellen zu ver-
hindern, ward abgesehen.
Der Sekundärstrom-
kreis bestand aus den in

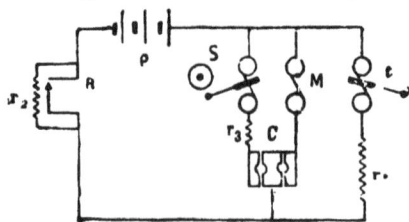

Fig. 183.

Fig. 183 dargestellten Teilen.

Die Batterie p, die Entfrittungsvorrichtung t und der Zeiger R
des Westongalvanometers sind in Reihe geschaltet. Der Um-

schalter C gestattet die Glocke S und den Morse-Apparat M parallel zu schalten.

Mit dieser Einrichtung erreichte Slaby unter Verwendung eines Sendedrahts von 100 m Länge, welcher durch einen Fesselballon hochgehalten wurde, Übertragungen bis zu 21 km Entfernung. Infolge seiner späteren eingehenden Arbeiten über die Bedingungen der elektrischen Wellentelegraphie, brachte Slaby ziemlich einschneidende Änderungen an dieser ursprünglichen Anordnung an, welche seinen Einrichtungen einen gewissen Grad von Ursprünglichkeit verliehen. Als Mitarbeiter war auch dabei Graf Arco beteiligt, weshalb das schließlich erreichte System später den Namen des Systems Slaby-Arco führte.

Grundlagen des Systems. — Die Erwägung, von welcher Slaby bei seinen Abänderungen ausging, bestand darin daß der Fritter am oberen Ende des Empfangsdrahts angebracht werden müsse, weil hier die Spannungsänderungen ihren höchsten Wert erreichen, da sich der Schwingungsknoten am unteren Ende, der Schwingungsbauch jedoch am oberen befinde, anderseits aber der Fritter nicht sowohl auf Stromschwankungen als vielmehr auf die Spannungsänderungen reagiert.

Wenn trotz der ungünstigen bisherigen Stellung des Fritters doch verhältnismäßig gute Erfolge erzielt wurden, so rührt das nach Slaby zum Teil von der großen Empfindlichkeit des Apparats, zum Teil von sekundären Wellen her, welche Spannungsschwankungen auch in dem Punkt erzeugen, in welchem sich der Knotenpunkt der Wellen befinden soll. Endlich bewirke die Unsymmetrie des Systems, daß ein wirklicher Knotenpunkt in keinem Punkte auftreten kann. Die Befestigung des Fritters am oberen Ende des Empfangsdrahts brachte jedoch

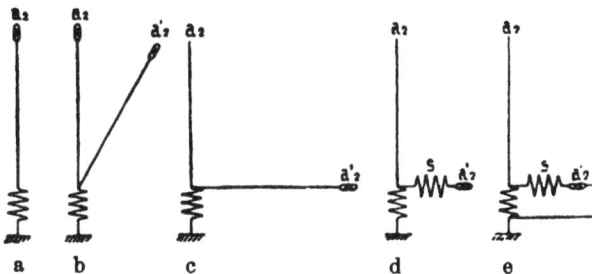

Fig. 184.

in der praktischen Anwendung erhebliche Schwierigkeiten mit sich. Slaby fand jedoch einen Ausweg, um die Spannungs-

schwankungen, welche am oberen Ende des Empfangsdrahts
auftreten, an günstigere Stelle, an welcher der Fritter bequem
angebracht werden kann, zu übertragen.

In Fig. 184a ist der Fritter in der günstigsten Stellung, $a2$,
dargestellt. Wird neben dem senkrechten Draht ein geneigter
von gleicher Länge, wie Fig. 184b zeigt, angebracht, so werden
am Ende des zweiten Drahtes ähnliche Spannungsschwankungen
auftreten wie am Ende des ersten, in gleicher Weise, wie durch
Erregung einer Zinke einer Stimmgabel die andere von selbst
erregt wird. Die Erregung des zweiten Drahtes findet unabhängig
von dem Winkel statt, welchen dieser mit dem ersteren bildet,
weshalb er auch die horizontale Lage einnehmen kann, wie
dies Fig. 184c angibt.

Die erste von Slaby ausgeführte Änderung an der Empfangsvorrichtung besteht demnach darin, daß vom unteren Ende des
Empfangsdrahts ein horizontaler Draht von gleicher Länge abzweigt und daß am Ende dieses Verlängerungsdrahts der Sender
angebracht ist. Ist jedoch der Empfangsdraht von erheblicher
Höhe, so bietet die Anordnung eines gleichlangen horizontalen
Drahtes, nach Fig. 184c, einige Unbequemlichkeiten. Der horizontale Draht kann jedoch auch zur Spule aufgewickelt werden
und an dem einen Ende an den Fritter anschließen, wie dies
Fig. 184d angibt. Wenn das freie Ende des Fritters nach
Fig. 184e mit dem Boden verbunden wird, so schwanken die

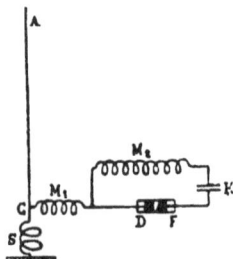

Fig. 185.

Spannungsunterschiede, welche den
Fritter erregen, zwischen O und $+V$
und zwischen O und $-V$ und sind
daher im Maximum gleich V, vorausgesetzt, daß die größte Potentialschwan-
kung $\pm V$ beträgt. Slaby hat die an
dem Ende des Fritters wirkende Potentialdifferenz verdoppelt, indem er die
beiden Fritterenden mit den Enden einer
Spule $M2$ (Fig. 185) von ungefähr doppel-
ter Länge der Spule $M1$ verband derart,
daß die Länge $M2$ einer halben Wellenlänge entsprach. Während
der Schwingung befindet sich der Punkt D immer um $1/_2$ Periode im Vergleich mit dem Punkt F im Verzug, weshalb die
beiden Punkte immer in entgegengesetzter Phase sich befinden
und die den Fritter erregende Potentialdifferenz zwischen $+V$
und $-V$, d. h. $2V$ oder das Doppelte gegenüber dem vorigen
Fall, beträgt.

Die Spule *M*2 kann anstatt direkt auch vermittelst des Kondensators *K* mit dem Punkte *F* des Fritters in Verbindung stehen. In diesem Falle ist es nötig, daß die Schwingungszahl des Stromkreises *M*2 *K* der Hälfte der Schwingungszahl des Sendestromkreises entspricht. Bei der Verwendung der Spule *M*2 bemerkte Slaby, daß dieselbe die für den Fritter wirksame elektromotorische Kraft noch über Erwarten steigerte, weshalb er die Spule mit Multiplikator bezeichnete.

Murani hält die Theorie, vermittelst welcher Slaby die Anwendung des Verlängerungsdrahts rechtfertigt, nicht für zutreffend. Er bemerkt vielmehr, daß der Schwingungsknoten in der Tat am unteren Ende des Empfangsdrahts auftritt, an welchem Marconi den Fritter anbringt, sobald der Empfangsdraht in direkte Verbindung mit der Erde gebracht wird. Da jedoch zwischen dem Empfangsdraht und der Erde der Fritter mit seinem sehr hohen Widerstand eingeschaltet ist, muß der Empfangsdraht als isoliert vom Erdboden angesehen werden. Murani zeigt nun durch den Versuch, daß in einem derartig isolierten Empfangsdraht ein Knoten in der Mitte und ein Bauch an beiden Enden auftritt. Im System Marconi befindet sich daher der Fritter, bevor er leitend wird, an einem Schwingungsbauch, d. h. am günstigsten Punkt zur Aufnahme der Wellen. Der Verlängerungsdraht wäre daher nicht nur nicht notwendig, sondern infolge der dadurch veranlaßten Energiezerstreuung schädlich.

Abgestimmte Systeme. — Die Wirkung des Multiplikators, welche von der Form der Wicklung abhängt, vermehrt nicht nur den Einfluß auf den Fritter und damit die Sicherheit der Übertragung und die Übertragungsentfernungen, sondern vermindert auch den Einfluß von Wellen fremder Schwingungszahl auf den Fritter und trägt damit ausgiebig zur Resonanz zwischen Sende- und Empfangsapparat bei. Damit die Abstimmung des Empfängers Slaby-Arco auf eine bestimmte Wellenlänge den Zweck möglichst großer Empfindlichkeit erreichen kann, ist es nötig, daß die Sendestation Wellen von der Schwingungszahl abgibt, auf welche der Empfänger abgestimmt ist.

Die erste Anordnung zu diesem Zweck, wie sie von Slaby verwendet wurde, zeigt die Fig. 186. Sie besteht aus zwei Luftdrähten *A*, welche durch eine hohe Selbstinduktion *D* verbunden sind und von welchen der eine zur Erde, der andere zu einer Belegung des Kondensators *C* geführt ist, dessen zweite Belegung mit einer der Kugeln der Funkenstrecke *F* in Ver-

bindung steht. Die zweite Kugel der Funkenstrecke ist geerdet.
Der Draht A bildet den Sendedraht, weil nach Slaby die Induktion D

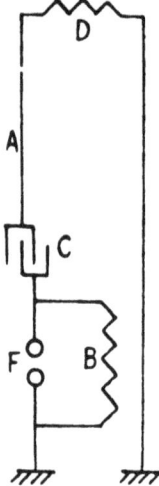

Fig. 186.

den durch die Entladung hervorgebrachten
Schwingungen einen zu großen Widerstand ent-
gegensetzt, als daß letztere in den zweiten Draht
übergehen könnten. Der Kondensator C hat die
doppelte Aufgabe, die für jede Entladung verfügbare Elektrizitätsmenge zu vermehren, sowie
die Schwingungszahl zu verkleinern. Letztere
ist durch die Kapazität des Kondensators und
durch die Länge des Sendedrahtes bestimmt,
so daß man ohne allzu lange Sendedrähte durch
Vermehrung der Kondensatorkapazität Wellen
von größerer Schwingungsdauer erzielen kann.

Slaby bemerkte jedoch bald die Übelstände,
welche mit dieser Anordnung verbunden sind.
Damit nämlich der Draht, welcher dazu dienen
soll, die Schwingungszahl schärfer zu bestimmen
und die Schwingungen auf einen fast geschlossenen Stromkreis zu beschränken, die Wirkung des Drahtes A nicht beeinträchtigt, muß
die Induktanz so groß sein, um den Übergang von Schwingungen
von A zum zweiten Draht zu verhindern. Ist dies jedoch der

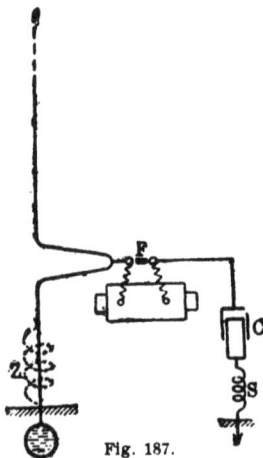

Fig. 187.

Fall, so finden die Schwingungen
ausschließlich im Draht A statt, wodurch man wieder bei dem offenen
Sendedraht mit großer Dämpfung und
daher wenig scharf bestimmter Schwingungszahl angelangt ist.

Slaby führte daher an der ursprünglichen Schaltung verschiedene Abänderungen aus, welche endlich zu dem in
Fig. 187 dargestellten System führten.

Der Stromkreis, in welchem die
Schwingungen erzeugt werden, besteht
aus der Funkenstrecke F, deren beide
Kugeln mit der Erde in Verbindung
stehen, und zwar die eine vermittelst
der Spirale Z, die andere vermittelst
des Kondensators mit beweglichen Be-

legungen C und der Selbstinduktion S. Da der Stromkreis geschlossen ist, so zeigt er eine scharf bestimmte Schwingungszahl.

An diesen Stromkreis ist der Sendedraht angelegt und nimmt daher an den Schwingungen teil, wobei die größte Wirkung dann erzielt wird, wenn die Schwingungszahl des Stromkreises mit der Schwingungszahl des Sendedrahts übereinstimmt. Man erreicht die Übereinstimmung, indem man entweder die Länge des Sendedrahts oder die Schwingungszahl des geschlossenen Stromkreises durch Veränderung der Kapazität des Kondensators C oder der Anzahl der Windungen der Selbstinduktionen Z und S verändert.

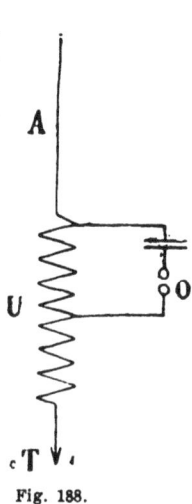

Fig. 188.

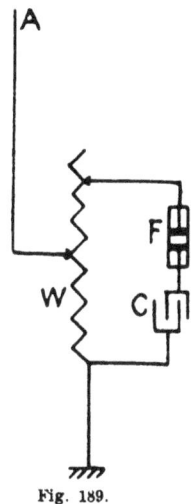

Fig. 189.

Vermutlich ist jedoch bei dieser Schaltung die vom Sendedraht ausgestrahlte Energie etwas geringer als die verfügbare Energie infolge der direkten Verbindung zwischen Sendedraht und Erde. Die Fig. 188 und 189 zeigen eine andere von Slaby angewendete Schaltung: die erste für die Sendestation, die zweite für die Empfangsstation. In letzterer Zeit wurde der Schwingungskreis dadurch symmetrischer gemacht, daß auch neben der zweiten Kugel der Funkenstrecke, wie Fig. 190 zeigt, eine

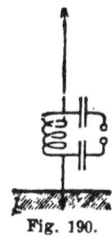

Fig. 190.

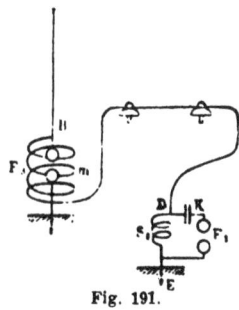

Fig. 191.

Kapazität angebracht wurde, wodurch die Schaltung in jene von Braun S. 200 Fig. 172 übergeht.

Auf den Kriegsschiffen wird die Fig. 191 dargestellte Schaltung verwendet. Der Erreger $F1$ befindet sich an einem geschützten Ort im Innern des Schiffes und arbeitet mit verhältnismäßig niedrigen Spannungen. Im gleichen Stromkreis liegt die Kapa-

14*

zität K und die Selbstinduktion $S1$. Ein isolierter Draht verbindet
den Erreger mit einer Selbstinduktion $F3$ mit großen Windungen,
welche als Multiplikator dient und am Sendedraht B endigt;
innerhalb der Spirale $F'3$ befinden sich zwei metallische Kugeln,
die eine in Verbindung mit dem Sendedraht, die andere in
Verbindung mit der Erde. Die Wirkung des Multiplikators besteht
darin, das Potential am Ende des Sendedrahts wesentlich zu erhöhen, so daß die Funken bei m 10 mal länger sind als bei $F1$. Die
Schaltung der Empfangsstationen ist in Fig. 185 S. 208 dargestellt.

Die praktischen Ausführungsformen der Apparate.

Sendeapparat. — Im Sendeapparat sind zwei Teile zu unterscheiden: der Stromkreis von niedriger Spannung, in welchem
sich der Primärdraht des Funkeninduktors befindet, und der Stromkreis von hoher Spannung, welcher den Sekundärdraht des Funkeninduktors mit den Kondensatoren, Induktanzen etc., welche zur Regelung der Schwingungszahl der Sendevorrichtung dienen, umfaßt.

Der Stromkreis mit niedriger Spannung ist in Fig. 192
dargestellt und umfaßt den Induktor, welcher vom Gleichstrom aus

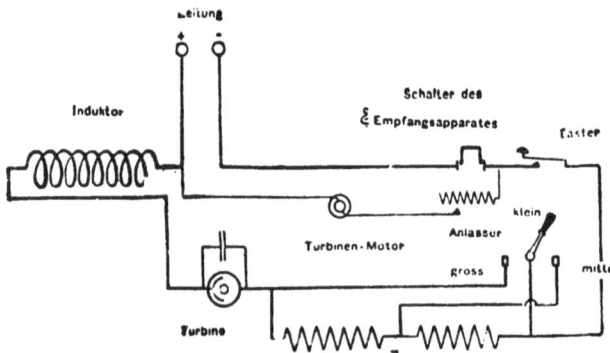

Fig. 192.

der Leitung und dem Turbinenunterbrecher gespeist wird. Sind
erhebliche Stromstärken erforderlich, so wird, um die Verwendung
des Quecksilbers zu vermeiden, der Gleichstrom vermittelst eines
Grisson-Umwandlers in Wechselstrom verwandelt. Außerdem
befinden sich im Stromkreis ein Morse-Taster mit magnetischer
Funkenlöschung und ein Regulierwiderstand von 3 Stufen, um
die Stromstärke der Übertragungsentfernung anpassen zu können.
Vermittelst eines Hebelumschalters können die verschiedenen
Widerstandsstufen erreicht werden.

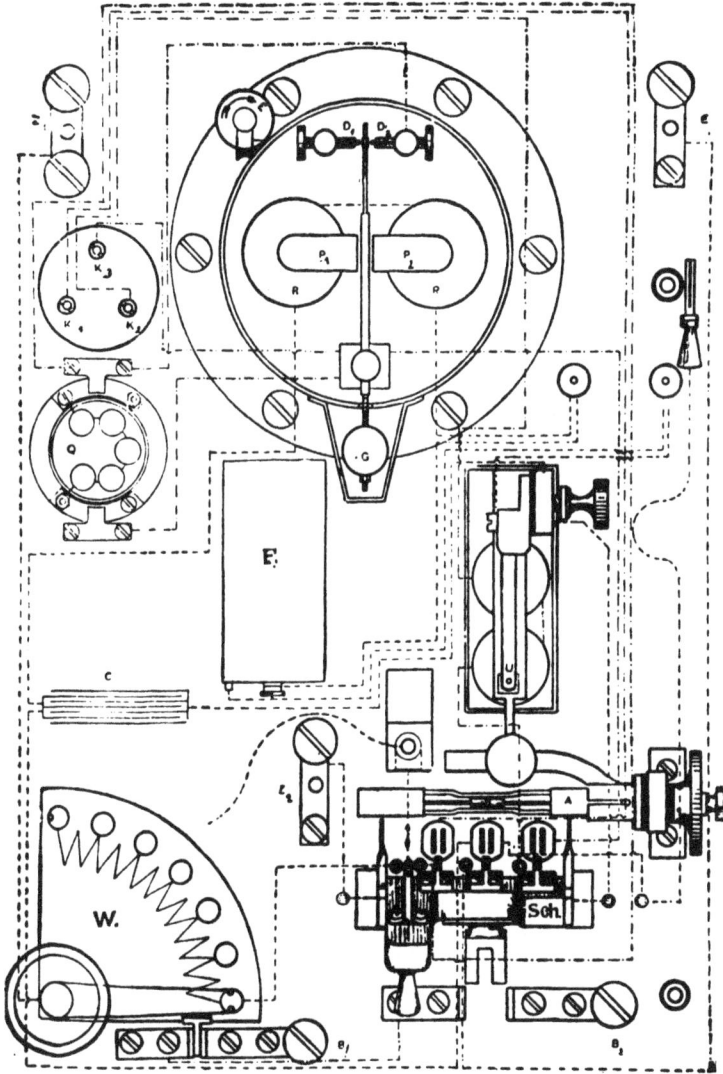

Fig. 193.

Der Hochspannungsstromkeis umfaßt den Kondensator, die Funkenstrecke und den Sendedraht, den Selbstunterbrecher, die Abstimmungsspule und einen Sicherheitsunterbrecher.

Der Kondensator besteht aus 3, 7 oder 14 Leydener Flaschen von je $^1/_{1000}$ Mikrofarad, je nachdem der Sendedraht weniger als 20 oder 40 oder mehr als 40 m Länge aufweist.

Die Erregervorrichtung besteht in der auf S. 96 beschriebenen Einrichtung.

Der Sendedraht ist ein isolierter Leiter, dessen oberes Ende auf ca. $^1/_{10}$ der Gesamtlänge in Form einer zylindrischen Rolle aufgewickelt ist.

Der Selbstunterbrecher ist zwischen Sendedraht und der Flaschenbatterie angeordnet und dient dazu, den Hochspannungsstromkreis selbsttätig vom Empfänger während der Dauer der Entgegennahme von Zeichen abzutrennen.

Die Abstimmungsspule besteht aus einigen Windungen des Drahtes, welcher auf dem zylindrischen Gehäuse, das die Flaschenbatterie enthält, aufgewunden ist. Ein Sicherheitsunterbrecher, zwischen dem Sendedraht und der Apparatausrüstung eingeschaltet, wird während eines Gewitters benutzt.

Empfangsapparat. — Der allgemeine Stromlauf des Empfangsapparats ist in Fig. 193 dargestellt. Er enthält ebenfalls zwei Stromkreise: den Stromkreis der Fritterbatterie und den Ortsstromkreis, welcher durch das Relais geschlossen und geöffnet wird und den Schreibapparat betätigt.

Die dem ersten Stromkreis zugehörigen Leitungen sind in der Fig. 193 mit Strichen, die dem zweiten zugehörigen mit Strichen und Punkten gekennzeichnet.

Im Stromkreis des Fritters sind eingeschaltet: der Fritter A, der Unterbrecher U, das Fritterelement F, die Windungen des Relais RR, der Kondensator C, der Hilfswiderstand W und der Unterbrecher Sch.

Als Fritter ist die S. 135 angegebene Form mit hermetischem Verschluß und regulierbarer Empfindlichkeit verwendet.

Die Verbindung des Federunterbrechers U ist nach S. 141 zur Vermeidung der Funkenbildung innerhalb des Fritterpulvers eingerichtet. Das Relais hat die S. 159 angegebene Bauart. Der Kondensator ist parallel mit der Trockenbatterie und den Windungen des Relais eingeschaltet. Seine Kapazität beträgt 0,01 Mikrofarad, ist daher unendlich größer als jene des Fritters und dient dazu, den Spannungsüberschuß aufzunehmen, welcher infolge der Selbstinduktion des Relais auf den Fritter wirken würde, wodurch die Entfrittung erleichtert wird. Der Kondensator besteht aus Stanniolblättern mit Glimmerzwischenlagen.

Die Erdverbindung, welche bei $E\,1$ angelegt ist, wird direkt zum Fritter vermittelst des Kondensators geführt und passiert den Unterbrecher U. Der Hilfswiderstand dient dazu, in beweglichen Stationen den Empfangsstrom zu schwächen, wenn die Übertragung auf kurze Entfernungen stattfindet. Durch Verstellung des Handgriffs kann die Abstimmung gestört und damit die Wirkung der Wellen auf den Fritter verringert werden. Das Relais betätigt außer der Entfrittungsvorrichtung eine Rufglocke und das Morse-Schreibwerk. Die letzten beiden Apparate, wie auch die zugehörige Batterie von 4 Trockenelementen sind in der Figur nicht dargestellt.

Solange die Batterie nicht arbeitet, ist sie über eine Reihe Flüssigkeitswiderstände Q geschlossen, welche einerseits die Erschöpfung der Batterie, die bei Verwendung von Drahtnebenschlüssen aufträte, verhindern, anderseits die Extraströme infolge der Unterbrechungen der vom Relais abhängigen Stromkreise unschädlich machen und die Funkenbildung an den Relaiskontakten vermindern. Sobald der Relaisanker den Ortsstromkreis schließt, durchfließt der Ortsstrom die Windungen der Entfrittungsvorrichtung, deren Widerstand ungefähr 6 Ohm beträgt; gleichzeitig laden sich die Polarisationszellen, welche vom Relais kurzgeschlossen waren. Beim Abfallen des Relaisankers verzehren die Polarisationszellen die durch die Selbstinduktion der Entfrittungsvorrichtung und der Elektromagnete des Morse-Schreibwerks bei der Stromunterbrechung auftretende elektrische Energie, infolgedessen bei $D\,2$ kein schädlicher Unterbrechungsfunke entsteht.

Die Elektromagnete des Morse-Schreibwerks sind parallel zur Entfrittungsvorrichtung geschaltet. Das Morse-Schreibwerk ist mit 4 zu je 2 parallel verbundenen Spulen ausgerüstet, von welchen ein Paar vermittelst eines Unterbrechers ausgeschaltet werden kann. Eine Abzweigung von den ausschaltbaren Spulen führt zu einer Rufglocke, welche eingeschaltet wird, solange niemand zur Bedienung der Apparate im Apparatenraum anwesend ist.

Auch die Unterbrecherfunken der Rufglocke werden von einer Polarisationsbatterie aufgenommen, welche auf dem Grundbrett der Glocke selbst angebracht ist.

Zur Abstimmung der Stationen hat Slaby die S. 123 beschriebene Abstimmungsspule angegeben.

System Popoff-Ducretet.

Die allgemeinen Grundzüge dieses Systems stimmen mit
denen des Systems Marconi überein, wie auch bekanntermaßen

Fig. 194.

der Empfänger Popoff vor dem Empfänger Marconi entstanden
ist, mit welchem er alle wesentlichen Teile gemeinsam hat.

Doch zeigt das System Popoff-Ducretet in den Einzelheiten einige Besonderheiten. Die hauptsächlichste derselben besteht in der Anwendung des regulierbaren Fritters Ducretet (s. S. 140), welcher in gewöhnlicher Weise in den Stromkreis des Relais eingeschaltet ist. Bei Entfernungen, für welche die Sicherheit der Übertragung vermittelst des Relais nachzulassen beginnt, wird der Fritter durch das Radiotelephon Popoff-Ducretet, Fig. 118, S. 145, ersetzt. Als Relais wird das von Ducretet abgeänderte Siemens-Relais (s. S. 159), zur Aufzeichnung der Signale ein Morse-Schreibwerk benutzt.

Die Fig. 194 zeigt den Sendeapparat. Die beiden Kugeln des Erregers O stehen bzw. mit dem Sendedraht bei P und mit der Erde bei T in Verbindung. Bei I ist der Quecksilberunterbrecher mit seinem Elektromotor, bei M der Taster, dessen nähere Beschreibung auf S. 81 gegeben ist, dargestellt.

Auch in diesem System werden für die Übertragungen auf große Entfernungen abgestimmte Stromkreise verwendet. Dabei steht der Sendedraht nicht direkt mit einem der Pole des Funkeninduktors, sondern mit dem Sekundärdraht eines Tesla-Transformators, dessen Primärdraht zu einem Kondensator und zu dem Erreger geführt ist, in Verbindung.

In der Empfangsstation wird die Abstimmung dadurch bewirkt, daß im Fritterstromkreis vermittelst Gleitkontakte mehr oder minder große Abschnitte parallel auf einem Wandbrett ausgespannter Drähte eingeschaltet werden.

Die Luftdrähte zeigen die besonderen in Fig. 70 und 72 dargestellten Anordnungen. Das System gestattet den Nachrichtenaustausch zwischen Schiffen und Küsten auf Entfernungen von mehr als 200 km beim Gebrauch des Relais als Empfängers. Bei Benutzung des Radiotelephons und unter Anwendung bedeutenderer Energiemengen am Sendeapparat werden diese Entfernungen noch wesentlich übertroffen.

System Fessenden.

Der auf S. 102 beschriebene Luftdraht ist an einem Ende mit dem sekundären Draht einer Induktionsrolle, deren zweites Ende geerdet ist, verbunden. Sobald ein Hebelumschalter die Induktionsrolle dauernd einschaltet, zeigt der Apparat die Sendestellung. Zur Hervorbringung der Morse-Zeichen wird in gewöhnlicher Weise ein Taster, wie er auf S. 82 näher beschrieben ist, gehoben und gesenkt. Letzterer schließt und unterbricht nicht den Erregerstrom des Funkeninduktors, sondern ändert die Kapazität und die Selbstinduktion der schwingenden Stromkreise und stört damit die Abstimmung zwischen Sender und Empfänger oder stellt dieselbe wieder her.

Um von der Sendestellung in die Empfangsstellung überzugehen, genügt es, den Hebelumschalter umzulegen.

Der Empfangsstromkreis enthält den Luftdraht, einen Kondensator, eine Kapazität mit Induktanz, welche aus parallel ausgespannten, unter Öl liegenden Drähten besteht, und den Hitzdrahtwellenanzeiger nach der Beschreibung S. 155. Wie erwähnt, ist neuerdings an Stelle des Hitzdrahts die S. 156 beschriebene Einrichtung mit dem Flüssigkeitswellenanzeiger getreten.

Parallel zum Wellenanzeiger ist ein Telephon geschaltet, in welchem die Widerstandsänderungen im Wellenanzeiger, wie sie unter dem Einfluß der elektrischen Wellen stattfinden, in hörbare Zeichen umgewandelt werden.

Um die Empfindlichkeit des Apparats zu erhöhen und letztere auch zum hörbaren Anruf brauchbar zu machen, ist die Membrane des Telephons mit einem Mikrophonkontakt versehen, welcher mit der Primärwicklung eines Transformators verbunden ist, dessen Sekundärdraht zu einem lautwirkenden Telephon führt.

Der Apparat ist gegen atmosphärische Entladungen durch einen Fritter, welcher als Blitzableiter dient, geschützt.

Besondere Anordnungen werden getroffen, um festzustellen ob eine Station beschäftigt oder frei ist.

Weitere Eigentümlichkeiten des Systems Fessenden sind die folgenden: die unter Luftdruck arbeitende Funkenstrecke, (s. S. 97), welche für Entfernungen von 450 km mit gewöhnlichen Sendedrähten benutzt wird. Dieselbe Funkenstrecke wird angewendet bei Entfernungen von mehr als 180 km, wenn dabei Luftdrähte von 7,5 m Höhe gebraucht werden. Ferner eine Anordnung, bei welcher kurze Sendedrähte zusammen mit der Funkenstrecke in einer mit Wasser oder einer anderen Flüssigkeit von hoher Dielektrizitätskonstante umgebenen Röhre untergebracht sind, eine Anordnung, welche nach der Angabe ihres Urhebers die Energie der elektromagnetischen Wellen und deren Tragweite erheblich vermehren soll.

Wie erwähnt, gestattet das System eine große Übertragungsgeschwindigkeit und erfordert unter sonst gleichen Umständen eine geringere Länge der Luftdrähte im Vergleich zu anderen Systemen.

Fessenden ließ sich außer der beschriebenen Anordnung noch andere patentieren, welche hauptsächlich in der Empfangsvorrichtung verschieden sind. Für letztere wurde dabei die Erregung durch Induktion verwendet und damit die Aufschreibung der Zeichen durch einen Syphonschreiber oder durch ein phonographisches Verfahren verbunden. Ferner wurden von Fessenden noch andere Mittel zur Herstellung der Resonanz zwischen Sende- und Empfangsstationen angegeben.

Eines derselben beruht auf dem Gebrauch von zwei oder mehr Luftdrähten *a b c d* auf der einen Station und ebensovielen *a' b' c' d'* in der zweiten, welche paarweise, d. h. *a* mit *a'*, *b* mit *b'* etc., abgestimmt sind, wobei jedoch die Schwingungszahlen von *a b c d* unter sich sehr verschieden sind. Auf der Sendestation befindet sich ein Stromwechsler mit rotierendem Zylinder, auf welchem Metallkontakte derart angebracht sind, daß der Erregerstrom abwechselnd durch den einen oder den anderen der die einzelnen Luftdrähte oder mehrere gleichzeitig erregenden Stromkreise fließt. Die Umdrehungsgeschwindigkeit des Stromwechslers muß in enger Beziehung zur Bewegung des Papierstreifens auf der Empfangsstation stehen.

Auf der Empfangsstation sind die einzelnen Luftdrähte mit einem Fritter verbunden, welcher erregt wird, gleichgültig welcher Sendedraht oder welche Gruppe von Sendedrähten in Schwingungen gebracht sind.

System Forest.

Das System Forest, welches sich rasch in den Vereinigten Staaten von Amerika und in Kanada ausbreitet und hierselbst der Anwendung der Marconi-Apparate Abbruch tut, wurde von seinem Urheber als eine Anwendung des Lecherschen Stromkreises auf die drahtlose Telegraphie bezeichnet.

Die Fig. 195 zeigt schematisch die Sendeschaltung an. In *T* sind die Primär- und Sekundärspulen des Funkeninduktors angedeutet. Die Sekundärwicklung des letzteren ist parallel mit der Funkenstrecke *F* und dem Kondensator *C* verbunden, welche zusammen den Erreger bilden. Vom Kondensator gehen ferner zwei Drähte ab, welche auf eine Länge gleich der halben Wellenlänge dem Erreger parallel verlaufen. Am Ende, wo der Schwingungsknoten sich befindet, biegt sich der eine Draht nach oben zur Luftleitung, der andere nach unten zur Erde ab.

Da es in der Praxis unbequem wäre, die beiden horizontalen
Drähte in der in Fig. 195 angegebenen Weise zu benutzen, so
ersetzte Forest sie durch zwei nebeneinander-
liegende isolierte Drähte, aus welchen ein Kabel
gebildet ist, das über eine Spule in Schrauben-
windungen von nicht zu starkem Gang aufgewunden
wird. Gute Erfolge
wurden mit einer An-
ordnung erzielt, in
welcher der Schrau-
bengang 8 mm be-
trug, und die Spule
75 mm Durchmesser
aufwies.

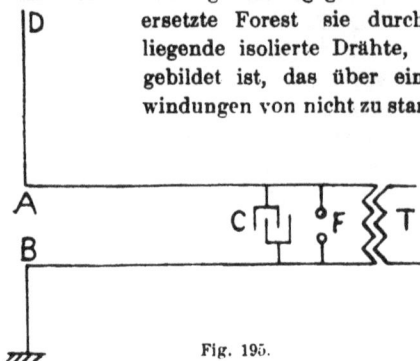

Fig. 195.

Fig. 196 gibt die
Schaltung an, wie sie von Forest zur Erregung des Oszillators
angewendet wird. An Stelle des Funkeninduktors ist ein von
einer Wechselstrommaschine gespeister Transformator benutzt.
Der Primärstrom von 110 Volt und 120 Stromwechseln, wird im
Sekundärstromkreis auf eine Spannung von 25000 Volt erhöht.

Die Zeichen werden durch Schließen und Öffnen des Primärstromkreises vermittelst eines in Ölbad arbeitenden Unterbrechers hervorgebracht.

Der Funke geht zwischen zwei Metallkugeln, welche
parallel zu einem geeigneten Kondensator geschaltet sind, über.
Die Platten sind einerseits
mit dem Sendedraht, anderseits mit der Erde verbunden,
unter Zwischenschaltung der
Doppeldrahtspule, welche in
der Figur weggelassen ist.
Die Fig. 197 zeigt eine der
verwendeten Schaltungen an
der Empfangsstation.

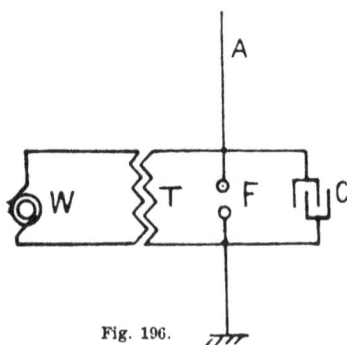

Die wichtigste Neuerung
besteht in der Anwendung
des de Forest-Smitheschen
Wellenanzeigers, welcher wie

Fig. 196.

erwähnt, als umgekehrter Fritter mit selbsttätiger Entfrittung
arbeitet.

Dieser Wellenanzeiger bietet für gewöhnlich einen geringen
elektrischen Widerstand, und ermöglicht daher im Stromkreis

des Telephons eine ziemlich hohe Stromstärke. In dem Moment, in welchem der Empfangsdraht von elektrischen Wellen getroffen wird, nimmt der Widerstand des umgekehrten Fritters rasch zu und das Telephon erzeugt einen Ton, welcher bei Ankunft eines jeden neuen Wellenzuges sich erneuert.

Anstatt eines einzigen Wellenanzeigers, können deren zwei, wie Fig. 197 angibt, verwendet werden, was die Anwendung einer höheren elektromotorischen Kraft ermöglicht. $S1$ und $S2$ sind gewöhnliche Drosselspulen; B stellt die Batterie dar, R einen Widerstand, welcher einen Nebenschluß zu Telephon und Kondensator bildet.

In anderer Schaltung trennt de Forest den Ortsstromkreis des Telephons vom Stromkreis des Sendedrahts und läßt beide Stromkreise durch Induktion vermittelst eines Transformators wirken. Auch wird gelegentlich das Telephon durch ein Relais ersetzt, welches einen Morseschreibapparat betätigt.

In den neuesten Versuchen mit seinem System, benutzte de Forest einen elektrolytischen Wellenanzeiger, über welchen jedoch nähere Einzelheiten nicht bekannt geworden sind.

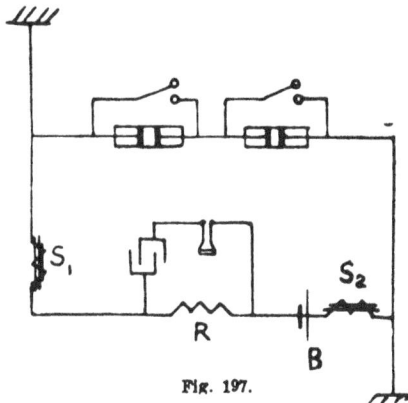

Fig. 197.

Es erübrigt auch die besondere Anordnung der Luftdrähte zu erwähnen. Sie besteht aus fünf 60 m hohen, am oberen Ende miteinander metallisch verbundenen und vermittelst eines ausgespannten Seils in einem gegenseitigen Abstand von 3 m gehaltenen Drähten. Am unteren Ende sind 4 Drähte metallisch miteinander verbunden und zu einer kleinen Metallkugel geführt. Der fünfte, davon getrennte Draht, führt zu einer zweiten Metallkugel. Zwischen den beiden Kugeln befindet sich eine dritte, die mit der Funkenstrecke verbunden ist.

Wenn die Vorrichtung zum Entsenden elektrischer Wellen dient, so gehen die Funken leicht zwischen der mittleren und den beiden Seitenkugeln über, so daß die Sendevorrichtung in gleicher Weise wirkt, wie wenn sie aus 5 parallelen Drähten bestünde. Dient die Einrichtung jedoch zur Aufnahme der Wellen, so bleibt das Bündel der 4 Drähte in Reihe geschaltet, mit dem fünften verbunden und bildet so mit den Erdverbindungen einen geschlossenen Stromkreis.

De Forest erhebt für seine Anordnung keinen Anspruch auf Resonanz und ist im übrigen der Meinung, daß eine vollkommene Abstimmung zwischen Sende- und Empfangsstation tatsächlich unmöglich ist. Er reguliert einfach die Stromkreise bis ein Maximum der Wirkung erzielt wird. Dabei wird nicht behauptet, daß eine Empfangsvorrichtung auf fremde Wellen nicht antworte, doch könnten letztere von den ersteren im allgemeinen wohl unterschieden werden.

Um die Apparate auf ein Maximum der Wirkung einzustellen, schaltet de Forest vermittelst eines Gleitkontaks in den Schwingungskreis eine mehr oder minder große Anzahl von Drahtwindungen ein, welche rings eines Zylinders von 45 cm Durchmesser aufgewickelt sind. Infolge der außerordentlich hohen Schwingungszahl genügt schon eine geringe Verschiebung des Gleitkontakts, um eine erhebliche Änderung in der Natur der entsandten Wellen hervorzubringen.

Als ein wesentlicher Vorteil gegenüber anderen Systemen, wird eine beträchtlich höhere Übertragungsgeschwindigkeit, welche 25—30 Worte in der Minute betragen soll, in Anspruch genommen.

Das System eignet sich auch zum Nachrichtenaustausch mit anderen Systemen. So hat beispielsweise die Station von Concy-Island Telegramme bis zu 112 km Entfernung dem Dampfer Deutschland zugesandt, welcher mit Marconiapparaten ausgerüstet war.

Neben den zahlreichen Anlagen in den Vereinigten Staaten von Amerika und von Kanada läßt die de Forest-Gesellschaft im Augenblick Maschinen von 150 KW Leistung bauen, welche in Kalifornien, auf Honolulu, in Manila und Hongkong für den Dienst der drahtlosen Telegraphie über den Stillen Ozean aufgestellt werden sollen. Ferner hat die New York Central Railway nach den befriedigenden Ergebnissen vorläufiger Versuche, das System de Forest angenommen, um ihre direkten Züge während der Fahrt in Verbindung mit den Stationen zu halten.

System Telefunken.

Obwohl das System Telefunken im wesentlichen aus einer Vereinigung der in den Grundzügen bereits beschriebenen Systeme Braun und Slaby-Arco besteht, erschien eine zusammenfassende Darstellung für die deutsche Bearbeitung des vorliegenden Werkes aus mehrfachen Gründen wünschenswert. Zunächst kann das System als das deutsche System bezeichnet werden, insoferne die in Deutschland bestehenden Anlagen für drahtlose Telegraphie ausnahmslos sich der Telefunkenapparate bedienen. Dann übertrifft nach dem augenblicklichen Stand der Dinge die praktische Ausbreitung des Systems an Zahl und Umfang der Einrichtungen nicht nur alle übrigen Systeme im einzelnen, sondern deren Gesamtheit, wonach die auf S. 171 bezüglich des Marconisystems befindliche Angabe zu berichtigen ist. Endlich entspricht es dem Plan der vorliegenden Sammlung, von Einzeldarstellungen in einem abgerundeten Beispiel zu zeigen, welche konstruktive Ausgestaltung die Gesamtheit der zahlreichen zusammenbestehenden Arbeitsbedingungen in ihrer letzten Vollendung gefunden hat. Dabei schien es zur Verdeutlichung des Zusammenhangs des Systems mit anderen, wie er sich dessen Vertretern darstellt, zweckmäßig, den Ausführungen der letzteren möglichst zu folgen, selbst auf die Gefahr hin, daß der Vortrag eine leichte Tonänderung erfährt.

1. Luftleiteranordnungen.

Im Gegensatz zu den sonst üblichen Anordnungen bevorzugt das System Luftleitergebilde mit viel Selbstinduktion. Diese ist sowohl gleichmäßig im Luftleiter verteilt, wie in Spulen in der Gegend des Strommaximums konzentriert. Meist werden nicht trichter- oder harfenförmige Gebilde mit vielen parallel geschalteten divergierenden Einzelleitern, sondern ein einfacher Luftleiter von großer Leitfähigkeit (für Ströme schneller Frequenz), welcher am obersten Ende mit einer großen Endkapazität ausgerüstet ist, benutzt. Hierdurch wird gegenüber den bisherigen Anordnungen beträchtlich an Höhe gespart. Beispielsweise können bei nur 15 m Masthöhe Strecken von 75—100 km über Wasser gut überbrückt werden. Die eigenartigen, die Energie langsam ausstrahlenden Luftleitergebilde sind vorteilhafterweise nur anwendbar in Verbindung mit den speziellen Einrichtungen für lose Koppelung des Senders und Empfängers, wie sie weiter unten beschrieben sind.

Für eine rationelle Energieausgabe bei langsamer Strahlung ist ein Haupterfordernis die größtmögliche Herabsetzung der Ohmschen Widerstände in allen Schwingungssystemen, daher auch im Luftleitersystem. Da für Landstationen in der Regel eine Erdverbindung mit sehr niedrigem Ohmschen Widerstande überhaupt nicht zu erzielen ist, wird hier statt einer Erdverbindung die Anordnung eines elektrischen Gegengewichtes, welches etwa gleich große oder größere Kapazität besitzt als das Luftleitergebilde, verwendet. Als erwünschte Nebenwirkung wird noch eine erhebliche Veringerung von atmosphärischen Störungen für den Empfänger und eine absolute Konstanz der Wellenlänge auch bei starken Feuchtigkeitsschwankungen des Erdreiches erzielt.

2. Sender.

Für >Senden und Empfangen< wird, wie allgemein üblich, ein und dasselbe Luftleitergebilde benutzt. Bei den Einrichtungen genügt ein Handgriff zur Umschaltung vom >Geben< zum >Empfangen< und umgekehrt. Beim Geben sind die Empfangsapparate durch einen Hauptausschalter vom Luftleiter getrennt, beim Empfang dagegen ist der Sender mit seinen Kondensatoren, Selbstinduktionsspulen u. s. w. vom Empfänger abgetrennt. Zur Erzielung dieser Vorgänge durch einen einzigen Handgriff ist eine >Umschaltfunkenstrecke< im Luftleiter angeordnet. Beim Senden gehen in dieser Funken über und verbinden den Luftleiter leitend mit den Sendeapparaten, beim Empfangen dagegen gehen keine Funken über und der Sender ist automatisch vom Luftleiter abgeschaltet.

Die Konstruktionen der Induktoren bezw. Transformatoren zur Ladung der Leydener Flaschen oder des Luftleiters zeigen keine besondere Eigenart, wohl aber die elektrische Dimensionierung ihrer Wicklungen. Einerseits wird die Resonanz zur Erzielung einer sekundären Spannungserhöhung und anderseits eine relativ >lose Koppelung< zwischen dem Induktor und der Stromquelle benutzt. Durch die Kombination dieser beiden entsteht eine ganz erhebliche primäre Energieersparnis, gegenüber den sonst gebräuchlichen Einrichtungen.

Die Pole der Sekundärwicklung des Induktors sind in bekannter Weise mit den als Hochspannungskondensatoren dienenden Leydener Flaschen verbunden. Ihr Ohmscher Widerstand ist gering. Daher ergibt sie entsprechend ihrer Selbstin-

duktion mit der Kapazität der Leydener Flaschen zusammen
eine ausgesprochene elektrische Eigenschwingung bestimmter
Periode. Die Kombinationen von Selbstinduktionen der Induktoren und Kapazitäten der Leydner Flaschen sind so gewählt,
daß diese Eigenperiode = 50 per Sekunde ist. Diese Eigenperiode stimmt also überein mit der gebräuchlichsten Periodenzahl der üblichen Wechselstrom-Installationen. Schließt man
daher einen solchen Induktor mit zugehöriger Flaschenkapazität
an eine normale Wechselstromleitung an, so ist zwar die Eigenschwingung des Sekundärsystems des Induktors mit dem primären Wechselstrom in Resonanz, diese ergibt aber weder reso-
natorische Spannungserhöhung, noch eine Energieersparnis.
Hierzu ist ein zweites wichtiges Moment, die passende Koppelung des Induktors oder Transformators mit der Stromquelle, erforderlich. Unter ›Koppelung‹ versteht man die elektrische
Verbindung zweier Wechselstromkreise. Nehmen wir zwei auf
gleiche Periode gestimmte Kreise, so geht bei ›fester‹ Koppelung die Energie schnell, d. h. bereits nach wenigen Schwingungen,
aus dem einen Kreise in den andern Kreis hinüber; umgekehrt
bei ›loser Koppelung‹. d. h. ›loser elektrischer Verbindung‹,
wird die Energie langsam von Kreis zu Kreis übertragen.

Die auf Resonanz gestimmten Induktoren sind mit der
Stromquelle relativ ›lose‹ gekoppelt. Die Stromquelle ist eine
Wechselstrommaschine, welche in ihrem Anker einen bestimmten
Betrag von Selbstinduktion enthält. Eine Drosselspule ist zwischen
der Maschine und der Primärwicklung des Induktors in den
Stromkreis eingeschaltet. Durch die richtige Bemessung dieser
zwei Selbstinduktionen im Verhältnis zu der primären des Induktors wird der geeignetste Koppelungsdraht eingestellt. Solange die Koppelung ›fest‹ ist, geht bei jedem Wechsel des
primären Wechselstromes stets eine Funkenentladung an den
Leydener Flaschen vor sich, also bei normalem Wechselstrom
von 100 Wechseln per Sekunde gehen 100 Funken per Sekunde
über. Sobald wir ›loser‹ koppeln, erreichen wir, daß die Energie
von zwei, drei oder mehreren aufeinanderfolgenden Wechseln
in der Magnetisierungsarbeit des Induktors oder Transformators
akkumuliert wird, und erst, wenn die akkumulierte Energie einen
bestimmten Energiebetrag erreicht hat und damit eine bestimmte
Spannungsdifferenz zwischen den Polen der Sekundärwickelung
erzeugt ist, setzt ein Entladefunken ein. Das Phänomen
welches entsteht, ist: per Sekunde entstehen weniger Funken
an den Flaschen als primäre Wechsel des Wechselstromes oder

kurz ausgedrückt ›langsame Funken‹. Versuche haben gezeigt, daß 20—30 Funken per Sekunde für die Wellenanzeiger der Empfangsstelle vollkommen ausreichen. Die Koppelung wird daher stets so eingerichtet, daß 20—30 Funken per Sekunde erhalten werden. Da die primäre Energie nicht mehr zur Erzeugung von 100, sondern nur von 20—30 Funken per Sekunde benutzt wird, so ist ihr mittlerer sekundlicher Wert im gleichen Verhältnis wie die Verringerung der sekundlichen Funkenzahl reduziert, also auf $^{30}/_{100}$ bis $^{20}/_{100}$. Es ist bekannt, daß die zur Überbrückung einer bestimmten Entfernung notwendige Primärenergie bei verschiedener Beschaffenheit der Atmosphäre stark schwankt, und daß man an ungünstigen Tagen die zweifache, ja die dreifache Energie braucht als an günstigen. Wir haben hier durch Veränderung der Koppelung und noch weitere Verringerung der Funkenzahl ein Mittel an der Hand, um an solchen ungünstigen Tagen durch Verringerung der Funkenzahl die Energie des einzelnen Funkens steigern zu können, ohne mehr Primärenergie zu brauchen. Allerdings muß die Telegraphiergeschwindigkeit bei einer Funkenfolge von 5—10 per Sekunde vermindert werden. Ein bei dieser Anordnung noch nebenbei erzielter Vorteil sei kurz erwähnt: vollkommen funkenfreies Arbeiten der Morse-Taster. Diese mit Resonanz und loser Koppelung arbeitenden Induktoren, welche von kleinen Gleichstrom - Wechselstrom - Umformern gespeist werden, werden bei einer Primärenergie von 0,5 KW aufwärts angewendet. Die Umformeraggregate sind außerordentlich klein, nicht viel größer als die sonst üblichen Motorunterbrecher. Ihre elektrische Verbindung mit dem Hauptschalter des Empfängers ist derart, daß sie beim Einstellen auf ›Empfang‹ stets stehen bleiben, und beim Umschalten auf ›Senden‹ anlaufen.

Ein ähnliches Prinzip der langsamen Energieübertragung, wie es zwischen den beiden Wechselstromkreisen des Induktors angewendet wird, ist auch zwischen Leydenerflaschenkreis und Luftleitersystem benutzt. Bei dieser hier mittels elektrischer Schwingungen erfolgenden Energieübertragung kommt eine noch erheblich ›losere Koppelung‹ zur Anwendung. Dies wurde erst durch die Serienfunkenstrecke, dann durch eine eigentümliche Gestaltung der Elektroden dieser Funkenstrecke, sowie durch Anwendung von Leitungsmaterial in den Schwingungskreisen, welches auch bei sehr hoher Schwingungszahl einen kleinen Ohmschen Widerstand besitzt, möglich. Bei allen losen Koppelungen bedeutet ein Ohmscher Widerstand irgendwo im Schwingungskreise, sei es im metallischen Leiter oder in einer Funkenstrecke, eine wesentlich größere Energievergeudung als bei festen Koppelungen. Denn bei ›loser‹ Koppelung bleibt die Energie länger in dem Kreise und muß daher öfter den betreffenden Ohmschen Widerstand passieren und Wärmeenergie in ihm abgeben. Die Veringerung dieser Verluste durch die oben angeführten Mittel bildet demnach die Voraussetzung für die rationelle Anwendbarkeit von losen Koppelungen bei Schwingungskreisen. Eine weitere Verbesserung der Funkenstrecke besteht in der Vergrößerung ihrer Elektroden. Hierdurch werden die Temperaturerhöhungen beim Funkenübergang verringert, sodaß die Einsatzspannungen der Funken auch bei längerem Telegraphieren konstant bleiben. Die Verwendung neuer Leitungsmaterialien von größerer Leitfähigkeit für die Wechselströme schneller Frequenz besteht darin, daß überall nach besonderem

Fig. 198.

Fabrikationsverfahren hergestellte, aus sehr feinen isolierten Einzeldrähten bestehende Kupferleiter verwendet werden. Bei den bisher angewandten massiven Leitern wurde der Leitungsquerschnitt nur sehr unvollkommen ausgenutzt. Denn das Magnetfeld der Ströme hoher Frequenz drängt, wie bekannt, die gesamte Stromleitung auf die äußerste Oberfläche zylindrischer Leiter hinaus. Das innere Kupfer ist elektrisch überhaupt nicht benutzt. Messungen haben ergeben, daß der verwendete Spezial-

15*

draht etwa zehnfache Leitfähigkeit für Schnellfrequenzströme
besitzt als der übliche Massiv- oder Litzendraht gleichen Quer-
schnitts. Die Fig. 198 zeigt eine Erregerselbstinduktionsspule
für eine 1000 km-Station.

Solche Sender geben nun einen anhaltenden, aber leisen
elektrischen Ton, der nicht ohne weiteres mehr von jedem auf-

Fig. 199.

gefangen werden kann. Anderseits werden mit diesen Sendern
in Verbindung mit den lose gekoppelten Empfängern, welche
weiter unten beschrieben werden, Abstimmschärfen und eine
Störungsfreiheit erzielt, welche fast unglaublich klingt. Ein
weiterer Vorteil dieser Sender bei Übertragungen über Land,
welches mit Energie absorbierender Bewaldung überzogen ist, ist

der, daß die Verluste geringer sind als bei den sonst üblichen fest gekoppelten Sendern mit schneller Strahlung.

Die heutige Konstruktion der Senderapparate weist eine große Zahl von Verbesserungen gegen früher auf. Erwähnt sei nur eine neue Anordnung von Leydener Flaschen, welche in Verbindung mit einer elektrischen Vorwärmung zu einer recht brauchbaren Hochspannungskondensatortype geführt hat. Ferner sei noch einmal auf die oben bereits erwähnte Serienfunken-strecke mit großen ringförmigen Elektroden, welche selbst bei Anwendung beträchtlicher Energiemengen ohne Gebläse konstant arbeitet, und einer Einstellung nicht bedarf, hingewiesen. (Fig. 199.) Schließlich stellt auch die Anordnung der variablen Selbstinduk-tion des Erregerkreises eine Konstruktion dar, welche zum ersten Male in Anwendung gebracht wird und welche es gestattet, bei jeder normalen Station die ausgesandten Wellenlängen in dem sehr großen Intervall von $\lambda = 100$ m bis $\lambda = 1000$ m zu verändern.

3. Empfänger.

Es ist eine Eigenart des Systems, fast stets zwei Empfänger gleichzeitig zur Aufnahme eines Telegrammes zu benutzen, nämlich einen Telephonempfänger mit einer elektrolytischen Zelle als Detektor. Dabei werden folgende Vorteile erreicht:

1. Kann mittels des Telephonempfängers der Empfangsluft-leiter in weniger als einer Minute auf irgend eine unbe-kannte Wellenlänge eines fernen Senders abgestimmt werden.
2. Kann die Länge dieser Welle auf 3% genau (je nach der Dämpfung des Senders) an der Empfangsstelle gemessen und in Metern Wellenlänge angegeben werden. Es kann auch hierbei der Koppelungsgrad des unbekannten Senders oder sein >Spektrum< analysiert werden.
3. Es ist hiermit bereits die Hälfte der gesamten Empfangs-abstimmung des Schreibempfängers erledigt, nämlich die Abstimmung des Luftleiters. Da hierbei auch die Wellen-länge bekannt geworden ist, so ist die Einstellung des den Körner - Fritter enthaltenden sekundären Schwingungs-systems auch in ca. 1—3 Minuten fertigzustellen und damit der Schreiber ebenfalls in Arbeit.
4. Es gehen nunmehr beide Detektoren gleichzeitig, und es kann daher, wenn zwei Bedienungspersonen vorhanden sind, jedes Telegramm der Sicherheit wegen, auf zwei Arten aufgenommen werden.

Dieses gleichzeitige Arbeiten zweier Empfänger ist nur
dadurch möglich, daß beide lose mit dem Luftleiter gekoppelt
sind. Die lose Koppelung wird bei der Zelle durch zwei verschiedene Schaltungsweisen erreicht. Bei der einen liegt die
Zelle in bekannter Weise im Luftdraht. Neu ist hierbei die
Parallelschaltung eines Kondensators beträchtlicher Kapazität
zur Zelle. Es wird dadurch erreicht, daß trotz des hohen Ohmschen
Widerstandes die Zelle den Empfangsdraht nur wenig dämpft,
da durch den parallelen Kondensator für die Schwingungen ein
ungedämpfter Nebenweg geschaffen ist und von der gesamten
im Empfangsdraht schwingender Energie pro Schwingung nur
ein kleiner Betrag entsprechend der kleinen, am Kondensator
großer Kapazität entstehenden Spannung durch die Zelle absorbiert wird. Durch einfache Schalthebeldrehung kann indessen
diese Schaltungsweise in eine solche mit noch wesentlich ver-
schärfter Abstimmung mitten im Betriebe verändert werden.
Bei der letzten liegt die Zelle nicht im Luftleiter selber, sondern
ebenso wie der Körner-Fritter in einem sekundären geschlossenen
Schwingungssystem, welchem durch variable, lose induktive
Koppelung durch einige im Empfangsdraht liegende Primär-
windungen die Empfangsenergie zugeführt wird. Ebenso wie
beim Körner-Fritter liegt zur Zelle parallel ein Kondensator. Der
Zweck ist indessen hier ein etwas anderer. Während dieser
beim Körner-Fritter eine resulierende, möglichst konstante Kapazität im Sekundärsystem ergeben soll (er ist hierfür etwa 5 mal
so groß als die Eigenkapazität des Körner-Fritters), so dient er
parallel zur elektrolytischen Zelle in der Hauptsache wieder dazu,
deren dämpfenden Einfluß auf das sekundäre System zu verringern. In diesem Falle richtet sich die Größe des Kondensators nach der Dämpfung der Schwingungskreise und wird um
so größer, je kleiner diese ist. Eine ebenso wichtige Maßnahme
wie der Kondensator, parallel zum Detektor, ist die Benutzung
von aus isolierten sehr feinen Einzelleitern bestehenden Litzendraht zur Bewickelung der Sekundärspulen. Bei Verwendung
gewöhnlichen Drahtes können Empfangskoppelungen nicht
annähernd so lose ausgeführt werden, wie bei dieser Anordnung.

Mit diesen sehr losen Koppelungen werden (in Verbindung
mit den wenig gedämpften Sendern) sehr hohe Abstimmschärfen, und daher große Freiheit gegen atmosphärische Störungen
oder gegen solche fremder Sender anderer Wellenlänge, ja selbst
bei gleicher Wellenlänge aber anderer Dämpfung erzielt. Es

erscheint heute möglich, die gleichzeitigen Telegramme der verschiedenen Sender von gleicher Wellenlänge an ein und derselben Stelle getrennt zu empfangen, wenn beide Sender nur sehr verschieden gedämpft sind. Nehmen wir zwei gleichzeitig arbeitende Sender gleicher Intensität und gleicher Dämpfung an, so kann heute nach Belieben auf dem einen oder andern empfangen werden, bei einer Dissonanz von

a) 5% mit dem Schreibapparat,
b) $2\frac{1}{2}\%$ mit dem Hörapparat.

Wenn ferner berücksichtigt wird, daß man aus einem Luftdraht mit der Grundschwingung 300 m heute jede Wellenlänge im Intervall von etwa: 150—800 m fast ohne Intensitätsschwächung und etwa bis 1500 m mit nur geringer Intensitätsschwächung hervorgehen lassen kann, so ergiebt sich eine sehr große Zahl gegenseitig (unter oben angedeuteten Verhältnissen) störungsfrei arbeitender Wellenlängen. Ein konkretes Beispiel sei noch angeführt. Zwei Sender seien von etwa 100% Dissonanz und ziemlich gleicher Intensität; der Empfänger ist 0,15 km von dem einen dieser beiden Sender entfernt, und kann von diesem trotz dieser großen Nähe nicht darin gestört werden, die Telegramme des anderen Senders gut zu empfangen, welcher 25 km entfernt ist.

Da für beide Empfänger die Konstruktionen der Koppelungen sukzessive Veränderung des Koppelungsgrades leicht ermöglichen, kann je nach Intensität und Dämpfung des Senders mit festerer und loserer Koppelung empfangen werden.

Fig. 200.

Die konstruktive Anordnung des Ganzen ist folgendermaßen gekennzeichnet:

1. Der komplette Doppelempfänger mit allen Hilfsapparaten ist auf einem Brett montiert.
2. Eine einzige Hauptschalterwalze bedient alle Leitungen.
3. Alle Hauptteile, wie Detektoren, Klopfer, Relais usw. sind nicht verschraubt, sondern nur eingestöpselt, sie sind daher mit einem einzigen Griff auswechselbar.

4. Die Detektoren, sowohl Fritter wie elektrolytische Zelle,
   haben keine justierbaren Einzelteile und sind vollkommen
   luftdicht abgeschlossen; das letztere gilt auch für das
   Relais.

5. Auf dem Apparatenbrett sind Prüfanschlüsse und Prüf-
   widerstände angebracht, sodaß man jederzeit die Empfindlichkeit der Einstellung kontrollieren, bezw. einen Fehler
   sehr schnell finden kann.

6. Ausser der Koppelung ist auch die Empfangswellenlänge
   in sehr weiten Grenzen regulierbar, nämlich etwa von
   100—1100 m. Die Fig. 200 zeigt die Vorrichtung zur Veränderung der Eigenschwingung des Luftdrahtes.

4. Hilfsapparate.

Seit dem Jahre 1901 war es das Bestreben, die Stationen
mit Einrichtungen zu versehen, welche eine stetige Veränderung
der ausgesandten und aufzunehmenden Wellenlänge gestatten.
Zunächst wurden bei allen Schwingungskreisen die eingeschalteten
Selbstinduktionsspulen (sowohl beim Sender wie Empfänger),
durch verschiebbare Schleifkontakte auf den Windungen dieser
Spulen stetig variabel gemacht. Es stellte sich indessen im Laufe
der Zeit heraus, daß bei diesen Konstruktionen für den Em-
pfänger bisweilen Unzuträglichkeiten hieraus resultierten. Die
Kontaktstellen hatten bisweilen, namentlich bei ungenügender
Einstellung, hohe Ohmsche Übergangswiderstände und diese
dämpften durch Energieabsorption. Diese Spulen mit Schleif-
kontakten für die Empfänger werden nur noch in verbesserter
Form bei den Sendern beibehalten. Man begnügt sich beim
Empfänger mit zahlreichen Stöpselanschlüssen, durch welche die
Selbstinduktionswerte sprungweise verändert werden.

Trotzdem wird auch für den Empfänger eine stetige Veränderung der Wellenlänge erhalten, da bei ihnen ein stetig vari-
abler Kondensator benutzt wird, bei welchem Übergangswiderstände
seiner Konstruktion nach ausgeschlossen sind. Diese variablen
Kondensatoren, welche bei jeder Station in 4—5 Exemplaren
angewendet werden, bestehen aus zwei Systemen halbkreisförmiger
Platten, von denen das eine System feststeht, während das andere auf einer drehbaren Achse angeordnet ist, derart, daß man
nach Belieben diese Platten entweder so einstellen kann, daß
sie sich gegenseitig ganz, teilweise oder gar nicht decken. Die
Kapazität ist stets proportional der Größe der sich deckenden

Flächen. Als Dielektrikum zwischen den Platten wird entweder Luft oder ein Öl von hoher elektrischer Durchschlagsfestigkeit benutzt. Das letztere kommt dann zur Anwendung, wenn diese Kondensatoren durch Hochspannung beansprucht werden sollen. Ein Zeiger an der drehbaren Achse und eine in Grade geteilte Skala gestatten, die jeweilige Einstellung genau abzulesen.

Seit dem Jahre 1901 werden die Wellenlängen der Sender und Empfänger gemessen. Das einfachste Meßinstrument ist eine Selbstinduktionsspule, deren Windungszahl variabel ist, und in welcher von dem zu messenden Schwingungssystem aus Schwingungen erregt werden, welche in dem Moment, wo die Meßspule auf gleiche Schwingungszahl gestimmt ist, durch Resonanz eine maximale Spannung erhalten. Diese Spannung wird sichtbar gemacht nach Professor Slaby durch eine fluoreszierende Substanz.

Fig. 201.

Die Länge der in Resonanz kommenden Meßspule bietet ein Maß für die Wellenlänge. Genauer als diese Meßstäbe arbeiten wegen ihrer geringen Dämpfung die als geschlossene Schwingungskreise ausgestalteten Wellenmesser nach Dönitz, (s. S. 125), bei welchen der Eintritt einer maximalen Stromstärke bei Resonanz durch ein Hitzdrahtthermometer angezeigt wird. Bei diesen Wellenmessern wird die Wellenlänge aus der Kapazitätseinstellung eines variablen

Kondensators nach der (im vorigen Absatz) beschriebenen Konstruktion abgelesen. Ein Wellenmesser umfaßt einen Meßbereich
von 150—1100 m Wellenlänge.

Die letzte Form des Quecksilberturbinenunterbrechers zeigt
Fig. 202.

5. Gesamter neuer Stationsaufbau.

Die heutige neue Stationstype unterscheidet sich im wesentlichen von den bisherigen in folgenden Punkten:

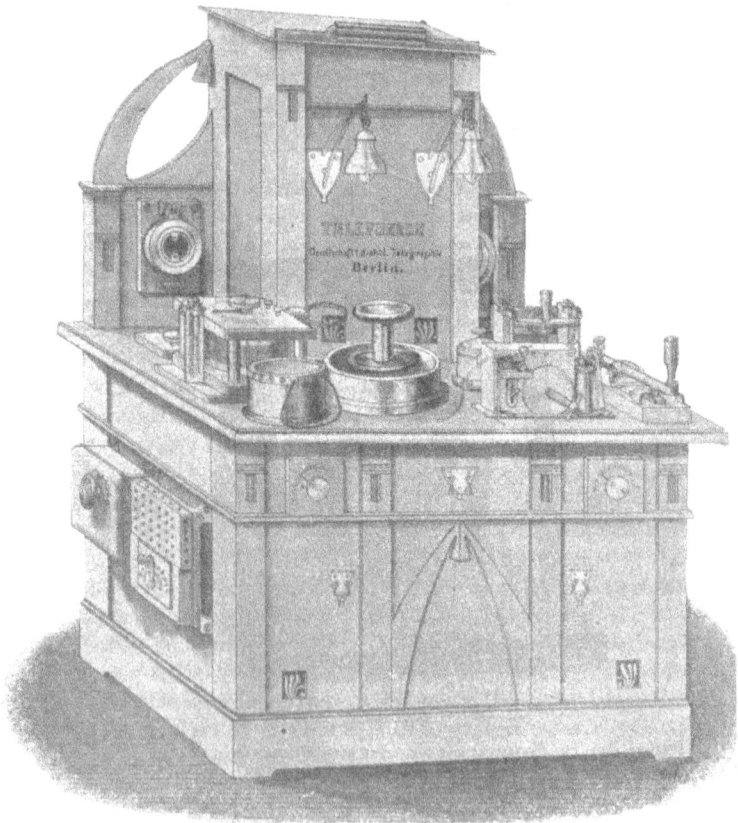

Fig. 202.

Die neue Station bildet ein Ganzes in Form eines schreib-
tischartigen Aufbaues. (Fig. 202.) Im Innern sind die Apparate

des Senders excl. des, bezw. der an der Wand zu befestigenden Induktoren, außen auf der Tischplatte oben stehen die Apparate des Empfängers. Mittels bequemer Drehschalter kann jede beliebige Wellenlänge des Senders und Empfängers eingestellt werden. Der eigentliche Empfangsapparat als selbständiger Apparat ist verschwunden, die Einzelteile desselben sind in bequem übersichtlicher und leicht auswechselbarer Weise oben auf der Schreibtischplatte montiert. Ein Hör- und ein Schreibempfänger zusammen bilden die Empfangsstation. Die Hochspannungsteile des Senders sind im Innern des Tisches so eingebaut, daß selbst bei starker Feuchtigkeit der Atmosphäre Isolationsschwierigkeiten nicht mehr entstehen können. Das Geräusch der Senderfunken ist fast vollkommen nach außen abgedämpft. Normal ist diese Stationstype für 200 km über Wasser bestimmt. Die Reichweite kann indessen auf 500 km erweitert werden, indem einfach die Größe der Leydener Flaschenbatterie, welche ebenfalls im Innern des Schreibtischaufbaues eingesetzt ist, auf das Dreifache vermehrt wird und dementsprechend zur Ladung derselben zwei Induktoren statt eines Verwendung finden. Ein Wellenmesser neuester Konstruktion, im Apparatentische innen eingebaut, aber mit außen liegender Ablesevorrichtung, ermöglicht jederzeit, die Länge der gesandten, wie der aufgenommenen Wellen genauestens ablesen zu können.

Der Empfangsapparat.

Der Empfangsapparat ist ein Schreibempfänger unter Benutzung eines Körnerfritters als Wellenanzeiger.

Der Apparat enthält folgende Stromkreise:

1. Stromkreis des Empfangsluftleiters (primärer Schwingungskreis, Farbe des Leitungsdrahtes braun).
2. Stromkreis des geschlossenen Sekundärsystems (sekundärer Schwingungskreis, Farbe des Leitungsdrahtes braun).
3. Stromkreis für den Gleichstrom des Fritters (Farbe der Leitungsdrähte braun).
4. Stromkreis des Klopfers bzw. Morse (Farbe der Leitungen schwarz bzw. rot).
5. Stromkreis des Gebers zur Blockung desselben beim Geben, (Farbe der Leitung schwarz).

Die Zahlenbezeichnungen beziehen sich auf die Schemas Fig. 203 und 204 und zwar diejenigen unter 33 auf das erstere, die höheren auf das letztere.

Der Apparat ist so konstruiert, daß durch Umlegen des Hauptschalters beim Geben der eigenen Stationen:

a) der Luftleiter abgenommen und isoliert ist,

b) der Primärstrom des Induktors geschlossen,

c) sämtliche Stromkreise des Fritters und Klopfers bzw. Morsestromes geöffnet sind.

Umgekehrt beim Empfang ist der Primärstrom des Induktors geöffnet, dagegen sind sämtliche Stromkreise des Empfängers geschlossen.

Um zu verhindern, daß während des Gebens der eigenen Station überhaupt Induktionsströme durch das Pulver des Fritters fließen, wird der an dem Hauptschalter des Apparates angebrachte Fritter beim Geben senkrecht und aufwärts gestellt.

Ein Nachstellen des Klopfers bei Verdrehungen von unrunden Frittern mit Keilspalt, D. R. P. Nr. 116113 um die Längsachse zur Veränderung ihrer Empfindlichkeit ist dadurch unnötig geworden, daß der Fritter fest nur in der Mitte aufliegt, während seine beiden Enden, von elastischen Federn gehalten nachgeben. Der Abstand zwischen Klopferkugel und Berührungsfläche des Fritters ist daher auch bei unrunden Frittern in jeder Stellung des Fritters konstant.

Der Anschluß des Empfangsapparates an den Morse wird durch Kontaktfedern beim Aufsetzen des Apparates auf den Morse selbsttätig bewirkt, ohne daß Drahtanschlüsse vorzunehmen sind.

Die Schaltungsweise des Klopfers ist nach D. R. P. Nr. 113285 derart ausgeführt, daß der Klopfer automatisch den Fritterstrom stets unmittelbar vor dem Klopferschlage öffnet. Hierdurch wird die Auslösung des Fritters wesentlich erleichtert und das Arbeiten desselben sehr sicher. (S. 141.).

1. Stromkreis des Empfangsluftleiters. Der Luftleiter L (Fig. 208) wird an das linke Ende des Hauptschalters bei 1 angelegt. Dieses ist durch einen braunen Draht mit Klemme 2 verbunden. Mit 2 wird das eine Ende der Primärwicklung des Empfangstransformators 3 verbunden, während das andere Ende 4 desselben entweder direkt oder durch einen variablen Plattenkondensator (12 bis 24 Platten), sei es mit Erde oder mit einem Gegengewichte, verbunden wird. Beim Senden wird durch Öffnen des Hauptschalters der Luftleiter bei 1 isoliert und die Leitung der Primärspule des Empfangstransformators unterbrochen.

2. Stromkreis des geschlossenen Sekundärempfangssystems. Die sekundäre Transformatorwicklung 6 ist einerseits durch den Stöpselanschluß 5 und die Leitung 18 durch den linken Fritterausschalter mit der Haltefeder 16 und dem linken Fritterpol 15 verbunden. Der andere Fritterpol 14 ist durch die Haltefeder 13 und den rechten Ausschalter 12 an den (unveränderlichen) gegenüber dem Fritterapparat großen Kondensator 11 (0,01 Mf.) im Empfangsapparat geführt und durch den Ausschalter 10 mit der zweiten Anschlußklemme 8

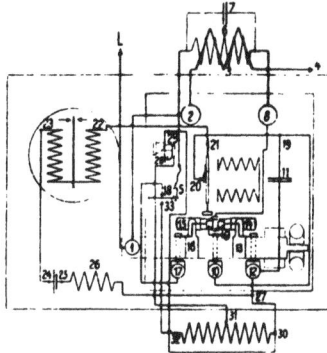

Fig. 203.

an die Sekundärwicklung des Transformators angeschlossen. Parallel zu dieser liegt der variable sekundäre Plattenkondensator 7 (1 bis 3 Platten). Während des Gebens wird dieser Kreis durch Öffnung des Hauptschalters in den drei Punkten: 16/17, 10, 13/14 unterbrochen.

3. Der Stromkreis des Frittergleichstromes ist von den beiden Polen des Kondensators 11 abgezweigt. Vom Punkte 19 beginnend geht die Leitung durch den Unterbrecher am Klopfer 20/21 durch die Relaisspulen 22/23, welche einen Widerstand von ca. 20 000 Ohm haben, zum Fritterelement 24 und vom anderen Pole desselben 25 zu einem induktionsfreien Widerstand 26 (ca. 6000—10 000 Ohm) nach 27 und kommt über den Anschluß 12 nach dem anderen Pol des Apparatekondensators 11 zurück.

In diesem Kreise ist durch den Kontaktknopf 5 auch der im Empfangsapparat eingebaute Relais-Prüfwiderstand 30, 31, 32 einschaltbar. Die Schaltung ist derart, daß beim Niederdrücken des Knopfes 5 der Fritter ausgeschaltet wird und an seinerstatt der Prüfwiderstand eingeschaltet wird. Dieser ist in zwei Hälften, 31—32, 31—30, gewickelt, von denen jede entweder 50 000 oder 25 000 Ohm Widerstand hat und von denen die eine, nämlich die Hälfte 31/30, durch den Kippschalter 28/29 kurz geschlossen werden kann. Beim Niederdrücken des Kontaktstöpsels 5 wird die Verbindung 18 zum Fritterpol 15 gelöst und statt dessen die Leitung über 33, 32, 30 nach 27, 12, 11 hergestellt. Die

Prüfung ist in diesem Falle mit 100000 bzw. 50000 Ohm ausgeführt. Wird dagegen der Kippschalter 28/29 und damit der Widerstand 31/30 geschlossen, so erfolgt die Prüfung nur mit 50000 bzw. 25000 Ohm. Während der Prüfung ist die sekundäre Transformatorspule stets in den Prüfkreis eingeschlossen, so daß etwaige schlechte Kontakte in dieser sofort wahrgenommen werden.

4. Der Stromkreis des Klopfers. Die Wicklung 37 der Klopfermagnete (2 mal 6), Fig. 204, ist durch den vom Hauptausschalter betätigten Kontakt 36/35 einerseits mit dem Arbeitskontakt des Relais 34 verbunden und anderseits durch die Leitung 38/39 und die im Apparate liegende, aus 4 Trockenelementen bestehende Batterie 400/41 und den Schalter 422/43 mit der Relaiszunge 44 Beim Rechtsausschlag der Zunge wird demnach

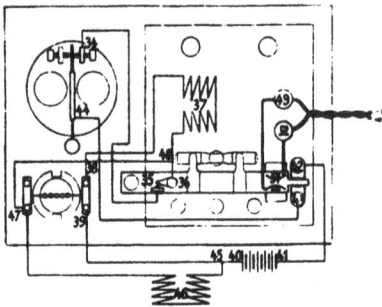

Fig. 204.

der Stromkreis der Batterie 40/41 geschlossen. Parallel zur Klopferwicklung ist die Morsewicklung (2 mal 5 Ohm) 46 geschaltet, deren einer Pol bei 45 mit der Klopferwicklung 38, deren anderer Pol durch Leitung 47 an die Klopferwicklung bei 48 angeschlossen ist. Die Kapazität einer Polarisationsbatterie, welche bei 47 und 39 parallel zur Klopfer- und Morsewicklung geschaltet ist, beseitigt die Selbstinduktion dieser Spulen und bewirkt daher ein Verschwinden des zwischen den Relaiskontakten 44, 34 auftretenden Öffnungsfunkens, der ein exaktes Auslösen des Fritters unmöglich macht.

5. Der Niederspannungskreis des Gebers ist zum Zwecke der Blockierung des Gebers bei der Empfangsstellung durch die Stöpselleitung 49/52 und die Kontakte 50/51 mit dem Hauptschalter des Empfangsapparates derart in Verbindung gebracht, daß nur bei Vertikalstellung des Empfangsschalters die letztgenannten Kontakte und damit der primäre Strom des Senders geschlossen sind.

Einstellung.

a) Der Starkstrom wird geschlossen durch Anlegen der einen beim Versand gelösten Verbindung an die am Apparatekasten befindlichen Starkstrombatterien.

b) Durch leichtes Hinüberdrücken des Relaisgegengewichtes bei niedergelegtem Hauptempfangsschalter nach links wird der Relaiskontakt geschlossen, wobei Klopfer- und Morseanker angezogen werden. Beim Loslassen des Gegengewichtes müssen beide gleichzeitig abreißen. Tritt das Anziehen beider nicht ein, so ist ein Punkt derjenigen Leitungen defekt, welcher zum Verzweigungspunkte beider Elektromagnetwicklungen führt. Wird dagegen nur ein Anker angezogen, so ist ein Punkt der Leitung von den Verzweigungspunkten bis zu der einen Wicklung defekt oder die eine der beiden Ankerregulierfedern ist zu stark angespannt.

c) Nach Herstellung der Verbindungen mit dem Empfangstransformator wird (ohne eingesetzten Fritter) der Fritterstromkreis untersucht. Die an einem Pole der sekundären Transformatorwicklung zu befestigende grüne Schnur, welche mit dem Stöpsel 5 endigt (Fig. 203), wird aus dem Stöpselloch herausgezogen und mit diesem die Kontaktfeder 13 berührt. Alsdann wird der Relaiskonus so lange in der Pfeilrichtung ›empfindlicher‹ gedreht, bis der Klopfer zu rasseln anfängt, immer schneller rasselt und schließlich angezogen kleben bleibt. Dieser Zustand des Klebenbleibens darf keinesfalls längere Zeit dauern, da hierbei die Starkstrombatterie durch die Klopfer- und Morsewicklung kurz geschlossen zu stark beansprucht wird und hierdurch leicht verdirbt. Es ist daher der Konus sofort um so viel wieder zurückzudrehen, bis das Kleben aufhört. Sollte das Kleben des Klopfers eintreten, ohne daß der Klopfer vorher gerasselt hat, so ist entweder der Unterbrecher des Klopfers unrichtig eingestellt, oder die Leitung des Fritterstromkreises an irgend einer Stelle defekt. Man untersuche zunächst den Unterbrecher. Dieser soll so eingestellt sein, daß ein Öffnen erst etwa $^1\!/_2$ mm vorher eintritt, ehe die Klopferkugel gleiche Höhe mit dem oberen Rande des zur Auflage des Fritters dienenden mittleren Bockes hat. Ist diese Einstellung kontrolliert und in Ordnung befunden, und tritt das Rasseln des Klopfers trotzdem nicht ein, so ist entweder die Leitung des Fritterkreises oder das Relais in Unordnung. Das Auffinden des Fehlers geschieht am leichtesten mit Hilfe eines Telephons oder empfindlichen Galvanoskops. Ein solches wird zunächst zwischen 13 und 5 geschaltet und das Vorhandensein eines Stromes von ca. 0,05 Milliampere konstatiert; ist ein solcher Strom vorhanden, so liegt der Fehler für das Nichtansprechen im Relais; die Untersuchung im Relais wird weiter unten beschrieben werden. Ist kein Strom nachweisbar, so muß die ganze Leitung abgesucht werden. Hierzu verfährt man zweckmäßig in folgender Weise :

Der eine Pol eines solchen Instrumentes wird, nachdem man sich überzeugt hat, daß der Kontakt 12—13 Schluß macht und in Ordnung ist, mit 13 verbunden, der andere Pol zunächst mit dem Punkte 24. Von 24 ausgehend, sucht man, falls bei Punkt 24 Spannung festgestellt ist, allmählich die Leitung ab durch nacheinander Anlegen an 23, 22, 21, 20, 19, 10, 8 und schließlich an 5. Es ist hierbei durch einpoliges Abschalten des Kondensators 11 zu prüfen, ob dieser Kondensator vielleicht Kurzschluß hatte.

Bei diesem Vorgehen wird ein Fehler am schnellsten gefunden. Nichtsystematisches Herumprobieren führt wesentlich langsamer zum Ziel.

Ist trotz des Vorhandenseins von Strom zwischen 5 und 13 der Klopfer nicht zum Rasseln zu bringen, so liegt die Schuld am Relais. Es sind hier folgende Möglichkeiten vorhanden :

Gegengeschaltete Relaisspulen.

Zur Kontrolle ist eine Spule kurz zu schließen.

Klemmen der Relaiszunge im Lager.

Zur Kontrolle sind die Polschuhe des Relais zu entfernen und die beiden Zungenkontakte weit auseinander zu stellen. Alsdann muß die Zunge bei Berührung mit dem Finger leicht spielen und darf an der Ausführung des Gegengewichtes nicht anschlagen.

Verschmutzung der Relaiskontakte.

Dieselben sind durch die Lupe zu besichtigen und müssen hochglanzpolierte Flächen zeigen.

Beim Entfernen der Polschuhe ist stets der rechte zuerst abzunehmen.

Das Relais ist in folgender Weise nach Beseitigung des Fehlers neu einzustellen :

Man schraube den Ruhekontakt soweit hinein, daß seine Kontaktspitze etwa in der Mitte steht. Alsdann wird der linke Polschuh aufgesetzt und an die Zunge bis auf einen Abstand von 2—4 mm genähert. Dann wird der rechte Polschuh aufgesetzt und vorsichtig genähert, bis die Relaiszunge vom Ruhekontakt abreißt. Hierauf wird der rechte Polschuh soviel zurückgezogen, bis die mit dem Finger an den Ruhekontakt zurückgedrückte Zunge an diesem gerade noch haften bleibt. Nun wird sehr vorsichtig der Arbeitskontakt soweit hineingeschraubt, bis er mit der Zunge Kontakt macht, und dann nur um soviel zurückgedreht, daß dieser Kontakt wieder aufhört.

Soll ein Relais wenig auf Erschütterung und Schwankungen reagieren, so muß der Luftzwischenraum zwischen den Polschuhen und der Zunge noch kleiner gemacht werden. Desgleichen empfiehlt es sich in diesem Falle, nach der Entfernung der Polschuhe und bei auseinander geschraubten Kontakten das Relais hin und her zu bewegen und die Gegengewichtskugel so lange zu verstellen, bis die Zunge völlig ausbalanziert ist.

Bei Relais, bei denen die Zunge im Lager Luft hat, ist es vorteilhaft, den Polabstand größer zu wählen, bei solchen, wo die Zunge schwer geht, möglichst klein. Die Empfindlichkeit des Relais steigt, wenn die Bewegung der Zungen zwischen den Kontakten klein ist. Auf die möglichst enge Einstellung dieser ist daher viel Wert zu legen. Da eine enge Einstellung ohne häufiges »Kleben« des Relais nur bei Abwesenheit von Funken erreichbar, so muß man bei schlechten Relais nach dem Vorhandensein eines solchen mit der Lupe genau nachforschen. Ein Öffnungsfunke kommt häufig durch Verunreinigung der Kontakte durch Öl zustande, oder ist veranlaßt dadurch, daß die Kontaktfläche der Zunge durch ungeschicktes Zusammenpressen der Kontaktschrauben uneben gemacht ist. Solche Unebenheiten müssen durch Reiben mit feinster Schmirgelleinwand beseitigt und hinterher muß die Fläche mit Wiener Kalk oder Pariser Rot poliert werden. Das Einstellen der Kontaktschrauben ist daher sehr vorsichtig vorzunehmen.

Das Schmieren der Relaislagerung mit Öl oder Petroleum ist unzulässig. Eine Reinigung desselben oder eine Reparatur soll nur durch einen Uhrmacher erfolgen.

Das feine Einstellen des Relais erfolgt nur durch Drehung des Stellkonus in der Pfeilrichtung so lange, bis der Klopfer rasselt und klebt, und durch Zurückdrehen um soviel, daß das Kleben aufhört. Es empfiehlt sich, beim Zurückdrehen auf den Empfangsapparat leicht zu klopfen.

d) Wir setzen den Fritter jetzt ein und überzeugen uns, daß beim Niederdrücken des Klopferankers von Hand die Klopferkugel den Fritter schon berührt, wenn der Klopferanker noch ca. $\frac{1}{3}$ mm von den Klopferstiften, welche in den Eisenkernen der Klopfermagnete sitzen, entfernt ist. Außerdem überzeugen wir uns von der Öffnung des Klopferunterbrechers in dem Moment, wo die Klopferkugel noch ca. 1 mm vom Fritter ab ist.

e) Prüfung des Relais und Klopfers mit dem Widerstand. Der Stöpsel 5 wird in das Kontaktloch 18 eingesteckt und durch Umkippen des Knopfschalters die Kontakte 28—29 kurz geschlossen. Jetzt wird Knopf 5 niedergedrückt und so das Relais mit Klopfer geprüft. Alsdann wird durch Umlegen des Schalters die Verbindung 28—29 geöffnet und dann Knopf 5 wieder niedergedrückt. Die Konusregulierung des Relais wird solange gedreht, bis der Klopfer beim Drücken und Loslassen des Knopfes 5 ganz exakt Morsezeichen wiedergibt. Bei der Einstellung des Klopfers ist folgendes zu beachten:

Der Hub der Klopferkugel wird am besten ca. 2—3 mm groß gemacht. Das Aufwärtsgehen des Klopferankers soll durch den Anschlag an die mit einem Gummipolster versehene Stellschraube begrenzt sein. Gleichzeitig mit dem Klopfer wird der Morse einreguliert, bis er beim Drücken und Loslassen des Prüfknopfes gute Morsezeichen schreibt.

Bei der Regulierung des Morse ist folgendes zu beachten: Die Begrenzung des Hubes des Morseankers nach unten soll stets durch Aufschlagen des Hebels auf die untere Stellschraube, nicht etwa durch Aufschlagen auf das Eisen der Elektromagnete oder durch das Schreibrad erfolgen. Der Anschlag ist so einzustellen, daß beim Niederdrücken des Ankers von Hand das laufende Papierband beim Schreiben nicht gebremst wird. Schreibt der Morse statt glatter Striche nur Punktreihen, so ist die Abreißfeder des Morseschreibers loser zu stellen. Ist hiermit der Fehler noch nicht beseitigt, so muß durch Anziehen der Stellschraube im Innern des Morse der Schreibhebel mehr gestreckt werden, so daß sich der Morseanker dem Magneten nähert. Zur Beseitigung solcher Punktreihen genügt es unter Umständen schon, die Unterbrechungsfeder am Klopfer so einzustellen, daß der Klopfer den Fritterstrom später öffnet. Hat umgekehrt der Morse Neigung, die einzelnen Zeichen beim schnellen Telegraphieren ineinanderlaufen zu lassen, so ist die Trägheit des Morse zu verringern durch Mehreinspannung der Abreißfeder, durch Vergrößerung des Luftabstandes zwischen Anker und Magnet und eventuell durch vorzeitiges Öffnen des Klopferunterbrechers.

f) Nunmehr wird der Gesamtapparat mit der Lockklingel geprüft.

Diese ist vom Empfänger stets so weit abzuhalten, daß ihre Wirkung gleich stark ist, wie die der Fernwirkung. Das Tempo des Lockens muß außerdem genau gleich dem zu erwartenden Telegraphiertempo sein. Man suche durch Drehen des Fritters um die Längsachse jetzt diejenige Stellung aus, wo derselbe bei größter Empfindlichkeit noch exakt arbeitet. Meistens wird die allerempfindlichste Stellung desselben (Auspumpansatz nach unten) nicht verwendbar sein. Wenn alsdann der Apparat exakt arbeitet und gut schreibt, so muß er es unbedingt auch bei der Fernwirkung.

g) Jetzt wird der Empfangsluftleiter an den Apparat gelegt und aufs neue gelockt. Arbeitet der vorher exakte Apparat nicht mehr exakt, so können hieran nur Störungen von außen Schuld haben, sei es atmosphärische Elektrizität oder Störungen eines fremden Gebers.

Ob es zulässig ist, zur Eliminierung dieser Störungen den Fritter oder den Relaiskonus oder beide unempfindlicher zu stellen, richtet sich nach der Stärke der zu empfangenden Intensität und der Stärke der Störungen. Das Prüfen des Empfängers mittels Lockklingel einerseits bei angeschaltetem, anderseits bei abgeschaltetem Luftleiter ermöglicht stets den Ursprung der Störungen von außen im Apparat zu erkennen.

Es empfiehlt sich, einen 1—2 m langen Draht im Apparate mit der Lockklingel zu verbinden. Dieser Draht muß dann so installiert sein, daß er auf den Luftdraht allein wirkt, so daß nach Entfernen des Luftleiters der Apparat nicht anspricht. Diese Anordnung hat den Zweck, einmal ein Maß für die Empfindlichkeit des gesamten Apparates zu haben und zweitens erkennen zu lassen, ob die Leitung vom Luftdraht zur primären Transformatorwicklung und von hier zur Erde in Ordnung oder vielleicht unterbrochen ist.

Wie oben beschrieben, soll das Einregulieren des Empfängers nur mit der Lockklingel geschehen, keinesfalls aber dadurch, daß minutenlang ein und dasselbe Zeichen von ferne verlangt wird. Dies soll nur geschehen zur empirischen Ermittlung der richtigen Empfängerabstimmung. In diesem Falle darf natürlich während einer Versuchsserie an der Empfindlichkeit des Apparates nichts verstellt werden.

Der Hörempfänger.

Der Empfangsapparat ist ein Hörempfänger unter Benutzung eines elektrolytischen Wellenanzeigers.

Der Apparat enthält folgende Stromkreise:

1. Stromkreis des Empfangs-Luftleiters (Farbe des Leitungsdrahtes rot).

16*

2. Der Batteriestromkreis (Farbe des Leitungsdrahtes schwarz).

3. Der Starkstromkreis des Gebers, bzw. die kurzen Zuführungsdrähte zur Verblockung.

Diejenigen Leitungen, welche sowohl für Hochfrequenz als auch Batteriestromkreis gemeinschaftlich sind, haben braune Farbe.

Der Apparat ist so konstruiert, daß durch Umlegen des Hauptschalters beim Geben der einen Station

a) der Luftleiter abgenommen und isoliert ist,

b) der Primärstromkreis des Induktors geschlossen,

c) der Wellenanzeiger doppelpolig abgeschaltet, sowie der Batteriestromkreis geöffnet und die Erdverbindung gelöst ist.

Umgekehrt ist beim Empfangen der Primärstromkreis geöffnet, dagegen sind sämtliche Stromkreise des Empfangssystemes geschlossen.

Beschreibung der einzelnen Stromkreise des Apparates.

1. Stromkreis des Empfangsluftleiters. (Weg der Hochfrequenzschwingungen.) Fig. 205. Die Hochfrequenzströme gelangen nach Anschluß des Luftleiters und Umlegen des Hauptschalters durch den Federkontakt 1, 2 zu einem Kondensator 3, 4 von größerer Kapazität, welcher bestimmt ist, die Batteriestromkreise mehrerer parallel geschalteter Empfangsapparate, die gemeinschaftlich arbeiten sollen, zu verriegeln, sowie einen Kurzschluß der Zelle durch die später

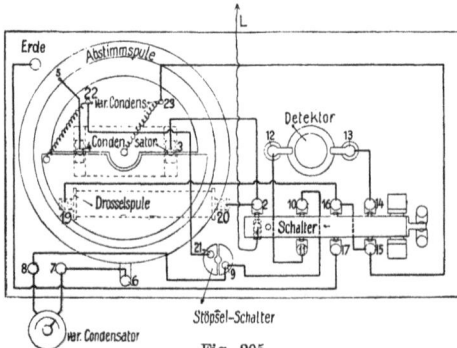

Fig. 205.

zu erläuternde Entladungsspule 20,19 zu verhindern. Die Schwingungen passieren alsdann die Abstimmspule 5, 6 und den variablen Kondensator 7, 8. Die erstere dient dazu, den Luftdraht nötigenfalls zu verlängern, der variable Kondensator umgekehrt zur Verkürzung der Eigenschwingung des Luftdrahtes. Für gewöhnlich sind die Klemmen 7, 8 durch ein Kurzschlußstück direkt ver-

bunden. Von Punkt 9 verzweigt sich die Leitung für die Hochfrequenzschwingungen. Sie geht einerseits durch den Schalter 10, 11 über den Wellenanzeiger oder Detektor 12, 13 und
durch den Schalter 14, 15, den Erdschalter 16, 17 zur Erdklemme und von da zur Erde, anderseits führt eine Ver-
zweigung über den Stöpselkontakt 21 nach dem variablen
Kondensator 22 zum Punkt 23, und von dort durch die Schalter-
klemme 15 zum anderen Pole des Detektors zurück. Mit Stöpselkontakt 9, 21
kann der zur Ab-
stimmung die-
nende variable
Parallelkonden-
sator 22, 23 nö-
tigenfalls ganz
abgeschaltet
werden.

Um atmos-
phärische La-
dungen direkt
nach der Erde

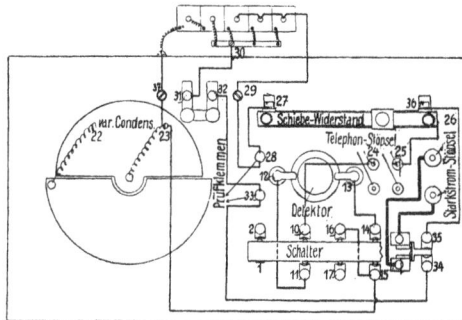

Fig. 206.

abfließen zu lassen, ist an der Einführungsstelle des Luftleiters in den Apparat eine Drosselspule 20, 19 angelegt, welche
durch den Schalter 16, 17 und die Erdklemme mit Erde verbunden ist.

2. Der Batteriestromkreis. Die Batterie Fig. 206 besteht
aus drei parallel geschalteten Trockenelementen, welche dauernd
durch den Schiebewiderstand 27, 36 geschlossen sind, und zwei
in Serie geschalteten Elementen, welche mit dieser Kombination
in Reihe liegen. Die Spannung der ersteren Gruppe läßt sich
durch den Widerstand in Grenzen von 0 bis 1,5 Volt variieren
und einer dieser Beträge zu derjenigen der Serienelemente nach
Belieben hinzufügen.

Von den Parallelelementen 29, 30 gelangt der Strom durch
den Schalter 31, 32 zur negativen Prüfklemme 33. Der Schalter
31, 32 ist bestimmt, den Dauerstromkreis in unbenutztem Zustande des Apparates (also z. B. beim Transport, bei welchem
der Schalthebel vorsichtshalber geschlossen werden muß), zu
unterbrechen, um eine unnötige Erschöpfung der Elemente zu
verhindern. Nachdem der Strom den Schalter 34, 35 passiert hat,
gelangt er durch den Schiebewiderstand 36, 27 zur positiven
Prüfklemme 28, und von da zur Ausgangsklemme 29 zurück.

Nachdem wir diesen Nebenstromkreis betrachtet haben,
kommen wir zum eigentlichen Hauptstromkreis, in welchem das
Telephon und der Detektor liegt.

Gehen wir von letzterem aus, so gelangen wir von dessen
Klemme 12 durch die braune Leitung nach dem Schalter 11, 10
und von da durch den schwarzen Draht zum Telephon 24, 25.
Die Anschlußkontakte des letzteren sind so gebildet, daß man
in der Lage ist, sowohl ein bis zwei Telephone parallel zu benutzen, als auch zwei in Reihe geschaltete zu verwenden.

Der Kontakt 25 steht weiterhin mit dem Regulierschieber 26
in Verbindung, welcher einen Teil des Regulierwiderstandes
bildet und durch den Punkt 27, die Prüfklemme 28 und die
Klemme 29 zum positiven Pol der parallel geschalteten Elemente
führt. Von diesem weitergehend gelangen wir durch die beiden
Serienelemente zum Punkt 37 und von da durch 23, den Schalter 15,
14 zur negativen Klemme des Detektors 13 zurück.

A. Gebrauchsanweisung.

a) Die Handhabung des Apparates ist eine äußerst einfache.
Man schließe zuerst die nach Öffnen des Deckels zugängliche
Klemme 31, 32 des Batteriestromes und so zu dem Detektor derart
ein, daß sich die auf ihm angegebenen Polzeichen mit denjenigen
der Kontaktstücke auf den Apparat decken.

Für das Telephon sind, zwischen dem Detektor und dem
Starkstromstöpselanschluß gelegen, vier symmetrisch angeordnete
Steckkontakte vorgesehen, von denen die beiden nach dem Be-
schauer zu gelegenen mit den Leitungen direkt verbunden sind,
die anderen zwei indessen zu diesen entweder parallel oder
hintereinander geschaltet werden können. Das Parallel- und
Hintereinanderschalten läßt sich vermittelst der an der unteren
Seite des Deckels sichtbaren Federkontakte in einfacher Weise
vornehmen und hat den Zweck, die Telephone mit Rücksicht
auf ihre ev. verschiedenen Ohmschen Widerstände sowie bei
großen Telegraphierdistanzen schwach werdenden Stromände-
rungen so schalten zu können, daß man das Maximum der
Lautstärke aus ihnen erhält.

Um den Detektor nunmehr auf seine maximale Empfindlichkeit einzustellen, lege man das Telephon an das Ohr und
verändere die Stellung des Regulierschiebers solange, bis das bei
einem zu reichlichen Verschieben desselben nach l i n k s auftretende, leichte Sausen im Telephon gerade verschwindet. Die
richtige Einstellung des Schiebers wird sich bei neuen Apparaten

nahe an der Grenze des geringsten Spannungsbereiches (von
vorn gesehen auf der rechten Seite) vorfinden, da bei der
Dimensionierung der Apparate auf ein späteres Sinken der Element-
spannung und ein hierdurch nötig werdendes Verstellen des
Schiebers nach links Rücksicht genommen ist.

Nachdem die Einstellung auf diese Weise erfolgt ist, überzeuge man sich von dem Funktionieren des Detektors dadurch,
daß man das Gehäuse eines Fritterprüfers (das einfache Nähern
desselben genügt nicht) mit einer Detektorklemme in Berührung
bringt und das Ansprechen der Zelle selbst im Telephon beobachtet.

B. Abstimmung beim Empfang.

Die Inbetriebsetzung des Apparates erfolgt, da kein weiteres
Material an Spulen oder dgl. nötig und der gesamte Bestand
an Abstimmaterial (mit Ausnahme eines ev. Erdkondensators)
in ihm vereinigt ist, einfach dadurch, daß man die Stöpselleitung
des Hartgummihebels an den Luftdraht anschließt und die Erdklemme E mit der Erde verbindet.

Um den Apparat in Verbindung mit dem Luftleiter auf die
Wellenlänge der Gegenstation abzustimmen, lasse man die letztere
eine Zeitlang ein vorher verabredetes Zeichen des Morsealphabets
mit mittlerer Intensität geben und verschiebe alsdann den Schieber
der Abstimmspule solange, bis die Lautstärke im Telephon ein
Maximum erreicht.

Bei einfachen Luftdrähten von mittlerer Kapazität empfiehlt
es sich, den Parallelkondensator vorher auf eine Kapazität einzustellen, welche auf der Skala 40° entspricht. Verändert man
nunmehr sowohl die Selbstinduktion der Abstimmspule als auch
den Parallelkondensator mehr oder weniger, so wird sich die
günstigste Kombination in kurzer Zeit finden lassen. Weiß man
im voraus, daß die Welle der sendenden Station eine kürzere
ist als diejenige der Empfangsstation, oder ersieht man dies
daraus, daß bei der Abstimmung die Schiebespule nahezu ausgeschaltet werden muß, um das Maximum der Lautstärke im
Telephon zu erhalten, so öffne man die auf der linken Seite der
Spule befindliche Klemmenverbindung (Nr. 7, 8) und schließe an
die freiwerdenden Pole einen Kondensator an, welcher geeignet
ist, die Eigenschwingung des Empfangsdrahtes um einen beliebigen Wert zu verkürzen. Da der Kapazitätswert des Parallel-
kondensators in diesem Falle einen geringeren Betrag annehmen
wird als bei der Abstimmung mit der Selbstinduktionsschiebe-

spule, wiederhole man das Verfahren nochmals in der oben angeführten Weise, nur daß in diesem Falle an Stelle des letzteren der
Kondensator tritt. Hat man die günstigste Abstimmung gefunden,
so verändere man die Einstellung des Spannungsregulierschiebers
um einen geringen Betrag, da sich die Detektorspannung erst beim
Abstimmen auf ihren richtigen Wert mit Sicherheit einstellen läßt.

C. Allgemeines.

1. Findet man nach längerer Betriebsperiode, daß die richtige
   Einstellung des Spannungsregulators nicht mehr möglich
   ist, da die Schieberstellung zu viel nach links rückt, so
   müssen die im Kasten befindlichen Parallelelemente erneuert werden. Die Klemmenspannung der Elemente,
   welche ca. 1,4 bis 1,5 Volt betragen soll, wird zweckmäßig
   jeden Monat an den links vom Detektor befindlichen
   Parallelelemente erneuert werden. Die Klemmenspannung
   der Elemente, welche ca. 1,4 bis 1,5 Volt betragen soll,
   wird zweckmäßig jeden Monat an den links vom Detektor
   befindlichen Prüfklemmen gemessen.

2. Macht sich im Telephon ein beständiges Rauschen bemerkbar, so ist entweder unterlassen worden, die Batterie-
   klemme (Nr. 31, 32) im Kasten zu schließen oder der
   Detektor ist mit verkehrten Polen eingesetzt worden.

3. Im Interesse eines guten Empfanges empfiehlt es sich,
   die Empfindlichkeit des Telephons gelegentlich zu prüfen,
   sowie das Ohr gegen äußere Nebengeräusche durch Gummi-
   kappen zu schützen, welche auf den Muscheln des Hörers
   befestigt werden.

4. Ein Defektwerden des Detektors erkennt man daran, daß
   sich beim Einstellen desselben durch den Batterieregulator
   nicht mehr die Grenze herstellen läßt, an welcher das
   Rauschen im Telephon aufhört. Ursache für die Zerstörung des Detektors ist fast immer nur ein in den Apparat
   hineingeschlagener starker Funke.

Tragbare Stationen.
Allgemeines.

Diese Stationen sind konstruiert auf Grund der im Laufe
des letzten Jahres durch eingehende Versuche und Proben in
der Praxis gemachten Erfahrungen. Es wurde hierbei besonders
Gewicht gelegt auf:

1. Leichtigkeit und bequeme Handhabung der Apparate.
2. Äußerste Betriebssicherheit.
3. Erreichung eines hohen Wirkungsgrades bei relativ geringen Mitteln.
4. Kriegsbrauchbarkeit.
5. Erstklassiges Material, elegante und dauerhafte Konstruktion aller Apparate und Zubehörteile.

Die erwähnten Versuche haben ergeben, daß man mit drei Masten von ca. 10 m Höhe mit einer speziellen Antennenanordnung betriebssicher eine Reichweite von 25 km über flaches Land und dementsprechend mehr über See erzielen kann.

Eine komplette Station setzt sich folgendermaßen zusammen:

I. Äußere Ausrüstung.

Die zur Befestigung der Luftleiter dienenden Maste bestehen aus Stahlrohren, welche teleskopartig ineinander geschoben werden können. In zusammengeschobenem Zustande sind dieselben ca. 3,8 m lang. Sie können auf bequemste Weise auf ca. 10 m auseinander gezogen und infolge ihrer Leichtigkeit (ca. 20 kg pro Mast einschließlich Spannvorrichtung und Drahtseil) bequem aufgestellt werden. Die Masten sind mit Rücksicht auf Stabilität mit gußeisernen Fußplatten versehen und zweimal nach 3 Richtungen hin durch in der Erde zu verankernde Drahtseile abgestützt. Außerdem ist jeder Mast gegen Zerknickung durch eine einfache Spannvorrichtung geschützt. Sowohl beim Luftleitergebilde als auch beim Gegengewichte kommt verzinntes Kupferseil, bestehend aus 8 Drähten von je 0,4 mm Durchmesser zur Verwendung. Die Isolierung geschieht durch leichte und sehr haltbare Glasisolatoren, welche sich zu diesem Zwecke außerordentlich bewährt haben. Zur äußeren Ausrüstung gehört außerdem noch eine Seiltrommel, auf welcher Luftleiter und Gegengewicht aufgewickelt sind.

II. Stromquelle.

Bezüglich dieser besteht die Wahl zwischen:

a) D y n a m o. Eine kleine Gleichstromdynamo mit einer Leistung von ca. 100 Watt ist auf einem Fahrradgestell montiert (Fig. 207). Von dem Tretrade wird die Bewegung auf die Dynamo mittels einer Schnur unter Benutzung einer entsprechend ausgebildeten, aus Aluminium bestehenden Scheibe übertragen. Das Übersetzungsverhältnis ist so gewählt, daß man bei normalem

Treten eine Funkenlänge von 4 mm am Induktor erzielt. Das
Gewicht der Tretdynamo beträgt ca. 30 kg.

b) B a t t e r i e. Die Batterie besteht aus 8 Zellen zu 16 Volt
mit einer Kapazität von ca. 80 Amperestunden bei fünfstündiger
Entladung. Die zulässige Entladestromstärke übertrifft die normal
benötigte Leistung um ca. 25 %. Die Elemente befinden sich
in geschlossenen Hartgummikästen, welche wiederum auf zwei
Holzkästen verteilt sind. Diese haben eine Höhe von ca. 290 mm,
eine Breite von ca. 175 mm und eine Länge von ca. 340 mm
und wiegen pro Stück ca. 30 kg.

c) Motorfahrrad mit Dynamo. (Fig. 208.)

III. Telegraphische Apparate.

A. D e r G e b e r. (Gewicht ca. 20 kg.) Die Apparate des
Gebers sind übersichtlich in einem mit Tragriemen versehenen
Holzkasten von 540 mal 230 mal 320 mm montiert.

Der Geberkasten (Fig. 209) enthält:

Fig. 207.

a) den Morsetaster, der auf der Innenseite der beiden kleinen Seitenflächen des Kastens angebracht ist.

Diese ist zur Vereinfachung der Bedienung des Tasters durch ein Scharnier aufklappbar gemacht. Außerdem enthält der Geber:

b) Induktor mit Hammerunterbrecher. Dieser ist so bemessen, daß er das Doppelte bis Dreifache der verlangten Leistung ohne weiteres auszuhalten vermag. Er ist mit der Maschine zusammen so dimensioniert, daß er die Betriebsleistung mit minimalem Wattverbrauche (80 Watt) ergibt und am Hammerunterbrecher fast gar keine Funken auftreten können. Parallel zum Unterbrecher ist ein Primärkondensator geschaltet.

c) Leydener Flaschenbatterie, bestehend aus 6 Röhrenflaschen.

d) Erregerspule, welche mit dem Flaschengestell auf eine Welle von 400 m abgestimmt ist.

e) Funkenstrecke (Zinkpole.)

f) Anschlußdose für Luftdraht und Gegengewicht mit Verblockung, d. h. automatischer Unterbrechung des Primärstromes beim Abschalten von Luftdraht und Gegengewicht.

g) Steckkontakt zum Anschluß an die zur Stromquelle führenden Leitungen usw.

B. Der Empfänger. (Fig. 209.) (Gewicht ca. 15 kg.) Die Apparate sind ebenfalls in einem Kasten von 400 mal 250 mal 230 mm angeordnet.

Fig. 208.

Der Kasten enthält:

a) Einen Hörempfänger für elektrolytischen Detektor.

b) Ein Doppelkopftelephon.

c) Einen variablen Kondensator.

d) Vier Trockenelemente.

e) Eine Gleichstromblockierung, d. h. eine automatische Unterbrechung des Gleichstromes beim Abschalten von Luftdraht und Gegengewicht.

f) Eine Anschlußdose usw.

Der in Anwendung kommende Wellenanzeiger ist der bekannte elektrolytische Wellendetektor nach Schloemilch. Der-

Fig. 209.

selbe benötigt keine mechanische Erschütterung und ist imstande, auf jede Entfernung betriebssicher anzusprechen, ohne daß es nötig ist, ihm von seiten des Personals besondere Aufmerksamkeiten zu widmen. Ferner ergibt er in unserer hier zur Verwendung gelangenden Spezialschaltung einen hohen Grad von Störungsfreiheit gegen atmosphärische Einflüsse.

Die Fig. 209 zeigt die Zusammenstellung der Apparate.

Transport der Stationen.

Für den Transport der kompletten Station sind bei Verwendung der Tretdynamo als Stromquelle 10 Mann, bei Verwendung der Akkumulatorenbatterie 11 Mann erforderlich. Die Lastverteilung erfolgt in der Weise, daß 6 Mann die drei Maste, ein Mann die Seiltrommel und je ein Mann den Gebekasten, den Empfangskasten und die Tretdynamo tragen. Für den Transport der Batterie sind zwei Mann erforderlich, so daß in diesem Falle im ganzen 11 Mann benötigt werden. Bei Benutzung von drei Pferden erfolgt der Transport in der Weise, daß ein Pferd die Maste und die Seiltrommel, das zweite die Gebe- und Empfangsstation und das dritte die Tretdynamo bzw. die Akkumulatorenbatterie trägt. Ev. läßt sich der Transport der kompletten Station auch durch zwei Pferde bewirken. Zum bequemen Tragen bzw. Befestigen an dem Sattelzeug werden die einzelnen Teile während des Transportes in Tragtaschen aus wasserdichtem Segeltuch untergebracht. Schließlich kann der Transport der Station auch mit Hilfe eines von Hand ev. durch ein Pferd bewegten Karrens erfolgen.

Das Gesamt-Nettogewicht pro Station beträgt bei Verwendung der Akkumulatoren für die Station 230 kg, bei Verwendung der Tretdynamo ca. 200 kg.

Die fahrbaren Militär-Stationen.

I. Allgemeines.

Die Station ist für zwei Wellenlängen eingerichtet, und zwar für eine kurze Welle von 350 m und eine lange von 1050 m. Der Luftdraht bleibt für beide Wellenlängen derselbe. Bei der kurzen Welle schwingt er in $^3/_4$, bei der langen in $^1/_4$ Welle. Die Ausbalanzierung des Luftleiters findet im ersteren Falle durch ein Gegengewicht von ca. 6, im letzteren durch ein solches von ca. 24 qm Kupfergaze statt, welche in einer Höhe von ca. 1 m vom Erdboden entfernt ausgespannt sind.

Zum Tragen des Luftleiters dienen Drachenballons oder Leinwanddrachen. Erstere haben einen Inhalt von 10 cbm und einen Auftrieb von ca. 3 kg, letztere eine nutzbare Windfläche von 1,1 qm, so daß es schon bei leichtem Winde möglich ist, der Gasersparnis halber diese anzuwenden.

Die Station setzt sich zusammen aus drei zweiräderigen Karren, und zwar:

A) aus dem Kraftkarren,
B) dem Apparatekarren,
C) dem Gerätekarren.

Jeder Karren hat ein Gewicht von nur ca. 600 kg und kann von einem Pferd oder Maultier mit Leichtigkeit fortbewegt werden.

A. Der Kraftkarren.

enthält die Stromquelle, bestehend aus einem Benzinmotor von ca. 4 PS, direkt gekuppelt mit einem Wechselstromgenerator von ca. 1 KW Nutzleistung und der Erregermaschine. Die Kühlung des Motors geschieht durch Wasser, welches in einem oberhalb der Benzindynamo gelagerten Behälter mitgeführt wird. Die Zirkulation des Wassers wird automatisch durch eine kleine Zahnradpumpe bewirkt, und das Wasser durch ein Rippenrohrsystem und durch einen Ventilator gekühlt. Das zum Betriebe erforderliche Benzin wird in einem neben dem Wassergefäß gelagerten Behälter von ca. 30 l Inhalt mitgeführt. Der Inhalt ist so bemessen, daß er für einen ca. 30 stündigen ununterbrochenen Telegraphiedienst ausreicht.

Die Zündung des Motors ist elektrisch, Kerzenzündung mit Akkumulatorenbetrieb. Die Zündakkumulatoren werden von der Erregerdynamo des Wechselstromgenerators automatisch aufgeladen.

Zum Einholen des Ballons dient eine leicht ein- und ausrückbare konische Reibungskoppelung, die durch Kettenübertragung eine an der Außenseite des Schutzkastens befindliche Kabeltrommel in Drehung versetzt. Zubehör und Reserveteile befinden sich in reichlicher Menge in dem an der Außenseite befestigten Werkzeugkasten. Außerdem enthält der Kraftkarren an den Seitenwänden angeschnallt die beiden Gegengewichte nebst Stangen zum Aufhängen derselben. (Fig. 210.)

B. Der Apparatekarren

ist durch ein Gestell in zwei Teile geteilt und enthält die Sende- und Empfangsapparate. Im vorderen Teile, vor Berührung geschützt, liegen die Hochspannungsapparate: der Induktor, die Flaschenbatterie mit veränderlicher, mehrfach unterteilter Funkenstrecke und Hochspannungstransformator. Letztere drei sind durch eine herausnehmbare Klappe an der Seitenwand sehr leicht zugänglich gemacht, so daß ein Auswechseln von Flaschen und

Verstellen der Funkenstrecke bequem bewerkstelligt werden kann. Im hinteren Teile liegen auf dem Boden der Morsetaster und auf einem gut federnd gelagerten Brett zwei Empfangsapparate und ein Morseschreiber. Auf dem Brett des letzteren hat auch der kleinere Empfangstransformator Platz gefunden. An dem den Karren teilenden Gestell ist der große Empfangstransformator, der Empfangsstöpsel, sowie ein Gegengewichtsumschalter mit zwei Hebeln angebracht. An der einen Seitenwand befindet sich der Hörapparat mit elektrolytischem Detektor und Telephon; an der Tür ist die leichtabnehmbare Lockklingel befestigt. Dabei ist bei der Installation dieser Apparate berücksichtigt worden, daß der Oberbau ohne Entfernung von Leitungsverbindungen abgehoben werden kann. Der zur Beleuchtung, welche im Oberbau installiert ist, benötigte Akkumulator ist, in einem Kasten geschützt, an der linken Außenseite untergebracht.

C. Der Gerätekarren.

Dieser ist zur Aufnahme der Gasbehälter und des erforderlichen Schanzzeuges, sowie der Ballons und eines Reserve-Benzinreservoirs bestimmt. Die Gasbehälter sind in dem Karren direkt eingebaut und fassen je ca. 5 cbm Inhalt bei 120 Atm. Gasdruck. Sie sind gemäß den gesetzlichen Bestimmungen auf 200 Atm. geprüft und mit entsprechenden Ventilen verschlossen. Zwei Behälter genügen zur Füllung eines Ballons. Diese erfolgt mittels des mitgegebenen Füllschlauches.

Schanzzeug wird nicht mitgeliefert, da dieses bei einzelnen Staaten verschieden ist.

II. Anweisung für die Inbetriebsetzung der Station.

A. Der Kraftkarren.

1. Der Benzinmotor. Vor Inbetriebsetzung achte man darauf, daß der Kühlwasserbehälter vollständig mit reinem Wasser gefüllt ist. Seewasser ist für die Füllung nicht zu verwenden, ebenso ist Brunnenwasser nicht empfehlenswert, da die kalkigen Rückstände desselben leicht zu Störungen im Wasserumlauf Anlaß geben können.

Die Füllung des Wasserbehälters geschieht vom Dache des Schutzgehäuses aus mittels eines Trichters. Nach dem Auffüllen ist der Wasserbehälter wieder durch die hierfür bestimmte Verschraubung zu verschließen. Neben dem Wasserbehälter befindet sich der Benzinbehälter, dessen Füllung in gleicher Weise vom

Dache aus geschieht.   Das spez. Gewicht des Benzins muß 0,68
betragen.

Der links neben dem Motor aufgestellte Schmierapparat ist
mit nicht zu dünnem reinen Mineralöl zu füllen. Man treibt
mit Hilfe der auf dem Ölbehälter befindlichen Ölspritze eine
volle Füllung in das Gehäuse des Motors, die für ungefähr
zwei Stunden ausreicht. Nach dieser Zeit wird das verbrauchte Öl
durch den an der tiefsten Stelle des Motors befindlichen Hahn
abgelassen und neues in besagter Weise zugeführt. Während
des Betriebes schmiere man alle zehn Minuten durch ungefähr
zweimaliges Drücken auf den Ölerknopf des Ölbehälters und achte
auch darauf, daß auch die Lager des Motors gut geschmiert werden.

Fig. 210.

Durch Tupfen auf den hinten am Vergaser befindlichen Knopf bringt man für die Inbetriebsetzung einen gewissen Überschuß von Benzin in den Vergaser. Der Benzinhebel des Vergasers, mit »gaz« bezeichnet, wird nun auf O (ouvert) und der Lufthebel, mit »air« bezeichnet, auf f (fermé) gestellt, während der Hebel zur Regulierung der Zündung so weit wie möglich nach rechts geschoben wird. Nach Schließen wird der Motor kräftig einige Male mit der Andrehkurbel herumgedreht. Der Motor läuft nach einigen Umdrehungen an. Alsdann gibt man Vorzündung, indem man den Zündungshebel langsam nach links bewegt und gleichzeitig den Lufthebel öffnet. Der Zündungshebel darf jedoch nur soweit nach links gedreht werden, daß der Motor nicht stößt oder klopft.

Die größte Leistung des Motors ist bei 1000 Touren, jedoch abhängig von der Einstellung des Zündungshebels und der Gemischhebel gaz und air. Genaue Normen lassen sich hierfür nicht angeben, da von den jeweiligen atmosphärischen Verhältnissen abhängig; doch findet man sehr bald die günstigsten Stellungen heraus. Der Vergaser wird beim Probieren der Maschine hier so eingestellt, daß ein Nachregulieren nicht nötig sein wird, sondern nur ein einfaches Bedienen des Benzin- und Zündungshebels.

2. Stromerzeugende Maschinen. Wechselstrom maschine nebst Erregerdynamo brauchen außer der nötigen Schmierung der Lager so gut wie gar keine Wartung. Die Lager sind mit Ringschmierung versehen. Eine Füllung derselben hält lange Zeit vor.

Das Laden der Akkumulatoren geschieht für jeden einzelnen von der Erregerdynamo aus. Es ist darauf zu achten, daß der mit plus ($+$) bezeichnete Apparat mit der Plusklemme und der mit minus ($-$) bezeichnete mit der Minusklemme des zu ladenden Akkumulators verbunden ist.

3. Das Schaltbrett. Ein auf diesem angebrachter Automat schaltet den zum Laden der Akkumulatoren dienenden Strom ein und aus, so daß ein Entladen beim Stillstehen der Maschinen ausgeschlossen ist.

Zum Schutze der Strom erzeugenden Maschine, sowie der Isolation der Primärleitungen gegen auftretende Überspannungen sind auf dem Schaltbrett hinter den Spannungssicherungen der Wechselstrommaschine zwei Sicherheitslampen angebracht, von denen die eine zwischen den beiden Leitungen, die andere zwischen einer Leitung und dem Körper der Maschine gelegt ist.

Zwischen diesen Lampen kann also ein Ausgleich der ev. auftretenden Überspannungen erfolgen. Es ist daher darauf zu
achten, daß die Lampen stets eingeschaltet sind.

Rechts vom Schaltbrett befindet sich noch der Anschluß
für die Stromleitung nach dem Apparatekarren.

B. Der Apparatekarren.

Allgemeine Bestimmungen. Der Apparatekarren
trägt an seiner Außenseite eine Steckdose zum Anschluß des vom
Kraftkarren herführenden Stromleitungskabels. An beiden Seiten
des Oberbaues befinden sich Kabeltrommeln. Auf einer von
diesen ist das stärkere Ballonkabel, auf der anderen das schwächere
Drachenkabel aufgewickelt. Dieselben dienen als Luftleiter und
werden von einem Ballon bzw. Drachen hochgenommen. Sie
sind 200 m lang und dürfen, da auf ihre Länge die Systeme abgestimmt sind, nicht durch leitende Materialien beim Hochlassen
der Drachen bzw. Ballons verlängert werden, wenn auch eine
Verlängerung zum ruhigen Stand dieser wünschenswert wäre.
Nachdem die Kabel von der Trommel gänzlich abgelassen sind,
wird ihr Ende an die durch das Dach des Schutzkastens gehende
Luftdrahtklemme l angeschlossen.

Die Gegengewichte dienen zur Ausbalanzierung des entsprechenden Luftleiters und ersetzen die Erdung. Dieselben
werden zur rechten Seite des Karrens aufgestellt und mittels
der hierzu bestimmten stark isolierten Gummikabel an die unter
dem Karren befindlichen Gegengewichtsdurchführungen so angeschlossen, daß das große Gegengewicht mit der äußeren und
das kleinere mit der inneren Durchführung verbunden ist.

Nach erfolgtem Anschluß des Apparatekarrens mit dem
Kraftkarren durch das Stromzuführungskabel ist die Station nunmehr funktionsbereit.

III. Das Telegraphieren.

A. Geben.

1. **Mit der langen Welle.** Beim Arbeiten mit langer
Welle sind die gesamten Windungen des Hochspannungstrans-
formators einzuschalten. Es wird zu diesem Zwecke der Stöpsel St
(siehe Fig. 211) der von der Funkenstrecke nach dem Hochspannungstransformator führenden Leitung in den unteren Anschluß Y der seitlichen Hartgummileiste des Transformators ge-
stöpselt. Von den Hebeln des am eisernen Rahmen rechts

sitzenden Umschalters, die im Ruhestand horizontal stehen, wird der rechte Hebel nach oben eingelegt, um das für die große Welle vorgesehene große Gegengewicht einzuschalten.

Um zu verhindern, daß die Empfangsapparate beim Geben versehentlich eingeschaltet bleiben, ist der Maschinenstromkreis durch die Ausschalter der Empfangsapparate verblockt und wird erst geschlossen durch Öffnen dieser Schalter. Die Schalter sind daher zum Geben aufrecht zu stellen. Sie schalten so gleichzeitig Fritter, Starkstrombatterien und Gegengewicht vom Empfangsapparat ab. Mit dieser Bewegung des Schalters am rechten Empfangsapparat wird gleich-
zeitig der für alle
Empfangsapparate
gemeinschaftliche
Empfangsanschluß-
stöpsel herausgezogen. Es kann also weder im einge-schalteten Zustande gegeben, noch ein Abschalten der Luft-leiter von diesen beim Geben vergessen werden.

Nach diesen Vorkeh-rungen ist die Station zum Geben bereit.

2. Mit der kurzen Welle. Es ist der oben genannte Stöpsel *St* am Geber-transformator in den oberen Anschluß der Hartgummi-

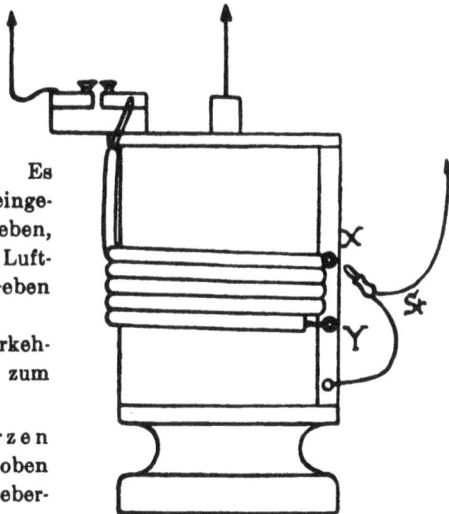

Fig. 211.

leiste X desselben zu stecken. Der rechte Hebel des Umschalters bleibt in der Ruhestellung (horizontale Lage), während der linke nach oben umgelegt wird. Es wird in dieser Schaltung das kleinere Gegengewicht angeschlossen. Die sonstigen Handhabungen sind genau dieselben, wie für Geben mit langer Welle vorgeschrieben.

B. Empfangen.

1. Mit der langen Welle (s. Fig. 212). Der rechte Hebel des Umschalters wird nach unten gelegt; dadurch wird das große Gegengewicht mit dem links an dem eisernen Rahmen sitzenden für die lange Welle bestimmten Empfangstransformator verbunden. Darauf wird der mit dem großen Transformator verbundene linke

17*

Empfangsapparat durch Niederlegen seines Schalters angeschlossen.
Es ist dann noch der Schalter des rechten Empfangsapparats
schräg zu stellen, so daß der gemeinschaftliche Empfangsan-
schlußstöpsel in die am Gestell befindliche Durchführung gesteckt
werden kann. Nach Anschluß des Morseschreibers durch den zugehörigen Stöpsel an die rechts vom Relais des linken Empfangs-

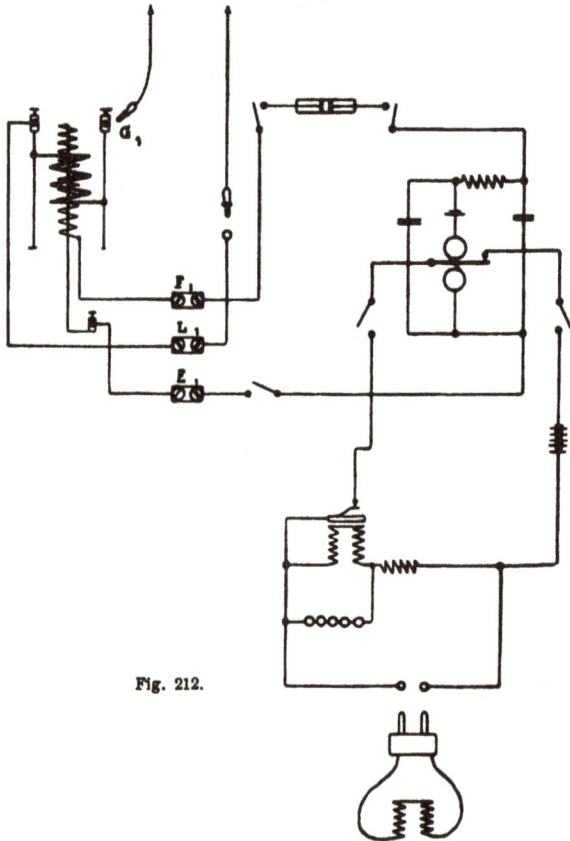

Fig. 212.

apparates befindlichen Stöpsellöcher ist die Station zum Empfangen
bei großer Welle bereit.

2. Mit der kurzen Welle (siehe Fig. 213). Der linke
Hebel des Umschalters wird nach unten gelegt und dadurch das
kleine Gegengewicht an den auf dem Brett des Morseschreibers

befestigten kleinen Empfangstransformator angeschlossen. Mit diesem ist der rechte Empfangsapparat verbunden, und muß daher dessen Schalthebel niedergelegt werden, während der des linken Apparates hochgestellt bleibt. Die übrigen Handhabungen sind auch hier dieselben wie für Empfang mit langer Welle.

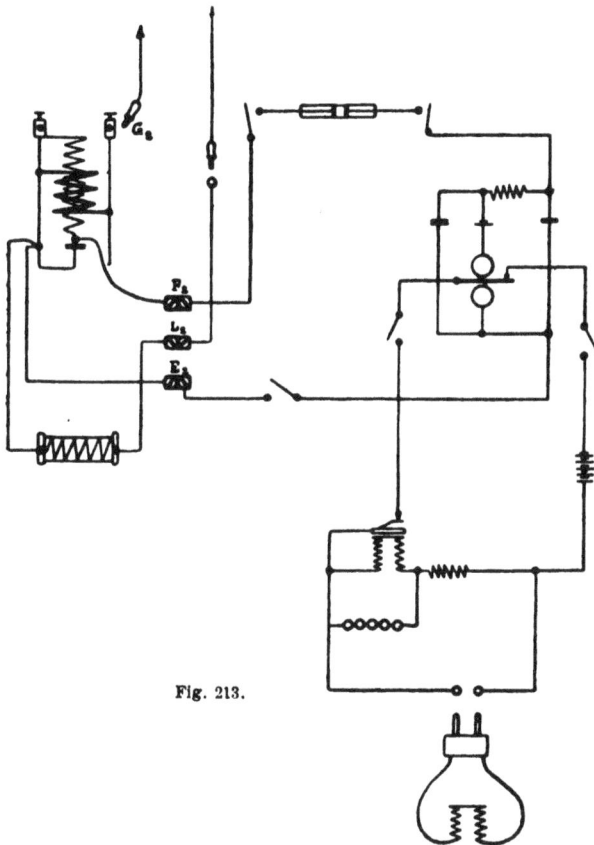

Fig. 213.

IV. Funktion und Behandlung der Apparate.

A. Intensitätsregulierungen.

Bei zu starker Intensität, d. h. bei zu geringer Entfernung der korrespondierenden Stationen, wird der Fritter gefährdet.

Man muß daher sowohl beim Geber wie beim Empfänger
Schwächungen vornehmen, beim Geber dadurch, daß man die
drei Funkenstrecken entweder gleichmäßig verkleinert oder nur
mit 1 oder 2 Funkenstrecken durch Kurzschließen der anderen
arbeitet.

Beim Empfänger gibt es drei Möglichkeiten der Intensitätsschwächung:

1. Eine Regulierung durch den Fritter. Derselbe besitzt
einen Keilspalt, so daß er sich in seiner empfindlichsten Lage
befindet, wenn die schmalste Öffnung unten ist und umgekehrt.

2. Durch eine Änderung des Koppelungsgrades der Empfangstransformatoren. Man verringert die Intensität, wenn man
die äußere Spule, die Primärspule, des Empfangstransformators
nach oben bewegt, so daß sie die Sekundärspule nur wenig oder
gar nicht mehr umschließt.

3. Bei sehr großer Intensität (2—10 km Entfernung) schwächt
man durch Nichtanlegen der Gegengewichte am Geber oder
Empfänger.

4. Bei Entfernungen zwischen 0,5—2 km darf der Luftleiter
nicht mehr in den Empfangsapparat eingestöpselt werden. Unter
0,5 km Abstand darf nie ein Empfangsapparat beim Geben eingeschaltet sein.

Bei schwacher Intensität, d. h. an der Grenze der Leistungen
der Station, müssen natürlich alle Apparate, welche eine Regulierung der Intensität ermöglichen, auf ihre entsprechende Höchst-
empfindlichkeit eingestellt sein.

B. Der Empfangsapparat.

Der Apparat ist beim Ausgang in allen seinen Teilen auf
das sorgfältigste einreguliert. Irgend welche Verstellungen, mit
Ausnahme der Regulierung am Relais, sind nur dann auszuführen, wenn man sich überzeugt hat, daß ein gutes Arbeiten
durchaus sonst nicht zustande kommen will.

Die Spannung der in den Empfangsapparat eingebauten
Batterie für Klopfer und Morseschreiber darf nicht unter 5 Volt
betragen. Die Batterie ist hierauf häufig zu prüfen.

1. Einstellung des Relais. Im allgemeinen genügt
die Regulierung an der Konusschraube. Man schließe, um sich
zu überführen, wie das Relais arbeitet, mittels eines an die
linke Polklemme des Fritters angeschlossenen Drahtes durch
Berührung mit der rechten Polklemme des Fritters den Fritterstromkreis. Man drehe das Relais so lange empfindlicher, bis

der Klopfer kräftig zu arbeiten anfängt, und dann wieder zurück, bis der Klopfer wieder still wird. In dieser Relaisstellung wird durch Zwischenschaltung von Ohmschen Widerstand zwischen dem oben bezeichneten Draht und dem rechten Fritterpol die Empfindlichkeit des Relais gemessen. Dieselbe muß mindestens 100 000 Ohm betragen. Ist dies durch Drehen der Regulierschraube des Relais nicht zu erreichen, so versuche man eine vorsichtige Verstellung der rechten Kontaktschraube des Relais um höchstens $^1/_8$ Umdrehung nach rechts oder links. Hierauf versuche man aufs neue die Einstellung mit dem Konus. Ist das Relais auch dann noch nicht einstellbar, so müssen die Polschuhe entfernt werden, und zwar erst der rechte und dann der linke. Alsdann stelle man den rechten Kontakt so dicht an die Zunge, daß beinahe eine Berührung erfolgt. Jetzt setze man erst den linken Polschuh wieder auf und nähere ihn auf ca. 4 mm an die Relaiszunge. Dann setzt man den rechten Polschuh auf und nähere ihn solange, bis durch seine Anziehung die Relaiszunge an den Arbeitskontakt kommt und der Klopfer zu arbeiten beginnt. Alsdann schiebe man den Polschuh sehr vorsichtig um einen ganz geringen Betrag zurück, daß der Klopferstrom unterbrochen ist. Die feine Einregulierung erfolgt jetzt wieder mit dem Konus. Falls die gewünschte Empfindlichkeit zwar eintritt, aber das Relais sich sehr e m p f i n d l i c h g e g e n E r s c h ü t t e r u n g e n zeigt, versuche man die Polschuheinstellung wie oben beschrieben aufs neue. Sehr kleine Veränderungen in dieser können sehr große Unterschiede in der Erschütterungsempfindlichkeit herbeiführen.

2. D e r K l o p f e r. Die Einstellung des Klopfers geschieht durch Drehen des Klopfergehäuses mittels des Schneckengetriebs. Der Klöppel des Klopfers darf den Fritter im Ruhestand nicht berühren. Es genügt ein sehr leichter Schlag, um den Fritter exakt auszulösen. Die Trommel des Klopfers ist einzustellen, daß der Klöppel beim Arbeiten den Fritter nur gerade berührt.

3. M o r s e. Der Morseanker wird auf ca. 1 mm Hub eingestellt und durch Drücken mit dem Finger auf dem Anker festgestellt, daß das Schreibrädchen einen Strich von passender Stärke schreibt, wobei der Gegendruck durch die untere Anschlagschraube aufgenommen werden soll, so daß das Farbrädchen nicht tief in das Papier eindrückt. Nun werden durch Schließung des Fritterkreises in unter 1 beschriebener Weise Punkte und Striche gemacht und die richtige Wiedergabe des Morse kontrolliert. Die Veränderung am Morse erstreckt sich

dann nur noch auf passende Einstellung der den Anker hochhaltenden Federspannung.

4. Einstellung des Fritterkreises. Man errege den Fritter durch die in seine Nähe gebrachte Lockklingel durch Niederdrücken des auf ihrem Deckel vorgesehenen Knopfes. Die an der Unterbrechungsstelle der Klingel entstehenden Funken bewirken alsdann die Erregung. Falls jetzt der Klopfer unexakt arbeitet, obgleich der Hammer regelmäßig gegen den Fritter schlägt, so kann die Ursache hierzu entweder in irgend einer Funkenbildung am Relais liegen oder aber an der Unexaktheit des Fritters.

Der Anschlag des Hammers gegen die Röhren ist dann gut, wenn eine ganz leise Bewegung im Pulver wahrnehmbar ist. Da vor dem Klopfer ein Ohmscher Widerstand von ca. 20 Ohm vorgeschaltet ist, so ist die Anziehung des Klopfermagneten schwach und ebenso der Schlag. Trotzdem genügt derselbe zur exakten Auslösung. Die Polarisationszellen sind hierbei unmittelbar an die Enden der Klopferspule geschaltet, der Morse dagegen mit einem Pol mit dem einen Ende der Klopferspule, mit dem anderen Pol mit dem äußeren Ende des Vorschaltwiderstandes verbunden. Der Morseanker muß während des Striches angezogen bleiben und darf nicht vibrieren. Falls ein Vibrieren noch bemerkbar ist, muß die Zugfeder des Morse nachgelassen werden.

C. Hörempfänger mit elektrolytischem Detektor nach Schloemilch.

1. Zweck des Apparates. Der Empfangsapparat mit elektrolytischem Detektor nach Schloemilch ist der zurzeit vollkommenste Hörempfänger für drahtlose Telegraphie. Sein durchaus sicheres Arbeiten, seine große Empfindlichkeit einerseits, die verblüffende Einfachheit anderseits, machen ihn für jede funkentelegraphische Anlage unentbehrlich.

2. Erklärung des Apparates. Der Apparat besteht im wesentlichen aus dem Detektor, dem Telephon und einer Stromquelle. Alle drei sind zu einem Stromkreis in Serie geschaltet. Da die Spannung der Stromquelle regulierbar sein muß, ist zu den vier Trockenelementen ein Ohmscher Widerstand parallel geschaltet, von welchem ein fester und ein verschiebbarer Abzweig zur Zelle bzw. Telephon führt.

Im Telephon T entstehen infolge der beim Ansprechen des Detektors auftretenden Stromschwankungen Geräusche. Diese sind die übertragenen Morsezeichen.

Um den Empfänger beim Senden der eigenen Station vor den Geberwirkungen zu schützen, ist der Hartgummihebelschalter mit einer Feder versehen, welche den Hebel ständig ausgeschaltet hält. Man muß daher während des Empfangs mit diesem Apparat seinen Schalter mit dem in diesen eingeführten Empfangsstöpsel ständig mit einer Hand eingeschaltet festhalten.

3. Einstellen des Apparates. Nach Anschluß des Telephons und dem Einsetzen des Detektors vermehre man die Spannung vermittelst des Gleitkontaktes so lange, bis sich in dem Kopftelephon ein leichtes Rauschen bemerkbar macht. Geht man nunmehr wiederum um einen kleinen Betrag zurück,

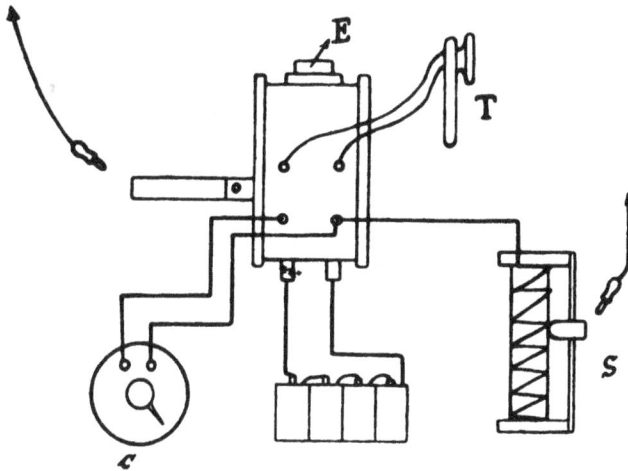

Fig. 214.

so verschwindet dieses Geräusch wieder, und der Detektor hat das Maximum seiner Empfindlichkeit. Man überzeuge sich jetzt von dem guten Ansprechen der Zelle vermittelst eines Fritterprüfers, dessen Eisengehäuse man zu diesem Zwecke mit dem Stöpselanschluß des Hartgummihebelausschalters durch einen Draht leitend verbindet.

Die Zelle selbst wird in zwei Empfindlichkeitsgraden hergestellt, und zwar besitzt die eine Type bei größerer Lautstärke eine etwas geringere Empfindlichkeit, die andere bei geringerer Lautstärke eine sehr hohe Empfindlichkeit. Der Boden des Detektorgefäßes trägt als Unterscheidungsmerkmal entweder ein E (empfindlich) oder ein H (hochempfindlich).

Wenn auch der säuredichte Verschluß der Zellen ein vorzüglicher ist, so empfiehlt es sich doch, die Zelle in gefülltem Zustande möglichst s t e h e n d aufzubewahren, um ein Entweichen von Säurespuren zu verhindern.

4. S c h a l t u n g   b e i m   E m p f a n g. Die zweckmäßigste Einschaltung des Detektors in den Hochfrequenz-Empfangs-Schwingungskreis erläutert die beistehende Skizze (Fig. 214). Der Apparat wird auf den jedesmaligen Luftleiter durch einige Windungen Selbstinduktion der Spule *s* und den variablen Kondensator *c* so lange abgestimmt, bis sich im Telephon ein Maximum der Lautstärke ergeben hat. Die Größe des Kondensators *c*, welcher parallel zum Detektor liegt, sowie der Wert der Selbstinduktion richtet sich nach der jeweiligen Wellenlänge der Sendestation sowie den elektrischen Eigenschaften des Empfangsdrahtes, und lassen sich dessen vorteilhafteste Abmessungen in kürzester Zeit auffinden. Ist die Empfangsintensität eine sehr geringe, so kann man nach erfolgter Abstimmung in der Regel noch dadurch eine Verbesserung der telephonischen Wiedergabe erzielen, daß man durch geringes Verschieben des Gleitkontaktes eine ev. noch feinere Spannungsabstufung herstellt.

Der mit *E* bezeichnete Fritter wird allein für normalen Betrieb verwendet. Der parallel zum Fritter zu schaltende Kondensator hat am günstigsten ca. 200 cm Kapazität. Als Selbstinduktion in den Luftleiter wird eine passende Windungszahl der Schiebespule hineingenommen.

Der mit *H* bezeichnete Fritter wird nur (wegen der Schwäche der hörbaren Zeichen) dann eingeschaltet, wenn die Intensität für den gewöhnlichen Schreibapparat bereits zu schwach ist. Der parallel zu schaltende Kondensator muß ungefähr 100—150 cm Kapazität haben. Bei der Abstimmung ist auf das Eintreten der Resonanz genau zu achten, da die erstere eine derartig scharfe ist, daß dieselbe bei Veränderung des Kondensators bzw. der Selbstinduktion leicht übergangen werden kann.

D. Der Morsetaster.

Der Morsetaster zum Geben der Morsezeichen schließt den Hauptstrom beim Niederdrücken und öffnet ihn beim Loslassen. Zum Zwecke der Funkenbeseitigung ist der Platinkontakt an einem kleinen Hebel befestigt, welcher am Arbeitshebel gelagert ist und durch eine Feder an diesen gedrückt wird. Dieser Hebel trägt einen Anker, dem ein Elektromagnet gegenüber steht. Wird der Taster niedergedrückt, so wird der Hauptstrom geschlossen. Derselbe durchfließt auch die Windungen des Elektromagneten. Wird der Taster geöffnet zu einer Zeit, wo der unterbrochene Gleichstrom oder Wechselstrom einen gewissen Wert hat, so bleibt der Anker so lange angezogen, bis der Strom 0 wird. Dann erst werden die beiden Platinkontakte durch die auf den Anker drückende Feder voneinander getrennt, so daß eine Lichtbogenbildung zwischen den Kontakten nicht eintreten kann.

E. Induktor.

Die niedergespannte elektrische Energie wird mit Hilfe spezieller Transformatoren (Induktoren) in hochgespannte umgeformt. Diese Transformatoren sind für bestimmte Kapazitätsbelastungen und Spannungsübersetzungen hergestellt und so bemessen, daß sie bei gegebener sekundärer Kapazitätsbelastung und einer gegebenen primären Periodenzahl mit elektrischer Resonanz arbeiten. Eine Auswechslung eines Transformators gegen einen anderer Konstruktion ist daher nicht ohne weiteres möglich.

F. Die Erregerfunkenstrecke.

Die Erregerfunkenstrecke ist dreiteilig und regulierbar. Parallel zu den einzelnen Teilen liegen kleine Kondensatoren, welche die gesamte an die Funkenstrecke gelegte Spannung gleichmäßig auf drei Einzelfunkenstrecken verteilen. Die Kondensatoren sind genau gleich. Desgleichen sollen auch alle drei Teilfunkenstrecken genau gleich eingestellt sein. Die Maximalleistung der Maschine beträgt 3 mal 4 mm Funken.

V. Die Schaltungen der Apparate.

A. Der Niederspannungskreis. (Hierzu Fig. 215.)

Die Leitungsführung ist folgende: Die eine von der Steckdose kommende Leitung passiert auf ihrem Wege zum Induktor die beiden Verblockungen EE des Empfangsapparates, durchläuft nach dem Induktor die Verblockungen an dem Gegengewichtsumschalter, um dann durch den Taster zur Steckdose zurückzukehren. Der Zweck der Verblockungen am Gegengewichtsumschalter ist der, beim Umschalten der Apparate von Empfangen auf Geben das Vergessen, die Gegengewichte umzuschalten, auszuschließen.

B. Der Hochspannungskreis (siehe Fig. 216).

Von den sekundären Klemmen des Induktors führen Hoch-
spannungsleitungen zu den beiden Belegungen der Leydener

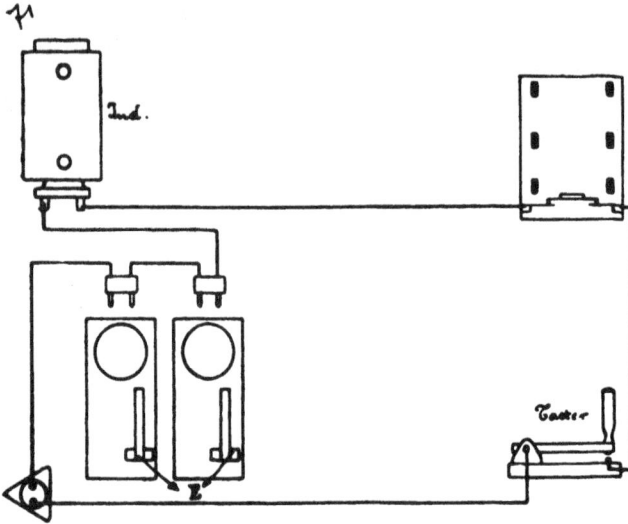

Fig. 215.

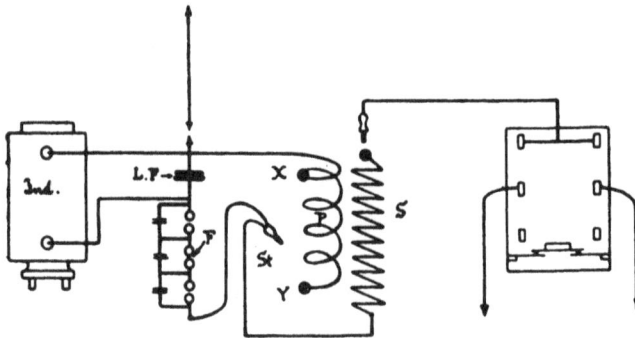

Fig. 216.

Flaschenbatterie *LF*.   Diese bildet mit der Funkenstrecke *F*.
und den primären Windungen *P* des Gebertransformators einen
geschlossenen Windungskreis, welcher, wie im Abschnitt B aus-

geführt, durch Stöpselung von *St* in *X* oder *Y* so abgestimmt ist, daß seine Schwingungen entweder der kürzeren oder der längeren Welle entsprechen. An diesem Schwingungskreis ist einerseits der Luftdraht angeschlossen, anderseits sind an ihm noch die sekundären Windungen *S* des Gebertransformators nebst jeweiligen Gegengewichten durch den Stöpsel *St* geführt.

C. Der Empfangsstromkreis.

Der Luftdraht wird, wie unter III a erwähnt, durch Niederlegen des Hebels des Empfangsapparates mit dem einen Ende der Primärspule des Fmpfangstransformators verbunden; beim Arbeiten mit kurzer Welle liegt zwischen Luftdraht und Primärwickelung eine Drosselspule. An das andere Ende wird durch Stöpselung das Gegengewicht angeschlossen. An diesem Punkt ist auch das eine Ende der Sekundärspule angelegt. Der zweite Pol der Sekundärspule führt zu der einen Elektrode des Fritters, dessen andere Elektrode über einen Kondensator von 0,01 Mikrofarad Kapazität mit dem Gegengewicht in Verbindung steht. Parallel zu dem Kondensator von 0,01 Mikrofarad Kapazität liegt das Fritterelement und die Magnetspulen des Relais, denen ein Widerstand von 6000 Ohm vorgeschaltet ist. Zur Vermeidung der Funkenbildung an der Kontaktstelle der Relaiszunge ist parallel zu den Magnetspulen des Relais ein Kondensator gelegt. Der Arbeitsstrom durchläuft, von den 4 Elementen ausgehend, die Kontaktstelle des Relais, die Relaiszunge, den Klopfer und die Magnetspule des Morseschreibers, die parallel zum Klopfer geschaltet sind. Zur Erzielung eines leichten Schlages liegt mit den Spulen des Klopfers in Serie ein bifilar gewickelter Widerstand von 20 Ohm. Das Auftreten eines Abreißfunkens an der Unterbrechungsstelle des Klopfers wird durch eine parallel zu den Klopferspulen angelegte Batterie von 5 Polarisationszellen vermieden.

Verschiedene Systeme.

Einige dieser Systeme begründen ihren Anspruch auf Ursprünglichkeit lediglich dadurch, daß sie den einen oder anderen Bestandteil der bereits beschriebenen Systeme durch einen anderen ersetzen, oder den einen oder anderen dieser Bestandteile mehr oder minder verändern. Andere beanspruchen sie wegen besonderer Abstimmungsverfahren, der Geheimhaltung der ausgetauschten Nachrichten und anderer Vervollkommnungen praktischer Art.

System Rochefort-Tissot. Der Sender Rochefort unterscheidet sich nicht von der Anordnung, wie sie Marconi im
Jahr 1897 patentieren ließ. Der Sekundärstromkreis eines
Funkeninduktors, dessen Primärstromkreis einen Taster und
eine Stromquelle enthält, ist einerseits mit der Erde und einer
der Erregerkugeln, anderseits
mit der zweiten Erregerkugel
und dem Sendedraht verbunden.

In der Folge wurde der
Funkeninduktor durch einen uni-
polaren Transformator ersetzt
(s. S. 85), in welchem die ganze
Spannung auf einem Pol des
Sendedrahts konzentriert wird,
wodurch die Funkenlänge durch
die Erdung des Pols von niedriger
Spannung nicht verringert wird.

Der Empfänger Rochefort
ist vom Typus Popoff, welcher
in Rußland seit 1895 erprobt ist.
Beide Organe zeigen jedoch eine
sorgfältig ausgearbeitete Ausfüh-
rungsform. Der Luftdraht ist mit dem Boden über einen Fritter
verbunden, in dessen Stromkreis ein Relais Claude (s. S. 161)
und eine Batterie eingeschaltet ist. Das Relais betätigt eine
Entfrittungsvorrichtung und einen Morse-Apparat. Als Fritter
werden die Anordnungen Tissot und Rochefort (s. S. 138) angewendet. Tissot verwendet auch die in Fig. 217 dargestellte
Schaltung, welche die Sicherheit der Übertragung zu erhöhen
scheint. Der Empfangsdraht A ist mit der Erde direkt über die
Selbstinduktion S verbunden, während der Fritter c einerseits
geerdet, anderseits über den Kondensator C mit dem Sendedraht
verbunden ist. Die Firma Ducretet, welche die Apparate Rochefort-Tissot baut, hat den letzteren manche besondere Züge
verliehen.

System Popp-Pilsoudski. In diesem System erhebt
sich der Empfangsdraht nicht in die Luft, sondern ist im Boden
eingebettet und besteht aus einem Draht, welcher an eine Metallplatte anschließt, die auf einer im Ölbad befindlichen und am
Boden aufgestellten Glasplatte ruht. An der Sendestation ist der
Draht mit einer der Erregerkugeln verbunden, während die andere

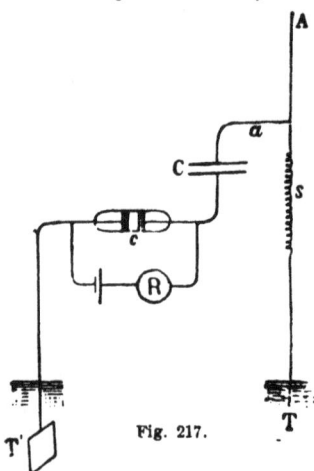

Fig. 217.

Kugel mit der Erde vermittelst eines Drahtes und einer tiefein-
gegrabenen Erdplatte von großer Oberfläche in Verbindung steht.

In der Empfangsstation ist die gleiche Anordnung getroffen.
Der Draht, welcher an die Platte anschließt, ist mit einem sehr
empfindlichen Fritter, dessen zweite Elektrode geerdet ist, verbunden.

Der Apparat beruht auf der Fortpflanzung der elektrischen
Wellen durch die Erde.

Die Einrichtung könnte dazu verwendet werden, um die
Lage metallischer Schichten im Erdboden vermittelst elektrischer
Wellen festzustellen. Zu diesem Zweck müßten zwischen zwei
Punkten, zwischen welchen die Anwesenheit von Mineralien ver-
mutet wird, zwei Stationen eingerichtet werden. Sind solche
Minerallager vorhanden, so bilden sie infolge ihrer Leitfähigkeit
einen Schirm gegen die elektrischen Wellen, und die von einem
Punkte entsandten Wellen können nicht zum andern gelangen.

Im Juli 1901 wurden in Vésinet mit diesem System Ver-
suche angestellt, bei welchen Übertragungen zwischen zwei
Stationen, welche 500 m voneinander entfernt und inmitten von
Wohnhäusern gelegen waren.

S y s t e m G u a r i n i. Guarini beabsichtigt in erster Linie,
drahtlose Verbindungen über Land mit einem Minimum von
Stromaufwand zu erreichen. In der Tat gelang es ihm zwischen
Malines und Antwerpen, auf eine Entfernung von 22 km mit
einem Aufwand von nur 35 Watt Nachrichten auszutauschen.
Dies Ergebnis wurde hauptsächlich dadurch erzielt, daß an Stelle
des Funkens, welcher die Hertzschen Wellen erzeugt, Wellen
von niedriger Frequenz benutzt wurden, die vermittelst inter-
mittierender oder Wechselströme erhalten wurden und auf lose
Kontakte wirken.

Guarini benutzt den Grundgedanken seines Systems in verschiedener Weise, doch lassen sich zwei Hauptverfahren erkennen,
auf welche die verschiedenen Anwendungsarten zurückgeführt
werden können: 1. Das Verfahren, bei welchem am Sender und
am Empfänger offene Stromkreise verwendet sind. 2. Das Verfahren mit geschlossenen Stromkreisen.

In der ersten Anordnung Guarinis ist ein verbesserter Empfänger Popoff verwendet, und der Sender besteht aus einer
Induktionsspule (ohne Oszillator), deren Sekundärdraht einerseits
mit der Erde, anderseits mit dem Sendedraht verbunden ist.

In der zweiten Anordnung von Guarini für Wechselströme
ist als Sender eine regulierbare Stromquelle benutzt, welche direkt
oder vermittelst einer Induktionsrolle mit einem geschlossenen
Stromkreis, beispielsweise einer Sendevorrichtung Guarini Fig. 69,
verbunden ist. An der Empfangsstation ist eine ähnliche Anordnung verwendet, in welcher Fritter, Batterie und Relais an die
Stelle der Wechselstromquelle treten.

Guarini wendete ferner auf sein System den automatischen
Übertrager an, wie er S. 69 beschrieben ist.

System Cervera. Das System Cervera gleicht dem von
Rochefort-Tissot. Der Sendeapparat unterscheidet sich von der
letztgenannten Einrichtung durch die Einschaltung von Kondensatoren zwischen Luftdraht und Erdverbindung. Das System
ist ferner durch die auf S. 80 beschriebenen Sendetasten gekennzeichnet.

Der Empfänger Cerveras nähert sich der letzten Ausführungsform des Empfängers Marconi, Fig. 151, S. 184, mit
konzentrischen Zylindern zur Wellenaufnahme und Erdverbindung
über den Primärdraht eines kleinen Transformators. Die Batterie,
welche im Stromkreis des Fritters ein Relais betätigt, schließt
vermittelst des letzteren den Stromkreis eines zweiten Relais,
welches vier Aufgaben zu erfüllen hat: 1. betätigt es das Morse-
schreibwerk, 2. die Entfrittervorrichtung, 3. unterbricht es den
Fritterstrom vermittelst des Ankers der Entfrittungsvorrichtung,
4. unterbricht es den Stromkreis eines Elektromagneten, welcher
die Empfindlichkeit des Fritters regelt.

Das Morseschreibwerk, die Entfrittungsvorrichtung und der
letztgenannte Elektromagnet werden von je einer Batterie erregt,
so daß in der Empfangsstation Cervera im Ganzen mit der
Fritterbatterie und der Batterie des ersten Relais 5 Stromquellen
vorhanden sind. Trotzdem sollen mit dem System Übertragungs-
geschwindigkeiten bis zu 25 Worten in der Minute erreicht
worden sein.

System Armorl. Der kennzeichnende Zug dieses Systems
besteht in dem Kapillar-Quecksilberrelais, wie es auf S. 161 beschrieben wurde. Obgleich eingehende Nachrichten über die
praktischen mit dem System erzielten Erfolge nicht vorliegen,
so scheint doch das Relais wohl geeignet zur Entdeckung der
mikroskopischen Ströme, welche in einer entfernten Station bei
der Telegraphie durch den Erdboden ankommen.

System Preece. Das System beruht auf elektrodynamischer
Induktion und wurde S. 33 bereits beschrieben, zusammen mit

verschiedenen anderen Verfahren, welche vor der Anwendung der elektrischen Wellen versucht wurden.

System Schäffer. Soviel bekannt geworden ist, unterscheidet sich das System von der Anordnung Marconis nur durch die Verwendung der auf S. 148 beschriebenen Schäfferschen Platte, anstatt des Fritters zur Aufnahme der Wellen. Die Anordnung wurde von Schäffer und Rola im Jahr 1899 zwischen Triest und Venedig und später im Kanal von Bristol und anderwärts praktisch versucht.

System Blochmann. Die Anordnung entbehrt der Luftdrähte und bedient sich, wie auf S. 108 erwähnt, elektrischer Wellen, welche vermittelst Linsen aus dielektrischen Stoffen, beispielsweise Paraffin, gerichtet werden. Wie die übrigen Systeme mit gerichteten Wellen könnte die Anordnung dazu dienen, die Richtung, aus welcher die Wellen kommen, festzustellen und beispielsweise die Lage eines Schiffes, das sich im Nebel verirrt hat, an der Küste zu erkennen, wenn die vom Schiff entsandten Wellen von zwei Stationen der Küste aufgenommen würden.

Der Urheber dieses Systems hat gezeigt, daß es gar nicht besonders großer Linsen bedürfe, wie dies auf den ersten Blick scheint. Es gelang ihm in der Tat, Nachrichten auf 1 km Entfernung mit Linsen von 80 cm Durchmesser und Wellen von 20 cm bei einem Arbeitsaufwand von weniger als 1 KW im Primärstromkreis zu übertragen.

System Tesla-Stone. Mit dem System ist in erster Linie beabsichtigt, die Sicherheit des Nachrichtenaustausches zu erhöhen und ein Abfangen der Telegramme durch Unbefugte zu verhindern. Es beruht auf folgender Grundlage.

Die Sendestation gibt die Zeichen vermittelst zweier oder mehrerer Systeme gleichzeitiger Wellen von verschiedener Schwingungszahl. Die Empfangsstation enthält ebensoviele Wellenanzeiger, von welchen ein jeder mit der Schwingungszahl des einen der erwähnten Wellensysteme abgestimmt ist. Der Empfangsapparat antwortet jedoch nur dann, wenn sämtliche Wellenanzeiger gleichzeitig erregt werden. Die Empfangsstation kann daher von einer fremden Station, welche nur Wellen von einer einzigen Schwingungszahl aussendet, nicht gestört werden, weil diese Wellen nur einen einzigen der Wellenanzeiger, nicht aber die anderen betätigen. Auch eine fremde Station, welche Wellen von verschiedener Schwingungszahl aussendet, kann die erste Station nicht stören, solange nicht die von der fremden Station

ausgesandten Wellen dieselbe Schwingungszahl aufweisen, auf
welche diese Station abgestimmt ist.

Die Emfinpdlichkeit des Empfangsapparats gegenüber von
Zeichen, die nicht für ihn bestimmt sind, kann jedoch noch
vermindert werden, indem nicht nur die Anzahl der Wellenarten,
deren Zusammenwirken zur Betätigung des Empfängers erforderlich ist, vermehrt wird, sondern auch dadurch, daß diese Schwingungszahl und die Reihenfolge, in welcher sie hervorgebracht
werden, passend gewählt werden.

Die Fig. 218 und 219 zeigen den Stromlauf einer Sende-
und einer Empfangsstation für den Fall, daß nur zwei verschiedene Wellensysteme erzeugt werden sollen, eine Beschränkung, welche jedoch be-
reits einen so hohen Grad von
Sicherheit gewährt, daß sie in
der Mehrzahl der praktischen
Fälle als ausreichend angesehen
werden kann.

In der Fig. 218 sind S_1 und
S_2 in ebenen Spulen aufgewun-
dene Drähte, welche mit ihrem
inneren Ende mit den an den
Kapazitäten D_1 D_2 endigenden
Luftdrähten, mit den äußeren
Enden mit der Erde E verbunden
sind. Die elektrischen Schwingungen werden auf die sekundären Drähte D_1 S_1 E und

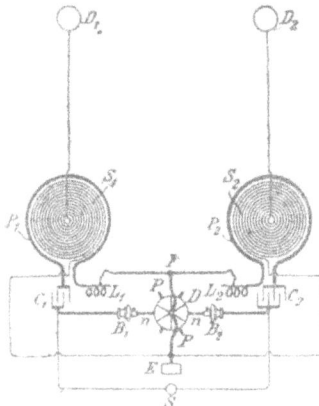

Fig. 218.

D_2 S_2 E von den primären Wicklungen P_1 P_2, welche die
Spulen umgeben, übertragen.

Die Spulen P_1 P_2 sind in Reihe in zwei unabhängigen
Stromkreisen eingeschaltet, welche die Kondensatoren C_1 C_2,
die Spulen mit regelbarer Selbstinduktion L_1 L_2 und die Schleifstücke B_1 B_2 enthalten. Gegen letztere gleiten die Zähne des
Rades PP, welches mit dem Leiter F und mit der Erde in
Verbindung ist. Eine Elektrizitätsquelle S von hoher Spannung besorgt die Ladung der Kondensatoren C_1 C_2, indem sie
in den beiden Stromkreisen, von verschiedener Kapazität und
von verschiedener Selbstinduktion, elektrische Schwingungen
von verschiedener Periode hervorbringt, welche in rascher
Folge bei jeder neuen Berührung eines Zahnes des Rades
mit den Gleitstückchen sich erneuern. Die beiden Sende-

drähte strahlen daher gleichzeitig Wellenzüge von verschiedener
Periode aus.

Die Empfangsstation enthält nach Fig. 219 zwei gleiche
Luftdrähte, welche oben mit zwei Kapazitäten d_1 d_2 endigen und
an zwei ebene Drahtspiralen anschließen, die zwei Schwingungssysteme von verschiedener Periode bilden. Ein jedes dieser
Systeme ist mit einem der beiden Schwingungssysteme der Sendestation abgestimmt. Parallel mit den
Spiralen sind zwei Empfängerstrom-
kreise geschaltet, deren jeder einen
Wellenanzeiger a_1 a_2, beispielsweise
einen Fritter, eine Batterie b_1 b_2
einen Regulierwiderstand r_1 r_2 und
ein Relais R_1 R_2 enthält.

Die Anker l_1 l_2 der beiden Relais
sind mit einem Draht W verbunden
und berühren in der Arbeitsstellung

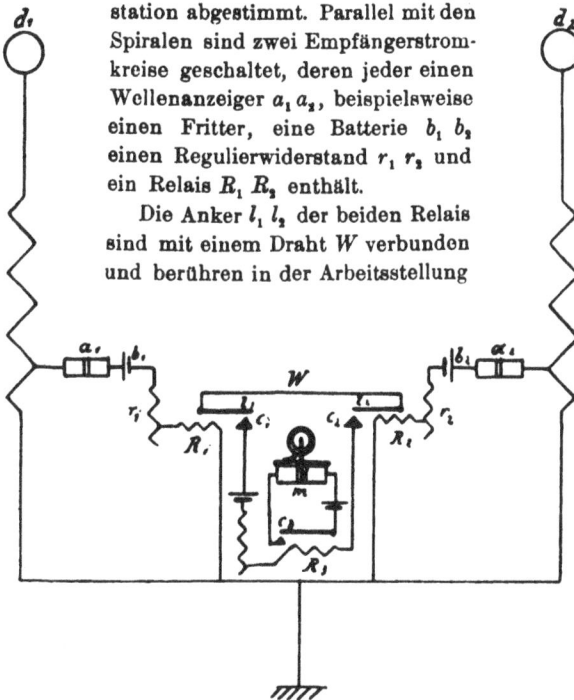

Fig. 219.

bei $c_1 c_2$ zwei Kontakte, welche vermittelst des Relais R_3 den
Kontakt c_3 und so einen dritten Ortskreis schließen, welcher eine
Batterie und das Schreibwerk m enthält. Damit dieser Stromkreis
geschlossen wird und das Schreibwerk anspricht, ist es jedoch
nötig, daß die beiden Relaisanker gleichzeitig angezogen werden,
da sonst der Stromkreis an dem offenen Kontaktdes nicht an-
gezogenen Ankers unterbrochen bleibt. Es ist daher auch nötig,
daß die ankommenden Wellen gleichzeitig die an den beiden
Empfangsdrähten angeschlossenen Fritter betätigen.

18*

System Artom. Das System ist durch zwei im rechten Winkel aufeinanderstehende Sendedrähte gekennzeichnet, welche von elektrischen Schwingungen gleicher Amplitude durchflossen werden, in deren einem jedoch die Schwingungen gegenüber den Schwingungen im andern um eine Viertelsperiode im Rückstand sind. Das Zusammenwirken beider Schwingungen erzeugt, wie auf S. 106 gezeigt wurde, gerichtete Wellen, welche vom Schnittpunkt der beiden Sendedrähte in einer auf der Ebene dieser Drähte senkrechten Richtung verlaufen. Die Fig. 220 zeigt den Stromlauf der Schaltung. $M N P$ sind drei Entladungskugeln, welche in den Ecken eines rechtwinkeligen Dreiecks mit gleichen Katheten angeordnet sind. Zwischen N und X ist die Kapazität C und zwischen X und P die Selbstinduktion S eingeschaltet. Die Punkte X und M sind mit den Enden der Sekundärwicklung eines

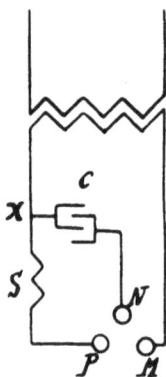

Fig. 220.

Funkeninduktors B verbunden. Die beiden Sendedrahtstücke stehen direkt oder vermittelst Induktionsrollen, die eine mit der Kugel M, die andere mit der Kugel N in Verbindung. Wird die Kapazität C und die Selbstinduktion S entsprechend gewählt, so läßt sich erreichen, daß die zwischen M und N und zwischen N und P stattfindenden Entladungen gleiche Amplitude aufweisen, in der Phase jedoch um eine Viertelsperiode verschoben sind.

Die gleiche Wirkung kann auch erzielt werden, wenn die Sendedraht-Abschnitte einen anderen Winkel einschließen, vorausgesetzt, daß die Selbstinduktion in S derart gewählt wird, daß die Phasenverschiebung nicht mehr eine Viertelsperiode beträgt sondern einen andern rechnungsmäßig zu bestimmenden Wert aufweist. In diesem System hat man daher zur Abstimmung der beiden Stationen außer den gewöhnlichen Elementen der Kapazität und der Selbstinduktion, noch die Veränderung zur Verfügung, welche man im Wert der Phasenverschiebung in den beiden Schenkeln des Sendedrahts hervorbringen kann, während man außerdem die Wellenlänge der beiden Schwingungen durch verschiedene Längen der Sendedraht-Abschnitte verändern kann.

Die aus der Gleichheit all dieser Elemente hervorgehende Abstimmung kann von nicht Eingeweihten viel schwerer entdeckt und nachgebildet werden, wodurch die Geheimhaltung der Nachrichten wesentlich erleichtert wird.

System Duddell-Campos. G. Campos untersuchte die
Möglichkeit, die im singenden Lichtbogen von Duddell auftretenden
elektrischen Schwingungen auf die drahtlose Telegraphie anzuwenden.

Auf S. 39 wurden die Einrichtungen beschrieben, vermittelst
welcher, der Duddellsche Stromkreis zur Wiedergabe der Sprache
verwendet werden kann. Einfacher gestaltet sich die Anordnung zur
Entsendung eines einfachen Tones vermittelst des Lichtbogens.
Es genügt zu dem Zweck (Fig. 221), die Pole des Lichtbogens A
mit einem Stromkreis zu verbinden, welcher einen Kondensator c und die Induktionsspulen II'_1 enthält.

Unter bestimmten Versuchsbedingungen wird beim
Entzünden des Lichtbogens der Kondensator geladen
und entladen mit einer Schnelligkeit,
welche der Schwingungszahl des
Stromkreises, in dem er eingeschaltet
ist, entspricht, wodurch Wechselströme entstehen, welche sich dem
Lichtbogenstrom überlagern und den
Bogen mit der Periodenzahl des
Wechselstroms schwingen lassen.
Erhält sich diese Schwingungszahl
in den Grenzen der Schallschwingungen, so erzeugt der Lichtbogen
einen regelmäßigen Ton. Die Schaltung $A I C I'$ pflegt man als Duddell-
scher Stromkreis zu bezeichnen.

Da der Gleichstrom des Lichtbogens dem schwingenden Strom-

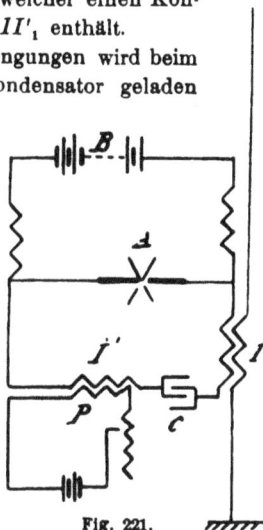

Fig. 221.

kreis ununterbrochen die Energie, welche dieser verliert, wieder
ersetzt, so sind diese Schwingungen viel anhaltender, als jene
der Hertzschen Stromkreise, welchen die Schwingungsenergie
von den Entladungen zwischen den Erregerkugeln zugeführt wird.

Bei der Erläuterung der in Resonanz miteinander befindlichen Schwingungen, wurde auf die Notwendigkeit hingewiesen, daß die Erregerschwingungen eine bestimmte Zeit andauern, damit die Erscheinung der Resonanz eintreten könne.
Daher zeigen sich die Schwingungen des Duddellschen Stromkreises besonders geeignet, zur Übertragung telegraphischer
Zeichen im Raum vermittelst abgestimmter Apparate. Duddell
wies schon seit seinen ersten Versuchen im Jahre 1900 auf diese
Anwendung für die drahtlose Telegraphie hin.

G. Campos hat neuerdings den Vorschlag Duddells wieder
aufgenommen und bei näherer Untersuchung gefunden, daß der
Duddellsche Stromkreis, eben deswegen weil er einen ausge-
zeichneten Oszillator bildet nur von geringer strahlender Kraft
sein kann, weil er die Energie im wesentlichen im Innern ver-
zehrt, ohne sie nach außen auszustrahlen, während es bei der
drahtlosen Telegraphie gerade darauf ankommt, daß die aus
gestrahlte Energie möglichst groß ist.

Campos schlägt vor, die Schwierigkeit wie bei den übrigen
Systemen der elektrischen Wellentelegraphie zu umgehen, indem
die offenen Oszillatoren durch beinahe geschlossene Schwingungskreise ersetzt werden. Es müßte daher die Übertragung von
einem geschlossenen Erregerstromkreis auf den offenen des
Sendedrahts durch Induktion bewirkt werden.

Zu diesem Zwecke genügt es, die Selbstinduktionsspule I
des Duddellschen Stromkreises, Fig. 221, als Primärwicklung eines
Transformators zu verwenden, dessen sekundäre Windungen
einerseits mit der Erde, anderseits mit dem Sendedraht in Verbindung stehen.

Der Duddellsche Stromkreis, wie er gewöhnlich verwendet
wird, zeigt jedoch den Übelstand, daß er nur verhältnismäßig
geringe Energiemengen, welche für die drahtlose Telegraphie
auf große Entfernungen nicht hinreichen, ins Spiel zu bringen,
gestattet. In einem von Campos berechneten Fall betrüge diese
Energie nicht mehr als 40 Watt, während die Energiemengen des
Erregers von Poldhu für die transatlantischen Übertragungen im
Mittel auf 30 000 Watt berechnet werden. Duddell und Campos
schlugen zur Vermehrung der nutzbaren Energie im Duddellschen
Stromkreis vor, mehrere Lichtbogen hintereinander oder parallel
geschaltet an Stelle des einen zu verwenden. Bei 10 Lichtbogen
würde beispielsweise die verfügbare Energie auf 2170 Watt
steigen. Doch wären bei solcher Anordnung noch besondere
Vorkehrungen zu treffen, um die Lichtbogenwirkung gleichmäßiger
zu gestalten, was durch Anwendung eingeschlossener Lichtbogen
angestrebt werden könnte.

Unter anderen Auskunftsmitteln erwähnt Campos den Ersatz
des Lichtbogens durch eine Cooper-Hewitt-Lampe, Villardsche
Kathoden-, Grätzsche elektrolytische Verriegelungen oder Geißler-
sche Röhren, wie sie von Righi zur Erzielung ähnlicher Schall-
wirkungen, wie sie beim singenden Lichtbogen auftreten, verwendet wurden.

Infolge seiner verschwindend geringen Dämpfung eignet sich der Duddellsche Lichtbogen vorzüglich zur Abstimmung mit einem zweiten Schwingungskreis. Die Resonanz wäre sehr kräftig im Falle vollkommener Übereinstimmung der Schwingungszahl der beiden Stromkreise und würde rasch gestört, sobald diese Übereinstimmung um einen geringen Betrag nachließe. Dieser Umstand erleichtert nicht nur den Verkehr zwischen abgestimmten Stationen, sondern gestattet auch die Zahl der verschiedenen Stationen, welche gleichzeitig in ein und demselben Wirkungskreis unter Verwendung verschiedener Wellenlängen miteinander verkehren können, erheblich zu vermehren, ohne dabei die Sicherheit und Ausschließlichkeit der Übertragungen zu gefährden.

Auf diese Anpassungsfähigkeit des Systems an die Voraussetzungen vollkommener Resonanz gründet Campos sein Verfahren der Zeichengebung, bei welchem ununterbrochene Entladungen hervorgebracht werden und die Zeichen dadurch zustande kommen, daß die Resonanz zwischen Sendestation und Empfangsstation abwechselnd aufgehoben und wieder hergestellt wird.

Die Zeichengebung auf diese Art könnte außer vermittelst der gewöhnlichen Kunstgriffe, auch dadurch erreicht werden, daß man einen der primären Drähte P der Spule der Fig. 221 des kernlosen Transformators des Duddellschen Stromkreises von einem Hilfsstrom durchfließen läßt. Letzterer kann ein Wechselstrom oder regelmäßig unterbrochener Gleichstrom sein. Vermittelst eines besonderen Tasters könnte der Hilfsstrom unterbrochen und wieder hergestellt werden, wodurch die Schwingungszahl des Duddellschen Kreises verändert würde und so die Resonanz zwischen den beiden Stationen in den zu übermittelnden Zeichen in entsprechenden Zeitabständen gestört und wieder hergestellt würde.

System Cooper-Hewitt. Das System Cooper-Hewitt unterscheidet sich von dem eben beschriebenen System nur dadurch, daß an Stelle des Lichtbogens eine Quecksilberdampflampe Cooper-Hewitt verwendet wird.

Diese Lampe besteht aus einer mit Quecksilberdämpfen erfüllten Glasröhre, mit 2 Elektroden, deren positive aus Eisen, deren negative aus Quecksilber gebildet ist. Die Lampe zeigt unter anderm die Eigentümlichkeit, daß sie, in einen Wechselstromkreis eingeschaltet, den Durchgang des Stroms nur bei einer sehr hohen Spannungsdifferenz von bestimmtem Betrage zwischen den beiden Elektroden gestattet. Ist der Stromübergang einmal eingeleitet, so wird er nur neuerdings unterbrochen, wenn die Spannungsdifferenz unter einen bestimmten Betrag gesunken ist, neuerdings aber wieder hergestellt, wenn die Spannungsdifferenz von neuem den kritischen Wert erreicht.

Cooper-Hewitt kam daher auf den Gedanken, diese Eigenschaft seiner Lampe zur Erzeugung rasch aufeinanderfolgender elektrischer Wellen für die Zwecke der drahtlosen Telegraphie zu verwenden.

Wie sich aus Fig. 222 ergibt, ist die Lampe im Sekundärdraht eines Wechselstromtransformators eingeschaltet. Parallel zur Lampe sind zwei regulierbare Kapazitäten EF und die regulierbare Selbstinduktion G angebracht.

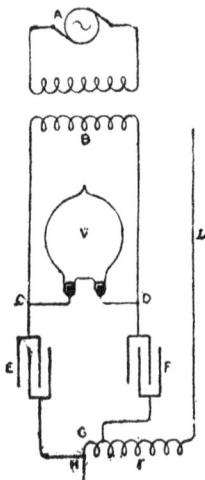

Fig. 222.

Letztere steht einerseits mit der Erde, anderseits mit dem Sendedraht L in Verbindung.

In den Augenblicken, in welchen die Lampe den Stromdurchgang versagt, ladet der Wechselstrom die Kondensatoren, welche sich hierauf unter Erzeugung elektrischer Schwingungen in dem Augenblicke entladen, in welchem die Lampe leitend wird. Dieser Zustand dauert jedoch nur weniger lang als eine halbe Periode des Wechselstroms, weil beim Sinken der Spannung unter den kritischen Punkt der Lampenstrom von neuem aufhört. Die Kondensatoren laden sich hierauf neuerdings, es erfolgt eine zweite Entladung u. s. f.

Die Lampe wirkt daher als Unterbrecher vermittelst dessen man eine ungeheuere Schnelligkeit in der Aufeinanderfolge der Unterbrechungen erreichen kann, welche zudem nach Belieben geregelt werden kann. Die im luftleeren Raum der Lampe stattfindenden Entladungen sind nicht denselben Störungsursachen unterworfen, wie die Entladungen in der Luft, und geben daher ein Mittel ab, absolut regelmäßige, anhaltende Schwingungen, wie sie in der drahtlosen Telegraphie nötig sind, hervorzubringen.

Simon und V. Reich untersuchten beinahe gleichzeitig mit Campos die Verwendbarkeit des Duddellschen Stromkreises und der Quecksilberlampe zur Erzeugung andauernder Schwingungen von großer Schwingungszahl, wie sie nötig sind, um Resonanzerscheinungen in der abgestimmten drahtlosen Telegraphie möglichst ausgeprägt zu erhalten. Die beiden Forscher schätzen die Schwingungszahl des singenden Lichtbogens auf 20 000 Perioden pro Sekunde, gelangten jedoch auf eine Million Schwingungen in der Sekunde, mit einer Hewittschen Quecksilberlampe. Sie sind der Ansicht, daß noch bessere Ergebnisse mit einer Funkenstrecke im luftleeren Raum, welche von einem Gleichstrom von großer Energiemenge (mehrere tausend Pferdekräfte), welche auch entsprechend höhere Wirkungen hervorbrächte, erhalten würden.

System Valbreuze. Auch bei diesem System ist es wie bei den beiden vorhergehenden in erster Linie auf die Erzeugung außerordentlich rascher, regulierbarer und wenig gedämpfter elektrischer Schwingungen abgesehen.

Den wesentlichen Bestandteil der Anordnung bildet eine Röhre *CD* mit Quecksilberelektroden, Fig. 223, welche in Reihe mit einer Gleichstromquelle *A* und der Selbstinduktionsspule *D* geschaltet ist. Im Nebenschluß befindet sich der Kondensator *E*.

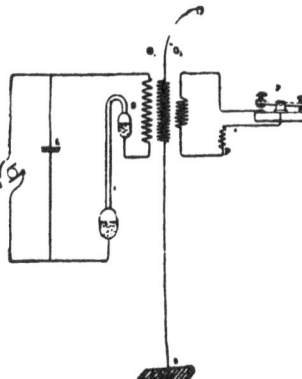

Fig. 223.

Die Spule *D* bildet die Primärwicklung eines eisenlosen Transformators, dessen sekundäre Wicklung aus der Spirale *D*1 besteht, welche einerseits mit der Erde, anderseits mit dem Sendedraht verbunden ist. Der Taster *T* gestattet, den Stromkreis der Selbstinduktion *I*, in welche eine weitere Rolle *D*2 eingeschaltet ist, zuschließen und zu öffnen, und damit die Zeichengebung ohne Unterbrechung des Hauptstromkreises zu bewirken.

Die Wirkungsweise des Apparates beruht auf der von Warren de la Rue entdeckten Erscheinung, daß eine luftleere Glasröhre in Verbindung mit einer Batterie von 1080 Elementen geschichtetes Licht erzeugt, wenn ein Kondensator im Nebenschluß angesetzt wurde und daß der Stromkreis von einem undulatorischen Strom von kurzer Periode durchflossen wurde.

Genau unter denselben Bedingungen befindet sich die Röhre *CD* und die wellenförmigen Ströme, welche auf diese Weise zu Stande kommen, dienen zur Hervorbringung der Schwingungen in *D*2.

Ein Sender der Art ist im Stande eine große Energiemenge auszustrahlen, weil die Quecksilberröhren für Ströme von Hunderten von Ampere gebaut werden können, und im Falle noch stärkere Ströme erforderlich sind, zu mehreren parallel geschalteten angewendet werden können.

Andere Systeme. Blondel, Anders, Bull, Tommasi, Ascoli und andere haben verschiedene Arten der Abstimmung vorgeschlagen. Die betreffenden Anordnungen sollen besonders in dem nächsten Kapitel über die verschiedenen Abstimmungsverfahren besprochen werden.

---

9. Kapitel.

Abstimmung und Mehrfachverkehr.

Wir haben bei verschiedenen Gelegenheiten auf die hohe Wichtigkeit aufmerksam gemacht, welche für die elektrische Wellentelegraphie der Aufgabe der Abstimmung der Apparate, d. h. die Erreichung des Ziels, daß die von dem Sendeapparat einer Station ausgehenden Wellen nur den Apparat einer bestimmten anderen Station zum Ansprechen bringen, besitzt.

Erst durch die Lösung dieser Aufgabe könnte man wirklich voneinander unabhängige Stationen in beliebiger Anzahl errichten, ohne daß sich dieselben gegenseitig stören. Durch die Lösung wäre zugleich die Ausschließlichkeit des Verkehrs sowohl als die Möglichkeit des Mehrfachverkehrs gegeben.

Eine vollkommene Abstimmung ist jedoch sehr schwierig, wenn nicht unmöglich. Denkt man sich, daß die verschiedenen Gruppen von Gästen an den verschiedenen Tischen eines großen Restaurants sich plötzlich auflösten und im Lokal sich verteilten und dann mit lauter Stimme ihre Gespräche fortsetzen wollten, mit dem Anspruch, weder von Unbeteiligten verstanden, noch gestört zu werden, so hat man damit ein Bild, welches der Aufgabe der Abstimmung verschiedener drahtloser Stationen desselben Wirkungskreises, die beliebig miteinander verkehren sollen, entspricht.

Auf S. 70 wurde erörtert daß die Erscheinungen der elektrischen Resonanz, wie sie jenen der akustischen Resonanz ähneln, einen der Wege gezeigt haben, auf welchem die Lösung der Aufgabe wenigstens für den Einzelfall einer beschränkten

Anzahl von Stationen versucht werden kann. Bei den Untersuchungen in dieser Richtung wurde nun wenigstens die Tatsache festgestellt, daß zwischen zwei auf dieselbe Wellenlänge
abgestimmten Stationen der Zeichenaustausch mit Apparaten von
geringerer Empfindlichkeit, als wie sie ohne die Resonanz erforderlich wären, erreicht werden kann. Wie wir ferner sehen
werden, kann bei der Verwendung sehr verschieden langer Wellen
von sehr verschiedener Energie, im Verhältnis von 1 zu 2 ungefähr, mit einem einzigen Luftdraht, Entsendung und Aufnahme
von Nachrichten gleichzeitig von zwei verschiedenen Stationen
erreicht werden, während anderseits schon von dem Gelingen
der Übertragung unter noch schwierigeren Versuchsbedingungen
berichtet wird. Im Augenblick ist man jedoch von der erwünschten
völligen Lösung noch sehr weit entfernt.

Die Bedingungen, welche für eine wirksame Abstimmung
bestehen, sind folgende: 1. daß der Sendeapparat wenig oder
gar nicht gedämpfte Wellen von scharf bestimmter Periode aussendet, 2. daß die Schwingungszahlen der wirksamen Stromkreise
in den beiden Stationen leicht derart geregelt werden können,
daß eine vollständige Übereinstimmung statt hat.

Von der Beschreibung der verschiedenen versuchten und
vorgeschlagenen Systeme haben wir als Mittel zur Erfüllung der
ersten Bedingungen die Verwendung geschlossener Stromkreise
als Erreger, die Wechselstrommaschinen an Stelle der Funkeninduktoren, den Duddellschen Lichtbogen und die Cooper-Hewitt-
sche Quecksilberdampflampe an Stelle der gewöhnlichen Funkeninduktoren, kennen gelernt. In der Mehrzahl der erwähnten
Systeme versucht man die zweite Bedingung dadurch zu erfüllen,
daß man die Regelung der Kapazität oder der Selbstinduktion
der schwingenden Stromkreise und der Luftdrähte, solange verändert, bis die vier Schwingungskreise nämlich der Schwingungskreis der Funkenstrecke und des Sendedrahtes, des Empfangsdrahtes und des Fritters, dieselbe Schwingungszahl aufweisen.
Besteht der Schwingungskreis der Funkenstrecke, wie beispielsweise in den weittragenden Stationen, aus mehreren hintereinander geschalteten aufeinander wirkenden Kreisen, so ist
es nötig, daß diese einzelnen Kreise sämtlich unter sich und
mit den bezüglichen Luftdrähten abgestimmt seien. Zu diesem
Zwecke dienen die regulierbaren Kapazitäten, und Selbstinduktionen.

Die Systeme Fessenden und Tesla unterscheiden sich in
dieser Hinsicht von den übrigen Systemen insoferne, als in ersteren

vermittelst eines besonderen Tasters die Resonanz zwischen den
beiden verkehrenden Stationen im Augenblick der Zeichengebung
aufgehoben wird, im zweiten die Zeichen vermittelst zweier verschiedenen Wellenzüge, deren jeder mit einem Schwingungskreis
des Empfangsapparates abgestimmt ist, übermittelt werden.

Auch das System Artom (Fig. 276) benutzt ein besonderes
Verfahren, die Abstimmung zu erreichen. Unter den übrigen
im folgenden zu beschreibenden Verfahren zur Abstimmung
sind die, welche sich der elektrischen Resonanz bedienen, und
jene, welche die Ausschließlichkeit dadurch erreichen, daß zwei
Apparate nur dann Zeichen austauschen können, wenn in ihren
Bestandteilen gewisse mechanische Bedingungen erfüllt sind, zu
unterscheiden.

Verschiedene Abstimmungsverfahren.

Abstimmungsverfahren Blondel. — Blondel hat
im Jahre 1898 ein Abstimmungsverfahren angegeben, bei welchem
nicht sowohl die Frequenzen der elektrischen Schwingungen des
Senders und des Empfängers selbst, sondern künstliche, viel
niedriger liegende, willkürlich gewählte Schwingungszahlen von
der Größenordnung der Schallschwingungen und unabhängig
von den Luftdrähten, d. h. die Frequenz der Ladungen des
Sendedrahts und die eines abgestimmten Empfänger beispielsweise eines Mercadierschen Monotelephons in Übereinstimmung
gebracht werden. Es genügt für diesen Zweck die Frequenz
des Unterbrechers konstant und gleich der Eigenschwingungszahl des Empfangsapparates zu erhalten. Bei diesem Verfahren
muß selbstverständlich das Telephon mit einem selbstentfrittenden
Fritter verbunden sein.

Bei dieser Anordnung wirkt jede Wellengruppe von hoher
Frequenz und starker Dämpfung, welche zwischen zwei Stromunterbrechungen entsteht, als ein einfacher Stoß auf das Telephon
von verhältnismäßig geringer Schwingungszahl. Bei dieser
Schaltung empfiehlt es sich, im Nebenschluß zum Wellenanzeiger
eine derart berechnete Kapazität anzuwenden, daß mit der Sendestation eine Art elektrischer Resonanz besteht. Durch das Verfahren können in einer Empfangsstation fremde Zeichen verhältnismäßig leicht ausgeschlossen werden da die akustische
Resonanz im allgemeinen viel schärfer als die elektrische hergestellt werden kann. Doch sind hierzu selbstentfrittende
Fritter nötig, die in ihren jetzt zur Verfügung stehenden Formen

noch viel zu empfindlich und unzuverlässig sind, als daß das Verfahren auf größere Entfernungen anwendbar wäre.

Auch die Verwendung der gedämpften Wellen, wie sie erforderlich sind, weil in jedem Wellenzug in erster Linie der erste Stoß zur Wirkung kommt, bringt es mit sich, daß die erreichbare Übertragungsentfernung klein ausfällt, da die Empfindlichkeit der Fritter für andauernde Wellen viel größer ist, als für derart stark gedämpfte.

Abstimmungsverfahren Ascoli. — Ascoli bemerkt, daß die Zeichengabe zwischen zwei nicht abgestimmten Apparaten nur durch Öffnung und Schließung des Primärstromkreises des Funkeninduktors möglich ist. Sind jedoch die Apparate abgestimmt, so kann der Zeichenaustausch auch auf andere Weise zustande kommen.

Nehmen wir an, daß der Sender mit einem der Empfänger, auf welchen er wirken soll, nicht abgestimmt ist. Will man mit einer Station A verkehren, so wird der Unterbrecher des Funkeninduktors in Tätigkeit gesetzt, welche auch die ganze Zeit des Zeichenaustausches ununterbrochen andauert. Um die Zeichen zu entsenden, wird nicht der Primärstromkreis des Funkeninduktors beeinflußt, sondern die Abstimmung der Station A. Die Störung dieser Abstimmung wird auf eine der unten beschriebenen Arten erreicht.

Man erreicht daher wie in dem System Fessenden und Campos-Duddell, daß ein in den Wirkungskreis der sendenden Station kommender nicht abgestimmter Apparat die Nachrichten nicht aufnehmen kann, da im letzteren eine fortlaufende Folge von unentwirrbaren Zeichen und eine zusammenhängende Linie anstatt der Punkte und Striche des Morse-Apparates erscheinen wird. Zur Herstellung und Aufhebung der Abstimmung empfiehlt sich nach Ascoli mehr der folgende Vorschlag:

Im Stromkreis des Senders ist eine senkrechte zylindrische Spule angeordnet, welche eine solche Windungszahl aufweist, daß keiner der Empfänger anspricht, wenn die ganze Spule eingeschaltet ist. Im Innern der Spule kann ein massiver Kupferzylinder verschoben werden, welcher als Sekundärdraht von unendlich kleinem Widerstand wirkt und die Selbstinduktion der Spule verringert. Durch Verschieben dieses Zylinders kann daher ohne Beeinflussung des Sekundärkreises des Funkeninduktors die Abstimmung mit irgendwelchem der Empfänger erreicht werden. Es genügen schon ganz kleine Verschiebungen, um die Abstimmung zu stören.

Will man mit der Station *A* verkehren, so wird der Zylinder etwas tiefer als für die Abstimmung nötig eingestellt. Ist dann die Funkenstrecke in Tätigkeit, so genügt es, den Zylinder eine Kleinigkeit zu heben, um die Resonanz herzustellen und das Signal zu geben. Durch abwechselndes Heben und Senken des Zylinders können daher die gewünschten Morse-Zeichen hervorgebracht werden. Die Verschiebungen des Zylinders können vermittelst eines Hebels ähnlich einem gewöhnlichen Morse-Taster bewirkt werden. Da der Taster in diesem Falle keinen Stromkreis zu öffnen noch zu schließen hat, kann er von außerordentlich einfacher Bauart sein.

Man kann den Zeichenaustausch auch dadurch vorbereiten, daß man eine bestimmte Anzahl der Spulenwindungen kurz schließt, statt den Zylinder zu verschieben, und zum Zeichenaustausch selbst die Abstimmung durch kleine Bewegungen des Zylinders herzustellen und aufzuheben.

Weniger vorteilhaft verfährt man zu gleichem Zweck nach Ascoli, indem man vermittelst eines Tasters die bewegliche Belegung eines Kondensators verschiebt, oder den Abstand verschiedener Windungen der Selbstinduktionsspule voneinander verändert.

Vermittelst des Tasters könnte auch eine Anzahl der Windungen der Selbstinduktionsspule kurz geschlossen werden, wenn nicht die Aufhebung des Kurzschlusses bei der Verwendung hoher Spannungen starke Funkenbildung befürchten ließe. Ascoli verwendete jedoch auch dieses Verfahren zur bequemen Vorführung der Erscheinungen mit Erfolg.

Abstimmungsverfahren Stone. — Das von Stone vorgeschlagene Verfahren zur Erzielung einer vollkommenen Resonanz zwischen Sende- und Empfangsstation beruht auf folgenden Tatsachen:

Erstens, daß die magnetische Hysteresis und deren analoge Erscheinung in den Stromkreisen, die elektrische Hysteresis, die Wirkungen der Resonanz beträchtlich vermindern.

Zweitens, daß die Resonanz um so kräftiger ausfällt, je regelmäßiger die Periode der Schwingungen ist.

Stone beseitigt daher die magnetische Hysteresis, indem er in den Stromkreisen die Verwendung von Spulen mit Eisenkernen ausschließt und an Stelle der Leydener Flaschen Luftkondensatoren verwendet.

Um die Schwingungsperiode harmonisch zu machen, reinigt er die Schwingung, wie sie ziemlich unregelmäßig von der Spule kommt, indem er sie gewissermaßen durch verschiedene aufeinanderfolgende Schwingungskreise, die vermittelst Induktion aufeinander wirken und sämtlich auf dieselbe Periode abgestimmt werden, filtriert und den letzten dieser Schwingungskreise durch Induktion auf den Sendedraht wirken läßt.

Nach dem Prinzip der Resonanz greift ein Schwingungskreis von scharf bestimmter Schwingungszahl aus einer Schwingung gemischter Perioden die Schwingungen heraus, welche seiner eigenen Schwingungszahl am nächsten kommen. Man hat so eine Schwingung von reinerer Periode, und indem man diese Schwingungen auf einem zweiten Stromkreis wirken läßt, wird dieser eine noch reinere Periode an den nächsten abgeben usw.

Stone hat gefunden, daß für die Zwecke der Praxis zwei aufeinanderfolgende abgestimmte Stromkreise genügen, um endgültig der Schwingung den Charakter einer beinahe vollkommen harmonischen zu verleihen. Die Anordnung der Stromkreise in dem Stoneschen Verfahren ist ähnlich jener der Fig. 153 mit dem Unterschied, daß an Stelle des Transformators T' ein gewöhnlicher Funkeninduktor verwendet ist. Der erste Stromkreis $CC'TT'$ enthält die Funkenstrecke E, der zweite Stromkreis $CC''T'T''$ dient dazu, die vom ersten Stromkreis kommenden Schwingungen harmonischer zu machen.

Die Anordnung des Empfangsapparats entspricht der des Sendeapparats, nur findet sich an der Stelle der Funkenstrecke der Fritter mit dem zugehörigen Stromkreis des Schreibwerks. Die am Empfangsdraht einlaufenden Schwingungen wirken durch Induktion auf einen ersten Stromkreis und von diesem auf einen zweiten mit dem ersten abgestimmten und gelangen daher, harmonischer gemacht, zum Fritter.

In Versuchen zwischen Cambridge und Lynn wurde mit diesem System auf eine Entfernung von 20 km der Zeichen-austausch derart erreicht, daß eine Abweichung von 10% in der Schwingungsperiode die Wirkung auf die Empfangsapparate vom Höchstbetrag auf Null herunterdrückte.

Abstimmungsverfahren Anders Bull. — Das Verfahren beruht auf der Anordnung der mechanischen Abstimmung und unterscheidet sich daher grundsätzlich von den Systemen Marconis und ähnlichen.

Zur Zeichengebung werden bei diesem Verfahren nicht einfache elektrische Impulse, sondern Gruppen von Impulsen, welche in bestimmter Anzahl in bestimmten Zeitabständen aufeinanderfolgen, verwendet. Angenommen, jedes Zeichen bestünde aus fünf verschiedenen durch vier Zeitzwischenräume $t_1\,t_2\,t_3\,t_4$

getrennten Impulsen, wobei diese Zeitabstände verschiedene
Werte erhalten, so erhält man eine unendliche Anzahl von
Impulsgruppen, wie sie zur Zeichenübermittlung dienen kön.nen.

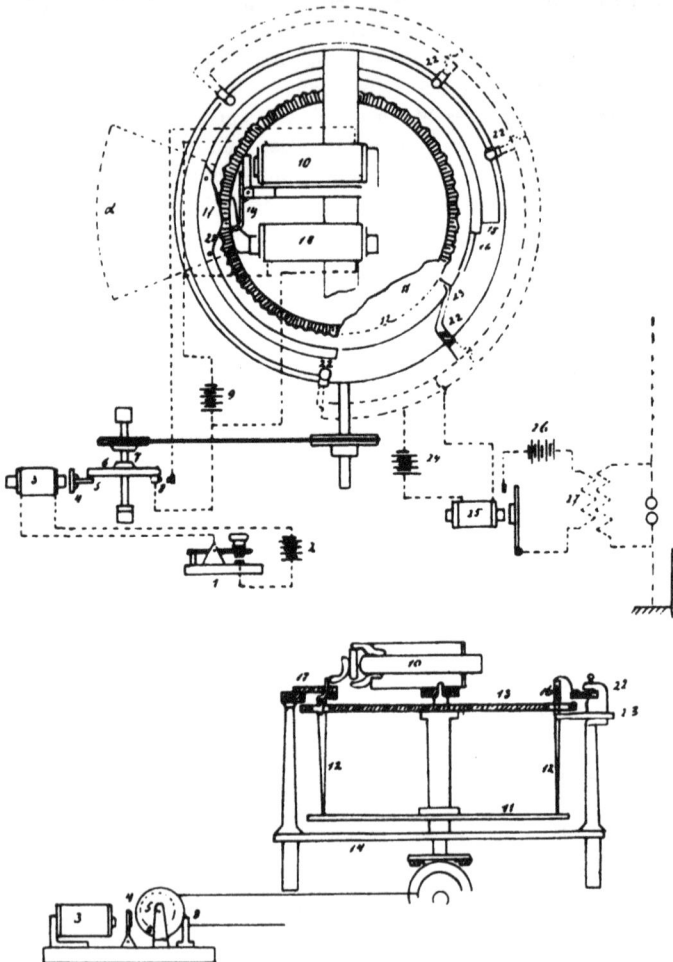

Fig. 224.

Soll z. B. von einer Station T zu einer Station R ein Punkt
des Morse-Alphabets übermittelt werden, so wäre eine Reihe von
fünf von den vorher bestimmten Zeitabständen $t'_1\, t'_2\, t'_3\, t'_4$
getrennten Impulsen zu entsenden. Ist auf diese Folge der

Empfänger in R_1 vorher abgestimmt, so wird er nur einen
Punkt aufzeichnen. Soll dieselbe Station T mit einer anderen R_2,
welche auf eine andere Folge der Zeiträume t''_1 t''_2 t''_3 t''_4 abgestimmt ist, verkehren, so wird die Station T die Abstimmung
des eigenen Senders derart abändern, daß er die Impulse nach
den letztgenannten Zeitabständen abgibt, und das Zeichen wird
von Station R_2, nicht aber von R_1 und auch nicht von irgend
einer anderen anders abgestimmten Station erhalten werden.

Zur praktischen Verwertung dieses Grundgedankens werden
von Anders Bull zwei Apparate verwendet, welche selbsttätig
die beiden Aufgaben, die von einem gewöhnlichen Morse-Taster
hervorgebrachten Bewegungen in eine Reihe von fünf durch
bestimmte Zeitzwischenräume getrennte Impulse aufzulösen und
diese fünf Impulse wieder zu einem einzigen Zeichen zusammen-
zusetzen, erfüllen.

Die Fig. 224 zeigt schematisch in Grund- und Aufriß die
wesentlichen Teile einer Sendestation. Durch Druck auf den
Taster 1 gelangt der Strom der Batterie 2 über die Wicklung
des Elektromagneten 3, dessen Anker mit dem Haken 4 verbunden
ist, welcher den Zahn einer Scheibe 6 festhält. Die Scheibe
wird durch einfache Reibung auf einer Achse festgehalten,
welche sich mit einer Geschwindigkeit von fünf Umdrehungen
in der Sekunde dreht, so daß die Scheibe mitgenommen wird,
so oft sie von dem Haken des Elektromagnetankers freigegeben
wird. Bei der Umdrehung der Scheibe gerät der Zahn 4 in
Berührung mit der Feder 8 und schließt einen Stromkreis der
Batterie 9 über den Elektromagneten 10. Wird der Taster zur
Übermittlung eines Punktes nur sehr kurze Zeit gedrückt, so
vollzieht die Scheibe in dieser Zwischenzeit nur eine vollkommene
Umdrehung und der Elektromagnet 10 wird nur einmal erregt. Wird
dagegen der Taster länger gedrückt, so wird der Stromkreis des Elektromagneten öfters in Abständen von $^1/_5$ Sekunde durchflossen.

An eine Scheibe 11 sind eine große Anzahl vertikaler,
konzentrisch angeordneter Stahlfedern, 12, befestigt, deren obere
Enden frei sind und in radialen Schlitzen, welche in der
Scheibe 13 angebracht sind, sich in radialer Richtung bewegen
können. Die beiden Scheiben 11 und 13 sitzen auf derselben
Achse und drehen sich mit dem Rahmen 14, an welchem ein
Ring 15 derart angebracht ist, daß er als Führung für die Federn
dient und letztere während der Umdrehung längs des Rings
oder in der ∩förmig gebogenen am Ring 16 angebrachten Führung
laufen müssen.

Ein Stück des Rings entsprechend dem Winkel α, ist ausge-
schnitten und durch ein Bronzestück 17 ersetzt, welches die
Federn gegen die Pole des Magneten 18 hinbiegt. Letzterer ist
dauernd von dem Strom der Batterie 9 erregt, zieht die Stahlfeder
unter Überwindung ihrer Elastizität an und führt sie aus der
Ruhelage bis zu der durch Punkt 20 bezeichneten Stelle.
Wird jedoch auch der Magnet 10 erregt, so zieht der Anker 19
das Polstück, zurück vermittelst dessen der Magnet 18 seine
eigene Wirkung auszuüben hätte. Die Stahlfedern, welche zu
dieser Zeit längst des Bronzestückes 17 vorbeigehen, kehren in
ihre vertikale Stellung zurück, und legen sich innerhalb der

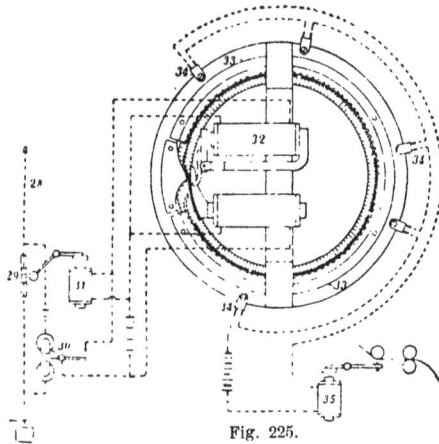

Fig. 225.

Führung an $\cap$ an in der Stellung 21, ohne auf die Dauer eines
ganzen Stromganges wieder hervorzutreten.

Eine bestimmte Anzahl von Kontakten 22 sind rings am
Umfange des Apparates angebracht und bestehen aus je 2 voneinander isolierten Federn 23, welche vermittelst Schrauben in
beliebige Stellung gebracht werden können. Die Anordnung ist
so getroffen, daß die in der Führung festgehaltenen Federn
während der Umdrehung den Kontakt hervorbringen, während
der Untätigkeit des Elektromagneten 10, während welcher alle
Federn hervortreten, dagegen die Kontakte nicht hergestellt
werden. Wenn dagegen ein Strom von kurzer Dauer den Magnet 10 durchfließt, wird eine Feder in der Führung in beschriebener Weise festgehalten, und kann hierauf nacheinander mit jedem
der auf dem Umfang verteilten Federpaare Kontakte herstellen.

Die Kontakfedern sind, wie die Figur zeigt, elektrisch derart miteinander verbunden, daß bei jedem Stromschluß der Strom einer Batterie 24 den Magneten eines Unterbrechers 25 erregt, dessen Anker eine Batterie 26 über dem Primärstromkreis des Funkeninduktors 27 schließt. Bei der folgenden Unterbrechung dieses Stromkreises findet eine Entladung in der Funkenstrecke statt, und damit die Entsendung eines elektrischen Impulses. Bei jeder Betätigung des Magneten 10 werden daher soviele Impulse abgegeben, als Kontaktfedernpaare rings an der Peripherie des Rades angebracht sind. Da die Scheibe mit gleichförmiger Geschwindigkeit umgeht, so sind die Zeichenabstände, welche die verschiedenen Entladungen trennen, proportional den Winkelabständen, in welche die Kontaktfedern verteilt sind.

Die Fig. 225 zeigt die Anordnung der Empfangsstation. Die Schwingungen, welche von dem Luftdraht 28 aufgenommen werden, beeinflussen den Fritter 29, wodurch in gewöhnlicher Weise das Relais 30 betätigt wird. Der vom Relais geschlossene Ortsstrom betätigt auch den Magnet der Entfritterungsvorrichtung 31, und den Magnet 32, dessen Windungen parallel mit jenen des Elektromagneten 31 geschaltet sind. Die Empfangsvorrichtung hat dieselbe Einrichtung wie die Sendevorrichtung, so daß bei der Ankunft eines jeden elektrischen Impulses eine Feder innerhalb der Führung des Ringes 33 beeinflußt wird. Eine Reihe von 5 von der Sendestation ankommenden Impulsen bewegt 5 Federn in der Führung, deren Winkelabstand den von einem Impuls zum anderen verflossenen Zeiten entspricht, da auch die Umdrehungsgeschwindigkeit am Empfangsapparat eine gleichförmige ist. Auch am Empfangsapparat werden vorzugsweise doppelte Kontaktfedern in gleicher Anzahl und in den gleichen Abständen wie im Sendeapparat angewendet. Die Kontakte sind, unter sich in Reihe geschaltet, wie Fig. 225 zeigt, so daß der Strom zu dem Morse-Apparat 35 nicht gelangen kann, wenn nicht sämtliche Kontakte gleichzeitig geschlossen sind. Letzteres kann jedoch nicht eintreten, wenn die Winkelabstände zwischen den in der Führung angelegten Federn nicht gleich den Winkelabständen der festen Kontakte sind. Ist diese Bedingung erfüllt, so wird der Morse-Apparat erregt und gibt ein Zeichen, d. h. einen Punkt. Wenn die Abstände zwischen den doppelten Federn in den beiden Apparaten nicht genau übereinstimmen, so finden sich die beweglichen Federn in verschiedenen Abständen voneinander wie die festen; ein gleichzeitiger Kontakt kann nicht stattfinden, der Morse-Apparat bleibt unbetätigt.

Der Antrieb des Absenders erfolgt durch einen kleinen Elektromotor, dessen Geschwindigkeit durch einen Regulator geregelt werden kann. Die Scheibe mit den Stahlfedern macht 30 Umdrehungen in der Minute, während die Zahl der Federn 400 beträgt. Das Relais ist für eine rasche Aufnahme der Zeichen gebaut, daher mit einem leichten unterteilten Anker ausgerüstet. Das Relais spricht bei einem Strom von 0,1 Milliampere an.

Anders Bull führte seine Versuche mit einer einzigen Sende- und Empfangsstation aus. Vermittelst 3 verschiedener Kontaktgruppen für die Aufnahme konnte jedoch die Zeichengabe an 3 verschiedene Morse-Empfänger vermittelst desselben Gebers, welcher für 3 verschiedene Sendestromkreise eingerichtet war, von welchen jeder auf einen der Empfänger abgestimmt war, bewirkt werden. In den vom Urheber des Systems veranstalteten Versuchen, betrug die Anzahl der Kontakte und der jede Reihe bildenden Impulse drei. Doch war die Übertragungsentfernung sehr klein und gleichzeitige Übertragungen wurden nicht versucht. Die erreichte Übertragungsgeschwindigkeit betrug 50 Buchstaben in der Minute. Doch zweifelt der Erfinder nicht, diese Geschwindigkeit leicht erhöhen zu können. Das Hauptgewicht wird auf die vollkommene Ausschließlichkeit der Übertragung und auf die Möglichkeit, die Anordnung für die Nachrichtenaufnahme vermittelst des Typendruckapparates Hughes zu verwenden, gelegt.

Eine öffentliche erfolgreiche Vorführung des Systems fand im Dezember 1902 am Polytechnikum in Christiania statt.

Die Ausschließlichkeit der Mitteilung zu sichern, gibt Anders Bull noch zwei andere Verfahren an.

Das erste Verfahren besteht darin, daß die zwischen zwei Impulsen derselben Reihe auftretenden Zeitzwischenräume hinreichend lang gewählt werden, um den Zeitraum zwischen zwei aufeinanderfolgenden Reihen zu überbrücken, so daß letztere sich übereinander lagern, und unter sich verketten. Das andere Verfahren besteht in der gleichzeitigen Absendung abgestimmter Zeichen und von Zeichen von verschiedener Periode. Dabei würde die Übereinanderlagerung der beiden Zeichensysteme eine fast ununterbrochene Reihe von tatsächlich unentzifferbaren Punkten ergeben.

Abstimmungsverfahren Walter. — Das Verfahren gleicht dem eben beschriebenen von Anders Bull. Auch in diesem Verfahren besteht jedes Zeichen aus einer Reihe von Impulsen, und aus der Entsendung getrennter Wellenzüge, welche sich in bestimmten, aber nicht gleichen Zeitintervallen folgen.

Der Sendeapparat dieser Anordnung wird von einem besonderen Taster betätigt, welcher den Stromkreis des Funkeninduktors schließt und zugleich eine Scheibe freigibt, welche in rascher Umdrehung vermittelst unregelmäßig am Rande angebrachter Vorsprünge kurze Stromschlüsse hervorbringt. Die andere Station enthält im Stromkreis des Fritters eine ähnliche Scheibe, welche durch den ersten von der Sendestation ankommenden Impuls freigegeben wird, und auf ihrem Rande ähnliche Vorsprünge wie die Scheibe der Sendestation aufweist. Da beide Scheiben mit gleicher Schnelligkeit sich drehen, so wird jeder von der Sendestation ankommende Impuls vom Empfänger aufgenommen, in dem die Welle, welche den Fritter erregt, einen der Kontakte durchfließt.

Der Schreibapparat ist derart angeordnet, daß er nur auf Impulse antwortet in einem Rhythmus, welcher der Zahl und der Stellung der Kontakte auf den beiden synchron sich drehenden Scheiben entspricht, infolgedessen Wellen von anderem Rhythmus nicht aufgezeichnet werden.

Verwendung des Hughes-Apparats. — Auch die Empfänger, welche unter der Verwendung des Typendruckapparats Hughes arbeiten, können als Empfänger mit mechanischer Abstimmung betrachtet werden, insofern hierbei ebenfalls nötig ist, daß Sendeapparat und Empfangsapparat die gleiche Umdrehungsgeschwindigkeit aufweisen. Diese Geschwindigkeit kann in verabredeten Zeitabständen beiderseits geändert werden, um zu verhindern, daß von unbefugter Seite diese Geschwindigkeit ausgeforscht und zum Auffangen der Nachrichten ausgenutzt werde.

Mehrfachverkehr.

Kann die Abstimmung der Stationen bis zu dem Grade erreicht werden, daß die empfangende Station nur auf Wellen von der Schwingungszahl der sendenden Station anspricht, so können auch mehrere Empfangsstationen, von welchen eine jede auf eine andere Schwingungszahl der elektrischen Wellen anspricht, von einer Sendestation, welche die den einzelnen Empfangsstationen zugehörigen Schwingungszahlen kennt, durch Abstimmung der eigenen Apparate so angerufen werden, daß nur eine bestimmte dieser Stationen, auf welche die Abstimmung erfolgt ist, die Nachricht erhält. Ferner kann durch Änderung

der Abstimmung die sendende Station nach einander die verschiedenen Empfangsstationen einzeln aufrufen. Die Aufgabe
des Mehrfachverkehrs, d. h. des gleichzeitigen Verkehrs mehrerer
Stationen in jeder Richtung und in derselben Richtung, ist daher
mit der anderen Aufgabe der Abstimmung enge verbunden.

Bei allen Systemen der elektrischen Wellentelegraphie,
welche eine weite praktische Verwendung gefunden haben,
wurde versucht, den Mehrfachverkehr zu erreichen, und heute
noch dauern die Bemühungen fort, die bezüglichen Verfahren
immer wirksamer zu gestalten. In der Tat ist leicht einzusehen,
daß eine Station auch vom wirtschaftlichen Gesichtspunkt aus
um so wertvoller ist, je größer die Zahl der Stationen ist, mit
welchen sie verkehren kann.

An erster Stelle möge das System des Mehrfachverkehrs
von Slaby-Arco erwähnt werden, da vermittelst desselben zuerst
erfolgreiche öffentliche Versuche gelangen.

Mehrfachverkehr Slaby-Arco. — Vermittelst der
abgestimmten Schaltungen Slaby-Arco wie sie auf S. 206 beschrieben sind, kann die Resonanz zwischen einer Empfangsstation und mehreren Sende-
stationen erreicht werden. Da
in der Drahtleitung die elektrischen Schwingungen des En-
des des Luftdrahts mit gleicher
Stärke am Ende des Verlängerungsdrahts (Fig. 184 c, S. 207
auftreten, ist es nach Slaby
nicht unerläßlich, daß die Ab-

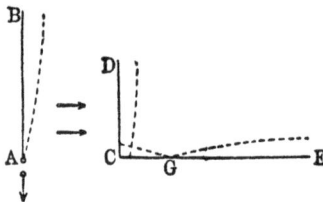

Fig. 226.

schnitte CD und CE Fig. 226 gleich seien, sondern es genügt,
daß die Gesamtlänge CD, CE gleich sei dem doppelten des
Sendedrahts AB, d. h. gleich der Hälfte der Wellenlänge. Das
bedeutet nichts anderes, als daß im Falle der Ungleichheit von
CD und CE der Schwingungsknoten statt in C beispielsweise
in G auftritt.

Wenn daher in der Empfangsstation ein und derselbe
Empfangsdraht CD Fig. 227 mit Verlängerungsdrähten verschiedener Länge CE CF CG, an deren Enden ein Fritter angebracht ist, verbunden wird, so wird jede der letzteren in erster
Linie von einer bestimmten Wellenlänge erregt werden, und
zwar der Fritter in E von Wellen, welche doppelt so lang sind,
als $DC + CE$ der Fritter F von Wellen der doppelten Länge
von $DC + CF$ usw. Bezeichnen die in der Fig. eingetragenen

Zahlen die Drahtlängen, so würden die Fritter EFG auf Wellenlängen von 240, 200 und 160 m ansprechen. Werden diese
Wellenlängen von verschiedenen Stationen ausgesandt, so würde
der Empfangsapparat die verschiedenen Nachrichten
getrennt aufzeichnen und daher einen Mehrfachverkehr zulassen. Die Verlängerungsdrähte können
selbstverständlich durch gleichwertige Spulen ersetzt
werden, wie auch Multiplikatoren nach Fig. 226 DE
hinzugefügt werden können.

Die Ausladung des Schwingungsbauchs in EFG
hängt nur in geringem Maße davon ab, ob der Punkt C
mit Erde ver-
bunden ist oder
nicht. Es könn-
ten daher als
Empfangsdraht
bereits vorhan-
dene Luftleiter
wie Blitzableiter
verwendet werden, auch wenn sie nicht eine Länge von $^1/_4$
der Wellenlänge aufweisen.

Mit einer Anordnung der beschriebenen Art führte Slaby
im Dezember 1900 den ersten öffentlichen Versuch des drahtlosen Mehrfachverkehrs aus, über welchen in Kapitel 10 weiteres
zu sagen ist.

Die Fig. 228 zeigt die von Slaby für diese Versuche angewendete Schaltung. Der in der Mitte abgebildete Empfangs-

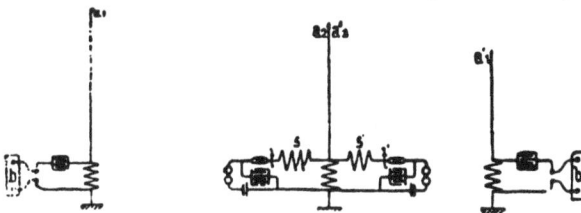

Fig. 227.

Fig. 228.

apparat enthält einen einzigen Luftdraht a_2, a'_2, welcher einerseits mit dem Mittelpunkt der Selbstinduktion S und dem
Fritter f, anderseits mit der Selbstinduktion S' und dem Fritter f'
verbunden ist. Der Schwingungskreis $a_2 Sf$ ist mit dem Sendeschwingungskreis a' und der Schwingungskreis $a'_2 S'f'$ mit dem
Sendeschwingungskreis a_2 abgestimmt, so daß der erstere nur die

von a' ausgehenden, der zweite die von a_2 ausgehenden Nachrichten erhält.

In der Folge benutzten Slaby-Arco zur besseren Abstimmung
der Stationen, die auf S. 123 beschriebene Anordnung.

Mehrfachverkehr Marconi. — Auch das abgestimmte
System Marconi eignet sich zum Mehrfachverkehr. Die Fig. 229
zeigt die Schaltung einer Sendestation, welche mit 2 verschieden
abgestimmten Stationen verkehren kann. Anstatt erst im Augenblicke der Nachrichtenübermittlung die Kapazität und Induktion
der Sendestation auf die Empfangsstation abzustimmen, verbindet
Marconi der größeren Bequemlichkeit und Sicherheit halber den-

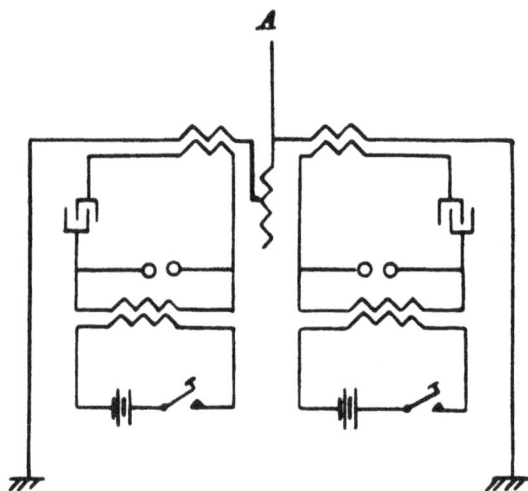

Fig. 229.

selben Sendedraht A mit Schwingungskreisen von verschiedener
Kapazität und Induktanz nach Fig. 228, welche mit den Emp-
fangsschwingungskreisen der Stationen, mit welchen verkehrt
werden soll, abgestimmt sind. Die Übertragung zu den verschiedenen Empfangsstationen kann auf diese Weise auch gleichzeitig stattfinden.

Marconi erreichte auch die mehrfache Übertragung zwischen
zwei bestimmten Stationen, d. h. die gleichzeitige Übertragung
mehrerer Nachrichten von ein und demselben Luftdraht, indem
er an dem Luftdraht der empfangenden Station dieselben Induktanzen wie am Luftdraht der mehrfach sendenden Station
anbrachte und jede mit einem Empfänger gleicher Schwingungs-

zahl verband, wie Fig. 230 zeigt. Bei dieser Schaltung kann jeder Sender in Verbindung mit einem einzigen Sendedraht gleichzeitig verschiedene Nachrichten abgeben, welch letztere ebenfalls gleichzeitig in der Empfangsstation von den entsprechend abgestimmten Apparaten aufgenommen werden.

Im Jahre 1901 während der Versuche einfacher Übertragung zwischen Biot und Calvi, von welchen im Kapitel 10 des weiteren die Rede sein wird, wurden mit den eben beschriebenen Anordnungen, jedoch unter Anwendung drei verschiedener Wellenlängen, von 300, 150 und 70 m Länge, Versuche des Mehrfachverkehrs angestellt. Bei der Verwendung verschiedener Luftdrähte gelang es zu verhindern, daß die mit der Schwingungszahl 1 ausgeführten Übertragungen von dem auf die zweite Schwingungszahl abgestimmten Empfänger und umgekehrt aufgenommen werden. Benutzte man jedoch zwei an denselben Luftdraht angeschlossene Empfänger, so wurden alle beide erregt, obwohl in dem Stromkreis des einen Selbstinduktionen und Kapazitäten eingeschaltet wurden. Bei den Versuchen der doppelten Übertragung nahm einer der Empfänger wohl eine der Nachrichten auf, aber die verkehrte, oder er nahm beide auf oder keine. Die Einführung der dritten Schwingungszahl verbesserte die Resultate nicht, da der neue Empfänger, welcher die kürzesten Wellen aufzeichnen sollte, überhaupt nicht ansprach.

Bessere Resultate ergaben die Versuche bezüglich des Mehrfachverkehrs, welche im Mai 1903 von dem Schiffsleutnant Villarey der italienischen Marine zwischen der Station von Spezia und der 5 km entfernten Station von Palmaria und der 70 km entfernten Station von Livorno ausgeführt wurden. Die Sendeapparate konnten Wellen von zwei verschiedenen Schwingungszahlen aussenden. Der eine dieser Apparate A war auf Übertragungsentfernungen bis zu 150 km, der andere B auf Ent

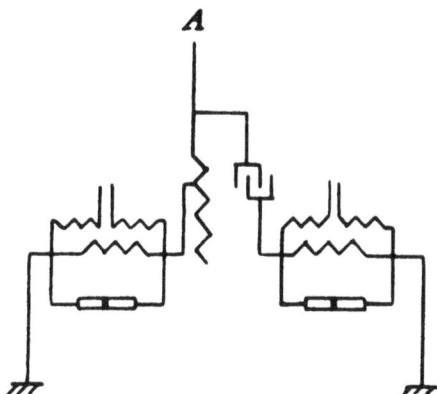

Fig. 230.

fernungen bis zu 300 km berechnet. In dem zweitgenannten
Apparat betrug sowohl die Stärke der Energiewellen als die
Kapazität der Kondensatoren das Doppelte gegenüber dem ersten,
woraus auch eine größere Wellenlänge im Falle des zweiten
sich ergab.

Die beiden auf dieser Schwingungszahl abgestimmten, mit
einer einzigen Luftleitung verbundenen Apparate in Spezia
zeichneten gleichzeitig von Palmaria und von Livorno ausgehende
Nachrichten auf, nicht nur, wenn die Schwingungszahl der größeren
Tragweite von der entfernteren Station ausging, sondern auch,
wenn diese die schwächeren und die andere Station die stärkeren
Schwingungen entsandte.

Marconi erklärte bei seinem Aufenthalt in Rom 1904, daß
es ihm im November 1903 gelungen sei, gleichzeitig von einer
einzigen Station (Poole an der englischen Küste bei London)
5 verschiedene Telegramme an 5 verschiedene innerhalb eines
Radius von 20 bis 50 km gelegenen Stationen zu übermitteln.
In der Sendestation waren hierbei 5 Apparate von verschiedener
Abstimmung, je mit einem eigenen Sendedraht verbunden. Von
den Telegrammen gelangte jedes ohne geringste Zeichenver-
mischung an seiner Bestimmungsstation an. Marconi fügte bei,
daß er im Augenblick über 50 wohl unterschiedene Abstimmungen
verfüge, vermittelst welcher er gleichzeitig und unabhängig an
25 Stationen Übertragungen ausführen könne.

Mehrfachverkehr Tommasi. — Ein von Tommasi
vorgeschlagenes Verfahren, bezweckt hauptsächlich die Geheimhaltung der Nachrichten, im Fall dieselben vermittelst sehr
empfindlicher Empfänger aufgefangen werden könnten, d. h.
wenn die auffangende Station Fritter verwendet, welche auf alle
Schwingungsstärken, gleichgültig welche Schwingungszahl die
betreffenden Wellen zeigen, ansprechen.

Das Verfahren besteht darin, daß die Sendestation mit zwei
Oszillatoren ausgerüstet wird, von welchen der eine wirksamer
für die abgestimmte Übertragung auf größere Entfernung, der
andere weniger wirksam ist. Die Aufgabe des letzteren ist es,
unzusammenhängende Zeichen, welche sich denen für die größere
Entfernung bestimmten überlagern und für die benachbarte Gegend die Zeichen der eigentlichen Nachrichten verwirren, zu
entsenden, wobei diese Zeichen jedoch infolge ihrer geringen
Intensität nicht imstande sind, auf den weiteren entfernten abgestimmten Empfänger zu wirken.

Mit doppelten Oszillatoren von verschiedener Wirkungs-kraft, d. h. verschiedener Funkenlänge, kann man daher beliebige Verbindungen mit Stationen verschiedener Entfernung erreichen. Das System gestattet jedoch keinen Schutz gegen Empfänger jenseits der Zone, in welcher die Schwingungen des weniger kräftigen Oszillators wahrnehmbar sind, welche Zone durch all-mähliche Verringerung der Fritterempfindlichkeit eingeschränkt werden kann.

Verfahren Jégou. — Das Verfahren unterscheidet sich von jenem von Tommasi insbesondere dadurch, daß es statt der Veränderung der Tragweite durch Veränderung der Funkenlänge zum gleichen Zwecke Unterschiede in der Luftdrahtlänge ver-wendet.

In jeder Empfangsstation befinden sich zwei Luftdrähte, ein langer und ein kurzer. Der erste hat genau die Länge, welche zur Übertragung auf die größte beabsichtigte Entfernung nötig ist. Die beiden Luftdrähte sind mit getrennten Strom-kreisen verbunden, deren jeder einen Fritter, eine Batterie und eine Spule enthält.

Diese beiden Spulen sind im entgegengesetzten Sinn auf demselben Eisenkern aufgewickelt und bilden den Primärdraht eines Transformators, dessen Sekundärdraht mit einem Relais oder einem Stromanzeiger verbunden ist. Die von der entfern-teren Station ankommenden Wellen beeinflussen nur die Primär-spule, welche mit dem längerem Luftdraht in Verbindung stehen, wodurch eine Aufzeichnung der Nachricht stattfindet. Bei der Ankunft von Wellen aus einer benachbarteren Station werden beide Spulen erregt, deren Wirkungen auf den Sekundärstromkreis wieder sich aufheben. Will man indes mit einer benachbarteren Station verkehren, so verwendet man in der Sendestation einen Luftdraht von geringer Höhe, welcher derart reguliert ist, daß die entsandten Wellen nur auf den höheren Luftdraht der Empfangsstation wirken können.

Verfahren Magni. — Magni ist der Ansicht, daß die Abstimmung der Stationen nicht hinreicht, um den Mehrfach-verkehr zu erreichen, weil auch vollkommen abgestimmte Stationen nicht nur auf Wellen, auf deren Schwingungszahl sie abgestimmt, sondern auch auf Wellen ähnlicher Schwingungszahl antworten, wie in der Akustik ein auf einem bestimmten Ton abgestimmter Resonator auch auf etwas höhere oder etwas tiefere anspricht. Magni schlägt daher vor, außer dem Prinzip der Resonanz auch jenes der Interferenz der Wellen zu benutzen, nach welchem

zwei Wellen von gleicher Periode, welche sich nach dem Durchgang durch verschiedon lange Räume treffen, entweder je nach
dem Treffpunkt, zu einer Maximalwirkung (Schwingungszentrum)
verstärken, oder sich gegenseitig unter Bildung eines Schwingungs-
knotens aufheben. Damit ein Fritter betätigt wird, genügt es
daher bei solcher Anordnung nicht allein, daß er in einem mit
dem Sender abgestimmten Stromkreis liegt, sondern er muß sich
auch an einem Schwingungsbauch der Welle befinden. Da
jedoch die Stellung der Schwingungsbäuche mit der Länge der
anlangenden Wellen sich . ändert, so bleibt ein Fritter in einer
gegebenen Stellung gegenüber Wellen, auf die er nicht abgestimmt
ist, aus doppeltem Grunde unwirksam und scheidet unter allen
ankommenden Wellen nur die ihm entsprechenden aus.

Magni schlägt für sein Verfahren die Verwendung von je
zwei Luftdrähten in der Empfangs- und Sendestation vor.

In der Sendestation befinden sich die beiden Luftdrähte
in einer Entfernung von $^1/_2$ Wellenlänge voneinander und
werden von Wellen durchflossen von gleicher Schwingungszahl,
Intensität und Phase. Die Wellen pflanzen sich nach allen
Richtungen fort, in der Ebene jedoch, welche die beiden Luftdrähte enthält, vernichten sich die von den Luftdrähten ankommenden Wellen gegenseitig durch Interferenz, weshalb die
Wirkung in dieser Ebene Null ist, während ein Maximum der
Wirkung in der senkrecht auf der erwähnten Ebene stehenden
Linie stattfindet, welche in der Übertragungsrichtung gelegen
ist. Es ergibt sich hieraus ein weiteres Mittel, gerichtete Wellen
zu erhalten.

In der Empfangsstation sind die unteren Enden der beiden
Luftdrähte durch einen Draht verbunden, welcher sich rechts
und links ausstreckt, und zwei Verlängerungsdrähte bildet. Die
Länge der Luftdrähte, der Verlängerungsdrähte und des Verbindungsdrahtes können derart gewählt werden, daß im Mittelpunkt zwischen den beiden Luftdrähten die Wellen, auf welche
der Fritter abgestimmt ist, einen Schwingungsbauch bilden, und
die Wellen von nur wenig verschiedener Länge an dieser Stelle
einen Knoten bilden. Der Fritter wird an diesem Punkte angebracht und daher nur von ihm zukommenden Wellen beeinflußt.

Der gewünschte Erfolg tritt z. B. ein, wenn man den Luftdrähten und Verlängerungsdrähten Längen von $^1/_4$ Wellenlänge
und den beiden empfangenden Luftdrähten einen Abstand von
$^1/_2$ Wellenlänge gibt.

Magni machte private Versuche auf Entfernungen zwischen 3 und 3000 m, bei welchem eine zufriedenstellende Unabhänigkeit der verschiedenen Paare von Stationen erreicht wurde.

Mehrfachverkehr Cohen-Cole. Für die Zwecke der Mehrfachtelegraphie vermittelst elektrischer Wellen benutzen Cohen-Cole eine Anordnung ähnlich jener, wie sie in gewissen Systemen der Vielfachtelegraphie verwendet wird. Ein Bewegungsmechanismus verbindet verschiedene Sendeapparate nacheinander in kurzen und gleichmäßigen Zeitabständen, mit dem Sendedraht, während in der Empfangsstation ein gleicher synchron laufender Bewegungsmechanismus eine gleiche Anzahl von Empfangsapparaten zu gleicher Zeit und auf die gleiche Dauer mit dem Empfangsdraht verbindet.

Eine andere Vorrichtung derart benutzt den Durchfluß von Quecksilbertropfen längs einer geneigten isolierenden Röhre zur Stromentsendung. Die Tropfen stellen vorübergehende Kontakte zwischen einem längs der Röhre angebrachten leitenden Streifen und einer Reihe von Platinspitzen die mit den verschiedenen telegraphischen Apparaten verbunden sind, her. Besondere Vorkehrungen dienen dazu, zwischen den Verteilern der beiden Stationen einen vollkommenen Synchronismus aufrecht zu erhalten, wodurch ein jeder Sendeapparat immer mit einem und demselben Empfangsapparat in Verbindung gebracht wird. Folgen die Stromschlüsse mit genügender Schnelligkeit aufeinander, so arbeitet jeder Sender mit seinem entsprechenden Empfänger, wie wenn zwischen beiden eine dauernde Verbindung bestünde.

---

10. Kapitel.

Praktische Versuche und Anwendungen.

In der bisherigen Beschreibung der verschiedenen Systeme der drahtlosen Telegraphie haben wir hauptsächlich die von den einzelnen Forschern an ihren Apparaten angebrachten mechanischen Verbesserungen hervorgehoben. In der Beschreibung der Versuche soll so viel als möglich die zeitliche Reihenfolge festgehalten werden, um einen geschichtlichen Überblick über den Werdegang dieses wunderbaren Erfolges des Menschen in der Verwertung der Naturgesetze zu geben.

Welches war der erste Versuch der drahtlosen Telegraphie vermittelst elektrischer Wellen?

Vor einiger Zeit wurde eine Nummer einer alten französischen Zeitung, La Liberté, vom 26. April 1876 ausgegraben, in welcher berichtet war, daß ein gewisser Loomis, ein amerikanischer Meteorolog, bei Versuchen im Felsengebirge vermittelst Drachen, deren Schnüre einen leitenden Draht enthielten, auf eine Entfernung bis zu 16 km Zeichen ausgetauscht hatte. Die Übertragung der Zeichen geschah vermittelst Morse - Apparate, doch wurde nichts Näheres über diese Versuche bekannt, so daß es zweifelhaft ist, ob es sich um eine wirkliche Übertragung vermittelst elektrischer Wellen oder durch ein anderes elektrisches Mittel handelte. Es bleibt wohl unentschieden, ob der Notiz überhaupt eine tatsächliche Grundlage zuzusprechen ist.

Zweifellos auf elektrische Wellen sind dagegen die im Jahre 1879 von Hughes, dem Erfinder des Typendrucktelegraphen und des Mikrophons, angestellten Versuche zurückzuführen. Obwohl diese Versuche in Gegenwart vieler Gelehrter stattfanden, so wurden sie doch erst vor einigen Jahren veröffentlicht zu einer Zeit, da die drahtlose Telegraphie nach dem System Marconi sich bereits lebhaft entwickelt hatte.

Hughes hatte beobachtet, daß ein mit einem Mikrophon ohne Batterie in einem Stromkreis eingeschaltetes Telephon Töne von sich gab, wenn ein Funkeninduktor in einigen Metern Entfernung betätigt wurde, und daß die Wirkung auf die Extraströme zurückzuführen sei, welche bei jeder Unterbrechung des primären Stromes und Funkeninduktors auftreten. Dieselbe Wirkung wurde von den Entladungen einer Elektrisiermaschine hervorgebracht, was Hughes sogleich elektrischen Wellen zuschrieb, welche von den Entladungen hervorgebracht in der umgebenden Luft sich fortpflanzten, Wellen, deren Existenz 8 Jahre später von Hertz experimentell nachgewiesen wurde. Hughes konnte die Töne, welche vermittelst seines Mikrophonkontaktes, der offenbar als selbstentfrittender Fritter arbeitete, von den vom Funkeninduktor ausgehenden Wellen hervorgebracht wurden, nicht nur in allen in seiner Behausung möglichen Entfernungen, sondern auch von einem Stockwerk zum andern und sogar auf Entfernungen von ungefähr 500 m wahrnehmen, indem er die Straße, in welcher seine Wohnung lag, mit dem Telephon am Ohr und dem Empfänger in der Hand durchlief.

Da Hughes eine ihn befriedigende wissenschaftliche Erklärung über die wahre Natur der Erscheinung sich nicht zu geben wußte, unterließ er die Veröffentlichung seiner Versuchsresultate, deren von ihm geahnte Erklärung in den späteren

Versuchen von Hertz und Marconi ihre volle Bestätigung finden sollte.

Abgesehen von diesen Versuchen von Hughes, welche eine vereinzelte, der wissenschaftlichen Welt unbekannt gebliebene Tatsache blieben, muß man, um den ersten Teil des gegenwärtigen Verfahrens der drahtlosen Telegraphie bloßzulegen, auf die ersten Versuche von Hertz zurückgehen.

Zweifellos kann man behaupten, daß an dem Tage, an welchem Hertz aus seinen Resonatoren die ersten Funken ohne direkte Verbindung mit dem Oszillator hervorbrachte, die Grundlagen der drahtlosen Telegraphie gelegt waren, insoferne Hertz selbst kurz darauf einen Versuch ausführte, dessen Gelingen, so sehr es vorausgesehen war, den Forscher, wie er selbst angibt, lebhaft erregte: Er brachte nämlich den Resonator und den Oszillator in zwei verschiedenen aneinanderstoßenden Zimmern an, schloß die Verbindungstüre und bemerkte, wie jedem Funken im ersteren ein Funke in letzterem entsprach.

Vielleicht kannte Hertz den Gebrauch eines Morsetasters nicht, aber der einfachste Telegraphist, welcher dem Versuche beigewohnt hätte, wäre imstande gewesen, sofort eine Begrüßung der großen Entdeckung in der Morsesprache vom Ort des Oszillators zu jenem des Resonators zu geben.

Doch Hertz hatte alles andere im Sinne als eine industrielle Verwertung. Er mußte den wissenschaftlichen Gedanken, welcher ihn zu der bedeutungsvollen Entdeckung geführt hatte, verfolgen, d. h. experimentell die Gleichheit in dem Verhalten und der Natur der elektrischen und der Lichtwellen nachweisen. Der große Plan gelang und der Wissenschaft wurde ein weites Feld in der Erforschung der Wahrheit, der Menschheit für die Eroberung des Raumes eröffnet.

Righi und Marconi, um von anderen zu schweigen, betraten das Feld, ein jeder von eigenen Ideen erfüllt, mit gleichem Ruhme. Und wenn die Erfolge des ersten weniger Widerhall gefunden als die des zweiten, so liegt das nur daran, daß die Erforscher der Wahrheit stets eine geringere Schar der Bewunderer um sich sehen als die Förderer der praktischen Anwendungen der Ergebnisse der Wissenschaft.

Die von Hertz benutzten Wellen hatten das Zehnmillionenfache der Wellenlänge des Lichtes. Es fehlte ihnen die Geschmeidigkeit sozusagen, welche den Lichtwellen gestattet, die zärtesten optischen Erscheinungen hervorzubringen. Unter den Händen Righis wurden die elektrischen Wellen kleiner und kleiner, bis sie in Apparaten von nicht viel größeren Abmessungen, als bei den gewöhnlichen optischen Versuchen verwendet werden, alle die mannigfachen Eigenschaften zeigten, die vermittelst unseres Auges bei den verwickeltsten optischen Erscheinungen wahrgenommen werden. Mit Recht kann man daher mit Righi nach seinen glänzenden Leistungen von einer Optik der elektrischen Schwingungen sprechen. Righis Freund Marconi wohnte einer Reihe von Versuchen in des ersteren Laboratorium bei, wo er wahrscheinlich im Anblick der Leichtigkeit, mit welcher die Righischen Resonatoren auf die Entfernung auf die elektrischen Schwingungen des Oszillators wie in dem oben erwähnten Versuch von Hertz ansprachen, den Plan faßte, vermittelst der elektrischen Wellen die Aufgabe der drahtlosen Telegraphie zu lösen. Marconi war übrigens schon seit seiner Kindheit oft nach England gekommen, wo man mit so großem Eifer das Problem studierte und wo man bereits zu einer teilweisen Lösung durch die drahtlose Verbindung vermittelst Induktion zwischen Lavernock Point und dem Leuchtturm von Flat Holm auf eine Entfernung von 5 km gekommen war.

Das Feld war bereit für die große Entdeckung.

Schon seit zwei Jahren hatte Lodge 1894 berichtet, daß sein Fritter so empfindlich gegen elektrische Wellen sei, daß er solche auf eine Entfernung von ungefähr 800 m anzuzeigen imstande sei, und seit einem Jahre hatte Popoff den Fritter zur Aufnahme der elektrischen Wellen eines Hertzschen Oszillators auf eine Entfernung von 5 km vermittelst des auf S. 67 beschriebenen Apparats angewendet. Letzterer enthielt bereits alle für den Empfangsapparat der drahtlosen Telegraphie erforderlichen Bestandteile, d. h. einen Empfangsdraht, einen Fritter, Drosselspulen, ein Relais, eine Entfrittungsvorrichtung und ein Schreibwerk. Es fehlte nur noch der Mann, welcher der vollkommenen Lösung eine mächtige Geisteskraft und eine staunenswerte Tatkraft leihen konnte und wollte. Dieser Mann war Marconi.

Die ersten Versuche machte Marconi in seiner eigenen Villa bei Bologna mit Apparaten, welche er sich durch die Unterstützung seiner Familie verschaffen konnte. Über diese Versuche ist wenig oder nichts bekannt geworden. Sie mußten den Weg seiner Vorläufer wiederholen. In der Tat sein erstes Patent (engl. Patent Nr. 12039 vom 2. Juni 1896) zeigte als Sender den Righischen Oszillator mit drei Funken und einem Empfänger nach der Anordnung von Popoff. (Siehe S. 67.) Die von ihm nach und nach eingeführten Abänderungen, unter

welchen die wichtigste die Einführung des Luftdrahts bei der
Sendestation, welcher in der Anordnung von Popoff nur in der
Empfangsstation vorhanden war, wurden bereits eingehend beschrieben, ebenso wie die von anderen Forschern angebrachten
Verbesserungen. Es erübrigt nur die Schlußbemerkung, daß durch
die wichtigsten der in der Folge ausgeführten Versuche die
Übertragungsgrenze für drahtlose Telegraphie von einigen Kilometern auf die ungeheure Entfernung von 4000 km hinaus-
gerückt wurde.

Marconis Versuche in London und im Kanal von Bristol im Jahre 1896.

Nach den in Bologna angestellten Versuchen, bei welchen
eine Übertragungsentfernung von 2400 m erreicht wurde, begab
sich Marconi im Juli 1896 nach England, wo er dem Chef der
englischen Telegraphen, W. Preece, sein System erklärte. Letzterer
leitete schon seit mehreren Jahren die Untersuchungen und
Versuche drahtloser Telegraphie zwischen der Küste und den
Leuchttürmen vermittelst der Induktion zwischen geschlossenen
Leitern (siehe S. 24 u. ff), Preece nahm den jungen Erfinder freund-
lich auf und machte mit ihm in London selbst im Jahre 1896 die
ersten Versuche von den Räumlichkeiten des Postoffice mit
einer 100 m entfernten Station und später mit Salisbury Hain
auf eine Entfernung von 6,4 km.

Preece berichtete in einer wissenschaftlichen Versammlung
in London von diesen Ereignissen, welche bei der primitiven
Ausführung der von Marconi selbst gebauten Apparate eine bedeutende Zukunft der Sache versprachen. In seinem Vortrag legte
Preece auch die Apparate selbst vor, ließ jedoch nur zwei Käst-
chen sehen, mit der Erklärung, die Einzelheiten der Apparate
nicht zeigen zu können. Er führte jedoch an, daß ein Funkeninduktor von 25 cm Funkenlänge in Verbindung mit einem
Lodgeschen Erreger und einem parabolischen Reflektor verwendet
werde.

Sender und Empfänger waren, so viel man damals erfuhr,
vom Typus der Fig. 137 und 138, S. 172 und 173.

Die Nachricht verbreitete sich schnell und bevor nur Marconi die Konstruktion seines Apparates veröffentlichte, wiederholten verschiedene Forscher, gestützt auf das, was über die Erzeugung und Aufnahme elektrischer Wellen schon bekannt war,
unmittelbar die Versuche der drahtlosen Telegraphie mit Appa-

raten, welche sich später als ähnlich denen, die Marconi benutzt hatte, herausstellten.

Unter diesen Forschern seien erwähnt: Lodge, welcher im September die Mitglieder der Abteilung A der British Association einlud in seinem Laboratorium Versuchen beizuwohnen, welche ähnliche Ergebnisse wie die von Marconi erreichten zeitigten, mit einem Apparat, welchen sein Assistent aufgestellt hatte; Ascoli, welcher im April 1897 in Rom einen Vortrag über denselben Gegenstand hielt, wobei er die Möglichkeit der Telegraphie mit elektrischen Wellen nachwies; Tissot, welcher in Frankreich einen Tag nach der Nachricht von den Versuchen Marconis dieselben Versuche ausführte.

Im Mai 1897 wurden vergleichende Versuche mit dem System von Preece, welches im Kanal von Bristol in der Nähe von Cardiff, zwischen Lavernock-Point und der Leuchtturminsel Flat-Holm, auf eine Entfernung von ungefähr 5,3 km von der Küste, und zwischen Lavernock-Point und Brean Down, auf der anderen Seite des Kanals in gerader Linie mit den beiden ersten Stationen und ungefähr 8,6 km von Flat-Holm und ca. 14 km von Lavernock-Point entfernt, versuchsweise verwendet war, angestellt. Bei diesen Versuchen wurden die Apparate der Fig. 140 und 141, S. 175 und 176, in welchen die Reflektoren durch Luftdrähte an 27 m hohen Masten mit plattenförmigen Endkapazitäten ersetzt waren, verwendet. Die benutzten Wellen sollen 120 cm Länge und eine Frequenz von 250 Millionen pro Sekunde gehabt haben. Flat-Holm war die Sendestation, in welcher ein Funkeninduktor von 50 cm Funkenlänge, der von einer Batterie von 8 Akkumulatoren gespeist wurde, benützt wurde.

Am 11. Mai 1897 begannen nach einem Versuche mit der Methode von Preece die Übertragungsversuche zwischen Flat-Holm und Lavernock mit dem System Marconi, welches zu arbeiten begann, nachdem die Länge der Luftdrähte auf 25 m gebracht war. Nach einer weiteren Verlängerung der Luftdrähte gelang die Übertragung mit vollem Erfolg. Am 14. Mai wurden auch die Verbindungen zwischen Lavernock und Brean-Down hergestellt und die Versuche fortgesetzt.

Diese Versuche zeigten nicht nur die Anwendbarkeit des Systems überhaupt, sondern auch den Einfluß, welchen die Höhe der Luftdrähte auf die erreichbare Übertragungsentfernung hat. Auf Grund dieser Versuche formulierte Marconi das S. 98 angeführte Gesetz, welches die Höhe der Luftdrähte mit der Übertragungsentfernung verbindet. Bei dem Bericht über diese Ver-

suche vor der Royal - Institution am 4. Juni 1897 bemerkte
Preece die auffallende Tatsache, daß Hügel und andere schein-
bare Hindernisse die Übertragung nicht unmöglich machen, wahrscheinlich weil die Kraftlinien diese Hindernisse meiden; ferner
daß das Wetter keinen Einfluß auf die Regelmäßigkeit der Übertragung habe, welche gleich gut während des Nebels, des Regens,
des Schneegestöbers und des Windes sich vollziehe.

Inzwischen hatte Marconi seine eigene Erfindung patentieren lassen und im August 1897 bildete sich eine Aktiengesell-
schaft mit 2 500 000 Francs Kapital unter dem Namen Wireless
Telegraph and Signal Co. zur Verwertung der Patente.

Versuche von Marconi in Rom und in Spezia im Juli 1897.

Im Juni 1897 kam Marconi nach Rom und führte auf die
Veranlassung des Marineministeriums Versuche zwischen zwei
Stockwerken mit einem Leiter von 3 m Höhe aus, infolge deren
er von dem Marineminister Brin eingeladen wurde, vor einer
besonderen aus Offizieren der kgl. Marine zusammengesetzten
Kommission neue Versuche vorzuführen. Als Schauplatz der
letzteren wurde der Golf von Spezia gewählt. Die Versuche
fanden vom 11. bis 18. Juni statt.

Die verwendeten Sende- und Empfangsapparate waren die
selben, wie sie in den Versuchen auf dem Bristolkanal benutzt
wurden, d. h. die Luftleitungen trugen an ihrem oberen Ende
noch Metallplatten (Fig. 140 und 141). Dagegen wurde ein
schwächerer Funkeninduktor von nur 25 cm Funkenlänge angewendet.

Der Sendeapparat befand sich während des ganzen Verlaufs
der Versuche in dem elektrischen Laboratorium von S. Bartolomeo und war ursprünglich mit einem Sendedraht von 25 m,
dann von 30 m verbunden, welcher oben an einer Metallplatte
von 40 cm im Quadrat anschloß.

In den ersten drei Tagen, am 11., 12. und 31. Juli, wurden
Versuche über Land angestellt, bei welchen eine vorzügliche Ver-
ständigung bis auf 3,6 km erzielt wurde. Am 14. Juli wurde der
Empfänger auf einem Schleppdampfer mit einem Mast von 16 m
Höhe, welcher einen ebensolangen Luftdraht mit einer Platte
von 40 cm Seitenlänge am oberen Ende trug, eingebaut.

Die Sendestation sollte folgendermaßen verfahren:

10 Minuten nach Abfahrt des Schleppdampfers sollten
15 Minuten lang Punkte und Striche in einem Zeitabstand von
10 Sekunden abgegeben werden. Dann sollte ein Satz übermittelt
werden, unter Beibehaltung eines Zeitabstandes von 10 Sekunden
zwischen den einzelnen Zeichen. Hierauf sollte die Zeichengebung auf 5 Minuten unterbrochen und hierauf in Abständen
von 5 Minuten wiederholt werden bei einem Abstand von 10 Sekunden zwischen den einzelnen Zeichen.

Nach der Abfahrt des Dampfers aus dem Hafen von St. Bartolomeo erschienen am Empfangsapparat einige Zeichen, bevor
noch die Zeichengebung von der Landstation aus begonnen
hatte, eine Erscheinung, welche offenbar in äußeren Gründen
ihre Ursache hatte. Bei der Fortsetzung der Fahrt liefen weitere
Zeichen ein, jedoch nicht in der Reihenfolge und in den Zeitabständen wie vereinbart war, sondern viel häufiger.

In der Ferne bemerkte man Wetterleuchten und der Himmel
war von Gewitterwolken bedeckt, woraus zu schließen ist, daß
die von der Sendestation abgegebenen Zeichen mit Wirkungen,
welche durch die atmosphärische Elektrizität hervorgebracht
wurden, sich vermischten, ein Vorgang, welcher die Schrift auf
dem Papierstreifen des Morseapparates unleserlich machte.

Als die Versuche wieder aufgenommen wurden, nachdem
sich die Gewitterwolken verstreut hatten, ergab sich eine vollkommen deutliche Übertragung an dem verankerten Dampfer
bis zu einer Entfernung von 5500 m.

Der Dampfer setzte nun die Fahrt fort, bis sich zwischen
ihm und der Station St. Bartolomeo die Landspitze delle Castagne
eingeschoben hatte, um festzustellen, welchen Einfluß dieses
Hindernis auf die Zeichenübertragung ausüben würde. Die
Zeichen verschwanden in dem Augenblick, in welchem die
Landspitze zwischen Dampfer und Sendestation trat, und erschienen wieder, sobald das Hindernis wieder aus der Richtung trat.

Auf der Rückfahrt blieb die Zeichengebung klar und
deutlich.

Am 17. Juli fanden Proben zwischen derselben Station in
St. Bartolomeo und dem Panzerschiff St. Martino, welches in einer
Entfernung von 3200 m von der Sendestation ankerte, statt. Hier-
bei wurde der Sendedraht auf 34 m erhöht, während auf dem Panzer-
schiff der Empfangsdraht anfangs 18, später 28 m Länge aufwies.
Die Übertragung gelang vollkommen, gleichgültig an welcher
Stelle des Schiffes Fritter und Schreibwerk sich befanden, selbst

wenn letztere gegen die Sendestation geschirmt und von metallischen Massen auf Deck umgeben oder unterhalb der Wasserlinie angebracht waren.

Am folgenden Tag wurden Versuche mit dem in Fahrt begriffenen St. Martino angestellt, wobei, eine vollkommen gelungene Übertragung bis auf eine größte Entfernung von 16 300 m erreicht wurde. Das Zwischentreten der Insel Palmaria jedoch unterbrach die Zeichenübermittlung völlig, auch wenn die Entfernung zwischen San Bartolomeo und dem Schiff kaum die Hälfte betrug, und das Schiff nicht hinter der Insel sondern ein paar Kilometer von letzterer entfernt war.

Bei diesen Versuchen zeigte sich, daß die Maste des Schiffes, das Tauwerk, die Kamine, die Kommandobrücken etc., welche zwischen dem Empfangsdraht und der Sendestation sich einschoben, die nutzbare Übertragungsentfernung auf 6500 m verringern.

Diese Entfernung war sowohl bei dem Schleppdampfer als wie bei dem Panzerschiff kleiner auf der Rückfahrt als wie auf der Hinfahrt. Diese Beobachtung ist zum Teil auf die zwischen Luftdraht und Sendestation liegenden Masten, zum Teil aber auch auf die veränderte gegenseitige Lage der beiden Drähte zurückzuführen, infolgedessen sie sich auf der Hinfahrt mehr dem Parallelismus näherten als auf der Rückfahrt.

Versuche mit anderen Systemen.

Versuche von Lodge und Muirhead. — Während Marconi seine Anordnung auf Grund seiner Versuchsergebnisse zu verbessern suchte, bemühten sich Lodge und Muirhead auf theoretischem Wege die Bedingungen festzustellen, welche zu weiteren Fortschritten führen konnten. Unter letzteren ist in erster Linie die Einführung des Prinzips der Resonanz zu erwähnen. Wir haben gesehen, daß Lodge und Muirhead (siehe S. 190 u. ff.) die Resonanz zwischen Sende- und Empfangsapparat durch die Einführung geeigneter Selbstinduktionen und Kapazitäten in den beiden Stromkreisen und durch die Trennung des Fritterstromkreises vom Empfangsdraht ermöglichten. Wenn unter dem Gesichtspunkte der Theorie die Apparate des ersten Systems Lodge-Muirhead von großer Wichtigkeit sind, insoferne sie die Keime der gegenwärtig fortgeschrittensten Systeme der elektrischen Wellentelegraphie enthalten, so ist damit nicht gesagt, daß mit dem System Versuche im großen Maßstab angestellt worden wären.

Versuche von Slaby in Deutschland, im Sieptember und Oktober 1897. Slabys Versuche begannen, wie erwähnt, unmittelbar nach seiner Rückkehr aus England wo er einigen Versuchen Marconis im Kanal von Bristol (siehe S. 805) beigewohnt hatte. Die verwendeten Apparate glichen jenen Marconis.

Nach einigen gelungenen Versuchen in Charlottenburg, wobei es sich um Übertragung in benachbarte Stationen handelte, wurden die Versuche in größerem Maßstab in den kaiserlichen Gärten von Potsdam wiederholt. Die Sendestation wurde unter dem Säulengang der Kirche von Sakrow, aufgestellt, und zwar mit einem Metalldraht an einer von der Plattform des Turmes in einer Höhe von 23 m herausragenden Stange verbunden. Die Empfangsstation wurde in der Nähe der Brücke von Glienicke über die Havel in einer Entfernung von 16 km von der Kirche von Sakrow eingerichtet und war mit einem Luftdraht von 26 m, welcher durch einen senkrechten Mast getragen wurde, ausgerüstet. Der Luftdraht entbehrte die bisher von Marconi verwendeten, später auch von ihm verlassenen Platten am oberen Ende.

Die Übertragungen gelangen in der Regel vollkommen, mit Ausnahme, wenn der Sendedraht hinter Bäumen oder in deren Nähe gebracht wurde, da nach der damaligen Meinung Slabys die Stationen im beiderseitigen Gesichtsfelde liegen müssen, und schon die Segel eines Bootes oder der Rauch eines Dampfschiffes zwischen den beiden Drähten genügt, die Zeichengebung zu unterbrechen.

Im Oktober 1897 veranstaltete Slaby Übertragungsversuche im freien Gelände zwischen dem Polygon von Schöneberg bei Berlin und der Militärstation von Raugsdorf in einer Entfernung von 21 km, wobei letztere als Empfangsstation diente. Als Luftdrähte wurden Kupferdrähte von 300 m Länge, welche von Fesselballons in die Höhe gehalten wurden, aber von den Bleikabeln zum Festhalten der Ballons isoliert waren, angewendet. Bei gutem Wetter wurde gute Verständigung erzielt, während bei schlechtem Wetter die Versuche infolge der elektrischen Störungen in der Atmosphäre nicht ohne Gefahr für die Beobachter blieben. Man bemerkte dabei, daß die gewöhnlichen in der Telegraphie verwendeten Blitzschutzvorrichtungen auch im Fall der drahtlosen Telegraphie gegen die Gefahren der elektrischen Entladungen gute Dienste leisten können.

Diese Versuche zeigten zum erstenmal die Möglichkeit, mit elektrischen Wellen auch über Land auf große Entfernungen zu telegraphieren. In der Tat wurde im freien Gelände eine Verständigung auf 21 km erreicht, während die größte bisher erzielte Entfernung in den Versuchen von Spezia über das freie Meer bei 16,3 km beobachtet worden war.

Die Wirkung der Wellen auf dem Fritter war in diesen Versuchen derart, daß nach Slaby an Stelle des Drahts von 300 m ein solcher von 100 m ausreichend gewesen wäre.

Versuche der Jahre 1898 und 1899.

Versuche Marconis im Jahre 1898. Die Versuche Marconis im Jahre 1898 bezweckten in erster Linie die Anwendbarkeit des Systems im Dauerbetrieb unter den verschiedensten atmosphärischen Bedingungen und unter allen Umständen, welche auftreten können, festzustellen. Die verwendeten Apparate waren im wesentlichen dieselben, wie sie in den Versuchen von Spezia gebraucht worden waren, mit dem Unterschiede, daß die Verwendung der Kapazitäten am oberen Ende der Luftdrähte aufgegeben wurde, und daß der Oszillator Righi mit vier Kugeln durch einen Oszillator mit zwei Kugeln in der Luft von 2,5 cm Durchmesser und 1 cm Abstand ersetzt wurde, während der Funkeninduktor 7,5 cm Funkenlänge aufwies.

Im Anfang des Jahres wurden zwei Versuchsstationen zwischen Alun Bay bei S. Catherine auf der Insel Wight und Bournemont, in einem Abstand von ca. 23 km errichtet. Dieser Abstand vergrößerte sich später auf 29 km, indem die Station von Bournemont nach Poole in Hampshire verlegt wurde

Man begann mit Luftdrähten von 36 m Höhe, welche jedoch nach und nach mit der fortschreitenden Vervollkommnung der Apparate auf 24 m verkürzt wurden.

Während der 14 Monate ununterbrochener Versuche zwischen den erwähnten Stationen und zwischen der Station auf Wight und einem Dampfer mit einem Mast von 18 m Höhe wurde die Zeichengebung bis auf Entfernungen von 23 km erreicht, wobei festgestellt wurde, daß schlechtes Wetter und der elektrische Zustand der Atmosphäre den Betrieb einer derartigen Station nicht unterbrechen oder ernstlich stören kann. Dabei wurden im Mittel 1000 Worte im Tag in den beiden Richtungen übertragen. Während des Juli desselben Jahres richtete die Wireless Company unter persönlicher Leitung Marconis einen neuartigen Nachrichtendienst ein, welcher ein weites Echo in der Tagespresse erweckte. Es handelte sich dabei, von hoher See aus

dem Daily Express in Dublin die Vorgänge einer Regatta bei
Kingstown mitzuteilen. Die drahtlosen Depeschen wurden von
dem Dampfer Flying Huntress, welcher der Regatta folgte, einer
Landstation mit 33 m hohem Sendedraht zugeführt, von wo sie
nach Dublin telephoniert wurden, um in der Abendausgabe des
Blattes zu erscheinen. Die Sendeapparate waren auf dem Dampfer
in der Kapitänskajüte untergebracht und standen mit einem
Sendedraht von 22,5 m Höhe in Verbindung.

Auf diese Weise wurden die gegenseitigen Stellungen der
verschiedenen Yachten bis auf eine Entfernung von 16 km von
der Landstation während der Regatta telegraphisch mitgeteilt
und viel früher veröffentlicht, als die Yachten zum Hafen zu-
rückgekehrt waren.

Während der Dauer dieses Nachrichtendienstes wurden
700 Depeschen vom Dampfer zur Landstation gegeben.

Bei den Versuchen mit größeren Entfernungen zeigte es
sich, daß mit einem Luftdraht von 24 m an Bord und von 36 m
in der Landstation eine Verständigung auf ca. 40 km möglich
blieb, eine Entfernung, in welcher die Erdkrümmung bereits einen
erheblichen Betrag erreicht.

Unter den von der Wireless-Company in diesem Jahr
ausgeführten Übertragungen ist noch die zwischen der königlichen
Yacht Osborne, auf welcher sich der Prinz von Wales befand,
und Osborne House, der Residenz der Königin, bemerkenswert.
Der Nachrichtenaustausch fand nicht nur statt, während die
Yacht in Cowes Bay ungefähr 3 km von Osborne House, das
infolge der zwischenliegenden Hügel von East Cowes nicht sichtbar
war, vor Anker lag, sondern auch während der verschiedenen
Fahrten des Prinzen.

Bei diesen Versuchen wurden Übertragungsentfernungen
von 13,6 km erreicht, trotz der Hügel von 50 m Höhe, welche
sich zwischen den beiden Luftdrähten befanden. Der Luftdraht
auf der Yacht reichte auf 25 m Höhe über die Brücke, der im
Schloß verwendete erreichte eine Höhe von 31 m. Die mittlere
Übertragungsgeschwindigkeit betrug 15 Worte in der Minute.

Verbesserungen an den Apparaten. — Während
bei diesen und anderen Versuchen die Marconi-Gesellschaft die
Einzelheiten ihrer Apparate auf Grund der Versuchsergebnisse
verbesserte, wurde das Problem der Zeichenübertragung vermittelst elektrischer Wellen von einer Reihe von Gelehrten wie
Lodge, Braun, Slaby etc. untersucht, und wurden dabei die
Grundsätze der Theorie der Resonanz, wie sie der Wissenschaft

für die akustischen Anwendungen bereits bekannt waren, auch auf die elektrische Resonanz angewendet.

Marconi hatte insbesondere die Vervollkommnung des Empfängers im Auge. Im Juni 1898 suchte er ein Patent auf den Fig. 148, S. 181 dargestellten Empfangsapparat nach, ohne die Stange *A'*, in welchem der Empfangsdraht vom Fritter getrennt ist und auf letzteren durch Induktion wirkt, während zugleich die Schwingungszahl des Fritterstromkreises regulierbar gemacht ist. Inzwischen hatte man jedoch insbesondere durch die Arbeiten von Braun die Notwendigkeit erkannt, den Sende-stromkreis zweckmäßig umzugestalten, hauptsächlich in der Richtung einer Verminderung der allzuraschen Dämpfung der Schwingungen, weshalb Marconi im Sommer 1898 den ersten Versuch mit der im Oktober desselben Jahres patentierten Anordnung des Sendeapparates nach Fig. 150, S. 183, mit geschlossenem Erregerstromkreis machte, der durch Induktion auf denSendedraht gleicher Periode wirkt. Das Prinzip der Resonanz, wie es auf diesen Sendeapparat angewendet ist, kehrte in der Folge auch in den Apparaten wieder, welche Marconi im Jahre 1900 patentieren ließ.

Versuche Marconis im Ärmelkanal (März und Juni des Jahres 1899). — Um den Franzosen die Anwendbarkeit ihres Systems klar zu machen, wünschte die Marconi-Gesellschaft eine Verbindung zwischen Frankreich und England über den Ärmel-Kanal einzurichten. Die Wahl der Stationen fiel auf Wimereux an der französischen Küste, 5 km nördlich von Boulogne und das Elektrizitätswerk des Leuchtturms South-Foreland, 6 km östlich von Dover auf der anderen Seite des Kanals.

Marconi wählte diese Stationen an Stelle von Calais und Dover, weil ihr Abstand 46 km betrug, während die Entfernung zwischen Calais und Dover sich nur auf 32 km beläuft, daher nur wenig die Entfernung der Stationen von Poole und Alunbay übertrifft.

Die Marconi-Gesellschaft erhielt die Ermächtigung zur Errichtung der Stationen im Februar 1899 unter folgenden Bedingungen. Eine französische Kommission sollte sämtlichen Versuchen beiwohnen, und die französische Station sollte nach Beendigung der Versuche wieder beseitigt werden.

Die Luftdrähte waren von beiden Stationen aus sichtbar und hatten im Anfang eine Höhe von 45 m, welche später auf 37 m heruntergesetzt wurde.

Die Luftdrähte waren vermittelst eines zweiten Leiters, der neben den ersten geschaltet wurde, verdoppelt.

Außerdem war östlich von South-Foreland in einer Entfernung von 19 km eine dritte Station eingerichtet, welche einige Monate vorher an Bord des Leuchtschiffes E. S. Goodwin eingebaut war und zum regelmäßigen Nachrichtendienst zwischen diesem Schiff und der Küste diente. Der Luftdraht des Goodwin war 24 m lang, das Schiff, die Masten und das Seilwerk bestanden völlig aus Eisen.

Die Empfangsapparate zeigten die Anordnung nach Fig. 145 und 146, S. 178 und 179, während die Sendeapparate keine wesentlichen Änderungen seit den Versuchen von Spezia erfahren hatten, daher die Schaltung der Fig. 143, S. 177, aufwiesen.

Während der Versuche wurden ferner provisorische Installationen an Bord des Aviso Ibis und des Transportschiffs Vienne eingebaut, die erste mit einem Luftdraht von 22 m, die zweite mit einem Luftdraht von 31 m. Die erzielten Ergebnisse waren die folgenden:

Die Verständigung zwischen South-Foreland, Wimereux und dem Goodwin und umgekehrt war bei jedem Wetter, Nebel, Wind, Regen und Sturm sehr zufriedenstellend.

Die Verbindungen zwischen den beweglichen Stationen des Ibis und der Vienne und den drei festen Stationen gelangen ebenfalls vortrefflich, gleichgültig ob die Schiffe in Ruhe oder in der Fahrt waren. Die größten erreichten Entfernungen waren zwischen Ibis und Goodwin 20 km, zwischen Ibis und South-Foreland 25—30 km, zwischen der Vienne und South-Foreland und der Vienne 52 km. Der Grund, warum in den beiden letzten Fällen die Übertragungsentfernung in der einen Richtung größer ausfiel als wie in der anderen, bestand nach Marconi darin, daß der Empfänger der Vienne auf die höchste Empfindlichkeit eingestellt war, während der Empfänger von South-Foreland nur zum Verkehr mit Wimereux auf eine Entfernung von 46 km einreguliert war und daher für wesentlich höhere Entfernungen nicht genügte.

Außer diesen Versuchen der einfachen Nachrichtenübermittlung im offenen Meere wurden auch solche mit zwischenliegenden Hindernissen veranstaltet. So wurde der Ibis in der Nähe der roten Boje östlich vom Cap Gris-Nez, 19 km von Wimereux postiert, wobei es möglich war, zwischen den beiden Stationen Nachrichten auszutauschen, obwohl das Massiv des Cap Gris-Nez mit einer Höhe von ca. 100 m dazwischen trat.

In gleicher Weise konnte auch die im Hafen von Boulogne vor Anker liegende Vienne mit Wimereux auf eine Entfernung von 5 km mit Luftdrähten von 12 bzw. 37 m verkehren, trotzdem das Massiv der Crèche von 75 m ungefähr und sämtliche elektrische Anlagen des Hafens von Boulogne sich zwischenschoben.

Es wurden auch Versuche des Mehrfachverkehrs mit abgestimmten Apparaten beabsichtigt, die jedoch infolge Erkrankung Marconis nicht stattfanden.

Im September des Jahres 1899 wurden gelegentlich der Kongresse der British Association in Dover und der Association Française pour l'avancement des Sciences in Boulogne Nachrichten zwischen Dover und Wimereux ausgetauscht, trotzdem zwischen den beiden 50 km voneinander entfernten Stationen bedeutende Felsmassen und Klippen gelagert waren.

Die größten Entfernungen in dieser Versuchszeit wurden bei den Verbindungen zwischen Wimereux und zwei in der Provinz Essex gelegenen Stationen Harwich und Chelmsford, jenseits des Kanals und 136 km von Wimereux entfernt, erreicht. Dabei war die erste der letztgenannten Stationen an der Küste, die zweite 15 km landeinwärts, d. h. in weniger günstiger Lage für das Gelingen der Versuche postiert. Unter Anwendung von Luftdrähten von 45 m Lufthöhe gelangen die Versuche vollkommen.

Marconis Versuche zwischen Schiffen auf der Fahrt im Oktober 1899. Der Nachrichtenaustausch zwischen Schiffen auf der Fahrt bildet eine der wichtigsten und aussichtsvollsten Anwendungen der drahtlosen Telegraphie, sowohl für geschäftliche wie militärische Zwecke. In Rücksicht auf letztere ließ die Marineverwaltung der Vereinigten Staaten von Amerika im Oktober 1899 von Marconi selbst geleitete Versuche mit Apparaten anstellen, welche einerseits auf dem Kreuzer New York, anderseits auf dem Panzer Massachusetts eingebaut waren. Der Kreuzer konnte Nachrichten von der Massachusetts auf eine Entfernung bis zu 57 km erhalten, während die Zeichen in entgegengesetzter Richtung, jedoch nur in einer Entfernung von 27 km wahrnehmbar blieben.

Während der englischen Flottenmanöver desselben Jahres wurden bessere Resultate erzielt. Die beiden sprechenden Schiffe waren mit Luftdrähten von 45 bzw. 38 m Höhe ausgerüstet.

Die Zeichen wurden auf Entfernungen von 50 und 80 km, in einem Fall auch auf 100 km übertragen. In letzterem Falle

konnte infolge der Erdkrümmung keines der Schiffe von dem
anderen aus gesehen werden. Die Sendedrähte hätten eine
Höhe von 200 m erreichen müssen, um solche Möglichkeit zu
bieten. Will man nicht annehmen, daß die elektrischen Wellen
in gerader Linie das Wasser durchdringen, so bleibt nur die
Erklärung übrig, daß sie durch Diffraktion längs der Oberfläche
des Meeres hinglitten.

Im folgenden Jahre 1900 gelang es, während der englischen
Flottenübungen den beiden Schiffen Juno und Europa auf 106 km
Entfernung Nachrichten auszutauschen.

Versuche von Schäfer im Sommer 1899. Die
ungarischen Ingenieure Schäfer und Bola führten zu dieser
Zeit Versuche zwischen Triest und einem auf dem Weg nach
Venedig befindlichen Dampfer Massimiliano aus. Die allgemeine
Einrichtung bestand aus Apparaten vom Typus Marconi, wobei
jedoch als Wellenanzeiger die S. 148 beschriebene Schäfersche
Platte diente. Der Sendeapparat befand sich auf dem Leucht-
turm in Triest, während der Empfangsapparat in einer besonderen
Kajüte des Dampfers eingebaut war.

Jede Viertelstunde wurde vom Leuchtturm in Triest nach
dem Dampfer, welcher um Mitternacht vom 19. auf den 20. Juli
von Triest nach Venedig in See gegangen war, Zeichen abgegeben. Bis zu 65 km kamen die Zeichen deutlich und klar
an. Darüber hinaus blieben sie aus oder sie wurden unleserlich.
Auf der Rückfahrt des Massimiliano nach Triest wurden die
Versuche mit gleichem Erfolge wiederholt.

Erste Versuche mit abgestimmten Apparaten.

Versuche von Braun im Sommer 1899. — Zu
dieser Zeit hatte Braun bereits die Grundzüge seines Systems
entworfen, vermittelst dessen er die drahtlose Telegraphie,
die sich bisher im wesentlichen im Anschluß an die in den
praktischen Versuchen gewonnenen Erfahrungen entwickelt hatte,
wissenschaftlich zu begründen versuchte. Die Hauptmerkmale
dieses Systems bestehen wie erwähnt in der Verwendung von
Wellen von großer Wellenlänge und geringer Dämpfung im
Erregerkreis, in der Trennung dieses Stromkreises von dem der
Luftleitung, auf welche der erstere durch Induktion wirkt, und
der Abstimmung der letztgenannten zweiten Kreise unter sich und
mit den zwei entsprechenden Stromkreisen der Empfangsstation.

In seinen ersten Versuchen beabsichtigte Braun in erster Linie den Nachweis, daß seine Anordnung der bisher verwendeten von Marconi überlegen sei. Zu diesem Zwecke wurden vergleichende Versuche, zunächst im Jahre 1898 in Straßburg, dann während des Jahres 1899 in Cuxhaven und später bis zum Herbst 1900 an verschiedenen Punkten der Elbemündung, welche einerseits unter sich, anderseits mit der Insel Helgoland verkehrten, angestellt.

Trotz mancherlei Schwierigkeiten gelangen gegen das Ende des Jahres 1899 interessante Übertragungsversuche sowohl zwischen den Stationen des Festlandes und Helgoland als wie zwischen den Landstationen und Schiffen, welche sich auf der Fahrt in der Nordsee befanden.

Während des Winters 1899/1900 gelang der tadellose Nachrichtenaustausch auf eine Entfernung von 32 km, zwischen einer Landstation mit einem Luftdraht von 29 m Höhe und dem Dampfer Silvana, welcher mit einem Luftdraht von nur 15 m Höhe ausgerüstet war. Auch auf eine Entfernung von 50 km konnten noch Zeichen wahrgenommen werden.

Indem Braun diese Ergebnisse mit jenen von Marconi im Frühjahr desselben Jahres bei der amerikanischen Marine angestellten verglich, fand er, daß bei letzteren unter beinahe gleichen Umständen hinsichtlich der Luftdrahtlängen nur Übertragungen auf 14 km erreicht wurden. Er schloß daraus, daß die Nachteile geringer Luftdrahthöhe durch Entsendung größerer Energiemengen ausgeglichen werden können.

Im September 1900 fanden neuerdings Versuche zwischen Helgoland und dem Festland statt, um die Wirksamkeit der Marconischen Anordnung — der Oszillator besteht aus zwei von einem Funkeninduktor erregten Kugeln, deren eine direkt mit dem Sendedraht, die andere mit Erde verbunden ist — mit der von Braun zu vergleichen. Die Höhe der Luftdrähte betrug 29 und 31 m, während die Stationen 62 km voneinander entfernt waren. Die Versuchsbedingungen waren genau dieselben hinsichtlich der angewendeten Fritter, Luftdrahtlängen, Funkeninduktoren und Akkumulatorenbatterien. Von 450 Zeichen wurde mit der Marconischen Einrichtung kein einziges an der Empfangsstation erhalten, während mit der Braunschen Schaltung sämtliche Zeichen ankamen.

Braun schloß natürlich aus diesen und ähnlichen Versuchsergebnissen und dem Vergleich mit den Erfolgen, welche die Wireless-Company unter ähnlichen Umständen erzielt hatte,

auf die unbestreitbare Überlegenheit seiner Schaltung. In der
Folge wurden jedoch auch an dem Marconischen System Ver-
besserungen angebracht, wodurch es sich den Eigenschaften des
Braunschen wesentlich näherte.

Die Patente von Slaby. — Um soviel als möglich die
chronologische Folge in der Darstellung festzuhalten, ist an dieser
Stelle zu erwähnen, daß am 3. November 1899 Slaby die Schaltung Fig. 185 und 186 seines Systems zum Patent anmeldete,
daß aber erst im Sommer 1900 die Versuche angestellt wurden,
welche die Anwendbarkeit des Systems nachweisen sollten.
Ferner ist zu bemerken, daß die allgemeine Elektrizitätsgesellschaft ihre Patente im Herbst 1900 einreichte, d. h. nachdem
die Wireless-Company ihre neuen Patente angemeldet hatte.

Die Anlagen Marconis und dessen Patente bezüglich des neuen Systems vom Jahre 1900. — In
diesem Jahre verbreiterte die Wireless-Company erheblich die
Grundlagen ihrer Anwendungen des Systemes Marconi. Aus
den zahlreichen zu Land und auf Schiffen eingerichteten Anlagen
sollen im folgenden nur die von besonderer Wichtigkeit erwähnt
werden.

Im Jahre 1900 schloß die Wireless-Company einen Vertrag
mit der englischen Admiralität auf Lieferung von 32 drahtlosen
Stationen, welche teils für Kriegsschiffe, teils für Hafenstationen
bestimmt waren. Die Apparate sollten den Nachrichtenaustausch
zwischen zwei 105 km voneinander entfernten Schiffen ermöglichen, von welchen das eine bei Portland, das andere im Hafen
von Portsmouth sich aufhalten sollte. Zwischen den Stationen
lag ein Landstrich mit den Höhen von Dorsetshire. Die Lieferung
wurde unter zufriedenstellender Erfüllung dieser Bedingungen
ausgeführt.

Zu gleicher Zeit, im Mai 1900, wurde ein ständiger Nachrichtendienst vermittelst drahtloser Telegraphie zwischen dem
Leuchtturm der Insel Borkum in der Nähe der Emsmündung
und dem Leuchtschiff Borkumriff, welches nach Borkum die
Ankunft der Dampfer des Norddeutschen Lloyd zu signalisieren
hatte, eingerichtet. Von Borkum gelangten die Nachrichten
vermittelst einer besonderen Telegraphenlinie nach Emden und
von da nach Bremen. Die Entfernung zwischen Leuchtturm
und Schiff betrug ungefähr 39 km, während am Leuchtturm ein
Luftdraht von 38 km und am Schiff ein solcher von 30 m Länge
benutzt wurde. Der Luftdraht des Leuchtturms war ferner mit
einem Metallnetz von 1 m Länge und 1 m Breite versehen. Der

Verkehr zwischen den beiden Stationen und zwischen ihnen und auf der Fahrt befindlichen Schiffen ist sehr lebhaft. Der Dampfer Kaiser Wilhelm der Große vermochte Nachrichten mit der Station auf eine Entfernung von 74 km auszutauschen und lesbare Zeichen bis auf eine Entfernung von 93 km abzugeben. Die von Marconi in der Zwischenzeit angebrachten Verbesserungen haben wir unter der Bezeichnung des zweiten Systems Marconi zusammengefaßt, wie es in den Figuren 149 und 150, S. 183, dargestellt ist.

Versuche von Slaby. — Zu dieser Zeit hatte Slaby zusammen mit dem Grafen Arco sein System bereits ausgearbeitet, welches einer öffentlichen Prüfung am 22. September 1900 in Berlin in Gegenwart des Kaisers Wilhelm unterzogen wurde. Bei dieser Gelegenheit war es, daß die ersten Versuche des Doppelverkehrs stattfanden.

Versuche in Frankreich und Rußland. — Es ist nicht möglich an dieser Stelle eine genauere Darstellung der zahlreichen Versuche der drahtlosen Telegraphie, welche in diesem Zeitraum allerorten angestellt wurden, zu geben. Es sei nur erwähnt, daß in Frankreich unter der Leitung des Schiffsleutnants Tissot in Brest zahlreiche Versuche stattfanden, und daß ähnliche von einer Kommission unter dem Vorsitz des Schiffskapitäns Gadaut zwischen den Semaphoren, von Ouesant-Stiff und Keramezee, veranstaltet wurden. Am 20. September fanden vor dieser Kommission Versuche auf hoher See zwischen Ouesant-Stiff und dem Panzerkreuzer Bruix, welcher von Brest nach Rochefort fuhr, statt. Der Kreuzer blieb in ununterbrochener Verbindung während der ganzen drei Stunden dauernden Fahrt.

Zahlreich waren auch die Versuche, welche von Popoff im finländischen Golf während des Winters 1899/1900 zwischen den Inseln Kotka und Kohland auf eine Entfernung von 47 km angestellt wurden. Die beiden Inseln waren bis dahin von jeder Art telephonischer und telegraphischer Verbindung infolge ihrer außerordentlichen Unzugänglichkeit ausgeschlossen. In 84 Tagen wurden dabei zwischen den beiden Stationen mit großer Pünktlichkeit 440 amtliche Telegramme ausgetauscht.

Versuche Guarini-Poncelet im Januar bis März 1901. Im Anfang des Jahres 1901 führten Guarini und Poncelet Übertragungsversuche über Land zwischen Brüssel, Malines und Antwerpen mit dem System Guarini und dem von Guarini angegebenen Übertrager aus. (Siehe S. 169.)

In Brüssel wurde der Luftdraht an der Kongreßsäule in Antwerpen und Malines an den Türmen der dortigen Kathedralen angebracht. Zunächst wurden mit gutem Erfolg Nachrichten zwischen Brüssel und Malines auf eine Entfernung von 21,9 km ausgetauscht. Als sich dann herausstellte, daß mit der Empfindlichkeit der angewendeten Apparate ein direkter Verkehr zwischen Brüssel und Antwerpen auf 62 km Entfernung nicht erreichbar sei, wurde in Malines, das ein wenig seitlich von der Geraden zwischen Antwerpen und Brüssel liegt, ein Übertrager aufgestellt.

Aus dem Berichte Poncelets über die Versuche läßt sich entnehmen, daß das System manches zu wünschen übrig ließ. In der Tat wurde nur ein Teil der von Brüssel ausgehenden Zeichen von dem Übertrager in Malines weitergegeben und in Antwerpen aufgenommen. Ein anderer Teil kam weder in Malines noch weniger in Antwerpen an. Auch stimmten die in Antwerpen anlangenden Zeichen nicht vollkommen mit den in Malines übertragenen überein.

Es ist nicht bekannt geworden, ob das System später neuerdings versucht wurde.

Angesichts der heute direkt zu erreichenden Übertragungsentfernungen scheint auch die Anwendung von Übertragern gegenstandslos geworden zu sein.

Versuche mit dem zweiten System Marconi im Jahre 1901.

Versuche zwischen S. Catherine und Lizard. — Nach der Abänderung seines Systems setzte sich Marconi sofort die Erreichung der größtmöglichen Übertragungsentfernung zum Ziele. Er baute zu diesem Zweck eine Station in Lizard in Cornwallis, welche sofort den Verkehr mit Marconis Versuchsstation, auf der Insel Wight bei S. Catherine auf eine Entfernung von 300 km aufnahm. Dabei wurde eine aus vier vertikalen, 1,5 m voneinander abstehenden Drähten bestehende Luftleitung von 48 m Länge, welche durch Querdrähte zu einem Streifen eines Drahtnetzes ausgebildet war, verwendet. Mit der neuen Anordnung ließ sich die zur Nachrichtenübermittlung auf eine gegebene Entfernung erforderliche Energie wesentlich herabdrücken, so daß 150 Watt für den Verkehr auf 300 km genügten. Auf die Veranlassung Marconis berichtete in einem Vortrag vom 12. Februar 1901 vor den Mitgliedern der Handelskammer von Liverpool Flemming von dem Ergebnis dieser Versuche mit der

Nachricht, daß das erste Telegramm zwischen den beiden Stationen am ersten Tag der Regierung Eduards VII. übermittelt wurde Später richtete Marconi einen so vollkommenen Verkehr zwischen Lizard und S. Catherine ein, daß nach der Angabe Flemmings zwei und mehr gleichzeitige Telegramme in jeder Station aufgenommen werden können.

Versuche zwischen Frankreich und Korsika.

Anfangs April 1901 veranstaltete die Wireless-Company eine Reihe interessanter Versuche zwischen der Station Biot bei Antibes an der französischen Küste und der Station Calvi in Korsika, welche sich in einem Abstand von 175 km freier Seelinie befanden.

Die verwendeten Apparate gehörten dem zweiten System Marconis an (s. Fig. 149 und 150). Der Funkeninduktor lieferte 25 cm Funkenlänge und wurde von einer Akkumulatorenbatterie, die von 100 Trockenelementen gespeist wurde, betrieben.

Je nach der Anzahl der Leydener Flaschen, welche den Kondensator c bildeten (s. Fig. 150), d. h. je nach der verwendeten Wellenlänge, änderte sich auch Form und Größe des Transformators T, welcher nach den Angaben von S. 115 gebaut war. Der am häufigsten zur Verwendung gekommene Transformator, bei welchem mit 13 Flaschen eine Wellenlänge von 300 m sich ergab, hatte eine einzige Windung im Primärstromkreis, im Sekundärstromkreis sechs Windungen, welche zu je dreien auf jeder Seite des Primärdrahts in einer ebenen Spirale auf dem Holzrahmen, auf dem der Primärdraht aufgewickelt war, angebracht waren.

Als Luftdrähte wurden vier nebeneinander geschaltete, 1,5 m voneinander entfernte Drähte nach der (S. 99) gegebenen Beschreibung angewendet. Die vier Drähte vereinigten sich am unteren Ende mit sorgfältig isoliertem Draht, welcher in die Station eingeführt wurde. Die Höhe des Leitleitungsdrahtes betrug 52 m in Biot und 55 m in Calvi.

Berücksichtigt man die Längen der beiden Luftdrähte und die Erdkrümmung, so ergibt sich die Stellung der Luftdrähte aus Fig. 231, welche zeigt, daß die vom Luftdraht A an den die beiden Luftdrähte enthaltenden Hauptkreis gezogene Tangente die Verlängerung des Luftdrahtes A' in bedeutender Höhe über letzterem schneidet.

Berücksichtigt man auch die Refraktion, so ergibt sich, daß, wenn ein von A in der Richtung der erwähnten Tangente ausgehender Lichtstrahl 1350 m über der Spitze des Luftdrahts A' hinwegginge, keiner der beiden Luftdrähte daher von dem Aufstellungsort des anderen gesehen werden kann. Anderseits würde die die beiden oberen Enden der Luftdrähte verbindende Gerade AA' ungefähr 500 m unter dem Wasserspiegel verlaufen.

In beiden Stationen wurde große Sorgfalt auf die Herstellung der Erdverbindungen verwendet und die Zuleitung der Erdverbindung zu den Apparaten so kurz als möglich angeordnet.

Der Transformator des Empfängers entsprach dem soeben beschriebenen, zeigte auch eine Wellenlänge von ca. 300 m und war nach den Angaben S. 112 gebaut.

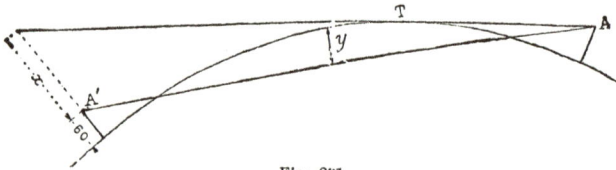

Fig. 231.

Die Station von Biot befand sich 200 m vom Meere entfernt, ohne daß irgend welches Hindernis des Gelingens zwischen Küste und Station sich einschob. Die Apparate waren im Erdgeschoß eines alleinstehenden Hauses untergebracht, während die Luftleitung etwa 20 m vom Hause entfernt war. Zwischen der Luftleitung und dem Meer lief eine Eisenbahnlinie mit einer Anzahl von Telegraphenleitungen längs der Geleise.

Die Station von Calvi war außerhalb des Befestigungsgürtels 50 m vom Meere angelegt. Auch hier befanden sich zwischen der Luftleitung und dem Meere zahlreiche Telegraphenleitungen. Die Apparate waren im ersten Stock eines Hauses eingebaut, während der Luftdraht 30 m davon entfernt war.

Die einfachen Übertragungen wurden zwischen den beiden Stationen mit drei verschiedenen Schwingungszahlen immer mit zufriedenstellendem Erfolge ausgeführt. Am besten gelangen die Übertragungen bei Benutzung der größten Wellenlänge von 100 m bei 13 Flaschen, was einerseits auf die bessere Abstimmung in der Sendestation, anderseits auch auf die Diffraktion, welche die Übermittlung durch längere Wellen begünstigt, zurückzuführen ist.

Nicht alle Stunden des Tages waren gleich günstig für die Übertragungen. Im Vormittag war der Verkehr schwieriger und wurde öfters ganz unmöglich. Wie auch immer das Wetter war, so wurden zu bestimmten Stunden des Tages zwischen 11 Uhr vormittags und 6 Uhr abends, am meisten aber um 2 Uhr, von den Empfängern fremde Zeichen aufgenommen, welche von atmosphärischen und tellurischen Einflüssen herrührten und die Telegraphiergeschwindigkeit herabsetzten.

Zu diesen atmosphärischen Störungen gesellten sich manchmal mehr oder minder deutliche Zeichen, welche von dem Verkehr zwischen Kriegs- oder Handelsschiffen auf hoher See herrührten. Es wurde beobachtet, daß die Aufzeichnung all dieser fremden Zeichen unglücklicherweise um so leichter vor sich ging, wenn zwischen den beiden Stationen Nachrichten gewechselt wurden, da sich in dieser Zeit der Fritter der empfangenden Station in dem Zustand einer Art Übererregung befindet.

Endlich wurden auch darauf Versuche angestellt, um die Unveränderlichkeit der einmal eingestellten Apparate festzustellen. Die Ergebnisse waren zufriedenstellend. So gelang es beispielsweise zweimal auf 3 Stunden aufeinanderfolgende Nachrichten zu wechseln, ohne daß die Einstellung der Apparate häufig nachreguliert werden mußte. Doch blieb es unerläßlich, ab und zu den Unterbrecher des Funkeninduktors, die Entfrittungsvorrichtung und das Relais nachzustellen, eine Arbeit, welche ein sehr erfahrenes Personal erfordert.

Was die Übertragungsgeschwindigkeit anlangt, so gelang es 14 mal in der Minute das Wort ›Paris‹ aufzunehmen. Ein Telegramm von 46 Worten konnte in 4 Minuten und 50 Sekunden aufgenommen und in der gleichen Zeit wiederholt werden. Doch zeigte sich, daß unter gewöhnlichen Umständen, namentlich infolge der unregelmäßigen Wirkung des Fritters, nicht auf eine höhere Geschwindigkeit als 6—8 Worte in der Minute im Mittel gerechnet werden konnte.

Die Versuche wurden unter der Aufsicht einer amtlichen Kommission ausgeführt, welche Bevollmächtigte der Ministerien der Telegraphen, der Kolonien, des Kriegs und der Marine umfaßten.

Erste transatlantische Versuche Dezember 1901.

Ermutigt durch die Ergebnisse der Versuche zwischen S. Catherine und Cap Lizard auf eine Entfernung von 300 km

wandte sich Marconi mit aller Kraft der Aufgabe zu, einen
drahtlosen Telegraphenverkehr über den Ozean einzurichten.

Nun haben wiederholte Versuche gezeigt, daß die langen
Wellen, sei es durch aufeinanderfolgende Reflexion oder durch
Diffraktion der Krümmung der Erdoberfläche folgen konnten,
wodurch die Übertragung auf sehr große Entfernungen sich auf
eine Frage der Energie der Sendevorrichtungen und der Empfindlichkeit der Empfangsvorrichtung zurückführte. Dazu bedurfte es freilich großer finanzieller Mittel, die aber einem Manne
nicht fehlen konnten, dessen industrieller Scharfsinn nicht
weniger erstaunlich war als seine Kunst des physikalischen
Experiments.

Unter reichlicher Unterstützung seitens der Marconi Wireless
Company Limided in London begann Marconi zu Beginn des
Jahres 1901 insgeheim seine Versuche, indem er zwei besonders
mächtige Stationen in Poldhu bei Cap Lizard in Cornwallis auf
der einen Seite des Ozeans und am Cap Cod in Massachusetts auf
der anderen Seite errichtete. Die Ergebnisse der ersten Versuche sind nicht bekannt geworden, scheinen jedoch, aus dem
Schweigen darüber zu schließen, ohne Erfolg gewesen zu sein.
Die beiden Stationen, welche 378 000 Francs gekostet hatten,
wurden von einem Unwetter im September desselben Jahres
zerstört.

Marconi ließ die Station von Poldhu wieder herstellen, mit
mächtigen Sendevorrichtungen versehen, und faßte nun den
Entschluß, einen Verkehr mit St. John in Neufundland, auf eine
etwas geringere Entfernung wie vordem, d. h. auf ca. 3400 km,
zu versuchen.

In St. John in Neufundland, wo Marconi alle Förderung
seitens der Landesbehörde erfuhr, war die Anlage sehr einfach,
insoferne es sich nur um eine Empfangsstation handelte. Der
Luftdraht wurde von einem Drachen auf eine Höhe von 135 m
emporgeführt.

Marconi hatte mit der Station von Poldhu vereinbart, daß
täglich um 6 Uhr abends eine lange Reihe von S, welcher Buchstabe im Morsealphabet durch drei Punkte dargestellt wird, gegeben werden solle.

Der Sender in Poldhu hatte dieselbe Einrichtung wie der
zwischen Biot und Calvi war jedoch von kolossalen Abmessungen, während der Empfänger aus einem Elektroradiophon
(siehe S. 37) in Verbindung mit einem Marconi-Transformator bestand, oder auch durch einen Fritter mit Selbstentfrittung nach

Castelli gebildet wurde.   Die Zeichenaufnahme geschah vermittelst des Telephons.

Marconi meldete am 12. Dezember 1901, daß er die verschiedenen Signale in den bestimmten und gleichen Zeitabständen
erhalten habe und versicherte, daß es praktisch physikalisch
und mathematisch unmöglich gewesen sei, daß die Zeichen
anderswo her als vom Cap Lizard ausgegangen waren.

Auch das große Ansehen Marconis reichte nicht hin, daß
dies Ergebnis allgemein als Tatsache genommen wurde.   Der
Umstand der telephonischen Aufnahme erregte vielfache Zweifel,
welche sich daran festklammerten, äußere Ursachen für die ein-
gegangenen Signale zu finden.   Man schrieb sie der atmosphärischen Elektrizität, entfernten Blitzschlägen irgendwelcher
Telegraphenstationen auf dem Festland von Amerika, Schiffen,
die mit Apparaten für die drahtlose Telegraphie ausgerüstet sein
sollten und in der Nähe verkehrten, ja sogar dem Mutwillen
irgend eines Spaßvogels zu.

Marconi hatte jedoch genug gehört, um sich zur Rückkehr
nach Europa und zur Aufnahme der Vorbereitungen neuer Versuche zu entschließen, welche ihn, wie wir sehen werden, ein
Jahr später in den Stand setzen sollten, am 20. Dezember 1902
an den König von England und von Italien die ersten drahtlosen Telegramme über den atlantischen Ozean zu senden.

Versuche Marconis an Bord der Philadelphia im Februar 1902.

Im Februar 1902 stellte Marconi bei der Überfahrt von
Southampton nach New York an Bord der Philadelphia der
American Line neue Versuche zwischen der Sendestation von
Poldhu und einer Empfangsstation an Bord der Philadelphia an.

In der Station von Poldhu war das Ladungspotential des
Luftdrahtes erhöht worden.   Das Gitter der Sendedrähte war
vergrößert worden und bestand nun aus 15 Leitungen.   Das
Potential, auf welches diese Leitungen geladen werden konnten,
reichte hin, um 30 cm lange Funken vom oberen Ende der
Drähte zu einem geerdeten Draht übergehen zu lassen.

In der Empfangsstation auf dem Dampfer bestand der
Empfangsdraht aus vier 60 m über den Meeresspiegel empor-
ragenden Leitungen, welche zum Primärdraht des Transformators
führten, dessen Sekundärdraht in Abstimmung mit der Sendestation mit dem Fritter verbunden war.

Die Mitarbeiter Marconis in Poldhu sollten eine Reihe von S und eine kleine Nachricht mit einer gewissen, voraus vereinbarten Geschwindigkeit, alle 10 Minuten bei 5 Minuten langen Pausen, während folgenden Stunden abgeben: Von 12—1 Uhr mittags, von 6—7 Uhr vormittags, von 12—1 Uhr mittags und von 6—7 Uhr nachmittags Greenwicher Zeit, und zwar jeden Tag vom 23. Februar bis zum 1. März einschließlich.

Bemerkenswert ist, daß Marconi bei diesen Versuchen zum erstenmal bemerkte, daß das Tageslicht die Übertragung erschwerte (siehe S. 75), indem es eine Schwächung im Empfang der Zeichen hervorbrachte, die mit der Zunahme der Tageshelligkeit in Poldhu zuzunehmen schienen.

In einer Abhandlung, welche Marconi der Royal Society am 12. Juni 1902 vorlegte, wurde ausgeführt, das spätere zwischen der Station von Poldhu und anderen Empfangsstationen ausgeführte, den Versuchen nach der Philadelphia in jeder Beziehung ähnliche Versuche dieselbe schädliche Wirkung des Tageslichts auf die Übertragungen erkennen ließen. So wurde beispielsweise an der Station von North Haven in einer Entfernung von ungefähr 243 km von Poldhu, von welchem 109 auf das Meer und 43 auf das Land trafen, beobachtet, daß die Zeichen von Poldhu mit vier senkrechten, 12 m hohen Empfangsdrähten während der Nacht vollkommen deutlich ankamen, während beim Tage unter gleichen Umständen eine Länge von 18,5 m der Empfangsdrähte zu gleich deutlichem Zeichenempfang nötig waren.

Auf Seite 75 und 76 wurde bereits von den Erklärungsversuchen für diese Erscheinung gesprochen. Marconi beabsichtigte die Frage eingehend zu untersuchen, indem er versuchte zu ermitteln, ob die gleichen Wirkungen auftrteten, wenn Sendedrähte mit einem isolierenden, undurchsichtigen Überzug verwendet werden.

Die Versuche mit dem Carlo Alberto im Sommer 1902.

Diese Versuche werden in der Geschichte der drahtlosen Telegraphie denkwürdig bleiben, insoferne sie Ergebnisse zeitigten, welche die hoffnungsvollsten Aussichten übertrafen. Es gelang in der Tat Zeichen von Poldhu nach Cagliari, d. h. auf eine Entfernung von 1580 km, wovon zwei Drittel über das Festland von ganz Frankreich, und vollkommene Telegramme, von Poldhu nach Gibraltar auf eine Entfernung von 1500 km,

wovon eine gute Hälfte über das Festland am gebirgigsten Teil
von Spanien, zu übertragen. Die Hauptabschnitte dieser Versuche mögen nach dem Bericht des Leutnants Solari an das
Marineministerium geschildert werden.

Im Juni 1902 mußte das königliche Schiff Carlo Alberto eine
Reise nach der Nordsee ausführen. Das Schiff war mit Marconi-Apparaten alten Modells ausgerüstet, vermittelst welcher es
sofort bei der Ankunft in den englischen Gewässern in Verkehr
mit der Station Cap Lizard trat, wo sich Marconi befand. Mit
letzterem wurde der Ersatz dieser Apparate durch wirksamere
und empfindlichere des zweiten Systems Marconi vereinbart.

Am 26. Juni begab sich Marconi an Bord des Carlo Alberto und brachte seinen magnetischen Wellenanzeiger mit,
welcher zum erstenmal in Wettbewerb mit dem Fritter als Empfangsorgan treten sollte.

Die ersten Versuche wurden auf der Reise des Carlo Alberto
nach Kronstadt unternommen.

Als Empfangsdraht diente zunächst die Anordnung nach
Fig. 74. Die Einführung des Luftdrahts zu den Empfangsapparaten war vermittelst einer Ebonitröhre vollkommen gegen
etwaige Seitenentladungen geschützt. Die Erdverbindung wurde
so sorgfältig als möglich ausgeführt, indem an verschiedenen
Punkten des Schiffes und an verschiedenen Teilen der Schiffs-
maschine angeschlossen wurde.

In der Station des Carlo Alberto, welche nur als Empfangsstation diente, waren zwei Marconi-Fritter mit Metallpulver und
drei magnetische Wellenanzeiger an drei Telephonapparaten,
welche zur Aufnahme der Zeichen bestimmt waren, angeschlossen.

Der mit den Frittern verbundene Transformator war so gut
als möglich mit der Schwingungszahl der von der Station Poldhu
ausgehenden Wellen abgestimmt. Zur besseren Abstimmung
zwischen Sende- und Empfangsapparat wurde in der Folge das
fächerförmige Drahtgitter nach Fig. 75, S. 103, angewendet. Die
Einzelheiten der Versuche waren von Marconi im voraus auf
folgende Weise geregelt worden. Von der Station von Poldhus,
sollten von 12—3 Uhr nachmittags und von 1—3 Uhr vormittags
mittlerer Greenwicher Zeit jeden Tag während der ersten zehn
Minuten jeder Viertelstunde das Zeichen für den Carlo Alberto
(C. B.), eine lange Reihe von S und ein Satz aus den interessan-
testen Tagesneuigkeiten abgegeben werden.

Am 7. Juli schiffte sich Marconi in Dover ein, worauf
sofort die Übertragung auf eine Entfernung von 848 km, wo-

von ca. $^6/_{10}$ über Land und Küsten, versucht wurde. Kaum
war die Abstimmung hergestellt, so konnten im Telephon die
kennzeichnenden Geräusche der von Cornwallis abgegebenen
Zeichen vernommen werden. Die Zeichen fielen jedoch schwach
aus, teils infolge mangelhafter Abstimmung, teils infolge der
schädlichen Wirkung des Tageslichts. Am folgenden Tag verbesserte sich die Aufnahme derart, daß die einlaufenden Telegramme mit dem Morse-Apparat aufgenommen werden konnten.

Bei zunehmender Entfernung scheinen die Aufnahmen
während des Tages aufgehört zu haben, wurden jedoch während
der Nacht bei einer Entfernung von 900 km von Poldhu zunächst
am Telephonempfänger, später auch am Morse-Apparat vermittelst
des Fritters wieder ermöglicht.

Am folgenden Tage um Mittag war eine Entfernung von
1000 km erreicht, doch konnten infolge der störenden Wirkung
des Sonnenlichts nur die charakteristischen Töne einiger S am
Telephon, nicht aber Zeichen am Morse-Apparat erhalten werden.
In der Nacht verbesserte sich die Aufnahme und es gelang auch
mit dem Fritter und dem Morse-Schreiber Zeichen zu erhalten.
So wurde fortgefahren bis zum 12. Juli, an welchem Tage der
Carlo Alberto im Hafen von Kronstadt vor Anker ging, obwohl
zwischen Sende- und Empfangsstation England, Dänemark und
die gebirgige Skandinavische Halbinsel lagen und der Abstand
ca. 2000 km betrug. In Kronstadt waren jedoch die Zeichen am
Telephon ziemlich schwach und konnten nicht mehr mit dem
Morse-Apparat aufgezeichnet werden. Nachdem jedoch an dem
Drahtgitter des Empfangsvorrichtung weitere Drähte zur besseren
Abstimmung mit der Station Poldhu hinzugefügt waren, gelang
es während der Nacht, die Reihen der übersandten S deutlich
warzunehmen.

Auch in den folgenden Nächten wurden zufriedenstellende
Ergebnisse erzielt, bis in der Nacht vom 22. auf den 23. der Anker
zur Rückkehr nach Kiel gelichtet wurde.

In der Nacht vom 24. Juli befand sich der Carlo Alberto
im inneren Teil der Kieler Reede. Die Zeichenaufnahme war
infolge der verminderten Entfernung sowohl unter Anwendung
des magnetischen Wellenanzeigers als beim Gebrauch des Fritters
und Morse-Schreibwerks vollkommen zufriedenstellend, so schwierig
sich dieselbe während der Reise aus unbekannten Gründen gestaltet hatte.

In der Nacht des 26. fand die Zeichenaufnahme unter
einem heftigen Sturm mit starken atmosphärischen Entladungen

statt. Die Störungen durch die atmosphärische Elektrizität wurden
dadurch beseitigt, daß in die Empfangsapparate entsprechende
Selbstinduktionen eingeschaltet wurden. Man versuchte dabei
auch den Fritter Castelli (S. 146) zu verwenden, doch mußte der
Versuch aufgegeben werden, da der Apparat durch jede atmosphärische Elektrizitätsentladung gestört wurde.

Während der Nacht der Reise von Kiel nach England
zeigten sich trotz der raschen Abnahme der Entfernung keine
wesentlichen Unterschiede in der Aufnahme der Zeichen.

Nach einer Rast von 20 Tagen bis zum 25. August und
nach Vervollkommnung des Empfangsdrahtgitters, welches nun
aus 54 Drähten, welche von der Deckbrücke aus 50 m hoch
emporführten, bestand, wurde der Rückweg nach Italien angetreten. Als sich das Schiff am 30. August auf der Fahrt in der
Nähe von Cadiz befand, zeigte sich, daß die Entfernung, auf
welche die Übertragung während des Tages deutlich und sicher
war, 1000 km betrug.

In der Nacht vom 30. auf den 31., wurde die Wirkung des Um-
standes, daß sich das spanische Festland in die gerade Linie
zwischen den beiden Stationen eingeschoben hatte, beobachtet.
Dieser Umstand verhinderte es nicht, daß Telegramme mit Nachrichten über die in diesen Tagen Europa interessierenden Vorgänge vom Carlo Alberto aufgenommen wurden, auch wenn
sich das Schiff im innersten Teil der Reede von Gibraltar in
einer Entfernung von 1500 km von Poldhu befand, trotzdem der
gebirgigste Teil der Iberischen Halbinsel überwunden werden
mußte. Die Aufnahmen wurden auch nicht unterbrochen, als
das Schiff ins Mittelmeer einfuhr, und gelangen bis Cagliari und
Spezia, wo die Fahrt ihr Ende fand.

Im folgenden seien die Schlußbemerkungen des Berichts
des Leutnants Solari als Zusammenfassung der Beobachtungen
gegeben, obgleich dieselben in einigen Punkten etwas voreinge-
nommen oder zum wenigsten voreilig erscheinen.

1. Es besteht keine Übertragungsgrenze für die elektrischen
Wellen auf der Erdoberfläche, wenn die zur Übertragung aufgewendete Energie der zu erreichenden Übertragungsentfernung
angepaßt wird.

2. Landstrecken zwischen Sende- und Empfangsstationen
unterbrechen den Verkehr nicht.

3. Das Sonnenlicht vermindert den Wirkungsbereich der
elektrischen Wellen und fordert daher während des Tags die
Anwendung größerer Energiemengen als während der Nacht.

Der Einfluß der atmosphärischen elektrischen Entladungen zwingt
zur Verminderung der Empfindlichkeit der Apparate, um diese
von ersteren unabhängig zu machen, woraus die Notwendigkeit
einer Vermehrung der Energie hervorgeht. Zuverlässigere Wirkungen werden daher mit weniger empfindlichen Apparaten erzielt.

4. Die Wirksamkeit des magnetischen Wellenanzeigers
erwies sich durch den positiven Versuch derjenigen irgendeines
Fritters überlegen, sowohl infolge der Entbehrlichkeit jeder
Regulierung als auch infolge der absoluten Unveränderlichkeit
und der außerordentlichen Einfachheit und Handlichkeit der
Einrichtung.

5. Die drahtlose Telegraphie nach dem System Marconi
ist infolge der neuesten Verbesserungen in das Feld der größten
praktischen Anwendungen, sei es für die Zwecke des Handels
oder des Heerwesens eingetreten, ohne daß eine Grenze der
Übertragung festgestellt wäre.

Trotz der denkwürdigen Versuche mit dem Carlo Alberto
ist doch an eine Tatsache zu erinnern, welche ungeachtet der
überraschenden und vielversprechenden Versuche zeigt, welch
erhebliche Schwierigkeiten noch zu überwinden sind, bis der
Grad von Sicherheit und Ausschließlichkeit erreicht ist, welche
der telegraphische Verkehr erfordert.

Maskelyne, der Direktor einer Station für drahtlose Tele-
graphie in Porthcurnow, 280 km von Poldhu, berichtet in der
Nummer des Electrician vom 7. November 1902, daß die von der
Station Poldhu dem Carlo Alberto zugesandten Zeichen und
Telegramme von den Apparaten von Porthcurnow derart ge-
treulich aufgezeichnet wurden, daß in dieser Station der Verlauf
jener Versuche Schritt für Schritt verfolgt [werden konnte. In
Porthcurnow kamen die an den Carlo Alberto gerichteten
Nachrichten anfangs vermischt mit anderen durch schwächere
gleichzeitig von Poldhu ausgesandte Wellen hervorgebrachten
Zeichen an. Die letzteren Wellen sollten dazu dienen, die
Depeschen von Poldhu in kürzeren 'Entfernungen unleserlich
zu machen. Indem jedoch Maskelyne die Empfindlichkeit des
Fritters herabsetzte, konnte er die Wirkung dieser letztgenannten
Wellen unterdrücken, worauf nur die kräftigen, für Carlo Alberto
bestimmten zur Aufnahme kamen.

Bei näherer Prüfung fand Maskelyne, daß die Übertragungen
vermittelst elektrischer Wellen noch mit Schwierigkeiten un-
bekannter Ursache zu kämpfen haben, insoferne die Zeichenaufnahme auf dem Carlo Alberto einer von Poldhu entsandten

Nachricht erst am 9. September, während der Fahrt von Cagliari nach Spezia, des Morgens möglich wurde, während diese Nachricht wiederholt von Poldhu seit dem Abend des 6. September abgegeben worden war. Das Empfangsorgan des Carlo Alberto mußte daher zwei ganze Tage lang fremden Einflüssen unterlegen haben, welche die Aufnahme der Nachrichten verhinderte.

Auf alle Fälle bewiesen die mit dem Carlo Alberto ausgeführten Versuche die Möglichkeit, mit dem Apparat Marconi Nachrichten auf mehr als 1500 km Entfernung trotz zwischenliegender ausgedehnter gebirgiger Landstrecken zu übertragen, doch bewiesen sie auch, daß noch wesentliche Verbesserungen erforderlich waren, bevor die für einen regelmäßigen telegraphischen Verkehr unerläßliche Sicherheit erreicht wurde.

Transatlantische Übertragungen im Dezember 1902.

Nach den Versuchen von Neufundland (siehe S. 324), bei welchen es Marconi gelungen war, vermittelst des Telephons die von Poldhu abgegebenen Morse-S aufzunehmen, mußte er weitere Versuche in der Richtung aufgeben infolge des Einspruchs der Anglo-American Telegraph-Company, welche Gesellschaft nicht nur das Monopol des transatlantischen Telegraphenverkehrs vermittelst Kabel sondern auch durch die Luft, das Meer und die Erde beanspruchte.

Dagegen veranlaßte die Regierung von Kanada Marconi, seine transatlantischen Versuche mit einer Endstation in diesem Lande fortzusetzen, schlug ein besonderes Übereinkommen vor und bot ihre Unterstützung an. Marconi nahm das Anerbieten an und begann den Bau einer 'großen Station in Table Head auf der Insel des Cap Breton bei der Halbinsel von Neuschottland, welche zwei Stunden von Sydney und 3800 km von Poldhu entfernt auf einer der östlichsten Vorgebirge der Insel an der Mündung der Glace-Bay gelegen war.

Die Sendevorrichtung stimmte mit der von Poldhu (S. 104) beschriebenen überein und bestand demnach aus vier 71 m hohen in den Ecken eines Quadrats von 70 m Seite aufgestellten hölzernen Türmen, deren obere Enden durch 4 Kabel verbunden waren, von welchen die Sendedrähte nach unten in das Apparatenhäuschen führten.

Die italienische Regierung genehmigte, daß das königliche Schiff Carlo Alberto an den Einrichtungsarbeiten der Station

Glace-Bay sich beteiligte. Das Schiff lichtete daher am 30. September 1902, nachdem es instand gesetzt war, mit seinen 48 m hohen Masten den Winterstürmen des Atlantischen Ozeans zu trotzen, in Spezia die Anker nach der Küste von Cornwallis, wo es Marconi an Bord nahm. Am 20. Oktober wurde von Plymouth die Reise nach Sydney angetreten, wo die Ankunft am 31. Oktober stattfand.

Während der Reise erhielt das Schiff regelmäßig die Zeichen von Poldhu, auch während der heftigsten Stürme. Auch in der inneren Reede von Sydney dauerte der Zeicheneingang fort.

Sofort nach seiner Ankunft begann Marconi die Station einzurichten, und nach 1 1/2 Monaten Vorbereitungen und Vorversuchen sah er sich am 20. Dezember imstande, die ersten an die Könige von England und Italien gerichteten Telegramme mit der Anzeige des Ereignisses und den Huldigungen Marconis an die beiden Souveräne von Table-Head nach Poldhu zu übermitteln.

Nach Erfüllung seiner wissenschaftlichen Aufgabe fuhr das Schiff Carlo Alberto in anderer Sendung nach den Gewässern von Venezuela, während Marconi in Table-Head mit dem Leutnant Solari als dem Vertreter der italienischen Regierung zurückblieb und den Verkehr mit Poldhu fortsetzte, um die Bedingungen zu ermitteln, unter welchen die Regelmäßigkeit, Sicherheit und Schnelligkeit der Übertragung erhöht werden könne.

Inzwischen wurde auch in Cape-Cod in den Vereinigten Staaten von Amerika eine gleiche Station wie in Table-Head, jedoch für 4800 km von Poldhu, d. h. 1000 km weiter als Table-Head eingerichtet.

Am 16. Januar wurde auch die Station von Cape-Cod eröffnet, indem eine vollständige Depesche vom Präsidenten Roosevelt an den König von England übermittelt wurde.

Weitere Versuche Marconis.

Nach dem grandiosen Versuch der transatlantischen Übertragungen wandte Marconi seine bewundernswerte Tatkraft der Untersuchung der besten Bedingungen zu, die der Telegraphie vermittelst elektrischer Wellen eine ausgedehnte und unbestreitbare kommerzielle Anwendung sichern sollten. Zu diesem Zwecke unternahm er zahlreiche Reisen zwischen Europa und Amerika und zwischen den europäischen Häfen auf Schiffen, welche mit seinen Apparaten ausgerüstet waren, und welche teils mit den Stationen von Poldhu, Table-Head und Cape-Cod, teils mit gewöhnlichen Küstenstationen verkehrten. Die reichsten Ergebnisse wurden an Bord der Lucania, des Duncan und der Campania erzielt.

Versuche auf der Lucania. — Die Lucania der Cunard Linie verließ am 23. August 1903 Liverpool auf der Fahrt nach New York mit Marconi und dem Schiffsleutnant Solari an Bord. Die Lucania war außer mit einer Station für kleine Tragweite, die für den kommerziellen Verkehr zwischen der Lucania und den Küstenstationen und für den Gebrauch des Kapitäns und der Passagiere bestimmt war, mit einer Empfangsstation für große Entfernungen zur Aufnahme der von Poldhu und Table-Head einlaufenden Nachrichten ausgerüstet, vermittelst welcher die Wirksamkeit der beiden verschieden angelegten Sendevorrichtungen beurteilt werden konnten.

Die wichtigsten Ergebnisse waren die folgenden:

1. Der drahtlose Verkehr auf große Entfernung im offenen Ozean vollzieht sich regelmäßig, ohne mit dem Zeichenaustausch zwischen den Schiffen und Küstenstationen, welche sich schwächerer Apparate bedienen, in Gegensatz zu geraten. In der Tat, während Poldhu Nachrichten zur Lucania gab, blieb die Station Lizard, 10 km von Poldhu entfernt, in Verbindung mit anderen auf der Fahrt nach New York befindlichen Schiffen.

2. Die Anordnung der Luftdrähte von Poldhu zeigte sich der von Table-Head überlegen, insoferne die erstere Zeichen an die Lucania bis auf 4000 km Entfernung gelangen lassen konnte, während die zweite eine viel geringere Wirksamkeit aufwies, obwohl das Luftdrahtsystem die gleiche Höhe hatte und eine Funkenstrecke von dreifacher Länge benutzt wurde.

3. Der Einfluß des Sonnenlichts steht mit bestimmten Einzelheiten der Zeichensendung in Verbindung, eine Abhängigkeit, welche die Entdeckung von Mitteln zur Bekämpfung des störenden Einflusses vorschrieb.

4. Das angewendete Abstimmungsverfahren bewirkt, daß eine nicht abgestimmte Station selbst in einer Entfernung von nur 100 m nicht beeinflußt wird.

Während auf der Lucania diese technischen Versuche ausgeführt wurden, verkehrten die Passagiere vermittelst der Station für kleine Entfernungen mit den Küsten und anderen Schiffen während der ganzen Überfahrt und erhielten täglich eine an Bord gedruckte Zeitung, welche die einlaufenden Telegramme über die wichtigsten Weltereignisse enthielt.

Nach der Ankunft in Amerika führten Marconi und Solari Versuche auf dem Michigan bei Chicago aus, welche zeigten, daß das Süßwasser nicht weniger als das Seewasser die drahtlosen Übertragungen ermöglicht.

Auf der Rückfahrt nach Europa wurden die auf der Hinfahrt gewonnenen Ergebnisse bestätigt. Jeden Abend erhielten die Passagiere der ersten Klasse das Cunard Bulletin, wie es mit langen Depeschen aus New-York, aus London und von Ottawa an Bord gedruckt wurde.

Versuche auf dem Duncan. — Unmittelbar nach Marconis Ankunft in England stellte ihm die englische Admiralität das Schiff Duncan zur Verfügung, um Versuche im Beisein der Offiziere der englischen Marine auszuführen. Es wurde eine Fahrt von Portsmouth nach Gibraltar unternommen, während welcher der Duncan täglich Nachrichten von Poldhu bekam, Versuche, durch welche die seinerzeit mit dem Carlo Alberto erzielten Ergebnisse bestätigt wurden. (Siehe S. 326 u. ff.) In der Bucht von Biscaya entstand ein Schaden an der Empfangsvorrichtung infolge heftigen Windes, wodurch die Höhe des Empfangsdrahts vermindert wurde. Nichtsdestoweniger erlitt der Einlauf der Nachrichten keine Unterbrechung.

Vom 28. Oktober bis zum 3. November 1903 blieb das Schiff in Gibraltar vor Anker, während welches Aufenthalts ununterbrochen Nachrichten von Poldhu eingingen.

Auf dem Duncan verfolgte der Kapitän im Namen der englischen Admiralität den Gang der Versuche an Bord, während ein Leutnant der englischen Marine der Nachrichtenentsendung in Poldhu beiwohnte.

Zu gleicher Zeit fanden andere Versuche zwischen Poldhu und der Station Roccia bei Gibraltar statt, durch welche die Möglichkeit des Verkehrs zwischen England und Gibraltar trotz der spanischen Halbinsel mit ihren hohen Gebirgsketten bestätigt wurde.

Auch diese Versuche zeigten, daß die von den Stationen für große Entfernungen ausgesandten elektrischen Wellen den Verkehr zwischen den Stationen für kleine Entfernungen nicht störten.

Versuche auf der Campania. — Im Juni 1904 stellte Marconi auf dem Dampfer Campania der Cunard-Line neue Versuche an, von den Stationen Poldhu und Table-Head Nachrichten aufzunehmen. Er untersuchte dabei vier verschiedene Anordnungen der Aufnahmeapparate, aus welchen er die besten auswählte,

vermittelst welcher leicht Nachrichten auf eine Entfernung von
ungefähr 3000 km aufgenommen werden können. Dieser Erfolg
ermöglichte es, einen Vertrag mit der Cunard-Gesellschaft auf Einrichtung eines täglichen Nachrichtendienstes auf den den Ozean
durchfahrenden Schiffen der Gesellschaft abzuschließen. Marconi
verpflichtete sich dabei, wie es scheint, täglich ungefähr 200 Worte
zu liefern.

Auf dieser Reise blieb Marconi nicht nur in ständiger Verbindung zunächst mit England, dann mit Kanada, sondern auf
drei Tage erhielt er gleichzeitig Nachrichten von den beiden
Stationen an den beiden Ufern des Atlantischen Ozeans.

Pläne neuer Versuche. — Bisher waren die Übertragungen auf sehr große Entfernungen, d. h. auf Entfernungen
von 1000 bis 4000 km zwischen Land- und Schiffsstationen ausschließlich einseitig, insoferne die Schiffsstation nur Nachrichten von der Landstation aufnehmen, nicht aber an diese
abgeben konnte. Die Ursache hierfür liegt in den Schwierigkeiten, auf den Schiffen die ungeheuren Drahtgitter der Sendedrähte, von welchen die Tragweite der Stationen abhängt, einzurichten.

Die letzten Untersuchungen Marconis scheinen ihn jedoch
zu der Ansicht geführt zu haben, daß auch mit viel niedrigeren
und ʼweniger ausgedehnten Drahtsystemen für die Sendevorrichtung Übertragungen auf sehr große Entfernungen erreicht
werden können.

Marconi soll, wie verlautet, von der italienischen Regierung
ein ausrangiertes Schiff erbitten wollen, an welchem mit geringem Aufwand die erforderlichen Umänderungen für einen
ersten Versuch des doppelseitigen Verkehrs an Bord eines
Schiffes angebracht werden könnten.

Das Gelingen des Versuches hätte eine unermeßliche
Bedeutung für den Verkehr mit entfernten Geschwadern.

Die Schiffe eines Geschwaders wären im allgemeinen mit
Apparaten für geringe Entfernungen, von 300 km ungefähr, aus-
zurüsten, während eines derselben einen Sendeapparat für große
Tragweite auf 5000 und vielleicht 6000 km zu erhalten hätte.
Dieses Schiff hätte die Nachrichten der anderen Schiffe zu
sammeln, um sie einer an Land gelegenen Station für große
Entfernungen, wie z. B. die, welche in Coltano nahe bei Pisa ent-
stehen soll, zuzusenden. Ferner hätte das Schiff die von dieser
Landstation einlaufenden Nachrichten des Hauptkommandos

den anderen Schiffen zuzuführen. Sollte sich der Plan durch-
führen lassen, so wäre damit eine unübersehbare Ersparnis an
Zeit, Kreuzern und Avisos erzielt.

Neue Versuche mit anderen Systemen.

Die verschiedenen Systeme der drahtlosen Telegraphie,
welche sich neben dem Marconis entwickelten, beschränkten
sich der Mehrzahl nach auf Übertragungen für kleine und
mittlere Entfernungen bis 500 km etwa, welche das ausgedehnteste
Anwendungsgebiet für das neue Verkehrsmittel zu bilden scheint.
Die Versuche richteten sich daher besonders darauf, die Übertragungen in diesem Umkreis möglichst sicher und bequem zu
gestalten, ein Bestreben, hinter welchem die Erweiterung des
Wirkungskreises der Stationen zurücktrat. Wenn auch diese
Bemühungen des Reizes der Neuheit und Kühnheit der Versuche Marconis entbehren, so sind sie darum nicht weniger
von höchster praktischer Bedeutung, insoferne auch sie zur Erweiterung der Grundlagen für künftige Fortschritte beitrugen.
Insbesondere sind in dieser Beziehung die Versuche, die Übertragungen vermittelst der elektrischen Wellen mit einem geringsten
Aufwand an Energie zu erreichen, von Wichtigkeit.

So wurde mit dem System Fessenden beispielsweise im
Jahre 1903 eine drahtlose Verbindung zwischen New York und
Philadelphia auf eine Entfernung von 130 km mit Luftleitungen
von 40 m eingerichtet, bei welcher nur eine Arbeitsleistung von
$1/_4$ Pferdekraft benutzt wurde. Während der Dienststunden
wurden zwischen den beiden Stationen 40 Telegramme ausgetauscht, obwohl 135 andere Stationen für drahtlose Telegraphie
in der Nähe sich befanden, ein Beweis für die Wirksamkeit des
von Fessenden angewendeten Abstimmungsverfahrens.

Anderseits gelang es einer französischen Gesellschaft der
drahtlosen Telegraphie, nach dem System Branly-Popp zwischen
den beiden Stationen von Amsterdam und Kampen an der Zuider-
see, auf eine Entfernung von 100 km von einem Morse-Apparat
aufgezeichnete Telegramme zu übertragen, und dabei mit einer
Funkenlänge von 1 mm und einem Aufwand an elektrischer
Energie auszukommen, wie er dem in einer 8 kerzigen Glühlampe
stattfindenden Verbrauch entspricht.

Unter den Verbindungen auf größere Entfernungen über
Land sei die nach dem System Telefunken zwischen Berlin und
dem Hafen von Karlskrona auf 500 km Entfernung erwähnt.

Mit dem gleichen System wurden zwei 50 km von einander entfernte Stationen auf den Lofoteninseln in Norwegen eingerichtet, eine Verbindung, bei welcher hohe Felsmassen sich der Wellenbewegung entgegenstellen. Dabei wurden zufriedenstellende Übertragungsergebnisse mit einem Energieaufwand von nur 200 Watt erzielt.

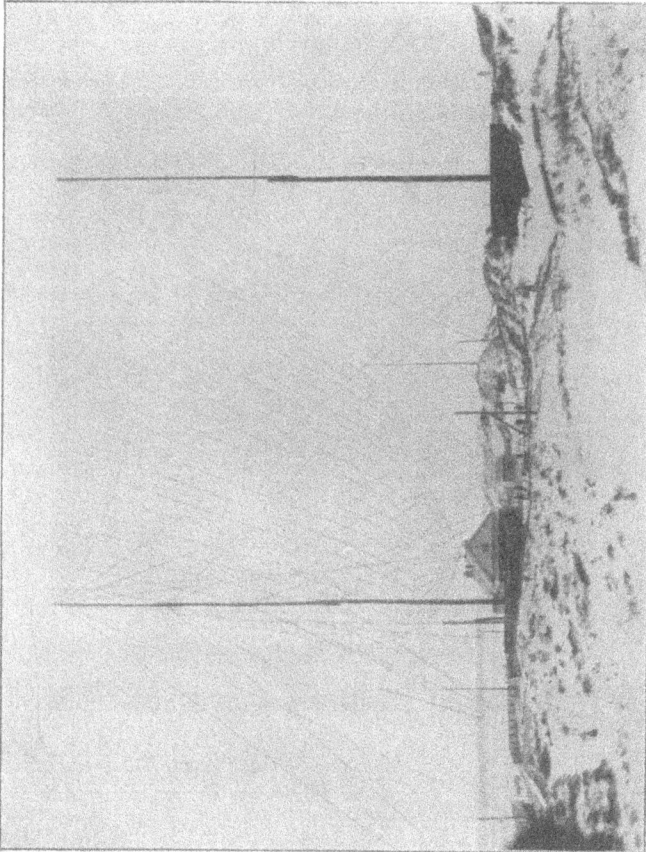

Fig. 232.

Gegenwärtig ist die gesamte Küste der Nord- und Ostsee von Amsterdam bis Memel von einer zusammenhängenden Reihe von Stationen nach dem System Telefunken besetzt, welche den in diesen Gewässern verkehrenden, mit Apparaten ausgerüsteten Schiffen ermöglichen, in ständiger telegraphischer Verbindung mit dem Festlande zu bleiben.

Die auf deutschem Boden befindlichen Stationen sind Eigentum der Deutschen Marineverwaltung und werden von dieser betrieben. Jedes in einem Umkreis von etwa 150 km aufgegebene Telegramm wird ohne Rücksicht auf die Nationalität des aufgebenden Schiffes oder auf das gebende Apparatsystem aufgenommen und — ein Telegramm von 10 Worten zu 80 Pf. — weiterbefördert.

Als jüngste Ausführungsbeispiele nach diesem System seien die in Fig. 232 und 233 dargestellten Einrichtungen der Station

Fig. 233.

Scheveningen angeführt. Fig. 234 zeigt die Einrichtung des Lloyddampfers Bremen.

Über den Umfang der nach dem System Telefunken eingerichteten Anlagen geben die folgenden Zahlen Aufschluß:

Mit Ende Februar 1906 waren folgende feste Stationen in Betrieb bzw. in Vorbereitung, und zwar in Deutschland 22, Österreich-Ungarn 5, Türkei 2, Spanien 12, Portugal 6, Frankreich 2, Holland 4, Schweden 5, Norwegen 4, Dänemark 2, Rußland 12, Vereinigte Staaten von Amerika 26, Brasilien 3, Mexiko 4, Kuba 2, Argentinien 3, Uruguay 1, Peru 2, Siam 2, Tongking 2, China 5, Bosnien 2, Finnland 2, Niederländisch Indien 4, Schweiz 2.

Ferner Stationen auf Schiffen: Argentinien 4 Kriegsschiffe, Brasilien 4 Kriegsschiffe, Dänemark 9 Kriegsschiffe, 3 Leucht-schiffe, Deutschland 110 Kriegsschiffe, 21 andere Schiffe, Hol-land 4 Kriegsschiffe, 4 Übungsstationen, Niederländisch Indien 2 Kriegsschiffe, 1 Handelsschiff, Norwegen 8 Kriegsschiffe, Öster-reich-Ungarn und Rumänien 14 Schiffe, Rußland 92 Kriegsschiffe, Schweden 17 Kriegsschiffe, Spanien 2 Kriegsschiffe, Vereinigte

Fig. 234.

Staaten von Nordamerika 35 Kriegsschiffe und 2 andere Schiffe. Transportable Stationen waren geliefert: Argentinien 2, Bra-silien 2, China 4, Deutschland 10, England 2, Holland 3, Indien 2, Österreich-Ungarn 5, Rußland 8, Schweiz 4, Schweden 2, Spanien 2, Vereinigte Staaten 2. Insgesamt 518 Stationen.

Auch die englischen, französischen, italienischen und amerika-nischen Küsten sind mit einer mehr oder minder dichten Reihe von Stationen für drahtlose Telegraphie der verschiedenen Systeme besetzt, die Ausrüstung der Ozeandampfer, welche den Verkehr

zwischen Europa und Amerika vermitteln, ist heute schon so
weit vorgeschritten, daß die Dampfer verschiedener Linien auf
die ganze Dauer der Überfahrt durch begegnende und vorfahrende
Schiffe in ununterbrochener Verbindung mit beiden Kontinenten
bleiben.

Das System Popoff, mit welchem die Hauptschiffe und
Festungen Rußlands ausgerüstet sind, hat seine Feuerprobe in
Ostasien im Kriege mit Japan bestanden. So stand Port Arthur
während der monatelangen Belagerung ununterbrochen mit der
Station des russischen Konsuls in Tschifu in Verbindung. Auch
die japanische Flotte benutzt die drahtlose Telegraphie nach einem
besonderen System, um die Befehle des Admiralschiffs den
anderen Schiffen mitzuteilen und auch mit den japanischen
Häfen zu verkehren. Sowenig Einzelheiten bekannt geworden,
so zweifellos ist es, daß die drahtlose Telegraphie im russisch-
japanischen Kriege eine überaus wichtige Rolle gespielt hat,
deren Bedeutung für das Schlußergebnis, namentlich für die
Vernichtung der russischen Flotte bei Tsushima erst eine
künftige Geschichtsschreibung ins wahre Licht stellen wird.

Ein Erfolg des Systems Forest während des russisch-
japanischen Krieges verdient vielleicht erwähnt zu werden.
Der Korrespondent der Times, welcher sich auf dem Dampfer
Haimun mit Apparaten dieses Systems aufhielt, sendete seit
Beginn des Krieges der englischen Station von Wei-hai-wei lange
Telegramme zu, welche von Punkten des Gelben Meeres, wo
sich der Haimun zum Sammeln von Nachrichten befand, ab-
gesandt worden waren.

Die Regelmäßigkeit, womit diese Telegramme in der Times
veröffentlicht wurden, beweist, wie sicher das System auch unter
schwierigen Umständen arbeitet.

Die drahtlose Telegraphie in der italienischen Marine.

An verschiedenen Stellen des bisherigen Berichtes war bereits davon die Rede, welchen Anteil die italienische Marineverwaltung und deren Offiziere an den Versuchen und Erfolgen
Marconis genommen haben. Es erübrigt auf die ununterbrochenen
Bemühungen, welche in der italienischen Marine seit dem Jahre
1897 aufgewendet wurden, um die gewonnenen Ergebnisse für
die Zwecke des Marinedienstes zu verwerten, zurückzukommen.

Unmittelbar nach den Versuchen Marconis in Spezia im
Jahre 1898 wurde eine ständige Station für drahtlose Telegraphie

auf der Insel Palmaria im Golf von Spezia in der Nähe des
Semaphors eingerichtet. Im Jahre 1899 erfolgte die Errichtung
zweier weiterer ähnlicher Stationen, die eine auf dem höheren
Gipfel der Insel Gorgona, die andere in Livorno, auf dem Grund-
stück der Kgl. Schiffsakademie.

Unter der Leitung des Prof. Pasqualini und des Schiffsleutnants Simion wurden zwischen den beiden Stationen eine
Reihe von Versuchen angestellt zu dem Zwecke, die hierdurch
gewonnenen Erfahrungen zu einer Verbindung zwischen sämmt-
lichen Semaphoren des Königreichs zu verwerten.

Die Station von Palmaria, welche innerhalb des Forts in
einer Höhe von 192 m über dem Meeresspiegel gelegen ist,
besteht aus einem Häuschen aus Holz, welches einen Petroleum
motor (Winterthur) und eine kleine Dynamo von 1,5 Kilowatt
Leistung zur Ladung der Akkumulatoren eines großen Funkeninduktors von 60 cm Funkenlänge enthält.

Der zweiteilige Mast für die Sendedrähte ist 54 m hoch.

Die Sendevorrichtung besteht aus 19 isolierten Kupfer-
drähten von 0,914 mm Durchmesser mit einer Gesamtoberfläche
von 12,47 qm. Die Erdverbindung wird durch eine im Erdreich
eingegrabene, von Holzkohle umgebene Kupferplatte von großer
Oberfläche gebildet.

Die Station von Gorgona ist auf einem Abhang in 255 m
Höhe über dem Meere neben dem Semaphor angelegt. Sendevorrichtung und Apparatausrüstung stimmen mit denen der
Station Palmaria überein. Die Ladung der Akkumulatoren geschieht durch eine Dynamo von 30 Ampere und 65 Volt Leistung,
die von einem 3 pferdigen Petroleummotor System Otto angetrieben wird.

Die Station von Livorno ist auf dem Platz der Schiffsakademie errichtet und erhebt sich nur 4,5 m über dem Meeresspiegel. Die Ausrüstung ist dieselbe wie die der beiden anderen
Stationen, nur wurde hier der Mast in 3 statt in 2 Abschnitten
ausgeführt.

In den Jahren 1898 und 1899 wurden in diesen Stationen
viele Übertragungsversuche angestellt, wobei das erste System
Marconi zur Anwendung kam. Man untersuchte die Einzelheiten
der Luftleitung, deren Höhe und den Einfluß, welchen etwa
Dicke und Struktur des Drahtes auf die Übertragungen haben
könnten. Es wurde dabei festgestellt, daß ein erheblicher Vorteil
in der Verlängerung des Empfangsdrahts zu suchen sei, während
eine Erhöhung des Sendedrahts von verhältnismäßig geringerem

Einfluß war. Es zeigte sich, daß die Entfernung zwischen den
beiden Stationen nicht proportional dem Produkt aus den beiden
Längen der Luftdrähte anzunehmen sei, und daß zwischen gewissen Grenzen das Gesetz Marconis über die Proportionalität der
Sendedrahtlängen zur Quadratwurzel der Entfernung Geltung habe.

Es konnte auch als erwiesen angenommen werden, daß der
Querschnitt und die Natur des Leiters keinen wesentlichen Ein-
fluß auf die Übertragungen habe und daß die Anbringung einer
Kapazität am oberen Ende des Luftdrahts nicht gerechtfertigt sei.

Trotz der angewendeten Vorsichtsmaßregeln und der an
den Apparaten angebrachten Verbesserungen gelang es erst im
Jahr 1900 einen wirklichen telegraphischen Verkehr zu erzielen.
Manchmal gelangen die Übertragungen auch bei schlechtem
Wetter, manchmal nicht einmal bei gutem.

Als im Jahre 1900 die Leitung der Versuche dem Korvetten-
kapitän Bonomo anvertraut wurde, gelangten dieselben in ein
besseres Fahrwasser, insoferne durch systematische Versuche
der Anteil festgestellt wurde, welchen die Regulierung der einzelnen Apparate auf die Zuverlässigkeit der Übertragungen hatte.

Kapitän Bonomo erhöhte die Spannung der Akkumulatorenbatterie, untersuchte genau die Isolierung des Luftdrahts und
der Apparate, verwendete einfache Fritter mit hoher Luftver-
dünnung, ersetzte den einfachen Luftdraht durch mehrere, führte
andere Verbesserungen ein, welche die Unsicherheit der Relais-
regulierung beseitigten und wodurch eine zuverlässige Übertragung erzielt wurde.

Mit all dem blieb die Übertragungsentfernung auf 70 km
beschränkt, und die höchsterreichte Übertragungsgeschwindigkeit
überstieg nicht 24 Buchstaben in der Minute.

Die wichtigste Verbesserung bestand jedoch in der Anwendung des selbstentfrittenden Fritters von Castelli (siehe S. 146),
durch welchen die telephonische Aufnahme ermöglicht und eine
große Vereinfachung des Empfangsapparates erreicht war. Auch
die Sicherheit der Übertragung, sowie die Übertragungsentferung
und Übertragungsschnelligkeit war durch diese Maßregeln wesentlich erhöht worden.

Es gelang den Nachrichtenaustausch zwischen Palmaria
und Livorno auf eine Entfernung von 69 km mit einer Funkenlänge von nur 4 mm zu erreichen. Ferner wurden am Leuchtturm von Porto Ferraio von Livorno, Gorgona und Palmaria
ausgesandte Nachrichten auf eine maximale Entfernung von
143 km aufgenommen.

Infolge der Anwendung des Fritters Castelli konnte im September 1901 eine klare und deutliche Zeichenübertragung auf eine Entfernung von 200 km zwischen einer Station auf dem Monte Telajone der Insel Caprera und einer anderen Station am Semaphor des Monte Argentario verwirklicht werden. Die beiden Stationen wurden nach diesen Versuchen abgebrochen.

Die Station von Telajone, die den atmosphärischen Entladungen zu sehr ausgesetzt war, wurde durch eine andere in geringer Entfernung davon auf der Landspitze Becco di Vela der Insel Caprera ersetzt. Letztere wurde mit Marconi-Apparaten des zweiten Systems ausgerüstet, und befindet sich seit vier Jahren in drahtloser Verbindung mit der Station Monte Mario bei Rom und mit der von Livorno auf Entfernungen von 230 bzw. 260 km.

Die Sendevorrichtung der Station von Becco di Vela besteht aus vier nebeneinander geschalteten Drähten, wie sie in der Station von Biot verwendet sind. Die Gesamtnutzhöhe beträgt 55 m bis zur Einführungsstelle zum Apparatenraum. Letzterer befindet sich in einem kleinen Gebäude, welches zwei Räume enthält. In dem einen Raum ist ein Gasmotor und eine Dynamo zur Ladung der Akkumulatoren von 18 Elementen untergebracht, der zweite enthält einen Tisch, auf welchen die Apparate angeordnet sind.

Rechts befinden sich zwei parallelgeschaltete Funkeninduktoren von 25 cm Funkenlänge und nahe dabei der Taster. Dann folgt eine kleine Batterie von vier Flaschen für den Gebrauch im Sendestromkreis zur Entsendung von Wellen von ungefähr 90 m Länge. Hierauf eine andere Batterie von sechs größeren Flaschen zur Entsendung von Wellen von 150 m Länge.

Links von den Batterien steht das Gehäuse mit dem magnetischen Wellenanzeiger. Den übrigen Raum des Tisches zur Linken nimmt der Fritter und das Morseschreibwerk ein.

Die Station ist demnach auf die Abstimmung auf zwei verschiedene mit A und B bezeichnete Wellenlängen eingerichtet. Je nachdem die eine oder die andere dieser Wellenlängen zur Aufnahme in Anwendung kommen soll, ist der Empfangsapparat mit dem entsprechend abgestimmten Transformator zu verbinden.

Im Juni 1903, als der Verfasser die Station besuchte, arbeitete dieselbe nur mit der Abstimmung A auf lange Wellen. Der Dienst war nur für militärische Zwecke eingerichtet, die mittlere Übertragungsgeschwindigkeit auf Entfernungen von 250 km betrug 40 Buchstaben in der Minute, wobei jedoch die

Zeichen nicht immer klar und deutlich erschienen, und die Apparate ständiger Regulierung bedurften.

Die Aufnahme am Telephon vermittelst des magnetischen Wellenanzeigers war deutlich, aber ziemlich schwach.

In der Folge wurde auch die Abstimmung B angewendet, wobei die Übertragung bedeutend besser ausfiel.

Von anderen Versuchen der Offiziere der Marine war bereits im Kapitel 9, S. 297, die Rede. Von den jüngsten Arbeiten der italienischen Marine auf dem Gebiete der drahtlosen Telegraphie sind die von Kapitän Bonomo an Bord des Kreuzers Marcantonio Colonna zur Bestimmung des Wirkungsbereichs der italienischen Küstenstationen zu erwähnen. Während dieser Versuche ermittelte Kapitän Bonomo, daß es möglich ist, auf die bis vor kurzem für unentbehrlich gehaltenen Luftdrähte von 50 m auf den Schiffen zu verzichten. Vom Marcantonio Colonna aus konnten sichere Übertragungen bis auf 300 km mit 14 m vertikaler Höhe und einer Gesamtentwicklung von 50 m in horizontaler Richtung des Sendedrahts erreicht werden.

Die italienische Marine hat auch kürzlich Versuche mit dem System Artom angestellt, von welchem bereits S. 276 nähere Angaben gemacht wurden.

Drahtloser Telegraphenverkehr in Italien.

Dem italienischen Marineministerium ist die Einrichtung eines vollkommenen drahtlosen Telegraphendienstes zu danken, welcher das ganze festländische und insulare Italien mit dem umgebenden Wasserspiegel auf eine Entfernung von 300 km von den Küsten umgibt.

Diesem Dienst sind 15 Stationen, deren jede einen Wirkungsbereich von ungefähr 300 km aufweist, gewidmet.

Die Stationen sind:

Capo Mele in Ligurien — Palmaria in Spezia — Forte Spuria am Leuchtturm von Messina — Cozzo Spadaro am Cap Passero — Cap Sperone, Sardinien Becco di Vela auf Caprera — Monte Mario in Rom — Campo alle Serre auf Elba — Ponza — S. Maria di Leuca — Asinara Sardinien, Gargano — Monte Capuccini bei Ancona — Malamocco bei Venedig — S. Giulano bei Trapani.

Die Anlage ist derartig getroffen, daß ein in den italienischen Gewässern befindliches Schiff immer im Wirkungskreise wenig-

stens einer dieser Stationen sich befindet, und daß die Wirkungskreise der einzelnen Stationen sich derart schneiden, daß eine
zusammenhängende Verkettung über ganz Italien gegeben ist.

Die Wirkungskreise dieser Stationen und die von etwaigen
Hindernissen herrührenden Schattenkegel wurden von Bonomo
auf einer Fahrt an Bord des Kreuzers Marcantonio festgestellt
und in einer besonderen Seekarte veröffentlicht.

Diese sämtlichen Stationen mit Ausnahme jener von
S. Giuliano sind in Betrieb. Auch sind bereits die Bestimmungen
erlassen, auf Grund welcher die Benutzung der Stationen durch
das Publikum zum Austausch von Telegrammen mit Schiffen,
welche sich in einem Umkreis von 300 km von der Küste befinden und mit Marconiapparaten ausgerüstet sind, zugelassen ist.

Der Tarif für Telegramme der Art bestimmt eine Gebühr
von 63 Cent. für das Wort. Der Dienst ist nicht für den Mehrfachverkehr eingerichtet, weshalb zahlreiche Bestimmungen die
Reihenfolge festsetzen, in welcher die einzelnen Schiffe unter
sich und mit den Küstenstationen verkehren können. Die
Reihenfolge richtet sich nach dem Tonnengehalt, der Zeit der
Abfahrt, der Richtung und der Geschwindigkeit der Schiffe
derart, daß z. B. das Schiff, welches auf seiner Fahrt zuerst den
Wirkungsbereich einer Station voraussichtlich verläßt, den Vorzug
erhält.

Verbindung Bari-Antivari. — Am 3. August des Jahres 1904
wurde der Verkehr zwischen der italienischen Station Bari und
der montegrinischen Station Antivari für die Benutzung durch
das Publikum eröffnet. Die beiden auf Kosten Marconis eingerichteten Stationen sind mit gewöhnlichen Telegraphenlinien
verbunden und können daher zum internationalen Austausch
von Telegrammen auf diesem Wege benutzt werden.

Bei der Eröffnung soll vermittelst des magnetischen Wellenanzeigers eine Übertragungsgeschwindigkeit von 37 Worten in
der Minute erreicht worden sein.

Die italienische Station ist ca. 3 km nordwestlich vom Hafen
von Bari (siehe Fig. 235) bei S. Cataldo errichtet.

Wenige Meter entfernt vom Meere erheben sich zwei
hölzerne Türme von ca. 50 m Höhe in einem Abstand von 50 m
voneinander, deren obere Enden mit einem Stahlseil verbunden
sind, welches die Luftleitungen hochhält. Diese Leitungen
laufen in einer Höhe von 8 m vom Erdboden zusammen und
bilden einen einzigen Leiter, welcher wohl isoliert in das
Stationsgebäude eingeführt sind. Das Gebäude enthält die Sende-

und Empfangsapparate, die gewöhnliche mit der Zentrale von Bari
verbundene Telegraphenstation und die für die Erzeugung der
Wellen und zur Beleuchtung dienenden Maschinenanlagen.

Letztere besteht aus einem Petroleummotor von ungefähr
fünf Pferden, welcher eine Wechselstrom- und eine Gleichstrommaschine antreibt, aus einer Akkumulatorenbatterie von 100 Elementen, welche einen von den Maschinen unabhängigen Betrieb

Fig. 235.

auf ungefähr drei Stunden gestattet. Ferner ist ein Benzinmotor
von 10 PS in Verbindung mit einer Dynamo und eine zweite
Wechselstrommaschine vorhanden.

Die montenegrinische Station liegt an der Landspitze
Volovotza in der Nähe von Pristan und ist in gleicher Weise wie
die von Bari ausgerüstet und von letzterer 200 km entfernt.

Der Wirkungskreis beider Stationen überschreitet 500 km.

Sende- und Empfangsapparate sind auf drei Schwingungszahlen abgestimmt, auf die Zahl *A*, auf die Zahl *B*, wie sie in
den auf S. 343 erwähnten Stationen der italienischen Marine
auf Entfernungen von 100 bzw. 300 km verwendet werden und
auf die dritte Zahl *C*, wie sie auf Entfernungen von 500 km gebraucht wird, und der Verbindung Bari-Antivari eigentümlich ist.

Die Taxe für Telegramme von Italien nach Montenegro
beträgt 9 Cts. per Wort, von welchen 5 an Marconi für die
drahtlose Übertragung fallen, zu welcher Gebühr noch 1 Frc.
Grundgebühr für jedes Telegramm hinzukommt. Es ergibt sich
hieraus eine Ersparnis von ungefähr der Hälfte des Preises,
welcher nach den früheren Tarifen zu entrichten war.

Die Verbindung kann außer für den Verkehr zwischen
Italien und Montenegro auch für den internationalen Durch-
gangsverkehr dienen, für welchen sie in vielen Fällen eine Ersparnis bietet, ferner für Verbindungen mit Schiffen zu dem
gewöhnlichen Tarif von 63 Cts. für das Wort

Das für die Anlage aufgewendete Kapital beträgt ungefähr
100 000 Mark. Vor der Einrichtung der Verbindungen soll die
italienische Regierung das Projekt eines Unterseekabels zwischen
beiden Stationen untersucht haben, dessen Ausführung eine
einmalige Ausgabe von 2 Millionen und eine jährliche Ausgabe
für Unterhaltung von ungefähr 50 000 Frs. verursacht hätte. Die
Anlage rechtfertigt die finanziellen Erwartungen insoferne nicht,
als die österreichische Telegraphenverwaltung ihren Verkehr nach
Montenegro nicht über die drahtlose Verbindung Bari-Antivari
leitet.

Station für große Entfernungen von Coltano.
— Bis jetzt ist die Station von Bari die weitreichendste der
italienischen Stationen für drahtlose Telegraphie. Doch schon
nach den ersten Versuchen, mit den Stationen von Poldhu und
Table-Head faßte Marconi den Plan Italien mit Argentinien vermittelst zweier Stationen für große Entfernungen direkt zu verbinden, wobei die zu überwindende Entfernung 10 000 km,
d. h. ungefähr das Doppelte von der Entfernung zwischen den
oben genannten transatlantischen Stationen, beträge.

Die italienische Regierung unterstützte den Plan Marconis
und das Parlament genehmigte ein Gesetz, durch welches für
die Einrichtung der italienischen Station ein Betrag von 800 000
Frs. unter der Bedingung genehmigt wurde, daß innerhalb drei
Jahren gleichzeitig auch die entsprechende argentinische Station
errichtet würde.

Marconi wählte für die neue Station die Ortschaft Coltano bei Pisa. Es wurden bereits die Pläne für die Gebäude ausgearbeitet und die Leistung der elektrischen Anlagen festgestellt, welche die von Poldhu um das 2- bis 2 ¹/₂ fache übertreffen wird, insoferne eine Energie von mehreren Hunderten von Pferdekräften nötig ist. Doch stellten sich dem Unternehmen von Anfang an schwere Hindernisse entgegen, da die argentinische Regierung die Vorschläge der Marconi-Gesellschaft hinsichtlich der in ihrem Gebiete zu errichtenden Station zurückwies. Gegenwärtig untersucht man, ob die Errichtung der Station von Coltano, auch unabhängig von einer Station in Argentinien dazu verwendet werden könnte, Italien in direkte Verbindung mit den übrigen bereits in Europa und in Nordamerika bestehenden Stationen auf große Entfernungen zu bringen.

Da hierzu jedoch eine Abänderung des vom italienischen Parlament genehmigten Gesetzes nötig ist, haben die Abgeordneten Crespi und Battelli bereits einen entsprechenden Antrag zur Abänderung angeregt.

Es haben sich jedoch auch Stimmen erhoben, welche die Ansicht vertreten, daß vor der Inangriffnahme einer derartig umfangreichen Anlage besser die Ergebnisse einer längeren Erfahrung mit den bereits vorhandenen Stationen auf große Entfernungen abgewartet werden sollten.

---

11. Kapitel.

Drahtlose Telephonie.

Die Telephonie unterscheidet sich von der Telegraphie darin, daß erstere die Übertragung der Sprache sich zur Aufgabe macht, während die letztere sich auf die Übertragung von Zeichen beschränkt, welche die Grundlage des Nachrichteninhalts bilden.

Für die Nachrichtenübermittlung auf telegraphischem Wege ist die in jedem Falle verwendete Anzahl der Stromwirkungen gleichgiltig, während bei der Telephonie die Wiedergabe all der Schwingungen, aus welchen sich der mit der menschlichen Stimme hervorgebrachte Schall zusammensetzt, notwendig ist.

Wie man in der drahtlosen Telegraphie vor dem Versuch mit den elektrischen Wellen verschiedene Mittel anwandte, so verschieden waren auch die Mittel, welche zum drahtlosen Telephonieren versucht wurden, bevor in der Entdeckung Marconis ein neuer Weg zur Lösung der Aufgabe sich eröffnete.

Verschiedene Systeme.

Versuche von Gavey und Preece. — Wie es scheint reichen die ersten gelungenen Versuche der Telephonie ohne Draht bis auf das Jahr 1894 zurück. Sie wurden von Gavey durch den Neß-See in Schottland ausgeführt. In der Entfernung von ungefähr 2 km wurden zwei parallele Drähte von 6,5 km Länge mit beiderseits geerdeten Enden ausgespannt. In einem dieser Drähte war ein Mikrophon Deckert mit einer Trockenbatterie von 14 Volt eingeschaltet, im anderen ein Telephon, welches genau die ins Mikrophon gesprochenen Worte wiedergab.

Als Preece im Jahre 1899 die Versuche wiederholte, bemerkte er eine bedeutende Verbesserung in der Übertragung, wenn die Drahtenden in Verbindung mit ins Meer versenkten Platten gebracht wurden. Bald wurde in England eine praktische Anwendung der Einrichtung gemacht, indem der Leuchtturm der Skerriesinseln mit der Küstenstation Cemlin in einer Entfernung von 4,5 km telephonisch verbunden wurde.

Auf den Inseln errichtete man eine Leitung von ungefähr 700 m und in der Station von Cemlin eine Parallele von 5,6 km. Die beiden Leitungen endigten an einer in Wasser versenkten Platte, während das andere Ende mit einer gewöhnlichen Telephonstation verbunden war.

Seit mehreren Jahren besteht ein regelmäßiger Nachrichtendienst zwischen beiden Stationen, wobei sich die Übertragung so sicher vollzieht, wie wenn eine Verbindungsleitung zwischen den beiden Punkten vorhanden wäre.

Kurz darauf errichtete Gavey eine ähnliche Anlage, aber auf größere Entfernung (13 km), zwischen der Insel Rathlin und Irland. Ein kurze auf der Insel angelegte Leitung von 2 km Länge gestattet vom Leuchtturm von Rathlin telephonisch mit einer 9 km langen am Festland gelegenen Leitung zu verkehren. Die beiden Stationen waren mit Endplatten im Wasser versehen. Die Übertragung geschieht nach den in Fig. 1, Seite 8, dargestellten Vorgängen.

Versuche Ducretet und Maiche. — Eine ähnliche Anordnung versuchte Ducretet im Jahre 1902, um über Land

zu telephonieren. Die Endplatten der beiden Stationen waren
in Erde eingegraben, wobei sich herausstellte, daß je größer die
Entfernung der beiden Stationen war, desto größer der Abstand
der Erdplatten gewählt werden mußte, und daß dieser Abstand
von der Art des zwischenliegenden Erdbodens abhängig ist. Mit
einer Basis von 60 m konnte Ducretet zwischen 1000 m voneinander entfernten Stationen, zwischen welchen kleine Gebüsche
gelegen waren, verkehren.

Auf ähnlicher Grundlage beruhen die von Maiche im
Jahre 1903 in dem Schloss Marcais des Fürsten von Monaco angestellten Versuche.

Zur Übertragung auf 400 m genügte eine Basis von 20 m.
Indem letztere verlängert wurde, gelangte man bei 450 m auf
eine Übertragungsentfernung von 7000 m. Bei dieser Entfernung
verlor die zu übertragende Sprache ihre Klarheit, es konnten jedoch noch Zeichen von hinreichender Schärfe für eine telegraphische Übermittlung wahrgenommen werden.

Versuche von Ruhmer. — Wenn auch in den bisher
beschriebenen Versuchen ein Verbindungsdraht zwischen den
beiden Stationen nicht vorhanden ist, so sind doch parallele
Leitungen von einer Gesamtlänge erforderlich, welche nicht
viel hinter der Entfernung zwischen den beiden Stationen
zurücksteht.

Wirkliche telephonische drahtlose Übertragungen sind dagegen die in Kapitel 4 und 5 beschriebenen, bei welchen befriedigende Übertragungsentfernungen erreicht wurden. Unter
den dort beschriebenen Anordnungen erzielte die von Simon
und Reich in der Verbesserung von Ruhmer bemerkenswerte
praktische Ergebnisse. Die wesentliche Verbesserung, welche
Ruhmer anbrachte, bestand in einer Vervollkommnung der Selen-
zellen, insoferne er eine Herstellungsart fand, vermittelst welcher
die Zellen für die blauen und violetten Strahlen des Lichtbogens
empfindlich gemacht werden konnten, während die gewöhnlichen
Zellen ihre größte Empfindlichkeit für die roten Strahlen aufweisen.
Die von Ruhmer im Jahre 1902 auf dem Wannsee bei Berlin
vermittelst eines Lichtbogens von 8—10 Amp. und einem
Reflektor von 35 cm Durchmesser angestellten Versuche ge-
statteten eine Übertragung auf eine Entfernung von 7 km auch
an regnerischen und nebeligen Tagen. Später wurden im
selben Jahre in Gegenwart des Deutschen Kaisers weitere Versuche in Kiel zwischen dem stationären Schiff Neptun und dem

Panzer Kaiser Wilhelm ausgeführt. Die an Bord des Neptun gesprochenen Worte wurden deutlich gehört, bis der Panzer bei Stollergrund eine Entfernung von 30 km erreicht hatte.

Systeme vermittelst elektrischer Wellen.

Nach der Entdeckung der drahtlosen Telegraphie vermittelst elektrischer Wellen wurden mehrfache Versuche gemacht, um dasselbe Prinzip auf die Telephonie anzuwenden. Da jedoch die telephonischen Apparate die Anwendung so gewaltiger Entladungen, wie sie in der drahtlosen Telegraphie benutzt werden, nicht zulassen, so suchte man ein Mittel, welches sich besser als die letzten zur Übertragung der Ätherschwingungen eignete. Im Anschluß an die Tatsache, daß feste und flüssige Körper den Schall besser leiten als gasförmige, versuchte man das Wasser und den Erdboden als Leiter der elektrischen Wellen.

Empfangsapparat Plecher. — Als Empfangsapparate für die drahtlose Telephonie durch elektrische Wellen können nur solche von der Art der selbstentfrittenden Fritter in Betracht kommen, da die Schnelligkeit der Aufeinanderfolge der die Sprache zusammensetzenden Schwingungen ein den mechanischen Entfrittungsvorrichtungen ähnliches Mittel ausschließt.

Eine diese Bedingungen erfüllende Vorrichtung ist der Empfangsapparat Plecher, welcher wie die Empfänger Walten und ›Armorl‹ sich auf die Erscheinungen der Elektrokapillarität gründet. Die als Elektrometer dienende Kapillarröhre schließt an einen Rezipienten an, welcher von einer Membrane in zwei Teile geteilt ist. Die Veränderungen des Flüssigkeitsstandes, wie sie von den einlaufenden elektrischen Wellen am Apparat bewirkt werden, bringen die Membrane in Schwingungen und damit auch die in dem zweiten Teil des Rezipienten befindliche Luft, deren Schwingungen durch zwei Schallrohre dem Ohr zugeführt werden. Als Elektrolyt wird eine Lösung von Kaliumcyanür mit 1 % Silbercyanür und 10 % Kalihydrat verwendet.

System Lonardi. — Kurze Zeit nach den ersten Erfolgen Marconis im Jahre 1897 schlug Lonardi zur drahtlosen Übertragung der Sprache vor, vermittelst der zu übertragenden Schallschwingungen die beiden in Öl getauchten Kugeln des Oscillator Righi in Schwingungen zu versetzen, während an den Klemmen des Funkeninduktors oder der Elektrisiermaschine eine unveränderliche Spannungsdifferenz erhalten werden sollte. Insoferne die Stärke der Schwingungen von dem Abstand der

Kugeln abhängt, sollten auf diese Weise Schwingungen in der elektrischen Ausstrahlung im Einklang mit dem Ton erhalten werden, durch welchen die Kugeln des Oscillators in Schwingung geraten. Lonardi ist der Ansicht, daß als Empfänger ein Fritter dienen könnte, welcher so empfindlich sein müßte, daß er seinen Widerstand mit den Schwingungen des elektrischen Strahls änderte, und glaubt, daß ein Selenempfänger, welcher sich dieser Eigenschaft hinsichtlich des Lichts erfreut, die gleiche Eigenschaft auch gegenüber den elektrischen Wellen zeigt und daher zu dem Zweck verwendet werden könne.

Ein Empfänger dieser Art müßte mit dem Empfangsdraht verbunden und durch einen für die Lichtstrahlen undurchlässigen, für die elektrischen Wellen durchlässigen Schirm geschützt, zusammen mit einer Batterie im Primärkreis einer Induktionsspule eingeschaltet werden, deren Sekundärdraht das die Sprache wiedergebende Telephon zu enthalten hätte. Wie es scheint, blieb es bei dem Vorschlag, ohne daß praktische Versuche die Folge gewesen wären.

System Collins. — Die ausgedehntesten Versuche auf dem Gebiete wurden bis jetzt in Amerika von A. F. Collins ausgeführt. Die Anordnung besteht aus einem Sende- und einem Empfangsapparat, welche zu einer Station verbunden sind. Die etwas unklare Beschreibung des Erfinders gibt folgendes an: Der Primärdraht der sendenden Induktionsspule ist mit dem Sender, wie es scheint einem gewöhnlichen Mikrophon, einer Batterie, einem Variator und einem Unterbrecher hintereinandergeschaltet. Die Enden des Sekundärdrahts der Spule sind mit einer Erdplatte und einer Kompensationkapazität verbunden. In Abzweigung zu den Enden des Sekundärdrahts ist eine Leydner Flasche angeordnet. Der Empfänger besteht aus einem geschlossenen Stromkreis, in welchen in Reihe geschaltet ein Telephonempfänger, eine Trockenbatterie und der Sekundärdraht eines Transformators sich befinden, dessen Primärdraht mit Erde, wie der Sekundärdraht der Sendespule, verbunden ist.

Nach der Auffassung des Urhebers der Anordnung werden im Sekundärdraht des Sendeapparats elektrische Wellen von großer Länge, d. h. von geringer Schwingungszahl und hoher Spannung, erzeugt, und es würden zwischen der Spule und der Erde über den Draht und die Platte Entladungen erzeugt, anstatt der explosiven Entladungen, welche in der freien Luft bei der gewöhnlichen drahtlosen Telegraphie stattfinden.

Die Fortpflanzung vollziehe sich durch die Erde und sei nach der Ansicht Collins durch den Umstand begünstigt, daß die Wellenlänge groß und die Wellen daher weniger der Absorption durch wägbare Körper ausgesetzt seien, genau wie die roten Strahlen die Luft und den Nebel leichter durchdringen als die kürzeren violetten Wellen. Die größere Leitfähigkeit der Erde für die von seinem Apparat ausgehenden Wellen schreibt Collins der größeren Dichtigkeit des Äthers in der Umgebung der Atome der wägbaren Materie zu.

In einem homogenen Mittel, wie das Wasser, soll der mit dem Mittel verbundene Äther der elektrischen Wellen weiter, leichter und mit geringerer Verdrehung sich fortpflanzen wie in einem heterogenen Mittel wie es die Erde ist. Daraus schließt Collins, daß das Wasser das beste Mittel für die drahtlose Telephonie wie für die drahtlose Telegraphie darbietet.

Collins' Versuche begannen in Philadelphia gegen Ende des Jahres 1899, und im Jahre 1900 gelang dem Forscher die Übertragung durch die Erde auf ungefähr 60 m Entfernung. Später wurde Narberth in Pennsylvanien als Versuchstation gewählt. Im Jahre 1901 wurde ein neuer Apparat zur Übertragung über den Fluß Delaware auf eine Entfernung von 1600 m versucht, welche Entfernung im Jahre 1902 auf ca. 5000 m ausgedehnt wurde. Die Apparate wurden auf zwei Hügeln, zwischen welchen sich das Flußtal, eine Felsenhöhle, verschiedene Eisenbahn- und Telephonlinien befanden, aufgestellt. Die Übertragungsstärke war gering, die Artikulierung jedoch vollkommen.

Im Jahre 1903 wurden zahlreiche Versuche am See Rockland im Staate New York angestellt. Wenn dabei auch nicht versucht wurde, die erwähnte Entfernung zu erhöhen, so wurden die Apparate doch in der Art verbessert, daß die Übertragung deutlich und von hinreichender Schallstärke bis auf 5 km Entfernung ausfiel.

Um die Anwendung für den täglichen Gebrauch zu ermöglichen, wurden die beiden Stationen mit Anrufglocken, welche ohne Verbindungsdraht betätigt werden konnten, ausgerüstet. Collins sieht den Hauptwert der drahtlosen Telephonie in der Möglichkeit, von einem Schiff zum anderen zu sprechen. Es lassen sich aber auch andere Fälle der Verwendbarkeit denken, wie z. B. wenn die Verbindung mit einer Insel durch ein Kabel zu kostspielig würde, oder wenn das Aufstellen von Stangen und das Spannen von Drähten aus irgendwelchem Grunde untunlich ist.

Neuere Nachrichten wissen von Versuchen mit dem System Collins zwischen auf der Fahrt befindlichen Booten auf dem

North zwischen Jersey und New York zu erzählen. Zwischen den
beiden in entgegengesetzter Bewegung befindlichen Schiffen
konnten auf 150—180 m Entfernung Gespräche ausgetauscht
werden, indem ein Ende des Telephons mit dem Wasser, das
andere an dem Flaggenmast befestigt war.

Systeme Russo d'Assar. — Noch vor den Arbeiten
Marconis hatte Russo d'Assar in den Golfen von Neapel und
Genua Versuche der drahtlosen Telephonie angestellt, welche
bezweckten, einem Schiffe das Nahen eines Dampfers und dessen
Richtung anzuzeigen.

Das Verfahren war mechanischer Art und gründete sich auf
die Eigenschaft des Wassers, wahrnehmbare Schallwellen auf
große Entfernungen zu übertragen. Der Apparat bestand aus
zwei Mikrophonen, welche von zwei an den Seiten des Schiffes
angebrachten Röhren das Geräusch der Schraube des Dampfers
aufnahmen und es einem Telephon zuführten, welches angab, auf
welcher Seite des Schiffes der Dampfer sich befand. Die Anwesenheit eines solchen war sogar auf eine Entfernung von 80
und mehr Kilometer wahrnehmbar.

Die Versuche wurden später an Bord des Aviso »Rapido«,
welcher vom Marineministerium zur Verfügung gestellt worden
war, wiederholt.

In der Folge scheint d'Assar dies System verlassen zu haben,
um eine auf der Verwendung elektrischer Strahlungen beruhende
Anordnung zu versuchen. In der Tat machte er im Jahre 1903
bei Nürnberg Versuche drahtloser Telephonie zwischen einem
Turm von Fürth und einem 4 km entfernten Hügel. Ge-
naueres über die Versuche ist nicht bekannt geworden, doch
soll es sich um eine Übertragung gehandelt haben, welche auf
der Entsendung paralleler elektrischer Strahlenbündel beruhte.

System Capeder-Telesca. — In diesem System ist
eine Membrane am Ende eines Gehäuses angebracht, gegen
welches gesprochen wird. Mit der Membrane verbunden ist ein
Mikrophonkontakt in den Stromkreis einer kräftigen Batterie
eingeschaltet. Der Kontakt besteht aus zwei sich innerhalb
eines Wassergefäßes mit $1\,^0/_0$ iger Salzlösung berührenden Stahlfedern. Im Stromkreis der Batterie ist die primäre Windung
einer Induktionsrolle eingeschaltet, deren sekundäre Windung mit
zwei, einige Millimeter voneinander entfernten, die Erregerbilden-
den Kugeln verbunden ist. Die beiden Kugeln sind mit den
inneren Belegungen zweier Kondensatoren verbunden, deren

äußere Belegungen einerseits mit dem Sendedraht, anderseits mit der Erde in Verbindung stehen.

Wird gegen die Membrane gesprochen, so erzeugt der Mikrophonkontakt starke Schwankungen im Batteriestrom, woraus im Sekundärstromkreis der Spule eine Reihe von Strömen veränderlicher Spannung sich ergeben, infolgedessen im Erreger Funken übergehen, deren Stärke nach Maßgabe der Schwingungen der Feder des Mikrophons schwankt. Die Funken sind mit elektrischen Schwingungen verbunden, welche sich auf den Luftdraht fortpflanzen und von diesem in den Raum ausgestrahlt werden.

In der Empfangstation werden die ankommenden Schwingungen vom Empfangsdraht einem Fritter mit Silber- oder Zinnelektroden, welche von einer Zwischenschicht aus Graphit getrennt sind, zugeführt. Der Fritter wird von einem Uhrwerk in ständiger Umdrehung erhalten und in den Stromkreis einer Batterie eingeschaltet; in Abzweigung von diesem Stromkreis werden ein oder zwei Telephone angelegt.

Die ankommenden Wellen von schwankender Stärke verursachen Schwankungen in der Stärke des das Telephon durchfließenden Stromes, infolgedessen letzteres Töne in Übereinstimmung mit den vor der Membrane der Sendestation hervorgebrachten erzeugt. Es gelang eine Wiedergabe des Schalls auch mit feststehenden Graphitfrittern, jedoch nur schwach und unvollkommen, zu erhalten.

System Pansa. — In dem System wird außer den bekannten Gesetzen der Übertragung elektrischer Wellen in die Ferne eine Eigenschaft verwendet, welche einige Metalle zeigen, wenn sie elektrischen Entladungen oder Schwingungen unterworfen werden.

Die Sendestation besteht aus einer elektrodynamischen Maschine von 4 KW Leistung, einem Funkeninduktor von 25 cm Funkenlänge, einem Rhigischen Oszillator und einem Elektromotor, welcher einen Quecksilberturbinenunterbrecher antreibt.

Die von dem Oszillator erzeugten elektrischen Wellen werden einer umgekehrten Drahtpyramide, ähnlich der von Poldhu jedoch nur 25 m hoch, zugeführt und von letzterer ausgestrahlt. Die Übertragung der Sprache geschieht vermittelst eines noch geheimgehaltenen Apparats, welcher als Stromunterbrecher funktioniert.

Die Schwingungen des unterbrochenen Stromes erzeugen im Oszillator ebenfalls unterbrochene elektrische Schwingungen, welche in der Empfangsstation den Fritter durchlaufen, welcher einen Stromkreis öffnet und schließt, in dem eine Akkumulatorenbatterie eingeschaltet ist. Letztere ist an einen Rhigischen Oszillator angeschlossen, welcher die ursprünglichen Schwingungen wiederholt.

Ein zweiter ebenfalls noch geheimgehaltener Apparat gerät unter der Wirkung derartiger Wellen in Schwingungen und gibt nach Art einer schwingenden Membrane die übertragenen Ströme wieder. Gegenwärtig soll das Telephon Pansa auf einige Kilometer Entfernung wirksam sein.

System Campos. — Campos, welcher, wie erwähnt, die Möglichkeit der Anwendung des singenden Lichtbogens auf die drahtlose Telegraphie untersuchte, unternahm auch den Versuch, den Lichtbogen für ein System der drahtlosen Telegraphie zu verwenden. Er verwendet zu diesem Zweck ein von Mizuno gefundenes Gesetz, demzufolge ein ohmscher Widerstand im Nebenschluß zu einer in einen Schwingungskreis eingeschalteten Induktanz die Eigenschwingungszahl des Systems derart beeinflußt, daß bei bestimmten Werten dieses Widerstandes kleine Änderungen desselben bedeutende Änderungen der Schwingungszahl hervorrufen.

Campos zieht daraus den Schluß, daß ein im Nebenschluß zur Induktanz des Duddellschen Stromkreises angebrachtes Mikrophon gestatten würde, die erwähnten Änderungen des ohmschen Widerstandes durch die das Mikrophon treffenden Schallwellen hervorzubringen und so die Eigenschaften des Duddellschen Stromkreises zu einem System der drahtlosen Telephonie zu verwerten.

System De Forest. — Auch De Forest soll an der Lösung der Aufgabe der drahtlosen Telephonie arbeiten und dieselbe vermittelst hochgespannter Gleichströme zu erreichen hoffen, indem er wie Campos von der Erscheinung des sprechenden Lichtbogens ausgeht.

System Majorana. — Die jüngsten Untersuchungen über den Gegenstand wurden von Q. Majorana am Istituto fisico der Universität von Rom angestellt. Majorana ist der Ansicht, daß zur Lösung der Aufgabe die Anwendung elektromagnetischer Dauerwellen, wie sie z. B. im Duddellschen Stromkreis, auch wenn letzterer von einer Hewitt-Lampe in Schwingung gesetzt wird, erhalten werden, infolge der Geringfügigkeit der verfügbaren elektrischen Energie nicht zum Ziele führt. Er greift daher auf die Entladungen elektrostatischer Maschinen oder besser noch von Funkeninduktoren zurück.

Die wirksamste unter den von Majorana vorgeschlagenen Methoden bestünde in einer Verwirklichung des Vorschlags Lonardi (S. 351), in welchem die Schallwellen die Länge der Funkenstrecke in dem ursprünglichen Apparat Marconi verändern.

Der Wechselstrom des städtischen Elektrizitätswerks von 40 Perioden in der Sekunde hätte den Primärstromkreis eines Funkeninduktors zu speisen. Die Funkenstrecke bestünde aus einer feststehenden Elektrode und aus einer in den Sekundärstromkreis eines Transformators eingeschalteten Quecksilberelektrode. Der Primärstromkreis des Transformators soll von den Mikrophonströmen durchflossen werden.

Die transformierten Mikrophonströme setzen den Quecksilberstrahl in Schwingungen, indem sie manchmal bedeutende Verschiebungen des letzteren hervorbringen, wodurch die unablässig zwischen der festen Elektrode und dem Strahl übergehenden Funken rhythmische Längenänderungen erfahren, welche mit dem vor dem Mikrophon hervorgebrachten Ton übereinstimmen. In der Funkenstrecke wird ein starker Luftstrom unterhalten, welcher die erforderliche Regelmäßigkeit im Funkenübergang aufrechterhält.

Unter Benutzung eines magnetischen Wellenanzeigers konnte eine genaue und vollkommen verständliche Wiedergabe der Sprache vermittelst der elektrischen Schwingungen des Luftdrahts erzielt werden.

Der Sendedraht war außerhalb des Gebäudes angebracht, während der Empfangsdraht aus einem ungefähr 1 m langen Drahtstück bestand und vollkommen innerhalb des Gebäudes eingeschlossen war. Majorana ist der Ansicht, daß im Freien, bei Anwendung eines gleich langen Sende- und Empfangsdrahts, die telephonische Übertragung auf einige Kilometer möglich gewesen wäre. Die geschilderte Anordnung zeigt den Übelstand, daß das Quecksilber durch die Entladungen derart verändert wird, daß es nicht mehr für spätere Versuche verwendet werden kann. Majorana beabsichtigt daher die elektrischen Schwingungen auf anderem Wege zu erreichen, unter anderem ein Mikrophon zu suchen, welches imstande ist mit hochgespannten Strömen zu arbeiten und welches in einer der Verbindungen der Funkenstrecke mit dem Sendedraht eingeschaltet werden kann.

Da von der Leitungsfähigkeit dieser Verbindungen die Menge der auszustrahlenden Energie abhängt, so könnten die

Widerstandsschwankungen eines derartigen Mikrophons analoge
Schwankungen in den ausgestrahlten Wellen hervorrufen und
ein neues Mittel der Übertragung für die drahtlose Telephonie
bilden.

---

12. Kapitel.

Verschiedene Anwendungen und Schlufs-folgerungen.

Die Anwendungen der drahtlosen Telegraphie beschränken
sich nicht auf den Austausch von Zeichen in die Ferne, sondern
erstrecken sich auf eine große Anzahl von Dienstzweigen, von
welchen einige auch der gewöhnlichen Telegraphie anvertraut
sind, andere ausschließlich der drahtlosen Telegraphie vorbehalten
bleiben. Die Anzahl dieser Anwendungen wächst natürlich mit
der Zahl und der Tragweite der Stationen und der Zuverlässigkeit der Verbindungen.

Verbindungen auf dem Meere. — Das Meer kann
als das eigentliche Wirkungsfeld der drahtlosen Telegraphie angesehen werden, einerseits weil das Meerwasser für die elektrischen Wellen ein besseres Übertragungsmittel bildet als die
Erde, andererseits weil auf dem Meere die Möglichkeit und das
Bedürfnis des Verkehrs zwischen schwimmenden Stationen vorhanden ist, Bedingungen, wie sie für die gewöhnliche Telegraphie
fehlen. Wir haben gesehen, daß infolge der drahtlosen Telegraphie die Abgeschlossenheit der den Atlantischen Ozean durchfahrenden Schiffe aufgehört hat, insofern diese, abgesehen von
den Stationen für drahtlose Telegraphie auf große Entfernungen,
mit den Küsten Mitteilungen austauschen können vermittelst
eines Netzes von Stationen, welche an den Küsten und auf den
Inseln in wenigen hundert Kilometer Entfernung von der Route
der Ozeandampfer eingerichtet sind.

Bis zu welchem Grade diese Abgeschlossenheit verschwunden ist, zeigt nichts deutlicher als die täglich an Bord
der Ozeandampfer der Cunard-Linie erscheinende Zeitung mit
den laufenden Nachrichten über die Weltereignisse.

Durch die Möglichkeit, beinahe ununterbrochen Nachrichten
austauschen zu können, ist aber auch die Fahrtsicherheit für die
Schiffe erheblich gestiegen, insofern in der Gefahr und bei
Beschädigungen Hilfe verlangt und Nachricht erhalten werden

kann, von welcher Seite her die nächste Hilfe zu erwarten ist. Aber nicht nur die Schiffe, sondern auch die auf kleinen Inseln errichteten Leuchttürme finden in der drahtlosen Telegraphie ein bequemes Mittel, die Abgeschlossenheit, welche die Ungunst der Witterung auf lange Zeit verhängt, mehr oder minder zu durchbrechen.

Fahrten in unbesuchten Meeren, wie die Polarfahrten, werden ebenfalls von der drahtlosen Telegraphie Nutzen ziehen können, indem sie Nachricht in die bewohnte Welt gelangen lassen oder Hilfe verlangen können. So soll die von Scholl beabsichtigte Nordpolexpedition durch eine auf Spitzbergen von der Gesellschaft Braun-Siemens zu errichtende drahtlose Station derart unterstützt werden, daß das Schiff mit dieser Station in ununterbrochener Verbindung bleiben kann, wie der eine Nordpolexpedition von Amerika aus vorbereitende Polarfahrer Peary durch drahtlose Telegraphie in ständiger Verbindung mit der Heimat zu bleiben hofft.

Ein anderer wichtiger Dienst, welchen die drahtlose Telegraphie den auf der Fahrt begriffenen Schiffen zu leisten vermag, besteht in der Mitteilung der Zeit, was zur genauen Bestimmung des Orts des Schiffes von höchster Wichtigkeit ist. Die Angabe der Zeit kann ein Schiff auf Verlangen von den Küsten erhalten, es wäre jedoch auch möglich, dafür ein ähnliches Verfahren zu benutzen, wie es in großen Städten durch Abfeuern eines Kanonenschusses zur bestimmten Zeit geübt wird. Man könnte z. B. von einer Station für große Entfernungen ein Signal vermittelst drahtloser Telegraphie ablassen, welches nahezu in demselben Augenblick in allen Richtungen von allen Schiffen aufgenommen werden könnte.

Man hat auch daran gedacht, die drahtlose Telegraphie dazu zu verwenden, automatisch die Schiffe vor irgendeiner Gefahr, wie Klippen etc., zu warnen und Leuchttürme und Semaphore bei nebligem Wetter anzukündigen. Anwendungen dieser Art wurden in Frankreich von Kapitän Moritz und in England von J. Gardener gemacht. Es genügt an einem bestimmten Platz einen Sender mit automatischer Sendevorrichtung anzubringen, welch letzterer aus einem Rad mit in Strichen und Punkten geteilten Umfang besteht und durch die Umdrehung jedesmal dem Schiffe den Namen der signalisierenden Station in Morsezeichen angibt.

Eine andere Anwendung besteht in der soeben, März 1906, bekannt gewordenen Lenkung von Torpedos vermittelst elek-

trischer Wellen von Küstenstationen oder von Stationen auf
Schlachtschiffen aus, wie sie im Hafen von Antibes gelungen
sein soll. Der Torpedo besteht aus zwei übereinander angeordneten Teilen, von welchen der obere über dem Wasser hervorragende zwei Auffangstangen für die elektrischen Wellen trägt
und dem untern Teil deren Wirkung vermittelt.

Anwendungen für den meteorologischen Dienst. —
Es ist bekannt, wie die Wettervorhersagungen in den zentralen
Observatorien auf Grund täglich aufgezeichneter meteorologischer
Karten geschehen, welch letztere die atmosphärischen Verhältnisse eines möglichst großen Teils der Umgebung darstellen.
Für den festen Teil der Erdoberfläche liefern die ständigen
telegraphisch mit der Zentrale verbundenen Observatorien reichliche Angaben, während von dem meeresbedeckten Teil der
Erde die gleichen Mitteilungen fast völlig fehlen, weshalb dieser
Teil der Karten auf dem wenig zuverlässigen Weg der Vermutung
ergänzt werden muß. Diese Angaben werden nun durch drahtlose Telegraphie von auf der Fahrt befindlichen Schiffen geliefert
werden, wodurch die Wettervorhersagungen an Sicherheit wesentlich gewinnen würden.

Es wird berichtet, daß der Daily Telegraph mit der Marconi-
Gesellschaft einen Vertrag abgeschlossen hat, um von den mit
den drahtlosen Stationen von Irland, Schottland und England in
Verbindung stehenden Dampfern Angaben über die Temperatur,
die Windrichtung und den Zustand des Himmels zu erhalten
und so die eigene meteorologische Spalte zu verbessern.

Überlandverbindungen. — Obwohl die Verbindungen
vermittelst drahtloser Telegraphie über Land schwieriger und
nur auf kürzere Entfernungen wie über den Spiegel des Meeres
ausführbar sind, so können sie doch in einzelnen Fällen, welche
sich der gewöhnlichen Telegraphie entziehen, erhebliche Dienste
leisten.

Fast überall wurden auch auf dem Festlande Anlagen für
drahtlose Telegraphie eingerichtet, welche übereinstimmend ergeben, daß die Übertragung auf mehr als 60 km schwierig ist,
daß die erreichbare Entfernung übrigens sehr mit den Terrain-
verhältnissen zwischen den Stationen wechselt. Nach den von
Marconi zwischen Froserburg in Schottland und Poldhu angestellten Versuchen scheint es, daß die Übertragung längs der
Küsten, welche einen Fall zwischen der reinen Übertragung
über Land und über Meer darstellt, leichter auf größere Entfernungen gelingt als wie die reinen Überlandverbindungen.

Im übrigen sind die neuesten Ergebnisse wohl dazu angetan, auch der Überlandtelegraphie vermittelst elektrischer Wellen eine hervorragende Zukunft zu eröffnen. So wurden kürzlich, März 1906, vermittelst des Eiffelturms Versuche zwischen Paris und Belfort angestellt, welche so günstige Resultate ergaben, daß die Verbindung in ständigen Gebrauch genommen werden soll. In Chile wurden auf große Entfernung in bedeutenden Abständen Stationen für drahtlose Telegraphie eingerichtet, welche einen Verkehr zwischen Orten zulassen, welche infolge der Wälder nicht durch gewöhnliche Telegraphenleitungen verbunden werden können.

Für die nächste Ausstellung in Nürnberg ab Mai 1906 soll eine drahtlose Verbindung zwischen dieser Stadt und Dresden und Berlin eingerichtet werden.

Verbindungen zwischen auf der Fahrt begriffenen Zügen. — Von der Aufgabe war schon bei Besprechung anderer Systeme der drahtlosen Telegraphie, S. 23 u. 26, die Rede. Die Telegraphie vermittelst elektrischer Wellen bietet jedoch einfachere und wirksamere Lösungen. So wurden beispielsweise in letzter Zeit erfolgreiche Versuche auf der Militäreisenbahn Berlin—Zossen und auf verschiedenen amerikanischen Eisenbahnlinien angestellt.

In Amerika wurde in einigen Fällen die Anlage als ständiges Verkehrsmittel unter die Betriebseinrichtungen aufgenommen.

Ferner sind nähere Einzelheiten über Versuche bekannt geworden, welche von Prof. Biskan an der Station Teplitz ausgeführt wurden. Der die Apparate mit sich führende Wagen war am Ende des Zuges angebracht und mit zwei außen befindlichen Drähten versehen. Sobald sich der Zug auf eine Entfernung von 7 km der Station Teplitz näherte, von welcher aus zusammenhängende Depeschen gegeben werden sollten, begann der Telegraphenapparat in vollkommen gleicher Weise wie ein gewöhnlicher Telegraphenapparat zu arbeiten.

In New York wurde das Verfahren in Verbindung mit einem Zug von sehr hoher Geschwindigkeit (96 km in der Stunde) versucht, wobei es gelang, mit den Stationen auf eine Entfernung von 13 km zu verkehren.

Verbindungen in Gebirgen mit Luftballons etc. — Auch zwischen Tälern und den Spitzen hoher Berge und zwischen der Erde und Luftballons gelang es, vermittelst der drahtlosen Telegraphie Nachrichten auszutauschen. So wurde zwischen Chamonix und dem Montblanc eine dauernde Anlage

hergestellt, um mit dem Observatorium Janssen, welches auf
dem Gipfel angebracht ist, zu verkehren.

In London soll man beabsichtigen, die drahtlose Telegraphie
im Dienste der Feuerwehr zu verwenden. Guarini hat zu diesem
Zweck eine Einrichtung vorgeschlagen, welche selbsttätig die
Feuerwehrstation von dem Orte eines ausbrechenden Brandes
benachrichtigen würde. Der Apparat besteht aus einem Thermometer, welches bei der Temperaturerhöhung ein Relais schließt.
Letzteres setzt ein Uhrwerk in Gang, welches vermittelst eines
Kontaktdrahtes ähnlich der Beschreibung S. 359 den Stromkreis
eines Wellenentsenders abwechselnd öffnet und schließt, so daß
den Abständen der Kontakte entsprechend in den Empfangsstationen die Chiffre derjenigen Station erscheint, von welcher
Meldung ausging.

In Wien ist eine Einrichtung im Werk, die vermittelst
elektrischer Wellen eine von einer Zentrale ausgehende Stellung
der Uhren ermöglichen soll.

Drahtlose Telegraphie im Felddienst. — Überlandverbindungen vermittelst drahtloser Telegraphie haben für
die Operationen im Felde eine hohe Wichtigkeit nicht nur wegen
der Schwierigkeit der raschen Herstellung gewöhnlicher Tele-
graphenverbindungen, sondern auch deshalb, weil der Verkehr
häufig mit belagerten Städten und Festungen oder andern un-
zugänglichen Orten stattzufinden hat. Jede Nation benutzt heute
einen besonderen Typus von Apparaten. Allseits wird der Verbesserung der Einrichtung für diesen Zweck die lebhafteste
Aufmerksamkeit zugewendet, wie aus den S. 185, 196, 253 ent-
haltenen näheren Angaben hervorgeht.

Es ist selbstverständlich, daß über die betreffenden Arbeiten
nur wenig in die Öffentlichkeit dringt. Welche hervorragenden
Leistungen unter Umständen von der Benutzung der drahtlosen
Telegraphie erzielt werden können, beweist die Belagerung von
Port Arthur, welche Festung trotz monatelanger völliger Zer-
nierung beinahe bis zu dem Punkt der Übergabe in Verbindung
mit der Außenwelt blieb.

Mechanische Anwendungen. — Zweifellos stellt die
drahtlose Telegraphie ein Verfahren der Energieübertragung in
die Ferne dar. Gewiß ist die im Fritter anlangende und zur
Verwertung kommende Energiemenge außerordentlich gering,
doch ist die Hoffnung nicht aufzugeben, daß vermittelst der
elektrischen Wellen auch Energiemengen in die Ferne über-

tragen werden können, welche zur Leistung mechanischer Arbeiten in größerem Umfange verwendet werden können.

Dieser Hoffnung wurde durch den internationalen Luftschifferkongreß der Weltausstellung von Saint Louis im Jahre 1904 dadurch Ausdruck gegeben, daß ein Preis von 15 000 Franken für den ausgesetzt wurde, dem es gelänge, die Energie von ungefähr $^1/_{10}$ PS auf 300 m Entfernung durch die Luft zu übertragen. Der Preis wurde indes, wie bekannt, nicht gewonnen. Ja es ist nicht einmal von Versuchen etwas bekannt geworden, welche den Gewinn angestrebt hätten.

Es ist ohne weiteres einleuchtend, welche ungeheure Bedeutung die Möglichkeit der Übertragung bedeutender Energiemengen in die Ferne für das gesamte Kulturleben der Menschheit haben würde.

Doch bietet auch schon die bestehende Möglichkeit einer Übertragung kleiner Energiemengen in die Ferne reichliche Gelegenheit, durch Auslösung lokaler Energiequellen von der Ferne aus eine Reihe von wertvollen Wirkungen zu erreichen. In der Tat kann das Relais, welches bei dem üblichen Verfahren den Ortsstromkreis eines Morseapparats schließt, ebensowohl den Stromkreis eines Motors öffnen und schließen und so auf die Entfernung dessen Tätigkeit bestimmen oder auf Entfernung elektrische Lampen entzünden oder auslöschen oder durch die Erregung von Elektromagneten Wirkungen der verschiedensten Art hervorbringen.

Physiologische Anwendungen. — Nach Versuchen von Gallerani an der Universität Camerino zeigt das Nerven- und Muskelsystem eine deutlichere Empfindlichkeit gegen elektrische Wellen wie irgendein Wellenanzeiger.

Gallerani benutzt als Sender einen Apparat mit Sendedraht, wie Marconi, und als Empfänger einen nach Galvanis Vorgang zubereiteten Frosch. Vermittelst eines Tastenunterbrechers gelang es ihm, aus der Entfernung Zuckungen des Frosches hervorzubringen, welche auf einem besondern Registrierapparat aufgezeichnet werden konnten.

Nimmt man eine ähnliche Wirkung auf das Nerven- und Muskelsystem des Menschen an, so wird sich daraus ungezwungen der häufig beobachtete Einfluß ferner elektrischer Entladungen erklären.

Endlich wird soeben durch die Marinebehörde in Tokio bekanntgegeben, daß ein japanischer Marineoffizier Kimura ein

brauchbares System der drahtlosen Telephonie vermittelst elektrischer Wellen erfunden habe.

Schlußbemerkungen. — So überraschend sich die in der
kurzen Zeit seit Marconis bahnbrechenden Arbeiten errungenen
Fortschritte der drahtlosen Telegraphie darstellen, so ist doch
nicht zu leugnen, daß der gegenwärtige Stand von Wissenschaft
und Technik noch weit entfernt ist, alle Wünsche zu befriedigen.

Die Wirkungen der atmosphärischen Elektrizität, die Störungen durch das Sonnenlicht, die Zartheit und Kompliziertheit
der selbst für kleine Entfernungen erforderlichen Apparate, die
geringe Übertragungsgeschwindigkeit und vor allem die außerordentliche Schwierigkeit, eine vollkommene Unabhängigkeit der
Stationen zu erreichen, bilden noch eine Reihe ernsthafter
Schwierigkeiten.

Trotzdem hat sich die drahtlose Telegraphie bereits ihren
Platz als unentbehrliches Verkehrsmittel, insbesondere in solchen
Fällen, in welchen andere Verkehrsverfahren ausgeschlossen
sind, erobert. Nach dem jetzigen Stande der Telegraphie kann
die drahtlose Telegraphie nicht als ein Ersatz, sondern nur als
ein einfacher Ausweg für solche Fälle betrachtet werden, die
sich der gewöhnlichen Telegraphie entziehen. Wo die letztere
möglich ist, wird auf deren Anwendung auch dann zurückgegriffen
werden müssen, wenn die Kosten der Anlage die einer drahtlosen
Verbindung übertreffen, da die Zuverlässigkeit, Ausschließlichkeit und Einfachheit der Übermittlung in letzterem Fall unvergleichlich größer sind, als sie mit den gegenwärtigen Mitteln
der drahtlosen Telegraphie erreicht werden können. Doch ist
es heute schon in vielen Fällen nur mehr eine Geldfrage, welches
der beiden Verkehrsmittel anzuwenden sei. Insbesondere sind
es Verbindungen über das Meer, bei welchen die Kosten für
eine Kabelverbindung eine Anlage in Rücksicht auf den zu erwartenden Verkehr häufig unmöglich machen würden, während
eine Anlage für drahtlose Telegraphie infolge ihres niedrigeren
Preises eine Verbindung ermöglicht, welche sonst überhaupt
ausgeschlossen ist.

Island und Spitzbergen z. B. hätten nie darauf zu rechnen,
durch ein Kabel in den Weltverkehr einbezogen zu werden,
während die drahtlose Telegraphie eine solche Möglichkeit in
greifbare Nähe gerückt hat. Ebenso scheint der Tag nicht ferne,
an welchem der im Eise eingeschlossene Nordpolfahrer tägliche
Nachrichten der Heimat zusenden kann.

Anders liegt die Sache in dem Fall, daß ein genügender Verkehr die Anlage einer Kabelverbindung rechtfertigt. Obwohl ein Kabel unvergleichlich teurer sich stellt als ein paar Stationen für drahtlose Telegraphie, so stellt es doch in der Regel nicht nur eine einzige sondern mehrere unabhängige Verbindungen zwischen den beiden Stationen her, wodurch eine 8—10 fach höhere Leistungsfähigkeit gegenüber einer drahtlosen Verbindung erzielt wird.

Zwar könnte die Leistungsfähigkeit einer drahtlosen Verbindung erhöht werden, wenn die Versuche des Mehrfachverkehrs, wie sie im Laboratoriumsmaßstabe gelungen sein sollen, die Anwendbarkeit in der Praxis erweisen würden. In der Tat, wenn ein und dieselbe Station gleichzeitig mit derselben Sendevorrichtung 10 verschiedene Nachrichten entsenden könnte, deren jede von einem besonderen Empfangsapparat in der Ankunftstation aufgenommen werden könnte, so wäre die Leistungsfähigkeit der Linie verzehnfacht. Die Lösung der Aufgabe, welche die Theorie möglich erscheinen läßt, zeigte sich jedoch in der Praxis derart schwierig, daß, was auch von gelungenen Versuchen des Doppelverkehrs berichtet wurde, in praktischen Anlagen doch nur der Einfachverkehr zur Anwendung kam.

Was wirklich in der Praxis vermittelst der Abstimmung bisher erreicht worden ist, beschränkt sich darauf, daß in der Nähe der äußersten Grenzen der Leistungsfähigkeit der Übertragung ein mit dem Sender abgestimmter Empfangsapparat die Zeichen besser aufnimmt als ein nicht abgestimmter.

Das stimmt auch vollkommen mit den Erscheinungen der Akustik überein. Beobachtet man von der Ferne den Ton eines Instruments, bis die Entfernung derart ist, daß man das Instrument mit bloßem Ohre hören kann, so sind sämtliche Töne wahrnehmbar. Entfernt man sich jedoch so weit, bis der Ton nicht mehr gehört wird, und hält nun einen Resonator ans Ohr, welcher imstande ist, einen bestimmten Ton zu verstärken, so wird man nur diesen einzigen Ton mit Leichtigkeit wahrnehmen.

Hieraus geht hervor, daß zur Erzielung der Wirkungen der Resonanz es nicht genügt, die Töne der beiden Stationen gleichzumachen, sondern, was viel schwieriger ist, die Stärke der Schwingungen der Übertragungsentfernung derart anzupassen, daß sie hinreicht, einen abgestimmten Empfänger noch zu erregen, dagegen einen nicht abgestimmten unbeeinflußt zu lassen.

In der Tat sehen wir in der Praxis auch in den neuesten und sorgfältigst ausgeführten Anlagen für drahtlose Telegraphie

die verschiedenen Schwingungszahlen mehr zur Übertragung auf
verschiedene Entfernungen als zum Mehrfachverkehr auf gleiche
Entfernungen angewendet, weshalb beispielsweise die Dienstordnung für den drahtlosen Verkehr in Italien, trotzdem die
einzelnen Stationen zwei verschiedene Schwingungszahlen zur
Verfügung haben, eine Reihenfolge festsetzt, bei welcher gleichzeitig nur eine einzige Übertragung zwischen den Schiffen unter
sich und den Küstenstationen stattfinden kann.

Wenn nun auch die großartigen Versuche Marconis die
Möglichkeit des drahtlosen Verkehrs über den Ozean gezeigt
haben, und so klar es ist, daß die enormen elektrischen Wellen,
wie sie von den Stationen auf große Entfernungen ausgehen,
den Verkehr auf kurze Entfernungen nicht stören, wie der Donner
der Kanonen die Wahrnehmung einer musikalischen Melodie
nicht hindert, so scheint es doch ausgeschlossen, daß die drahtlose Telegraphie der Kabeltelegraphie ernsthaft Abbruch tun
oder gar sie ersetzen könnte. Daran ist festzuhalten, so sehr
das Gegenteil wünschenswert wäre. In der Tat könnte ein Ersatz
der Kabel durch drahtlose Verbindungen nur unter der Bedingung
stattfinden, daß das neue Verfahren wesentliche wirtschaftliche
und praktische Vorteile gegenüber dem alten aufwiese, und daß
diese Vorteile den ungeheuren mit dem transatlantischen Verkehr
verbundenen Interessen zugute kämen, im Vergleich zu welchen
der Schaden, welchen einige Kapitalisten erlitten, verschwände.

Bis jetzt hat allein die Marconi-Gesellschaft die Aufgabe
der transatlantischen Verbindungen zu lösen versucht, welchem
Beispiel, wie es scheint, die Gesellschaft de Forest zu folgen
beabsichtigt. Wenigstens wird von einem Vertrag zwischen
dieser Gesellschaft und der Regierung der Vereinigten Staaten
berichtet, nach welchem New York mit Japan verbunden werden
soll. Die Bemühungen beider Gesellschaften bilden jedoch
vereinzelte Versuche von bisher noch zweifelhafter wirtschaftlicher Bedeutung, während der Hauptteil der von diesen und
anderen Gesellschaften ausgeführten Anlagen sich ein viel be-
scheideneres Feld gewählt hat, das aber sich in der Beschränkung
auf kleine und mittlere Entfernungen von 100—500 km voraussichtlich bedeutend fruchtbarer erweisen wird.

Unglücklicherweise entbrennt auf diesem Feld außer dem
Kampf gegen die großon und zahlreichen täglichen Schwierigkeiten ein anderer zwischen den Interessen der einzelnen Gesellschaften, ein Kampf, welcher durch die besonderen Betriebs-
bedingungen der drahtlosen Telegraphie verschärft wird.

Hier handelt es sich nicht wie in anderen industriellen Unternehmungen um einen einfachen Wettbewerb, welcher die Höhe der Dividende bedroht, sondern um einen wahren Kampf ums Dasein, insofern der Betrieb einer Gesellschaft den einer anderen in derselben Gegend nahezu völlig ausschließt. Auch wenn nicht die böswillige Absicht vorliegt, von einer Station aus die von einer anderen ausgehenden Nachrichten unleserlich zu machen, so macht die einfache gleichzeitige Entsendung zweier Depeschen von zwei benachbarten Stationen die Aufnahme an den zugehörigen Empfangsstationen sehr schwierig und häufig unmöglich, wenn nicht besondere Übereinkommen zwischen den rivalisierenden Gesellschaften getroffen werden.

Eine Lösung ließe sich durch internationale Übereinkommen für die Ausübung des drahtlosen Nachrichtenverkehrs finden. Eine zu solchem Zweck in Berlin im August 1903 abgehaltene Konferenz führte nicht zum Ziele. Auch die diplomatischen Bemühungen in dieser Richtung blieben bisher erfolglos.

Es begreift sich leicht, daß unter den eigentümlichen Arbeitsbedingungen, welchen die Ausübung der drahtlosen Telegraphie unterliegt, die großen Gesellschaften, in erster Linie die Marconi-Gesellschaft, den Versuch, ein Monopol zu schaffen, gemacht haben. Bei der wachsenden Macht der konkurrierenden Gesellschaften und bei der Unterstützung, welche dieselben von den einzelnen Staaten erfahren, ist es heutzutage jedoch nicht mehr möglich, daß sich ein ausschließliches allgemeines Anwendungsrecht zugunsten irgendeiner der Gesellschaften ent-entwickeln könnte.

Dagegen sind offenbar Teilmonopole denkbar. In Italien beispielsweise hat sich die Marconi-Gesellschaft ein Monopol zu schaffen gewußt, insofern die Dienstordnung des drahtlosen italienischen Netzes (S. 345) bestimmt, daß die Küstenstationen nur Nachrichten aufnehmen dürfen, welche von Schiffen herrühren, die mit Marconi-Apparaten ausgerüstet sind.

Auch in England hat das Marconi-System eine derartige Verbreitung gefunden, welche einem tatsächlichen Monopol gleichkommt. Um so mehr, wie es scheint, als die Bestimmung durchgesetzt wurde, daß Konzessionen für neue Stationen nur unter der Bedingung statthaben können, daß die Konzessionäre den Nachweis liefern, daß ihr Betrieb den der bestehenden Stationen nicht stört, eine Auflage, welche bei dem gegenwärtigen Stand der Dinge nichts weniger als leicht zu erfüllen ist.

Wenn nun auch die anderen Nationen ähnliche Monopole einrichten, so muß jedes Schiff entweder auf die Wohltaten des drahtlosen Verkehrs verzichten, oder sich mit so viel verschiedenen Apparatsystemen ausrüsten, als es mit Küstennationen zu verkehren beabsichtigt.

Wenn es sich nur um einen Kampf der Interessen der verschiedenen Gesellschaften handeln würde, so wäre vorauszusehen, daß eine oder wenige der kräftigsten Gesellschaften die übrigen aus dem Felde schlagen würden. Doch sind die mit dem drahtlosen Verkehr verbundenen Interessen zu wesentlich und mannigfaltig, als daß erwartet werden könnte, daß die verschiedenen Staaten den Ausgang dieses Kampfes ruhelos abwarten werden, ohne auf dem Weg diplomatischer Übereinkunft und technischer Vereinbarung jene Maßregeln zu treffen, welche geeignet sind, ein Verkehrsmittel von so überragender Bedeutung dem Privatmonopol zu entziehen.

Verlag von R. Oldenbourg in München und Berlin.

Die Schwachstromtechnik in Einzeldarstellungen.

Unter Mitwirkung zahlreicher Fachleute

herausgegeben von

J. Baumann und L. Rellstab.

Die Anwendungen des Schwachstroms umfassen heute ein Gebiet von solcher Ausdehnung und Vielgestaltigkeit, daß die Auflösung des Stoffes in Einzelgebiete für die Darstellung sowohl wie für den Belehrung Suchenden zum unabweisbaren Bedürfnis geworden ist. Dieses Bedürfnis zu befriedigen, ist das Programm des oben angekündigten Sammelunternehmens. In erster Linie für die weitesten Kreise der Praxis bestimmt, gibt jeder Band, ein abgeschlossenes Ganzes bildend und einzeln käuflich, in einfacher, allgemein verständlicher Darstellung eine gedrängte und doch erschöpfende Übersicht über das behandelte Anwendungsgebiet nach dem neuesten Stand von Wissenschaft und Technik. Dementsprechend sind historische Erörterungen auf das Notwendigste beschränkt, ist auf die mathematische Ausdrucksweise fast gänzlich verzichtet. Dagegen wird überall die Kenntnis der Fundamentaltatsachen des betreffenden Stoffgebietes vorausgesetzt, weshalb insbesondere physikalische Einleitungen durchwegs vermieden sind.

Verlag von R. Oldenbourg in München und Berlin.

Entwurf elektrischer Maschinen und Apparate.

Moderne Gesichtspunkte von Dr. **F. Niethammer**, Professor
an der Technischen Hochschule zu Brünn. IV u. 192 S. gr. 8°.
Mit 237 Textabbildungen. In Leinw. geb. Preis M. 8.—.

Das vorliegende Werk behandelt konstruktiv die neueren und neuesten
Typen elektrischer Gleich- und Drehstromerzeuger und Motoren, sowie
auch Transformatoren und alle wichtigen zu erwähnten Maschinen
und Apparaten gehörigen Starkstrom-Schalt- und Regulierungs-Ein-
richtungen. Der Verfasser hat es verstanden, überall in knapper, bestimmter Form das Wissenswerte zu geben, so daß das Buch nicht nur
als Leitfaden für den Konstrukteur, sondern auch als Lehrbuch für den
Studierenden und als Berater für den in der Betriebspraxis stehenden
Ingenieur und Techniker empfohlen werden kann.
Elektrotechnischer Anzeiger.

Elektrische Bahnen und Betriebe. Zeitschrift für

Verkehrs- und Transportwesen. Herausgeber **Wilhelm
Kübler,** Professor an der Kgl. Technischen Hochschule zu
Dresden. Jährlich 36 Hefte mit zahlreichen Textabbildungen
und Tafeln. Preis pro anno M. **16.**—.

Das Programm der Zeitschrift umfaßt das gesamte elektrische Beför-
derungswesen, also nicht nur das ganze Gebiet elektrischer Bahnen
(insbesondere auch der Vollbahnen), sondern auch die Massengüter-
bewältigung, Hebezeuge, Selbstfahrer, Boote etc. Sie enthält Aufsätze
wissenschaftlichen Inhaltes aus dem Gebiete des elektrischen Verkehrs-
und Transportwesens mit Einschluß aller dazu gehörenden technischen
Hilfsmittel, eingehende Beschreibung und zeichnerische Darstellung
von bedeutenden Ausführungen und Projekten, Mitteilung von Betriebs-
ergebnissen, Behandlung wirtschaftlicher Fragen und Aufgaben unter
Berücksichtigung der Betriebsführung und des Rechnungswesens, kurze
Berichterstattung über allgemein interessierende Vorgänge in der in-
und ausländischen Praxis, über die wesentlichen Erscheinungen der
Fachliteratur, der Statistik usw.

Bau und Instandhaltung der Oberleitungen

elektrischer Bahnen. Von **P. Poschenrieder**, Ober-Ing.
der Österreich. Siemens-Schuckertwerke. VII u. 200 Seiten.
gr. 8°. Mit 226 Text-Abbildungen und 6 Tafeln. Preis M. **9.**—.

Was dem Buche einen besonderen Wert, namentlich für den Praktiker verleiht, sind die vielen Bemerkungen und Winke über mancherlei
scheinbar nebensächliche Umstände, deren rechtzeitige und sachgemäße
Beachtung vielen Unannehmlichkeiten vorzubeugen vermag. Daß sich
das Werk nicht bloß auf die Behandlung des im Titel des Buches um-
schriebenen Gebietes im engeren Sinne beschränkt, sondern in aus-
führlicher Weise auch auf die mit den Oberleitungen im Zusammen-
hange stehenden sonstigen Verhältnisse und Einrichtungen elektrischer
Bahnen Rücksicht nimmt, so insbesondere auf die Herstellung der
elektrischen Schienenrückleitungen, auf die Anordnung der Schutz-
vorrichtungen gegen atmosphärische Entladungen, auf Vorkehrungen
zum Schutze von Schwachstromleitungen und zur Vermeidung schädlicher Einflüsse der vagabundierenden Ströme, auf die Kosten der Oberleitungen elektrischer Bahnen etc., bedeutet jedenfalls eine sehr zweck-
dienliche Vervollständigung des Inhaltes und gibt einen Beweis von
der eingehenden Vertrautheit des Verfassers mit den Bedürfnissen der
Praxis. **Wochenschrift für den öffentlichen Baudienst.**

Verlag von R. Oldenbourg in München und Berlin.

Elektrisch betriebene Strafsenbahnen. Taschen-

buch für deren Berechnung, Konstruktion, Montage, Lieferungsausschreibung, Projektierung und Betrieb. Herausgegeben von **S. Herzog,** Ingenieur. XII u. 475 Seit. 8⁰. Mit
377 Textfig. und 4 Tafeln. Eleg. in Leder geb. Preis M. 8.—.

Der Verfasser und seine Mitarbeiter haben mit dem vorliegenden
Werke den Zweck verfolgt, ein Taschenbuch zu schaffen, welches alle
auf die Berechnung, Konstruktion, den Bau, Lieferungsausschreibung,
den Betrieb usw. elektrisch betriebener Straßenbahnen Bezug habenden
und in der Praxis gut verwertbaren Angaben enthält. Ihr Bestreben
ging daher dahin, das in den zahlreichen Veröffentlichungen nieder-
gelegte Material zu sichten, das Wertvollste herauszugreifen, durch ihre
eigenen Erfahrungen und jene, welche von den hervorragendsten elektrotechnischen Firmen zur Verfügung gestellt wurden, zu ergänzen, das
gesamte Material in übersichtlicher Weise zusammenzustellen und in
einer für die praktische Verwendung geeigneten Form wiederzugeben.
Nach eingehender Durchsicht dieses Taschenbuches glauben wir zu
dem Ausspruche berechtigt zu sein, daß der Verfasser eine bedeutende
Sachkenntnis zutage gelegt und die sich gestellte Aufgabe in der Tat
in völlig befriedigender Weise gelöst hat, daher das Büchlein allen
Fachgenossen ein guter und verläßlicher Ratgeber sein wird. Die Ver-
lagsbuchhandlung hat das Büchlein in ein vornehmes Gewand gekleidet;
Anordnung, Druck und Ausstattung ist gleichgehalten mit Uppenborns
Kalender für Elektrotechniker. **Elektrotechnischer Neuigkeits-Anzeiger.**

Die Verwendung des Drehstroms, insbesondere des

hochgespannten Drehstroms für den Betrieb elektrischer
Bahnen. Betrachtungen und Versuche von Dr.=Jng.
W. Reichel, Obering. der Firma Siemens & Halske, A.-G.
VIII u. 158 Seit., gr. 8⁰, mit zahlr. Textabb. u. 7 Tafeln. In
Leinwand geb. Preis M. 7.50.

Der durch seine Veröffentlichungen über die Schnellbahnversuche
der Studiengesellschaft bereits rühmlichst bekannte Autor hat in
diesem Werke seine durch Versuche und Studien auf diesem Gebiete
gewonnenen Erkenntnisse und Erfahrungen in dankenswerter Weise
zusammengefaßt und rechnerisch verwertet. Das Buch dürfte den
Kristallisationskern für die neu sich bildende Lehre und Literatur vom
elektrischen Vollbahnwesen werden, und es wird schwerlich ein Ingenieur an derartige Aufgaben herantreten können, ohne ein ernstes
Studium dieses Werkes vorangehen zu lassen. Die elegante Art der
Lösung einer Reihe komplizierter Aufgaben zeugt, abgesehen von ihrem
sachlichen Wert, auch von großer Gewandtheit in der spezifisch tech-
nisch-anschaulichen Art der Darstellung, die in dieser Unmittelbarkeit
eben nur von dem schaffenden und ausführenden Ingenieur nach
langem zähen Kampfe mit der Sprödigkeit des Stoffes zum Ausdruck
gebracht und daher für die Lösung weiterer Aufgaben direkt verwendet
werden kann. Ein Hauptergebnis der Arbeit ist die scharfe Abgrenzung
des Verwendungsgebietes des Drehstromes, und zum erstenmale treten
in der Literatur ausführlich durchgeführte und mit Zahlen belegte
Gegenüberstellungen der Vor- und Nachteile in der Anwendung von
Drehstrom gegenüber Gleichstrom zutage. **Elektrotechn. Zeitschrift.**

Schleusenanlagen. Vergleich zwischen den verschiedenen

Betriebsarten. Von Dr.=Jng. **Willy Giller.** 79 Seiten 8⁰ Mit
38 Abbildungen und 6 Tafeln. Preis M. 4.50.

— — — Das Werk füllt in der an und für sich spärlichen Literatur
über Schleusenanlagen und deren Betrieb eine fühlbare Lücke aus und
bietet in seiner zusammengedrängten Form nicht nur für den Wasser-
bautechniker, sondern namentlich auch für den Elektrotechniker, soweit
er sich mit dem Antrieb von Schleusenanlagen zu befassen hat, wert-
volle Fingerzeige. — — — **Elektrotechnische Zeitschrift.**

Verlag von R. Oldenbourg in München und Berlin.

Deutscher Kalender für Elektrotechniker. Herausgegeben von **F. Uppenborn,** Stadtbaurat in München. 23. Jahrgang. Zwei Teile, wovon der 1. Teil in Brieftaschenform (Leder) gebunden, Preis M. 5.—.

Österreichischer Kalender für Elektrotechniker.
Unter Mitwirkung des **Elektrotechnischen Vereins, Wien,** herausgegeben von **F. Uppenborn,** Stadtbaurat. Zwei Teile, wovon der 1. Teil in Brieftaschenform (Leder) gebunden, Preis Kr. **6.—.**

Schweizerischer Kalender für Elektrotechniker.
Unter Mitwirkung des **Schweizer Elektrotechnischen Vereins** herausgegeben von **F. Uppenborn,** Stadtbaurat. Zwei Teile, wovon der 1. Teil in Brieftaschenform (Leder) gebunden. Preis Frs. **6.50.**

Elektrotechnisches Auskunftsbuch. Alphabetische Zusammenstellung von Beschreibungen, Erklärungen, Preisen, Tabellen und Vorschriften, nebst Anhang, enthaltend Tabellen allgemeiner Natur. Herausgegeben von **S. Herzog,** Ingenieur. IV u. 856 Seiten 8°. In Leinw. geb. Preis M. **10.—.**

Der aus verschiedenen Werken schon bekannte Verfasser hat es in dem vorliegenden Buch unternommen, in gedrängter Form über den größten Teil der in der Praxis vorkommenden Worte, Begriffe, Gegenstände, Materialien, Preise usw. in alphabetisch geordneter Weise Aufschluß zu geben. Ein derartiges Werk ist für den praktischen Ingenieur äußerst wertvoll und kann man die Neuerscheinung daher nur freudig begrüßen. Erspart sie doch bei vielen Arbeiten ein mühevolles Suchen in Katalogen und Preislisten, Broschüren und Zeitschriften. Sehr ausführlich und allen Ansprüchen genügend sind die Angaben über Drehstromgeneratoren und Motoren, sowie über Gleichstromdynamos und Motoren. Hier kann man wirklich über jede vorkommende Frage, über Dimensionen der Maschinen selbst und ihrer Zubehörteile, über Umdrehungszahlen usw. Aufschluß erhalten.
Dinglers Polytechnisches Journal.

Taschenbuch für Monteure elektrischer Beleuchtungs-Anlagen, unter Mitwirkung von **O. Görling** und Dr. **Michalke** bearbeitet und herausgegeben von **S. Frhr. von Gaisberg.** 29. Auflage. XII u. 215 Seiten, 8°, mit 170 Textabbildungen. In Leinwand geb. Preis M. **2.50.**

Wenn ein technisches oder wissenschaftliches Werk in ca. 20 Jahren hintereinander in jedem Jahre eine, gelegentlich auch zwei Auflagen erlebt, so ist jede Kritik überflüssig. **Elektrotechnische Zeitschrift.**

Erläuterungen zu den Sicherheitsvorschriften für den Betrieb elektrischer Starkstromanlagen. Herausgegeben von der Vereinigung der Elektrizitätswerke. 19 S 8°. Preis M. —.50.

.

www.ingramcontent.com/pod-product-compliance
Lightning Source LLC
Chambersburg PA
CBHW030240230326
41458CB00093B/513